人人都是数据分析师系列

轻松掌握数据分析

曹化宇◎著

人 民 邮 电 出 版 社
北 京

图书在版编目（CIP）数据

Excel+Python轻松掌握数据分析 / 曹化宇著. -- 北京 : 人民邮电出版社, 2023.12
（人人都是数据分析师系列）
ISBN 978-7-115-62381-2

Ⅰ. ①E… Ⅱ. ①曹… Ⅲ. ①表处理软件②软件工具－程序设计 Ⅳ. ①TP391.13②TP311.561

中国国家版本馆CIP数据核字(2023)第136489号

内 容 提 要

本书重点介绍了目前处理数据非常有效的工具——Excel、Python 和数据库的应用知识。本书通过一则完整的故事讨论了如何以 Python 编程为中心，结合 Excel 和数据库的特点，并以基础统计学贯穿其中，帮助读者深入地了解数据分析的相关知识。在本书中，首先，讨论了如何使用 Excel 整理数据，以及 Excel 中数学和统计函数的应用；其次，探讨了与 Python 编程相关的数据分析内容，包括在 Python 中进行数据统计工作，以及各种格式数据的转换等；然后，讨论 SQLite 和 MySQL 数据库的应用，并介绍了如何使用 Python 操作数据库；最后，介绍了如何综合使用 Excel、数据库和 Python 编程等工具打造自动化的数据处理中心。

本书架构清晰，内容深入浅出，案例丰富，适合需要进行数据处理和统计分析的职场人士、计算机爱好者等阅读。

◆ 著　　　　曹化宇
责任编辑　秦　健
责任印制　王　郁　焦志炜

◆ 人民邮电出版社出版发行　　北京市丰台区成寿寺路 11 号
邮编　100164　　电子邮件　315@ptpress.com.cn
网址　https://www.ptpress.com.cn
北京市艺辉印刷有限公司印刷

◆ 开本：800×1000　1/16
印张：25　　　　　　2023 年 12 月第 1 版
字数：527 千字　　　2023 年 12 月北京第 1 次印刷

定价：89.80 元

读者服务热线：(010)81055410　印装质量热线：(010)81055316
反盗版热线：(010)81055315
广告经营许可证：京东市监广登字 20170147 号

前　言

大数据时代给社会、经济等方面带来的影响是革命性的。在工作和生活中，数据无处不在，时时刻刻地影响着我们。大数据在让生活变得更加智能、更加便捷的同时，也产生了数据滥用等一系列问题。那么如何才能在数据的世界中不迷失方向呢？如何判断数据是反映实情还是另有所图呢？最有效的方法就是自己掌握“大数据”这一有力的武器，做数据的驾驭者。

办公自动化、机器人流程自动化（Robotic Process Automation，RPA）、人工智能（Artificial Intelligence，AI）、机器学习、深度学习、数据挖掘等概念和应用也在不断地深入人们生活和工作的各个方面。虽然本书并没有提及这些概念，但随着学习的深入，读者可以发现，本书的很多知识点都是这些领域的应用基础。

在数据分析工作中，最重要的是掌握各种数据处理工具和方法，并针对特定问题具体分析，了解数据背后的真实情况，只有讲好数据的故事，才能从数据中获取真正有用的信息。本书涵盖的内容包括从 Excel 到数据库，再到 Python 编程，整合数据处理全流程，并以基础统计学贯穿其中，相信能够帮助职场人士、自由职业者、在校大学生甚至是高中生掌握运用大数据的必要技能，充分发挥数据的能量，提高工作和学习效率，真正畅游大数据时代。

本书主要内容

本书主要内容可以划分为 4 个部分。第一部分包括第 1 章到第 3 章，主要讨论如何使用 Excel 整理数据，以及如何使用 Excel 进行基本的数据统计。

第 1 章首先介绍了如何通过 Excel 将数据整理为标准的二维表形式，包括如何处理空值、异常值和数据格式等；然后，讨论了定量与定性数据、绝对量与相对量的概念；最后，介绍了如何进行数据的排序、筛选，以及 Excel 和 CSV 数据的转换。

第 2 章介绍了常用的统计概念及其在 Excel 中的实现方法。此外还讨论了如何正确地使用折线图、饼图和条形图，以及如何从多个角度思考数据所反馈的信息。

第 3 章介绍了如何从多个维度观察数据的增长问题。当数据有多个来源，且数据量快速增长时，Excel 在功能和性能等方面的不足也会体现出来，此时则需要更强大的数据处理工具。

第二部分包括第 4 章到第 9 章，主要介绍了 Python 编程基础、数据处理、常用的数学和统计库，还讨论了如何通过 pandas 模块处理数据集合、二维数据，绘制图表等，以及常用数据格式之间的转换。

第 4 章首先说明了如何在 Windows 10 操作系统中创建 Python 环境；然后，介绍了 Python

编程基础、函数与 lambda 表达式、面向对象编程、模块化管理、代码流程控制，以及代码运行错误的捕捉和处理。

第 5 章介绍了如何在 Python 中处理数据和集合，内容包括算术运算、随机数、序列、字典、集合、数学计算和统计资源、数据排序、按拼音排序、日期与时间处理等。

第 6 章介绍 pandas 模块的应用基础，以及如何使用 Series 对象处理数据集合。

第 7 章介绍如何使用 pandas 模块的 DataFrame 对象处理二维数据，以及如何进行数据的整理和统计等。

第 8 章介绍如何将 Series 和 DataFrame 对象中的数据绘制为统计图，如饼图、散点图、气泡图、折线图、条形图和箱线图。

第 9 章介绍了如何在 Python 中操作 Excel 文件、CSV 数据，以及如何通过 pandas 模块操作 Excel 和 CSV 数据。

第三部分包括第 10 章到第 13 章，主要讨论了 SQLite 和 MySQL 数据库的应用，以及如何通过 Python 操作数据库。

第 10 章介绍了 SQLite3 数据库的应用。内容包括关系型数据库的基本概念，创建表及添加字段、创建索引，CSV 数据的导入，以及如何添加、修改、删除和查询表中的数据，最后讨论了日期和时间数据的处理方式。

第 11 章讨论了如何使用 Python 内置的 sqlite3 模块操作 SQLite 数据库。内容包括数据库的连接、执行 SQL 语句、读取查询结果，以及如何通过 Python 扩展 SQLite 数据库的自定义函数、聚合函数和排序规则关键字，并对常用代码进行了封装。此外还介绍了如何使用 pandas 模块读写 SQLite 数据表。

第 12 章介绍了功能更多、性能更强的 MySQL 数据库及其操作方法。内容包括 MySQL 服务器的安装与配置，数据库和数据表的管理，CSV 数据的导入，数据的添加、修改、删除和查询，以及索引、视图、存储过程和内置函数的应用等。

第 13 章介绍了如何在 Python 中通过 MySQLdb 模块操作 MySQL 数据库。内容包括数据库的连接、执行 SQL、调用存储过程、读取查询结果等，并介绍了如何对常用操作进行封装。最后讨论了如何通过 pandas 模块读写 MySQL 数据表。

第四部分包括第 14 章到第 16 章，主要讨论如何综合使用 Excel、数据库和 Python 编程等工具打造自动化的数据处理中心。

第 14 章讨论了如何打造自己的“数据中心”，以及如何将 Excel 数据进行标准化整理后自动导入数据库。此外还介绍了更多数据格式的处理，如 HTML 表格、JSON、从图片中识别数据等。

第 15 章讨论了文本数据的处理，包括字符串的处理和正则表达式的应用。此外，还讨论了如何从文本中提取关键信息，并根据这些信息实现商品推荐功能。

第 16 章讨论了如何在“数据中心”中自动生成报表，以及如何进一步学习数据分析。

本书读者对象

本书适合如下读者阅读。

- 需要进行数据处理和统计分析的职场人士、计算机爱好者等。
- 已有 Excel 应用经验，需要掌握 Python、数据库等更多数据处理工具的读者。
- 需要学习 Python 编程，提高办公自动化水平的读者。

由于作者的水平有限，编写时间仓促，书中难免会出现一些错误或者不准确的地方，恳请读者批评指正。

祝大家在大数据世界中玩得开心！

作者

资源与支持

资源获取

本书提供如下资源：

- 本书源代码；
- 书中图片文件；
- 本书思维导图；
- 异步社区 7 天 VIP 会员。

要获得以上资源，您可以扫描下方二维码，根据指引领取。

提交勘误

作者和编辑尽最大努力来确保书中内容的准确性，但难免会存在疏漏。欢迎您将发现的问题反馈给我们，帮助我们提升图书的质量。

当您发现错误时，请登录异步社区（https://www.epubit.com），按书名搜索，进入本书页面，点击“发表勘误”，输入勘误信息，点击“提交勘误”按钮即可（见右图）。本书的作者和编辑会对您提交的勘误进行审核，确认并接受后，您将获赠异步社区的 100 积分。积分可用于在异步社区兑换优惠券、样书或奖品。

与我们联系

我们的联系邮箱是 contact@epubit.com.cn。

如果您对本书有任何疑问或建议，请您发邮件给我们，并请在邮件标题中注明本书书名，以便我们更高效地做出反馈。

如果您有兴趣出版图书、录制教学视频，或者参与图书翻译、技术审校等工作，可以发邮件给我们。

如果您所在的学校、培训机构或企业，想批量购买本书或异步社区出版的其他图书，也可以发邮件给我们。

如果您在网上发现有针对异步社区出品图书的各种形式的盗版行为，包括对图书全部或部分内容的非授权传播，请您将怀疑有侵权行为的链接发邮件给我们。您的这一举动是对作者权益的保护，也是我们持续为您提供有价值的内容的动力之源。

关于异步社区和异步图书

“异步社区”（www.epubit.com）是由人民邮电出版社创办的 IT 专业图书社区，于 2015 年 8 月上线运营，致力于优质内容的出版和分享，为读者提供高品质的学习内容，为作译者提供专业的出版服务，实现作者与读者在线交流互动，以及传统出版与数字出版的融合发展。

“异步图书”是异步社区策划出版的精品 IT 图书的品牌，依托于人民邮电出版社在计算机图书领域 30 余年的发展与积淀。异步图书面向 IT 行业以及各行业使用 IT 技术的用户。

目　录

第1章　网店开业——初识数据……1

1.1　清点库存——获取原始数据……1
1.2　数据标准化——整理 Excel 数据……2
　1.2.1　二维表……3
　1.2.2　数据完整性与正确性……5
　1.2.3　拆分数据——分列与公式……7
　1.2.4　数据类型和显示格式……11
　1.2.5　分而治之，按需组合……12
1.3　认识数据……14
　1.3.1　定量数据和定性数据……14
　1.3.2　绝对量与相对量……14
1.4　寻找“大客户”——排序……16
1.5　数据挑着看——筛选……17
1.6　数据交换——Excel 和 CSV……19

第2章　销量的起伏——数据背后的故事……25

2.1　销售数据如何——简单的统计…25
　2.1.1　算术平均数……26
　2.1.2　几何平均数……27
　2.1.3　众数……30
　2.1.4　最小值和最大值……32
　2.1.5　中位数、四分位数和百分位数……33
　2.1.6　方差和标准差……35
　2.1.7　标准分……36
　2.1.8　分类汇总……38
　2.1.9　数据透视表……41
2.2　学看统计图……43
　2.2.1　折线图……43
　2.2.2　饼图……45
　2.2.3　条形图……46
2.3　销量下降——是时候认真分析数据了……47
　2.3.1　转化率——访问量和销量……48
　2.3.2　访问量－购买量＝？……50

第3章　凌晨3点——又加班了…51

3.1　多销售渠道的烦恼……51
3.2　日报表、月报表、年度报表等……53

第4章　强大的信息处理工具——Python 编程……54

4.1　创建 Python 环境……54
　4.1.1　Visual Studio……54
　4.1.2　代码文件的编码问题……56
　4.1.3　使用指定版本的 Python…58
　4.1.4　设置 Path 环境变量……59
　4.1.5　命令行窗口……61

4.1.6 Python 命令行环境 ········· 62
4.2 编写 Python 代码 ········· 64
4.3 功能实现者——函数和 lambda 表达式 ········· 66
4.3.1 函数 ········· 66
4.3.2 可调用类型 ········· 71
4.3.3 lambda 表达式 ········· 73
4.4 “对象”是主角——面向对象编程 ········· 74
4.4.1 类与对象 ········· 74
4.4.2 继承 ········· 80
4.4.3 “魔术方法” ········· 82
4.4.4 with 语句 ········· 84
4.4.5 类成员和静态方法 ········· 87
4.5 模块化管理 ········· 91
4.6 向左还是向右——代码流程控制 ········· 96
4.6.1 条件判断和 if 语句 ········· 96
4.6.2 循环语句 ········· 100
4.6.3 match 语句 ········· 103
4.7 处理运行错误 ········· 104

第 5 章 更灵活的计算——在 Python 中处理数据 ········· 108

5.1 不一样的算术运算 ········· 108
5.2 随机数 ········· 110
5.3 序列 ········· 112
5.3.1 列表 ········· 113
5.3.2 元组 ········· 121
5.3.3 数列 ········· 123
5.4 字典 ········· 124
5.5 集合 ········· 128
5.6 更自由的排列——sorted() 函数 ········· 129
5.7 数学计算——math 模块 ········· 131
5.8 统计资源——statistics 模块 ········· 132
5.8.1 使用 Fraction 类处理分数 ········· 132
5.8.2 算术平均数 ········· 133
5.8.3 几何平均数 ········· 133
5.8.4 众数 ········· 134
5.8.5 中位数 ········· 134
5.8.6 方差和标准差 ········· 135
5.9 计算百分位数 ········· 136
5.10 计算标准分数 ········· 139
5.11 按中文拼音排序 ········· 139
5.12 日期和时间 ········· 142
5.12.1 datetime 类 ········· 142
5.12.2 时间间隔 ········· 143
5.12.3 时区 ········· 144
5.12.4 时间戳 ········· 144
5.12.5 日期和时间的推算 ········· 145
5.12.6 格式转换 ········· 146

第 6 章 “超能熊猫”来帮忙——pandas 应用 ········· 149

6.1 Series 对象 ········· 149
6.2 排序 ········· 152
6.3 统计方法 ········· 154

第 7 章 二维表模型——DataFrame ········· 158

7.1 DataFrame 对象 ········· 158
7.2 读取数据 ········· 160
7.2.1 iloc 和 loc 属性 ········· 160
7.2.2 读取列 ········· 163
7.2.3 读取行 ········· 164
7.3 排序 ········· 168

7.4 按条件查询数据 …… 170
7.5 处理空值数据 …… 173
7.6 处理重复数据 …… 174
7.7 数据旋转 …… 177
7.8 数据合并 …… 178
7.9 数据连接 …… 181
7.10 统计方法 …… 182
7.11 分组 …… 183
7.12 透视表 …… 185

第 8 章 图形更直观——pandas 绘制统计图 …… 188

8.1 部分与整体的比例——饼图 … 189
8.2 数据的关系与分布——散点图与气泡图 …… 193
8.3 趋势——折线图 …… 197
8.4 更直观的对比——条形图 …… 202
8.5 数据的“距”——箱线图 …… 209

第 9 章 数据中转站——数据格式转换 …… 211

9.1 xlwt 模块写入 Excel …… 211
9.2 xlrd 模块读取 Excel …… 215
9.3 openpyxl 模块读写 Excel …… 217
9.4 pandas 模块读写 Excel …… 220
9.5 csv 模块读写 CSV 数据 …… 223
9.6 pandas 模块读写 CSV 数据 …… 227

第 10 章 强大的数据仓库——SQLite 数据库 …… 229

10.1 使用 DB Browser for SQLite … 229
10.2 数据类型 …… 230
10.3 数据表 …… 230
10.3.1 创建表 …… 230
10.3.2 表的关联——主键、唯一约束和外键 …… 232
10.3.3 添加字段 …… 234
10.3.4 删除表 …… 235
10.3.5 sqlite_master 系统表 … 235
10.3.6 索引 …… 236
10.4 导入 CSV 数据 …… 236
10.5 查询与视图 …… 237
10.5.1 查询条件 …… 238
10.5.2 排序 …… 240
10.5.3 分组与统计 …… 242
10.5.4 连接 …… 243
10.5.5 联合 …… 245
10.5.6 limit 和 offset 关键字 … 247
10.5.7 exists 语句 …… 248
10.5.8 case 语句 …… 248
10.5.9 视图 …… 249
10.5.10 将查询结果保存到表 …… 251
10.5.11 将数据保存到 CSV 文件 …… 252
10.6 添加数据 …… 252
10.7 修改数据 …… 254
10.8 删除数据 …… 255
10.9 日期和时间的处理方式 …… 255

第 11 章 Python 操作 SQLite … 261

11.1 应用基础 …… 261
11.1.1 执行 SQL 语句 …… 262
11.1.2 读取查询结果 …… 263
11.1.3 创建 tSqlite 类 …… 263
11.2 查询单值 …… 265
11.3 查询单条记录 …… 266

11.4 查询多条记录……267
11.5 查询单列数据……270
11.6 添加数据……271
11.7 修改数据……273
11.8 删除数据……274
11.9 扩展操作……275
11.9.1 自定义函数……275
11.9.2 聚合函数……277
11.9.3 排序规则……280
11.10 pandas 读取和写入 SQLite 数据……282

第 12 章 更大、更快、更强——MySQL 数据库……285

12.1 MySQL 安装与配置……285
12.2 使用 HeidiSQL……289
12.3 常用数据类型……291
12.4 数据表……292
12.4.1 创建表……292
12.4.2 主键、唯一值和外键约束……294
12.4.3 修改字段定义……295
12.4.4 复制表结构……296
12.4.5 表的重命名（表的移动）……297
12.4.6 删除表……298
12.4.7 索引……298
12.5 导入 CSV 数据……298
12.6 查询和视图……302
12.6.1 查询条件与排序……302
12.6.2 分组与统计……307
12.6.3 连接……307
12.6.4 联合……308
12.6.5 limit 和 offset 关键字……310
12.6.6 exists 语句……311
12.6.7 case 语句……311
12.6.8 视图……312
12.6.9 查询结果保存到表……312
12.6.10 查询结果导出 CSV……313
12.7 数据添加、修改和删除……314
12.7.1 添加数据……314
12.7.2 修改数据……315
12.7.3 删除数据……315
12.8 常用函数与功能……315
12.8.1 统计与数学计算……315
12.8.2 文本操作……316
12.8.3 日期和时间……317
12.8.4 if()和 ifnull()函数……320
12.8.5 判断对象是否存在……320
12.9 存储过程……321

第 13 章 Python 操作 MySQL……323

13.1 应用基础……323
13.1.1 连接数据库……323
13.1.2 执行 SQL 并读取查询结果……324
13.1.3 使用参数传递数据……325
13.2 创建 tMySql 类……325
13.3 查询单值……327
13.4 查询单条记录……328
13.5 查询多条记录……329
13.6 查询单列数据……331
13.7 添加记录……332
13.8 修改数据……335
13.9 删除记录……336
13.10 pandas 读取和写入 MySQL 数据……337

第 14 章　数据一箩筐——打造数据中心……339

14.1　创建数据中心……339
14.2　批量导入数据……341
　14.2.1　标准化数据……341
　14.2.2　导入 Excel 数据……342
14.3　定时导入……343
14.4　处理网络数据……349
　14.4.1　HTML 表格……349
　14.4.2　JSON……352
14.5　从图像中识别数据（OCR）……353
　14.5.1　图像识别——EasyOCR……354
　14.5.2　裁剪图片……356
　14.5.3　保存到“数据中心”……359

第 15 章　更深入的数据分析……365

15.1　客户的抱怨——处理文本信息……365
　15.1.1　字符串处理……366
　15.1.2　正则表达式……368
15.2　关于服装的信息……373
15.3　“购买指数”——产品推荐算法……374

第 16 章　早上八点，一杯咖啡，一份报表……378

16.1　自动生成报表……378
　16.1.1　数据计算……378
　16.1.2　生成 Excel 报表……379
16.2　继续前进……383

第 1 章　网店开业——初识数据

一一是位活泼又好学的女孩，我们的故事就从一一大学毕业，回到父母经营多年的服装公司开始讲起……

1.1　清点库存——获取原始数据

在互联网时代，传统的经营模式正在发生巨大的变化，而一一家的服装公司正呈现销量下降的趋势。一一决定改变这一状况。她首先需要了解自己家的产品，如服装的款式、库存、销售情况等。使用 Excel 统计数据并不难，工作人员很快就提供了服装库存和销量的数据统计表，如图 1-1 所示。

一一服装公司库存和销量统计表

货号	分类	定价	库存			销量
			小码	中码	大码	
a22001	外套	299元	10件	15件	10件	16件
a22002	外套	399元	10件	15件		18件
a22003	卫衣	319元	10件	15件	10件	15件
a22011	卫衣	259元	10件	15件	10件	19件
a22002	外套	399元	10件	15件		18件
b22001	外套	359元	10件	15件	10件	25件
b22002	连衣裙	159元		15件	10件	16件
b22003	连衣裙	269元	10件	15件	10件	30件
b22011	连衣裙	319元	10件	15件	10件	28件
b22090	连衣裙	499元	10件		10件	15件

图 1-1

可以看得出，这是一张很“标准”的统计表，但使用它几乎做不了任何数据分析！

一一问答
一一问：为什么说使用这张统计表做不了任何数据分析呢？ 答：这张统计表比较适合呈现最终的数据，如果想要对表格中的数据进行计算和分析就会产生一些问题。 首先，计算机程序处理数据时需要使用标准的数据结构，如二维表形式，但是，此统计表包含了标题和大量的合并单元格。 其次，此统计表中的数据似乎并不完整，如服装部分尺码的库存数据缺失。 然后，此统计表中的定价、库存和销量数据包含了单位，这样是无法进行计算的。 最后，此统计表只有销量数据，没有销售渠道和客户信息，无法进行更多、更深入的数据分析。 **一一问：看起来的确是这样的，那么如何对这些数据进行计算和分析呢？** 答：进行计算和分析之前需要对数据进行整理，下面将介绍一些常用的数据整理方法。

1.2　数据标准化——整理 Excel 数据

在准备计算和分析的数据时应关注真正的数据，不需要进行过多装饰。整理 Excel 数据的目的包括完成数据格式的最简化和标准化，并保证数据的完整性和正确性。需要注意的事项如下。

- 要使用纯粹的二维表格式，不要将单元格合并，只保留数据和列标题即可。特殊情况下数据表也可以只包含数据，但对每一列的数据应有明确的解释。
- 注意空白单元格。在数据处理过程中，没有数据（空值）和 0 是两个不同的概念。如果必须有数据，可以使用一个约定的默认值，比如，数值类的数据常使用 0 作为默认值。
- 不要使用组合数据，如金额则直接使用数据（如“199”），不需要包含单位（如“199 元”）。需要明确数据单位时，可以在列标题中标注，如“金额（元）”。
- 数据表的每一列应该使用相同的数据类型，如数值、文本、日期等，并约定固定的格式，如保留多少位小数。
- 一张数据表只能有一个主题，不要将过多的数据组合在一张表中。需要时可以通过适当的数据冗余关联多个表格的数据，比如通过货号、客户代码、销售渠道关联服装信息、客户信息和销售情况等数据。

下面将分别讨论相关主题。

1.2.1　二维表

二维表是最常见的数据统计形式，而 Excel 表单（Sheet）就是典型的二维表。图 1-2 显示了 Excel 表单的数据区域。

在 Excel 表单中，列索引使用字母，行索引使用数字，定位单元格时则使用列索引和行索引的组合，图 1-2 中选中的单元格是第一列第一行，位置为“A1”。此外，单元格内容可能是数据，也可能是公式，我们可以设置其显示格式，所以，单元格显示的内容和输入的实际内容可能不一致。图中“单元格内容”所指向的“编辑栏”显示的就是单元格的实际内容。

当前单元格　单元格内容

图 1-2

将数据整理为标准的“二维表”格式时，还需要删除标题、取消单元格合并，整理后的表格格式如图 1-3 所示。

	A	B	C	D	E	F	G
1	货号	分类	定价	库存S	库存M	库存L	销量
2	a22001	外套	299元	10件	15件	10件	16件
3	a22002	外套	399元	10件	15件		18件
4	a22003	卫衣	319元	10件	15件	10件	15件
5	a22011	卫衣	259元	10件	15件	10件	19件
6	a22002	外套	399元	10件	15件		18件
7	b22001	外套	359元	10件	15件	10件	25件
8	b22002	连衣裙	159元		15件	10件	16件
9	b22003	连衣裙	269元	10件	15件	10件	30件
10	b22011	连衣裙	319元	10件	15件	10件	28件
11	b22090	连衣裙	499元	10件		10件	15件

图 1-3

取消单元格合并时，我们修改了“库存”的列标题结构，不再将库存分为主标题、子标题，而是将多个尺寸类型分别作为库存数据的列标题。

在实际工作中，我们可能还习惯对分类进行单元格合并，如图 1-4 所示，这种形式的合并单元格同样需要取消。

	A	B	C	D	E	F	G
1	分类	货号	定价	库存S	库存M	库存L	销量
2		b22002	159元		15件	10件	16件
3	连衣裙	b22003	269元	10件	15件	10件	30件
4		b22011	319元	10件	15件	10件	28件
5		b22090	499元	10件		10件	15件
6		a22001	299元	10件	15件	10件	16件
7	外套	a22002	399元	10件	15件		18件
8		a22002	399元	10件	15件		18件
9		b22001	359元	10件	15件	10件	25件
10	卫衣	a22003	319元	10件	15件	10件	15件
11		a22011	259元	10件	15件	10件	19件

图 1-4

整理后，表格中所有列的行数量相同，所有行的列数量也相同，这就是标准的二维表数据结构。

一一问答

一一问：这种纯粹的二维表似乎不太美观？

答：从某些角度来看是这样的，但这里需要重申，我们关注的是数据，标准化的数据结构是数据计算和分析的前提条件。在完成数据计算和分析工作后，我们可以通过精心设计的报表和图形展示结果。

一一问：我还收到过如图 1-5 所示的数据格式，可不可以将行和列交换呢？

	A	B	C	D	E	F	G	H	I	J
1	货号	a22001	a22002	a22003	a22011	b22001	b22002	b22003	b22011	b22090
2	分类	外套	外套	卫衣	卫衣	外套	连衣裙	连衣裙	连衣裙	连衣裙
3	定价	299	399	319	259	359	159	269	319	499
4	库存S	10	10	10	10	10	0	10	10	10
5	库存M	10	10	10	10	10	0	10	10	10
6	库存L	10	0	10	10	10	10	10	10	10
7	销量	16	18	15	19	25	16	30	28	15

图 1-5

答：是可以的。在数据处理中，行和列交换称为数据的旋转。在 Excel 中可以先选中数据并复制，然后在粘贴数据的位置点击鼠标右键，在弹出菜单中选择“选择性粘贴”命令，在“选择性粘贴”对话框中选择“转置”并点击“确定”按钮，如图 1-6 所示。

通过“转置”就可以完成数据的旋转操作，结果如图 1-7 所示。

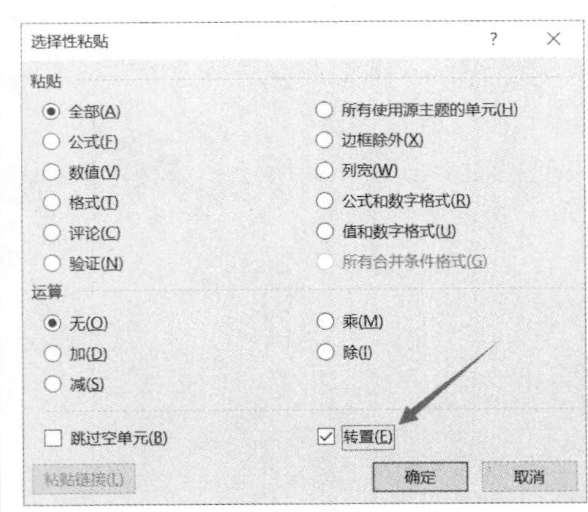

图 1-6

	A	B	C	D	E	F	G
1	货号	分类	定价	库存S	库存M	库存L	销量
2	a22001	外套	299	10	10	10	16
3	a22002	外套	399	10	10	0	18
4	a22003	卫衣	319	10	10	10	15
5	a22011	卫衣	259	10	10	10	19
6	b22001	外套	359	10	10	10	25
7	b22002	连衣裙	159	0	0	10	16
8	b22003	连衣裙	269	10	10	10	30
9	b22011	连衣裙	319	10	10	10	28
10	b22090	连衣裙	499	10	10	10	15

图 1-7

1.2.2　数据完整性与正确性

获取数据后还需要对数据的完整性和正确性有一个初步的判断。相关的注意事项包括以下几个方面。

- 缺失的数据。对于明显不应该缺少的数据，如服装的库存数据，我们应该核实数据，如果确实没有数据，可以使用约定的默认值，如 0。
- 错误的数据。有些数据过大或过小都可能是不合理的，如服装的价格为负数就是不对的。
- 重复的数据。比如，相同货号的服装信息出现多次，要核实是货号错误还是确实需要冗余数据。

想要在 Excel 中处理缺失的数据，首先可以查找表中的空白单元格。通过 Excel 菜单栏的“开始”选项卡中的“查找和选择”→“定位条件”打开“定位条件”对话框，然后选择“空值”，如图 1-8 所示。

点击“确定”按钮后，Excel 会自动选中数据区域中的所有空白单元格，如图 1-9 所示。

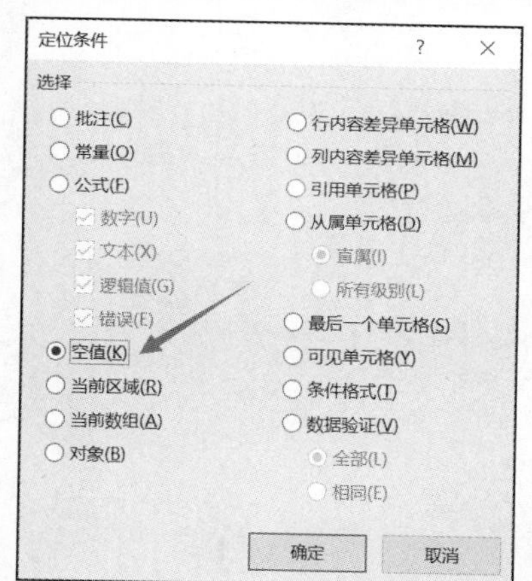

图 1-8

F3

	A	B	C	D	E	F	G
1	货号	分类	定价	库存S	库存M	库存L	销量
2	a22001	外套	299元	10件	15件	10件	16件
3	a22002	外套	399元	10件	15件		18件
4	a22003	卫衣	319元	10件	15件	10件	15件
5	a22011	卫衣	259元	10件	15件	10件	19件
6	a22002	外套	399元	10件	15件		18件
7	b22001	外套	359元	10件	15件	10件	25件
8	b22002	连衣裙	159元		15件	10件	16件
9	b22003	连衣裙	269元	10件	15件	10件	30件
10	b22011	连衣裙	319元	10件	15件	10件	28件
11	b22090	连衣裙	499元	10件		10件	15件

图 1-9

选中空白单元格以后还需要进行观察，如果确认使用默认值 0，可以在编辑栏中输入“0”，然后按下 Ctrl+Enter 组合键进行确认。这样，所有选中的单元格数据都会修改为 0，如图 1-10 所示。

F3　0 ← Ctrl+Enter

	A	B	C	D	E	F	G
1	货号	分类	定价	库存S	库存M	库存L	销量
2	a22001	外套	299元	10件	15件	10件	16件
3	a22002	外套	399元	10件	15件	0	18件
4	a22003	卫衣	319元	10件	15件	10件	15件
5	a22011	卫衣	259元	10件	15件	10件	19件
6	a22002	外套	399元	10件	15件	0	18件
7	b22001	外套	359元	10件	15件	10件	25件
8	b22002	连衣裙	159元	0	15件	10件	16件
9	b22003	连衣裙	269元	10件	15件	10件	30件
10	b22011	连衣裙	319元	10件	15件	10件	28件
11	b22090	连衣裙	499元	10件	0	10件	15件

图 1-10

如果只需要检查某一列或多列数据中的空白单元格，可以选中这些列，然后打开“定位条件”对话框并选择“空值”，如图 1-11 所示。

货号	分类	定价	库存S	库存M	库存L	销量
a22001	外套	299元	10件	15件	10件	16件
a22002	外套	399元	10件	15件		18件
a22003	卫衣	319元	10件	15件	10件	15件
a22011	卫衣	259元	10件	15件	10件	19件
a22002	外套	399元	10件	15件		18件
b22001	外套	359元	10件	15件	10件	25件
b22002	连衣裙	159元		15件	10件	16件
b22003	连衣裙	269元	10件	15件	10件	30件
b22011	连衣裙	319元	10件	15件	10件	28件
b22090	连衣裙	499元	10件		10件	15件

图 1-11

在图 1-11 中，点击“确定”按钮后会选中 D 列和 E 列这两列数据中的空白单元格。同样地，在编辑栏中输入“0”并按下 Ctrl+Enter 组合键进行确认。这样，两列数据中空白单元格的数据会修改为 0。

需要删除重复数据时，可以通过 Excel 菜单栏的“数据”选项卡中的“删除重复值”命令进行操作。对服装来说，货号可以作为唯一标识的数据。如图 1-12 所示，这里选择“货号”列作为删除重复数据的依据。

在示例中，货号为“a22002”的记录有两条，点击“确定”按钮后会删除其中一条。

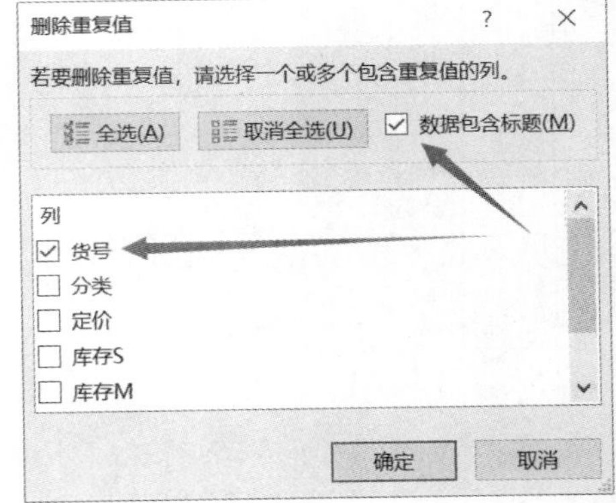

图 1-12

一一问答

一一问：我还没看见哪些数据重复了，能不能不删除重复数据，只将它们标记出来？

答：当然可以。我们还以“货号”为例，首先选中“货号”列，然后选择 Excel 的“开始”选项卡中的“条件格式”→“突出显示单元格规则”→“重复值”命令，在“重复值”对话框中选择“重复”值并设置自己喜欢的颜色，如图 1-13 所示。

点击“确定”按钮后，重复的“货号”数据会显示为指定的颜色，如图 1-14 所示。

标记重复的数据后，可以根据实际情况整理。如果货号错误就修改货号数据；如果重复数据则删除多余的数据，只保留一条记录。

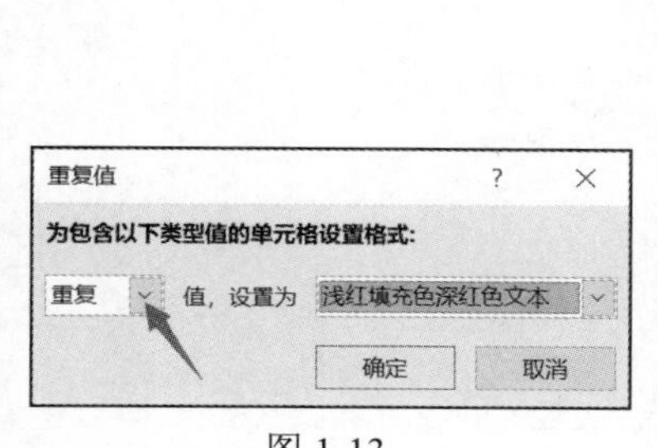

图 1-13

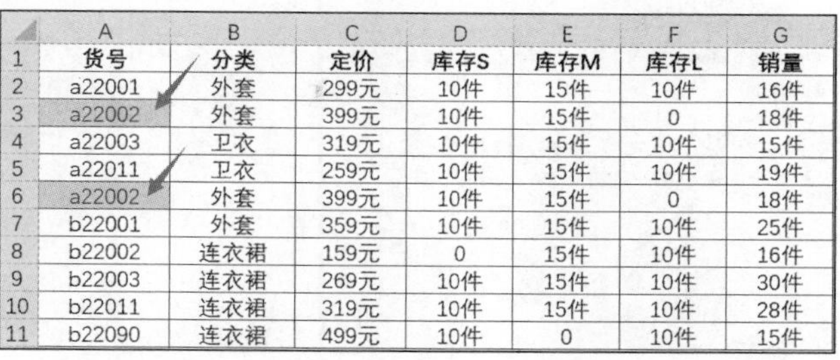

	A	B	C	D	E	F	G
1	货号	分类	定价	库存S	库存M	库存L	销量
2	a22001	外套	299元	10件	15件	10件	16件
3	a22002	外套	399元	10件	15件	0	18件
4	a22003	卫衣	319元	10件	15件	10件	15件
5	a22011	卫衣	259元	10件	15件	10件	19件
6	a22002	外套	399元	10件	15件	0	18件
7	b22001	外套	359元	10件	15件	10件	25件
8	b22002	连衣裙	159元	0	15件	10件	16件
9	b22003	连衣裙	269元	10件	15件	10件	30件
10	b22011	连衣裙	319元	10件	15件	10件	28件
11	b22090	连衣裙	499元	10件	0	10件	15件

图 1-14

一一问：可不可以将相同的数据排列在一起？

答：通过排序就可以完成这项工作，稍后将讨论相关内容。

1.2.3 拆分数据——分列与公式

在 Excel 表单中，由于包含单位的组合数据无法直接进行计算，因此需要删除定价、库存和销量数据中的单位，只保留数值部分。

我们可以使用不同的方法来提取数据的一部分。如果数据的长度是固定的，如“定价”列的数值部分都是 3 位数字，单位都是“元”，这样的数据可以通过“分列”功能来操作。

首先选中“库存 S”列，通过点击鼠标右键菜单“插入”命令来添加一列，如图 1-15 所示。

	A	B	C	D	E	F	G	H
1	货号	分类	定价		库存S	库存M	库存L	销量
2	a22001	外套	299元		10件	15件	10件	16件
3	a22002	外套	399元		10件	15件	0	18件
4	a22003	卫衣	319元		10件	15件	10件	15件
5	a22011	卫衣	259元		10件	15件	10件	19件
6	b22001	外套	359元		10件	15件	10件	25件
7	b22002	连衣裙	159元		0件	15件	10件	16件
8	b22003	连衣裙	269元		10件	15件	10件	30件
9	b22011	连衣裙	319元		10件	15件	10件	28件
10	b22090	连衣裙	499元		10件	0	10件	15件

图 1-15

接下来选中“定价”列，然后选择 Excel 菜单栏的“数据”选项卡中的“分列”命令来打开文本分列向导。

第 1 步，选择“固定宽度”并点击“下一步”按钮，如图 1-16 所示。

第 2 步，在“数据预览”对话框中通过鼠标拖拽将分割线移动到“元”字前，然后点击“下一步”按钮，如图 1-17 所示。

第 3 步，可以根据实际情况指定列的数据格式，如图 1-18 所示。

点击“完成”按钮完成分列，操作结果如图 1-19 所示。可以看到，“定价”列的数据已拆分为数值和单位两列数据。

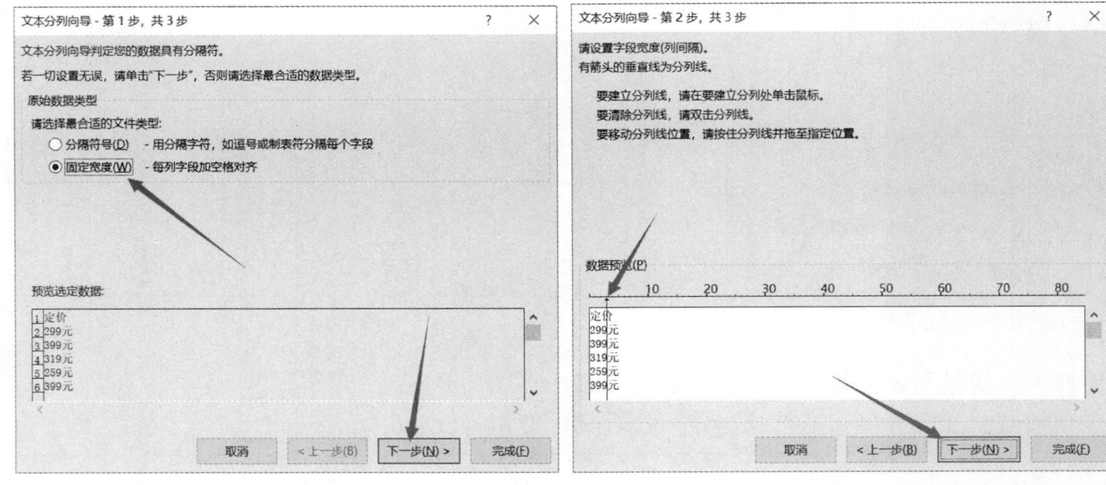

图 1-16　　　　图 1-17

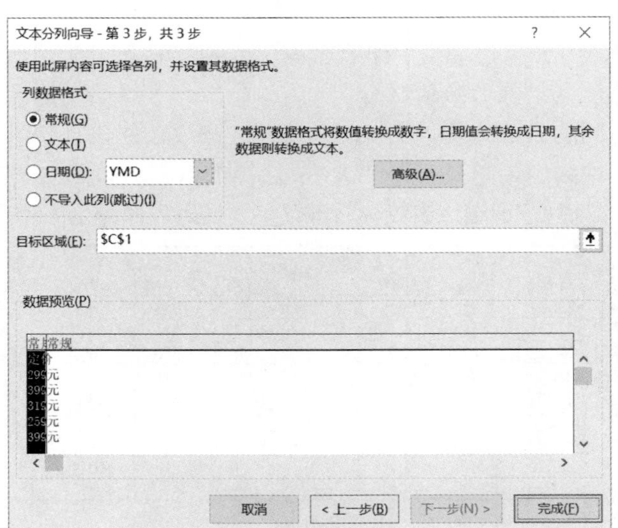

图 1-18

	A	B	C	D	E	F	G	H
1	货号	分类	定价		库存S	库存M	库存L	销量
2	a22001	外套	299	元	10件	15件	10件	16件
3	a22002	外套	399	元	10件	15件	0	18件
4	a22003	卫衣	319	元	10件	15件	10件	15件
5	a22011	卫衣	259	元	10件	15件	10件	19件
6	b22001	外套	359	元	10件	15件	10件	25件
7	b22002	连衣裙	159	元	0件	15件	10件	16件
8	b22003	连衣裙	269	元	10件	15件	10件	30件
9	b22011	连衣裙	319	元	10件	15件	10件	28件
10	b22090	连衣裙	499	元	10件	0	10件	15件

图 1-19

接下来还应该检查“定价”列的数据，没有问题后可删除单位列，这样就完成了“定价”列数据的提取工作，如图 1-20 所示。

	A	B	C	D	E	F	G
1	货号	分类	定价	库存S	库存M	库存L	销量
2	a22001	外套	299	10件	15件	10件	16件
3	a22002	外套	399	10件	15件	0	18件
4	a22003	卫衣	319	10件	15件	10件	15件
5	a22011	卫衣	259	10件	15件	10件	19件
6	b22001	外套	359	10件	15件	10件	25件
7	b22002	连衣裙	159	0件	15件	10件	16件
8	b22003	连衣裙	269	10件	15件	10件	30件
9	b22011	连衣裙	319	10件	15件	10件	28件
10	b22090	连衣裙	499	10件	0	10件	15件

图 1-20

一一问答

一一问：我尝试对“库存 S”列的数据进行分列操作，结果如图 1-21 所示，似乎有些数据不能成功拆分？

	A	B	C	D	E	F	G	H
1	货号	分类	定价	库	存S	库存M	库存L	销量
2	a22001	外套	299	10	件	15件	10件	16件
3	a22002	外套	399	10	件	15件	0	18件
4	a22003	卫衣	319	10	件	15件	10件	15件
5	a22011	卫衣	259	10	件	15件	10件	19件
6	b22001	外套	359	10	件	15件	10件	25件
7	b22002	连衣裙	159	0件		15件	10件	16件
8	b22003	连衣裙	269	10	件	15件	10件	30件
9	b22011	连衣裙	319	10	件	15件	10件	28件
10	b22090	连衣裙	499	10	件	0	10件	15件

图 1-21

答：的确是这样的。当数据长度不一致时，分列操作的结果可能无法令人满意。这里我们需要取消操作，将数据恢复到图 1-20 所示的内容。

一一问：有没有更合适的方法来提取数值呢？

答：可以使用公式。针对图 1-20 中的数据，首先在“库存 M”前添加一列，然后在新的 E2 单元格中输入如下公式并按下回车键。

```
=IF(RIGHT(D2,1)="件",MID(D2,1,LEN(D2)-1),D2)
```

接下来选中 E2 单元格，并将鼠标光标移动到单元格右下角（小方块的位置），当鼠标光标变成“十”字时双击或按住鼠标左键向下拖拽，这样就可以将公式扩展到 E 列的其他单元格。提取的“库存 S”列数据的结果如图 1-22 所示。

E2 =IF(RIGHT(D2,1)="件",MID(D2,1,LEN(D2)-1),D2)

	A	B	C	D	E	F	G	H
1	货号	分类	定价	库存S		库存M	库存L	销量
2	a22001	外套	299	10件	10	15件	10件	16件
3	a22002	外套	399	10件	10	15件	0	18件
4	a22003	卫衣	319	10件	10	15件	10件	15件
5	a22011	卫衣	259	10件	10	15件	10件	19件
6	b22001	外套	359	10件	10	15件	10件	25件
7	b22002	连衣裙	159	0件	0	15件	10件	16件
8	b22003	连衣裙	269	10件	10	15件	10件	30件
9	b22011	连衣裙	319	10件	10	15件	10件	28件
10	b22090	连衣裙	499	10件	10	0	10件	15件

图 1-22

——问：这个公式看起来挺复杂的，可以详细说明一下吗？

答：该公式使用了 4 个函数，分别是 LEN()、MID()、RIGHT()和 IF()，下面分别介绍。

- LEN()函数可以返回字符数量，如 LEN(D2)就是获取 D2 单元格内容的字符数量。
- MID(参数一，参数二，参数三)函数用于提取文本的部分内容，其中，参数一指定从哪里提取文本；参数二指定从第几个字符提取；参数三指定提取多少个字符。如 MID("abcdefg",3,2)返回 cd。
- RIGHT(参数一，参数二)函数会从文本右侧截取内容，其中，参数一指定从哪里截取文本；参数二指定截取多少个字符。如 RIGHT("abcdefg",3)返回 efg。
- IF(参数一，参数二，参数三)函数会根据条件返回内容，其中，参数一指定判断条件，当条件成立时返回参数二的值，条件不成立时返回参数三的值。在本示例中，IF()函数的 3 个参数如图 1-23 所示。

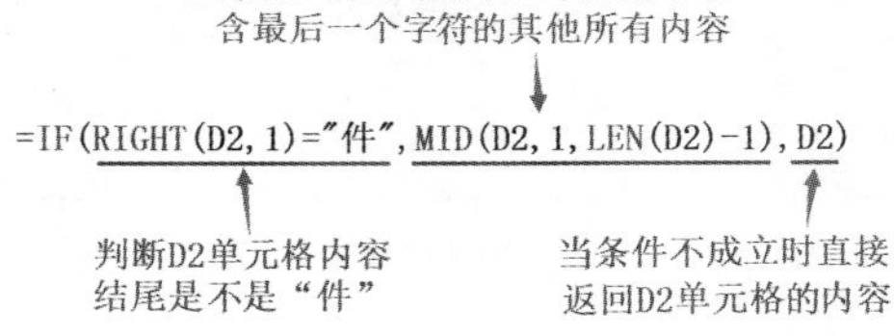
当条件成立时截取D2单元格不包
含最后一个字符的其他所有内容
=IF(RIGHT(D2,1)="件",MID(D2,1,LEN(D2)-1),D2)
判断D2单元格内容
结尾是不是“件”
当条件不成立时直接
返回D2单元格的内容

图 1-23

——说：看起来还是挺复杂的，我得再研究一下。

答：不着急，弄明白这个公式再继续学习也不迟。接下来还可以尝试提取“库存 M”“库存 L”和“销量”列的数据。提取结果如图 1-24 所示。

	A	B	C	D	E	F	G	H	I	J	K
1	货号	分类	定价	库存S		库存M		库存L		销量	
2	a22001	外套	299	10件	10	15件	15	10件	10	16件	16
3	a22002	外套	399	10件	10	15件	15	0	0	18件	18
4	a22003	卫衣	319	10件	10	15件	15	10件	10	15件	15
5	a22011	卫衣	259	10件	10	15件	15	10件	10	19件	19
6	b22001	外套	359	10件	10	15件	15	10件	10	25件	25
7	b22002	连衣裙	159	0件	0	15件	15	10件	10	16件	16
8	b22003	连衣裙	269	10件	10	15件	15	10件	10	30件	30
9	b22011	连衣裙	319	10件	10	15件	15	10件	10	28件	28
10	b22090	连衣裙	499	10件	10	0	0	10件	10	15件	15

图 1-24

1.2.4 数据类型和显示格式

Excel 单元格的格式非常丰富，为数据处理提供了更多的灵活性，但同时也存在一些问题，比如，我们看到的数据和单元格中的实际内容可能不一致。如果单元格内容是公式，那么通过选择或取消选择 Excel 菜单栏的“公式”选项卡中的“显示公式”命令，就可以在显示公式或显示计算结果之间切换。

如果只需要保留计算结果，那么可以选中公式所在单元格（列、行、区域），复制后按数值粘贴。在前面示例中，我们通过公式提取了库存和销量数据的数值部分。可以通过复制、按数值粘贴的方式保留数据，操作结果如图 1-25 所示。

	A	B	C	D	E	F	G
1	货号	分类	定价	库存S	库存M	库存L	销量
2	a22001	外套	299	10	10	10	16
3	a22002	外套	399	10	10	0	18
4	a22003	卫衣	319	10	10	10	15
5	a22011	卫衣	259	10	10	10	19
6	b22001	外套	359	10	10	10	25
7	b22002	连衣裙	159	0	0	10	16
8	b22003	连衣裙	269	10	10	10	30
9	b22011	连衣裙	319	10	10	10	28
10	b22090	连衣裙	499	10	10	10	15

图 1-25

一一问答

一一问：有些单元格左上角有个绿色的小三角，这是什么意思？

答：这表示单元格中的内容是文本格式。如果单元格内容是需要计算的数值，就必须改变这些数据的格式。

一一问：有时候设置单元格格式并不能将文本修改为数值格式，有没有其他方法能够改变数据的格式呢？

答：的确有这种情况。有时候，在一些应用系统生成的 Excel 文件中，数值会被设置为文本格式，并且无法通过设置单元格格式进行修改，此时可以使用 Windows 操作系统的“记事本”程序来过滤格式。首先在 Excel 表单中全选数据并复制，然后将数据粘贴到“记事本”程序中，此时粘贴的就是没有格式的数据；最后，在 Excel 中新建一个数据表，并将“记事本”程序中的数据全选、复制并粘贴到新表中，这样就可以得到“常规”格式的数据，如图 1-26 所示。需要注意的是，如果数据中包含很长的数值（如身份证号码），或者有前导为 0 的内容（如电话区号、国民经济行业分类代码）等特殊格式的数据时，在新建的数据表中首先需要将单元格（列）的格式设置为“文本”，然后再粘贴数据。

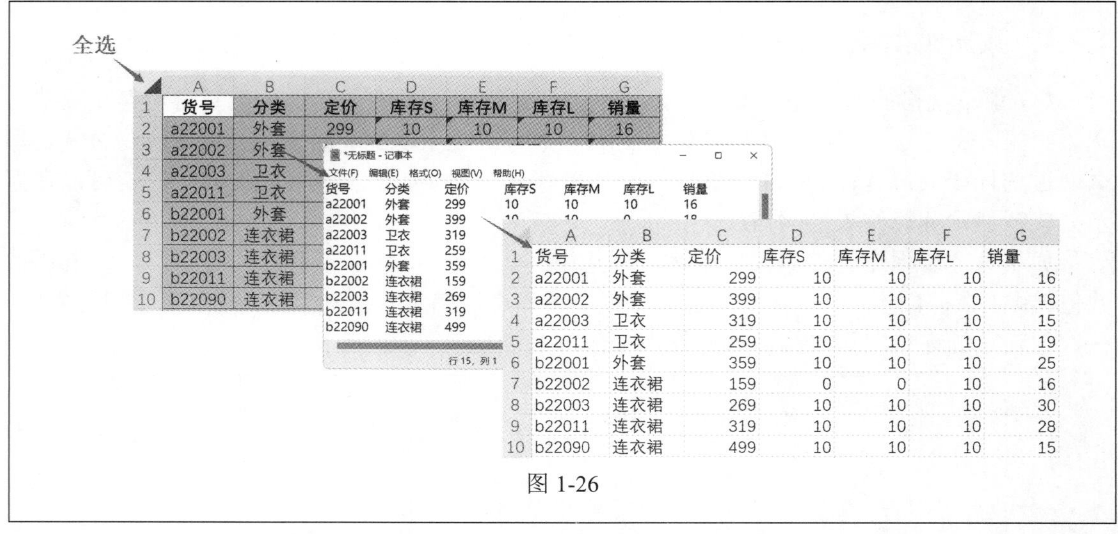

	A	B	C	D	E	F	G
1	货号	分类	定价	库存S	库存M	库存L	销量
2	a22001	外套	299	10	10	10	16
3	a22002	外套	399	10	10	0	18
4	a22003	卫衣	319	10	10	10	15
5	a22011	卫衣	259	10	10	10	19
6	b22001	外套	359	10	10	10	25
7	b22002	连衣裙	159	0	0	10	16
8	b22003	连衣裙	269	10	10	10	30
9	b22011	连衣裙	319	10	10	10	28
10	b22090	连衣裙	499	10	10	10	15

图 1-26

此外，针对日期和时间数据，单元格显示的内容和实际内容也不同。Excel 中的日期和时间数据实际上是浮点数，其中，整数部分是日期，表示从 1900 年 1 月 1 日开始的第几天；浮点数部分是时间，表示当天的时间比例。如 10.1 就表示 1900 年 1 月 10 日 2 时 24 分，其中，2 时 24 分就是 144 分钟，即一天 1440 分钟的十分之一。

此外，还需要注意数据的小数部分，在 Excel 中可以通过单元格格式设置显示的小数位数，但参与计算的是单元格的完整数据，可能包含了不同数量的小数位，此时需要注意计算的精度问题。

一一问答

一一问：如何才能真正保留 2 位小数，而不是通过设置单元格格式显示 2 位小数呢？

答：这里介绍两种方法。

第一种方法是使用 ROUND()函数截取，如 ROUND(11.1269,2)返回 11.13。通过 ROUND()函数截取小数位后可以通过复制、粘贴数值的方法获取包含两位小数的数据。

第二种方法是，如果在单元格格式中已经设置了显示两位小数，那么可以将数据复制到“记事本”程序中，然后再从“记事本”程序中复制数据并粘贴到 Excel 数据表中，这样也可以得到包含两位小数的数据。

1.2.5　分而治之，按需组合

在实际工作中，数据可能会有不同的分类和来源，如服装信息、客户信息，以及不同渠道的销售数据等。在对全部数据进行统一处理时，首先需要对数据进行合并。一般来说，常用的数据合并方式有 3 种，分别是垂直合并、水平合并和交叉合并。

对于“列”定义相同的数据应采用垂直合并。比如，线下、网店和直播间的销售数据就可以进行垂直合并，此时，数据结构中列的数量、数据类型和顺序要保持一致，如图 1-27 所示。

客户代码	货号	销售价格
c0001	a22001	299
c0001	a22002	399
c0002	a22003	319
c0003	a22002	399

客户代码	货号	销售价格
c0003	a22001	299
c0003	b22003	269
c0005	b22001	159
c0006	a22002	399

垂直合并

客户代码	货号	销售价格
c0001	a22001	299
c0001	a22002	399
c0002	a22003	319
c0003	a22002	399
c0003	a22001	299
c0003	b22003	269
c0005	b22001	159
c0006	a22002	399

图 1-27

水平合并一般用于对数据的扩展，比如，前面示例中的服装信息没有包含颜色和图案信息，如果另外统计了这些信息，就可以将这些数据与服装基本数据进行水平合并。水平合并时，每行数据应有一个关联数据，比如，服装可以使用“货号”数据进行关联，如图 1-28 所示。

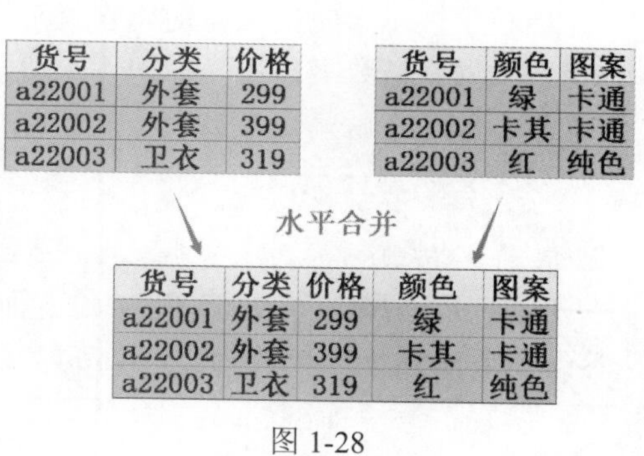

货号	分类	价格
a22001	外套	299
a22002	外套	399
a22003	卫衣	319

货号	颜色	图案
a22001	绿	卡通
a22002	卡其	卡通
a22003	红	纯色

水平合并

货号	分类	价格	颜色	图案
a22001	外套	299	绿	卡通
a22002	外套	399	卡其	卡通
a22003	卫衣	319	红	纯色

图 1-28

交叉合并一般用于不同类型的数据合并，如服装数据、客户数据和销售数据的合并，图 1-29 显示了服装和销售数据的合并，其中使用“货号”作为关联数据。

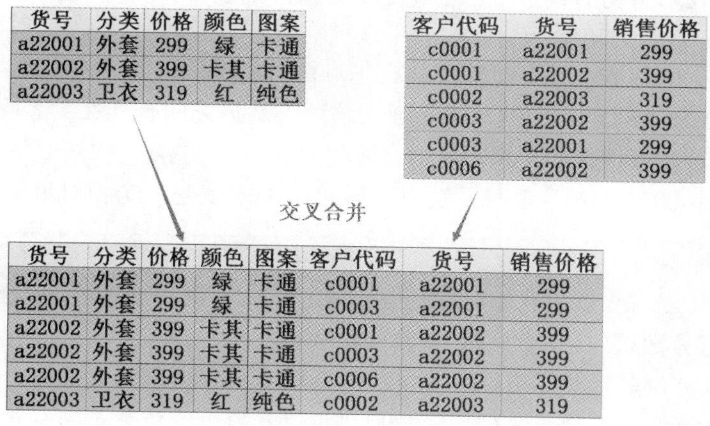

货号	分类	价格	颜色	图案
a22001	外套	299	绿	卡通
a22002	外套	399	卡其	卡通
a22003	卫衣	319	红	纯色

客户代码	货号	销售价格
c0001	a22001	299
c0001	a22002	399
c0002	a22003	319
c0003	a22002	399
c0003	a22001	299
c0006	a22002	399

交叉合并

货号	分类	价格	颜色	图案	客户代码	货号	销售价格
a22001	外套	299	绿	卡通	c0001	a22001	299
a22001	外套	299	绿	卡通	c0003	a22001	299
a22002	外套	399	卡其	卡通	c0001	a22002	399
a22002	外套	399	卡其	卡通	c0003	a22002	399
a22002	外套	399	卡其	卡通	c0006	a22002	399
a22003	卫衣	319	红	纯色	c0002	a22003	319

图 1-29

随着数据量不断增加，无论使用哪一种方式合并数据，如果完全靠手工操作都非常容易出错。所以，对于大量数据的合并操作，使用编程和数据库技术会更加适合，本书后续会详细讨论相关主题。

1.3 认识数据

如果有一个数字 1，它会表示什么含义呢？如果数字没有出处，没有故事，那么它本身没有什么实际意义。本节会帮助你进一步认识数值数据，了解定量数据和定性数据，以及绝对量和相对量的概念。

1.3.1 定量数据和定性数据

当数字表示事物的数量时，它就是定量数据，如库存的服装有 1035 件，这里的 1035 就是定量数据。当数字只作为标识，而不是计数时，如 1 表示红色，2 表示绿色，3 表示蓝色，这里的 1、2、3 就是定性数据。

一一问答

一一问：是不是定量数据都有单位，而定性数据没有？

答：如果这样想能帮助记忆，也可以这么理解。

1.3.2 绝对量与相对量

当数据直接表示事物的数量时，它就是绝对量；当数据表示两个数据之间的关系时，它就是相对量。

比如，一一家的网店在某一时间段共有 1000 名访问的客户，其中 150 名客户购买了商品，这里的 1000 和 150 是两个绝对量，那么这两个数据之间有什么关系呢？通过这两个数据我们可以计算从访问网店到实际购买的转化率，计算方法是购买量除以访问量再乘以 100%，即 150÷1000×100%＝15%，这里，转化率 15%就是一个相对量。

一一问答

一一问：除了百分数以外，相对量还有其他形式吗？

答：因为百分数可以转换为小数和分数，所以，在明确数据应用场景时，相对量也可以是分数或小数。比如，6 月的服装销量是 600 件，7 月的服装销量是 400 件，那么可以说 7

月的销量只有6月的三分之二（2/3），也可以说6月的销量是7月的1.5倍。
另一种表达相对量的方法是比值，比值可以是两个数据的比值，也可以是多个数据的比值，比如，线下、网店和直播销量分别是200件、500件和300件，则3个渠道的销量比就是2:5:3。

——问：15%的转化率似乎不太高？
答：单独来看15%并不高，但在观察相对量时要非常小心，因为相对量表示的是两个数据的关系，解读数据时需要注意相关的绝对量，如网店有1000万次访问，其中有150万名顾客购买了商品，转化率依然是15%，但实际交易量已经是150万笔，而不是150笔。

——问：如何提高转化率呢？
答：这似乎是个经营类的问题。实际上，如果网店有2000万次访问，其中有200万笔交易，虽然转化率只有10%，但销量依然很高，所以说提高转化率并不是唯一目的，实际交易量才是最真实的销售成绩。不过，提高访问量和转化率也是提高销量的有效方法，所以在提高产品竞争力的基础上，高质量的推广工作依然很重要。

——问：在朋友圈做广告怎么样？
答：在朋友圈做广告的确是一个快速传播信息的有效方式，也是最简单的推广方式之一，但在朋友圈做广告需要慎重，不要让朋友们觉得你是为了推销商品而交朋友。

——问：我的朋友圈大概有200人，广告能被转发多少次呢？
答：并不是朋友圈的所有人都认可广告，保守一点估算，假设200人中有10人转发，每个人的朋友圈又有10人转发，那么广告的投放量就是：
$10^n+10^{n-1}+10^{n-2}+\cdots+10^2+10$
其中，n表示有多少级转发。如果n等于5，则广告投放量将达到111 110次。

——问：数字怎么增长这么快？
答：因为使用了乘方运算，所以数据增长特别快。这种增长方式称为“指数级增长”，它还有一个吓人的名字——“病毒式传播”。
你也许听说过关于在国际象棋棋盘上放麦粒的故事，第一个格子放1粒，第二个格子放2粒，第三个格子放4粒，依此类推，64个格子能放多少粒呢？算式如下：
$2^0+2^1+2^2+\cdots+2^{61}+2^{62}+2^{63}$
结果为18 446 744 073 709 551 615。

一一问：这么大的数据是怎么计算出来的？

答：Excel 在进行这么大的数据计算时就有些力不从心了，但是用编程方式解决就很简单。在 Python 中显示计算结果只需要一行代码，如下所示。

```
print(sum([2**x for x in range(64)]))
```

一一问：编程似乎有点意思。我们什么时候开始学习？

答：编程的确很厉害。在了解基本的数据计算和分析方法后我们就会开始学习 Python 编程，到时会看到更多、更灵活的数据处理功能。

在实际工作中，数据分析并不能依靠假设的数据来完成，当我们需要分析某个领域的数据时，一方面，要获取真实或者尽可能接近真实的数据；另一方面，针对每个领域的数据需要不同的分析方法。所以，面对数据时要具体问题具体对待，处理和分析数据就是发现问题、总结规律、制定目标，不断修正结论和预期的过程。

1.4 寻找“大客户”——排序

一一发动大家展开了一系列的宣传，效果还是不错的，最近一个小时的销售数据已经统计出来了，如图 1-30 所示。

销售商品中金额最大的是哪一个呢？在 Excel 中我们可以通过降序排列来查看，首先选中“销售价格”列某个包含数据的单元格，如图 1-31 所示。

客户代码	货号	销售价格
c0001	a22001	299
c0001	a22002	399
c0001	a22003	319
c0001	b22001	159
c0002	a22003	319
c0002	b22003	269
c0003	b22001	159
c0003	a22002	399

图 1-30

C2 | fx 299

	A	B	C	D
1	客户代码	货号	销售价格	
2	c0001	a22001	299	
3	c0001	a22002	399	
4	c0001	a22003	319	
5	c0001	b22001	159	
6	c0002	a22003	319	
7	c0002	b22003	269	
8	c0003	b22001	159	
9	c0003	a22002	399	

图 1-31

然后选择 Excel 菜单栏的“开始”选项卡的“排序和筛选”组的“降序”命令对数据进行降序排列。排序结果如图 1-32 所示。

降序排列后，最大的数据会排在最前面，可以看到，客户“c0001”和“c0003”都购买了货号为“a22002”的商品，价格为 399 元。

如果选择升序排列，最小的数据就会排在最前面，如图 1-33 所示。

	A	B	C
1	客户代码	货号	销售价格
2	c0001	a22002	399
3	c0003	a22002	399
4	c0001	a22003	319
5	c0002	a22003	319
6	c0001	a22001	299
7	c0002	b22003	269
8	c0001	b22001	159
9	c0003	b22001	159

图 1-32

	A	B	C
1	客户代码	货号	销售价格
2	c0001	b22001	159
3	c0003	b22001	159
4	c0002	b22003	269
5	c0001	a22001	299
6	c0001	a22003	319
7	c0002	a22003	319
8	c0001	a22002	399
9	c0003	a22002	399

图 1-33

一一问答

一一问：可不可以先按客户排序，然后按购买商品的价格从大到小排列？

答：通过自定义排序可以实现。首先选中数据区域内某个单元格，然后点击 Excel 菜单栏的“开始”选项卡的“排序和筛选”组的“自定义排序”命令，打开“排序”对话框，如图 1-34 所示。在主要关键字中选择“客户代码”，然后点击“添加条件”按钮以添加次要关键字，并选择“销售价格”，再选择“数据包含标题”，在“次序”列表中选择“降序”，最后点击“确定”按钮。排序结果如图 1-35 所示。

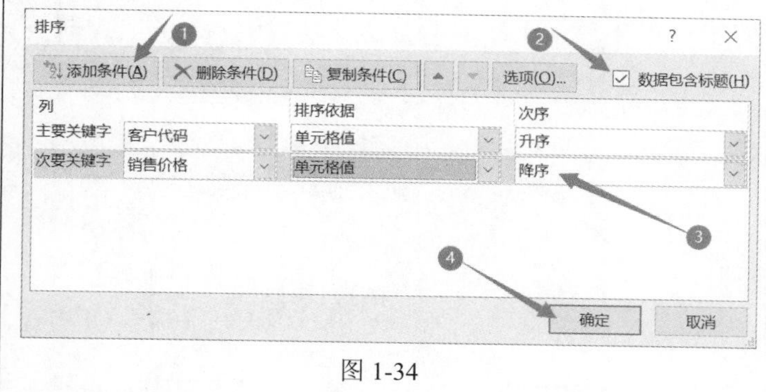

图 1-34

	A	B	C
1	客户代码	货号	销售价格
2	c0001	a22002	399
3	c0001	a22003	319
4	c0001	a22001	299
5	c0001	b22001	159
6	c0002	a22003	319
7	c0002	b22003	269
8	c0003	a22002	399
9	c0003	b22001	159

图 1-35

在很多数据分析方法中，数据的排序是很重要的，当我们提到“有序数列”时一般指一组从小到大排列的数据。有序数列可以帮助我们更便捷地分析数据，比如，有序数列中的第一个数据就是最小值，最后一个数据就是最大值等。

1.5 数据挑着看——筛选

Excel 中的筛选功能可以按值或其他条件过滤数据。还是以销售数据为例，首先选中数据区域内的某个单元格，然后选择 Excel 菜单栏的“开始”选项卡的“排序和筛选”组的“筛选”命令，可以看到，数据区域第一行的单元格会出现下拉菜单按钮，如图 1-36 所示。

	A	B	C
1	客户代码	货号	销售价格
2	c0001	a22002	399
3	c0001	a22003	319
4	c0001	a22001	299
5	c0001	b22001	159
6	c0002	a22003	319
7	c0002	b22003	269
8	c0003	a22002	399
9	c0003	b22001	159

图 1-36

点击“客户代码”中的下三角，在下拉菜单中只选择“c0003”，即可查看客户代码为“c0003”的消费数据，如图 1-37 所示。

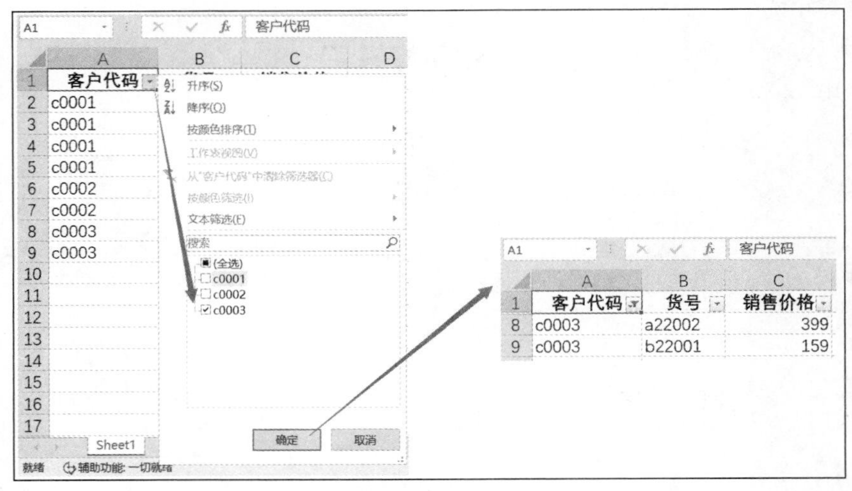

图 1-37

想要取消“客户代码”筛选时，可以在下拉菜单中选择“全选”。如果需要查看“客户代码”为“c0001”和“c0003”，并且“货号”为“a22002”的商品购买记录，可以在“客户代码”和“货号”的下拉菜单选择相应的数据，筛选结果如图 1-38 所示。

	A	B	C
1	客户代码	货号	销售价格
2	c0001	a22002	399
8	c0003	a22002	399

图 1-38

除了具体的数据以外，还可以按数值范围筛选。如图 1-39 所示，需要筛选“销售价格”大于 200 的数据时，可以在“销售价格”下拉菜单中选择“数字筛选”中的“大于”命令。在弹出的“自定义自动筛选”对话框中，在“大于”后的文本框中输入“200”，最后点击“确定”按钮。

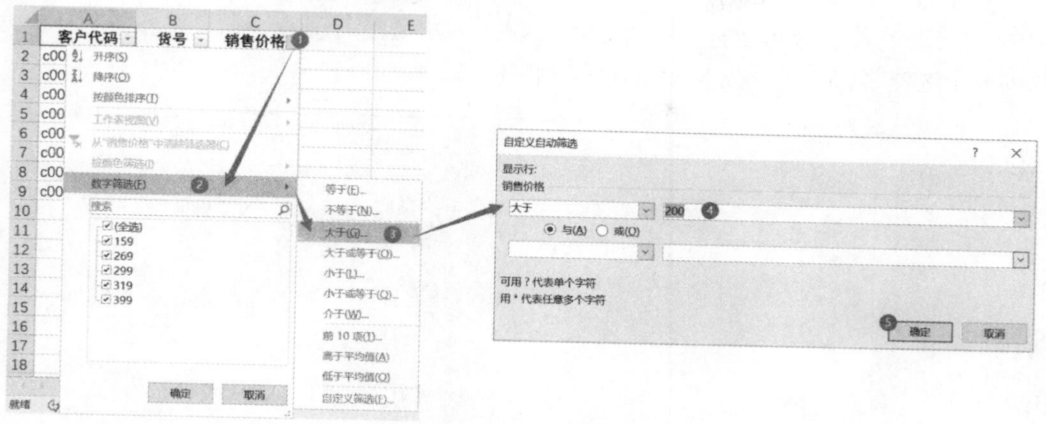

图 1-39

“销售价格”大于 200 的筛选结果如图 1-40 所示。

	A	B	C
1	客户代码	货号	销售价格
2	c0001	a22002	399
3	c0001	a22003	319
4	c0001	a22001	299
6	c0002	a22003	319
7	c0002	b22003	269
8	c0003	a22002	399

图 1-40

一一问答

一一问：取消筛选应该怎么做呢？

答：想要取消所有筛选结果，即显示所有数据时，可以再次点击 Excel 菜单栏的“开始”选项卡的“排序和筛选”组的“筛选”命令。

一一问：可以将筛选结果保存到新的数据表吗？

答：在 Excel 中我们可以直接复制筛选结果，然后粘贴到新的数据表中。

1.6 数据交换——Excel 和 CSV

在处理数据的过程中，我们经常需要将数据在不同格式之间进行转换，如 Excel 就可以导出或导入多种格式的数据。本节将介绍数据在 Excel 和 CSV 格式之间的转换。

Excel 可以直接将表单数据保存为 CSV 格式。方法是在“另存为”对话框的“保存类型”下拉列表中选择“CSV(逗号分隔)(*.csv)”，如图 1-41 所示。

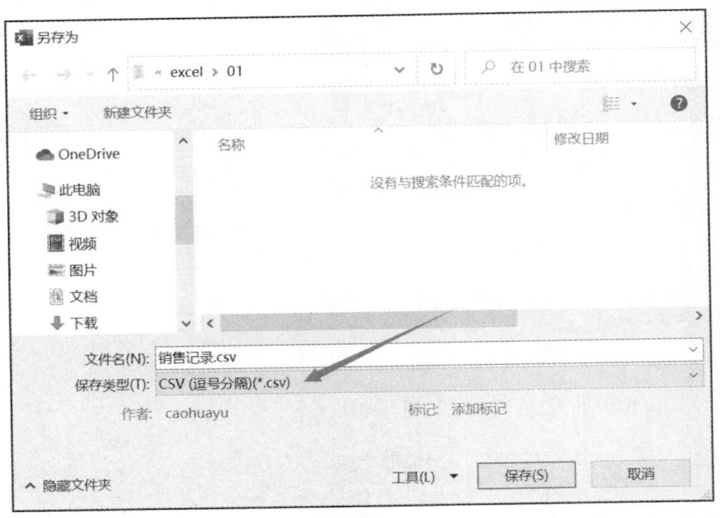

图 1-41

一一问答

一一问：我这里有一些 CSV 格式的客户信息，可以转换为 Excel 的相应格式吗？

答：通过 Excel 可以很方便地导入多种格式的数据，当然也包括 CSV 格式的数据。下面介绍具体的操作方法。

图 1-42 显示了从某平台导出的 CSV 格式的客户信息，其中，“电话”数据中有手机号码，也有包含区号的固定电话号码，请注意，电话区号是以 0 开始的，因此导入和处理这样的数据需要使用“文本”格式。

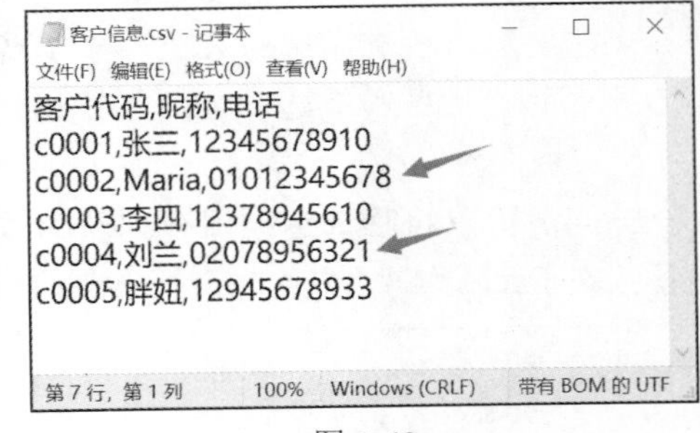

图 1-42

针对不同版本的 Excel，导入数据的方式会有一些区别。图 1-43 显示的是 Excel 2019 的操作选项。我们可以从 Excel 菜单栏的“数据”选项卡中选择“从文本/CSV”命令以完成数据的导入。

选择 CSV 文件后，Excel 会自动分析数据，如图 1-44 所示。可以看到“电话”列的前导 0 并没有显示，这是因为“电话”数据被当作数值类型处理了。

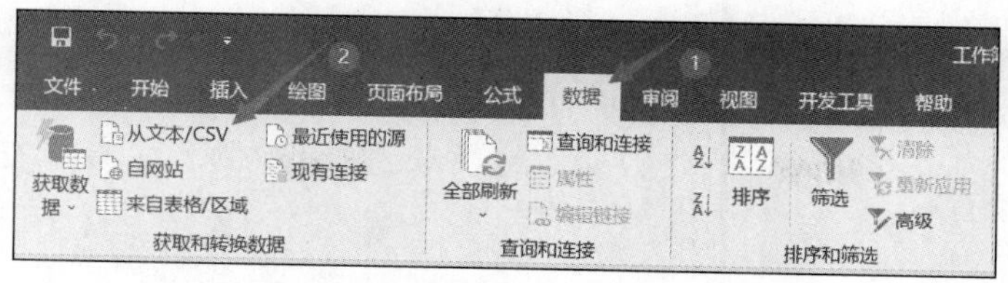

图 1-43

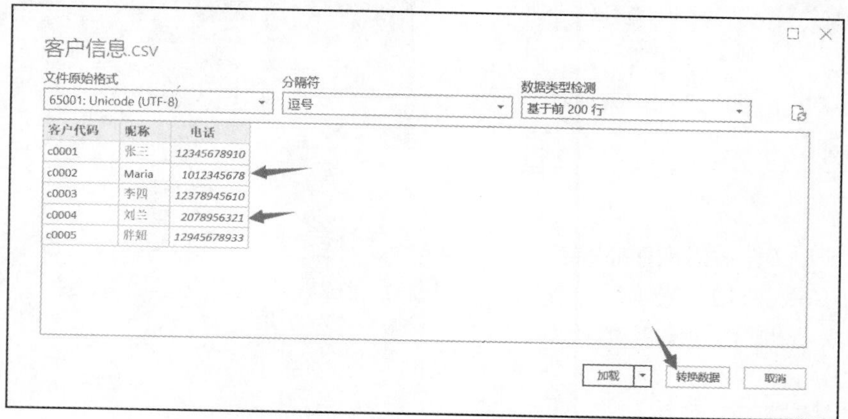

客户代码	昵称	电话
c0001	张三	12345678910
c0002	Maria	1012345678
c0003	李四	12378945610
c0004	刘兰	2078956321
c0005	胖妞	12945678933

图 1-44

点击“转换数据”按钮后进入 Power Query 编辑器。在这里可以修改“电话”的数据类型，默认为整型，定义为“Int64.Type”。我们将“电话”的数据类型修改为“type text”，即文本类型，此时，“电话”区号中的前导 0 就可以正确显示了。最后点击“关闭并上载”命令以确认数据导入，如图 1-45 所示。

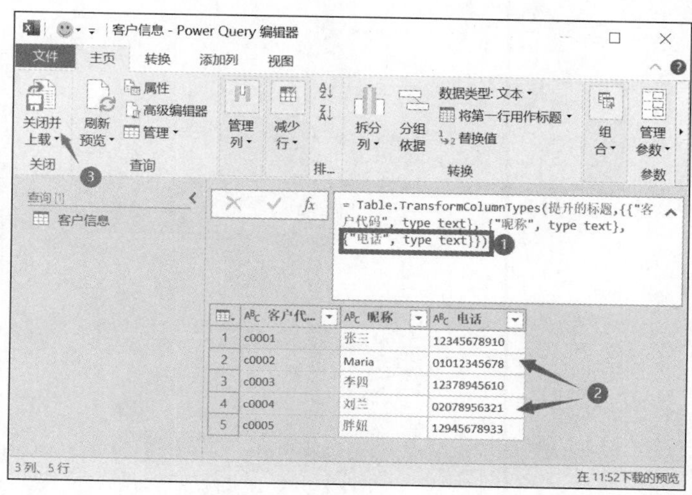

	客户代...	昵称	电话
1	c0001	张三	12345678910
2	c0002	Maria	01012345678
3	c0003	李四	12378945610
4	c0004	刘兰	02078956321
5	c0005	胖妞	12945678933

图 1-45

导入的数据默认启用了数据“筛选”功能，如图 1-46 所示。

而 Excel 2016 的导入过程与上述过程有一些区别。

第 1 步，点击 Excel 菜单栏的“数据”选项卡的“自文本”命令以打开导入向导，如图 1-47 所示。

	A	B	C
1	客户代码	昵称	电话
2	c0001	张三	12345678910
3	c0002	Maria	01012345678
4	c0003	李四	12378945610
5	c0004	刘兰	02078956321
6	c0005	胖妞	12945678933

图 1-46

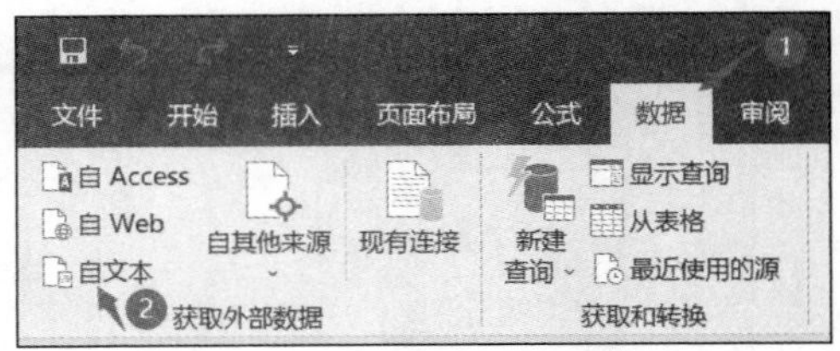

图 1-47

选择 CSV 文件后点击对话框右下角的“导入”按钮进入“文本导入向导”对话框，由于示例中的 CSV 数据使用了逗号分隔符并包含了列标题，所以这里需要选择“分隔符号”和“数据包含标题”，如图 1-48 所示。

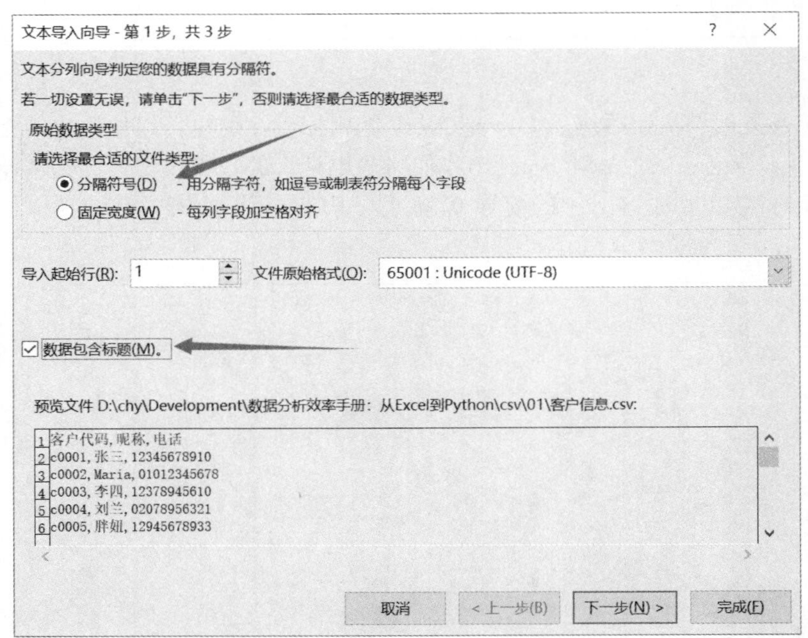

图 1-48

第 2 步，根据实际的数据格式选择分隔符，这里选择“逗号”作为数据分隔符，然后点击“下一步”按钮，如图 1-49 所示。

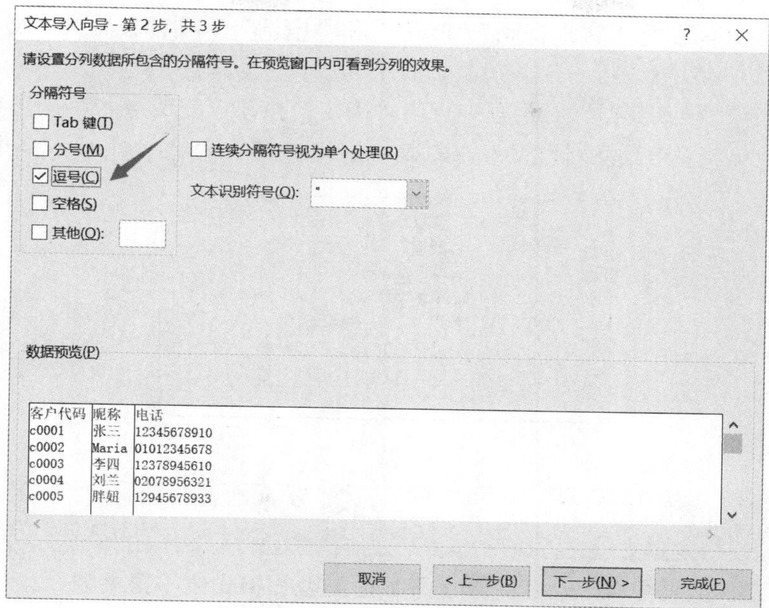

图 1-49

第 3 步，设置各列的数据格式，如图 1-50 所示。

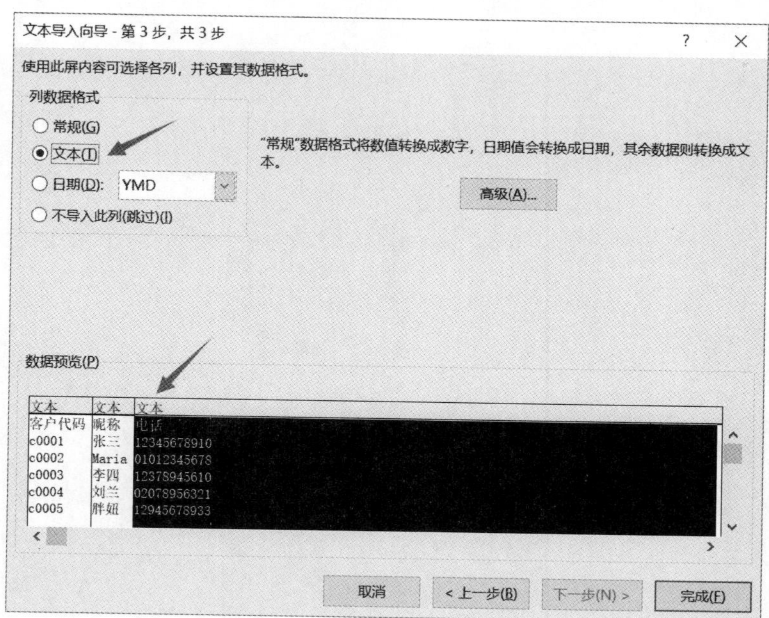

图 1-50

在此步骤中，需要将“客户代码”“昵称”和“电话”3 列都设置为“文本”格式，并点击“完成”按钮。

第 4 步，在“导入数据”对话框中点击“确定”按钮以完成导入。操作结果如图 1-51 所示。可以看到，将“电话”列设置为“文本”格式后，电话区号中的前导 0 可以正确显示。

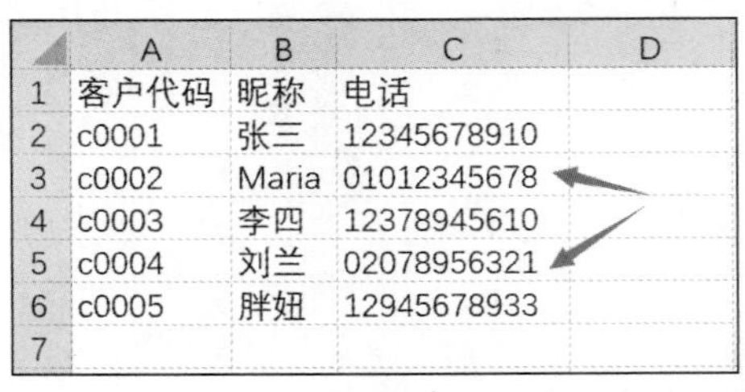

	A	B	C	D
1	客户代码	昵称	电话	
2	c0001	张三	12345678910	
3	c0002	Maria	01012345678	
4	c0003	李四	12378945610	
5	c0004	刘兰	02078956321	
6	c0005	胖妞	12945678933	
7				

图 1-51

一一问答

一一问：将 CSV 数据导入 Excel 时，设置数据类型和格式似乎很关键？

答：的确是这样的。Excel 会自动匹配数据格式，但在一些特殊情况下还是需要人工干预的，比如有前导 0 的数字（电话区号）、长数字（身份证号码）、浮点数、日期和时间等。

第2章　销量的起伏——数据背后的故事

一一家的网店已经开业有一段时间了，同时也积累了一些数据，但是，让一一烦恼的正是大量关于服装、客户和销售的数据，这些数据能不能提供更多的信息呢？

一一问答

一一问：是不是需要更多观察数据的方法？

答：这正是本章将要讨论的内容。首先我们会学习一些基本的数据统计方法，然后介绍如何从图形中观察数据，最后讨论一些现有数据无法反映的问题。

一一问：我这里正好有一些销售数据，不如先对这些数据进行分析吧？

答：没问题，我们马上开始。

2.1　销售数据如何——简单的统计

首先来试一试基本的求和运算。我们在 Excel 中可以使用 SUM()函数计算销售价格合计，如图 2-1 所示。在 D12 单元格中输入公式“=SUM(D2:D11)”并按下回车键，可以计算 D2 到 D11 单元格数据的合计，即“销售价格”合计。

D12　=SUM(D2:D11)

	A	B	C	D	E	F	G
1	销售ID	客户代码	货号	销售价格	销售年	销售月	销售日
2	1	c0001	a22001	299	2022	6	26
3	2	c0001	a22002	399	2022	6	26
4	3	c0001	a22003	319	2022	6	26
5	4	c0001	b22001	159	2022	7	3
6	5	c0002	a22003	319	2022	7	1
7	6	c0002	b22003	269	2022	7	5
8	7	c0003	b22001	159	2022	6	25
9	8	c0003	a22002	399	2022	6	10
10	9	c0005	a22003	319	2022	7	1
11	10	c0003	a22003	319	2022	7	10
12				2960			

图 2-1

——问答

——问：在 Excel 中添加求和公式有没有简便的方法？

答：有。只需要点击 Excel 菜单栏“开始”选项卡中的 Σ 图标就可以了。一些常用的计算函数通过 Σ 图标的下拉菜单也可以快速添加，如图 2-2 所示。

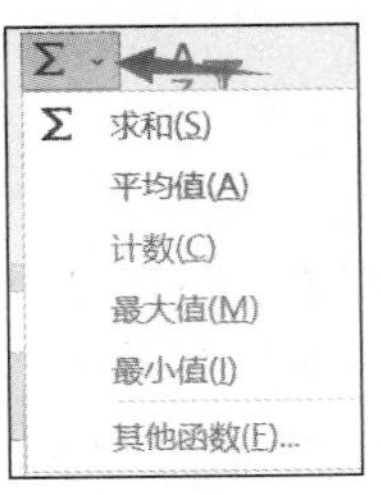

图 2-2

——问：图标中的 Σ 是什么字符？

答：这是希腊字母中的“西格玛”，在数学中表示求和。

自动插入公式时需要注意参数指定的数据区域是否正确。如图 2-3 中所示，由于 D7 单元格为空，因此在 D12 单元格自动添加 SUM()函数时，计算的数据会从 D8 单元格开始，而 D2 到 D6 单元格的数据则没有参与计算。此时我们需要修改 SUM()函数的参数，使用“=SUM(D2:D11)”公式指定计算区域，计算结果会忽略其中的空白单元格。

D12　=SUM(D8:D11)

	A	B	C	D	E	F	G
1	销售ID	客户代码	货号	销售价格	销售年	销售月	销售日
2	1	c0001	a22001	299	2022	6	26
3	2	c0001	a22002	399	2022	6	26
4	3	c0001	a22003	319	2022	6	26
5	4	c0001	b22001	159	2022	7	3
6	5	c0002	a22003	319	2022	7	1
7	6	c0002	b22003		2022	7	5
8	7	c0003	b22001	159	2022	6	25
9	8	c0003	a22002	399	2022	6	10
10	9	c0005	a22003	319	2022	7	1
11	10	c0003	a22003	319	2022	7	10
12				1196			

图 2-3

2.1.1　算术平均数

我们常说的平均数指的是“算术平均数”。为了区分于其他类型的平均数，这里使用“均值”一词。均值的计算方法是将集合中的所有数据相加，然后除以数据的数量，在 Excel 中称为“平均值”，使用 AVERAGE()函数计算。图 2-4 显示了“销售价格”的均值计算结果，可以通过点击 Excel 菜单栏“开始”选项卡中 Σ 图标的下拉菜单中的“平均值”项来添加函数。

D12 =AVERAGE(D2:D11)

	A	B	C	D	E	F	G
1	销售ID	客户代码	货号	销售价格	销售年	销售月	销售日
2	1	c0001	a22001	299	2022	6	26
3	2	c0001	a22002	399	2022	6	26
4	3	c0001	a22003	319	2022	6	26
5	4	c0001	b22001	159	2022	7	3
6	5	c0002	a22003	319	2022	7	1
7	6	c0002	b22003	269	2022	7	5
8	7	c0003	b22001	159	2022	6	25
9	8	c0003	a22002	399	2022	6	10
10	9	c0005	a22003	319	2022	7	1
11	10	c0003	a22003	319	2022	7	10
12				296			

图 2-4

一一问答

一一问：平均数，也就是均值的使用挺常见的，但计算销售价格的均值有什么意义呢？
答：这是一个好问题。均值的含义和计算方法很简单。计算销售价格的均值能够反映客户购买服装的平均价格，这是一种衡量数据集中趋势的统计量，也就是说，客户购买衣服的价格都在这个均值“附近”。

一一问：计算得出的销售价格均值是 296 元，但为什么根本就没有服装的销售价格是 296 元？
答：是的。均值很可能不是数据集合中的数据，它只反映了数据集合的典型值。换句话说，服装价格在 296 元左右是客户比较容易接受的。

一一问：均值看起来挺有用的，它还有什么特点吗？
答：这里的销售价格数据看起来是比较正常的，所以，均值在一定程度上可以作为服装定价的参考。但均值也会受极值的影响，如极大的数据或极小的数据都会让均值无法有效表示数据集合的典型值。稍后还会进行更多关于数据典型值的讨论。

2.1.2 几何平均数

几何平均数（geometric mean）的计算方法是将集合中的数据相乘，然后再开 n 次方，其中 n 是数据的数量。

一一问答

一一问：前面说过，平均数有多种不同类型，几何平均数就是其中之一吧？
答：是的。这里讨论的也只是基本的几何平均数。

一一问：在销售数据中，几何平均数有什么作用呢？
答：如果需要计算几个周期（如几个月或几年）销售额的平均增长速度，几何平均数就可以派上用场了。下面我们来演示具体的计算方法。

图 2-5 显示了 6 月到 12 月的销售金额合计及相关数据，那么如何计算 7 月到 12 月销售金额的平均增速呢？

C9　=(GEOMEAN(C3:C8)-1)*100

	A	B	C
1	月份	销售金额合计	销售金额与上月比值
2	6月	12000	——
3	7月	11900	0.991666667
4	8月	12600	1.058823529
5	9月	14950	1.186507937
6	10月	16000	1.070234114
7	11月	18900	1.18125
8	12月	19000	1.005291005
9			7.959796971

图 2-5

图 2-5 包含了 3 列数据，分别是月份、销售金额合计、销售金额与上月比值，其中，销售金额与上月比值的计算方法是用本月销售金额合计除以上月销售金额合计。此外，注意这里都使用了默认的单元格格式。

C9 单元格的公式为“=(GEOMEAN(C3:C8)−1)*100”，其中，GEOMEAN()函数用于计算几何平均数，这里计算了 7 月到 12 月与上月比值的几何平均数，使用几何平均数减 1 的差再乘以 100，最终结果约等于 7.96，即 7 月到 12 月销售金额平均增长速度大约为 7.96%。

一一问答

一一问：6 月的销售金额与上月比值的数据为什么是横线？
答：这是统计表的习惯用法，表示没有数据。

一一问：这个数据也是可以计算出来的吧？
答：是的。只要有 5 月的销售额就可以计算出来。但是这里计算的是 7 月到 12 月，也就是下半年各月销售额的平均增速，所以只需要 6 月的销售额作为基数就可以了。

一一问：7 月销售金额与上月比值小于 1，也就是说 7 月的销售金额比 6 月少吗？
答：是的。此时 7 月的销售金额与 6 月相比就是负增长（下降），增长率的计算方法是 $(11900 \div 12000-1) \times 100\% \approx -0.83\%$，即 7 月销售额比 6 月大约下降了 0.83%。

一一问：如果只有 7 月到 12 月的销售额增速数据，可以计算平均增速吗？

答：可以。但计算平均增速需要使用比值数据，如果只有增速，那么我们需要将增速转换为小数形式并加 1，得到比值数据后再计算比值的几何平均数，最后将几何平均数减 1 再乘以 100%就可以得到平均增速。

一一问：销售金额年平均增速也是这样计算吗？

答：计算方法是一样的。只是需要使用年度数据。

一一问：在单元格格式中有“百分比”，是不是可以直接使用这种格式？

答：可以。如图 2-6 所示，我们可以将 C9 单元格的公式修改为“=GEOMEAN(C3:C8)−1”，然后设置单元格格式为“百分比”，并指定需要的小数位数。

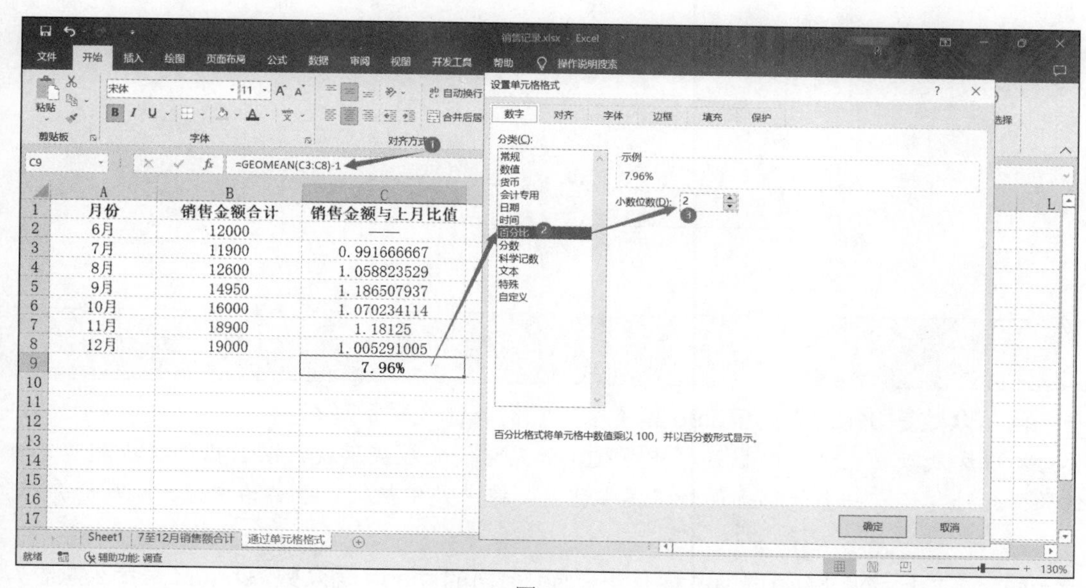

图 2-6

一一问：数据乘以 100 得到的百分数和使用“百分比”格式显示的百分数，哪种方式更好呢？

答：这要看表格和数据的最终用途，直接使用公式计算便于观察算法和数据，但没有显示百分号，因此表格中需要注明数据名称和单位，如“7 月到 12 月销售额平均增速（%）”；设置“百分比”格式则可以更清晰地显示数据格式，同时也只需要注意数据名称，如“7 月到 12 月销售额平均增速”。在需要发布的报表中，使用“百分比”格式的数据会更加直观。实际工作中应该有统一的约定，但要注意，无论使用哪种方式显示数据，都需要配合使用正确的公式。

2.1.3　众数

众数（mode）是指数据集合中出现次数最多的一个或多个数据。需要注意的是，当众数有很多个或者众数数据占全部数据的比例很小时，众数也就失去了代表性。

还以销售数据为例，我们来看看销售价格的众数。

如图 2-7 所示，D12 单元格的公式为“=MODE.SNGL(D2:D11)”，其中，MODE.SNGL()函数的功能是计算数据集合中的一个众数，本例的计算结果是 319，该值在销售价格中出现了 4 次。

D12 =MODE.SNGL(D2:D11)

	A	B	C	D	E	F	G
1	销售ID	客户代码	货号	销售价格	销售年	销售月	销售日
2	1	c0001	a22001	299	2022	6	26
3	2	c0001	a22002	399	2022	6	26
4	3	c0001	a22003	319	2022	6	26
5	4	c0001	b22001	159	2022	7	3
6	5	c0002	a22003	319	2022	7	1
7	6	c0002	b22003	269	2022	7	5
8	7	c0003	b22001	159	2022	6	25
9	8	c0003	a22002	399	2022	6	10
10	9	c0005	a22003	319	2022	7	1
11	10	c0003	a22003	319	2022	7	10
12				319			

图 2-7

一一问答

一一问：众数是 319，与均值 296 差不多，它们有什么联系吗？

答：均值和众数都表现了数据的集中程度，如果它们比较接近就说明数据的集中趋势是可信的。此外，还有一个能够表现数据集中程度的概念是中位数，也称为中值，稍后会介绍。

一一问：MODE.SNGL()函数的名称有些奇怪，前面的 mode 是众数，sngl 又是什么意思？

答：sngl 是 single 的简写，表示单一的，所以 MODE.SNGL()函数的功能是求一个众数。

一一问：前面说过集合中的众数可能不止一个，如果出现多个时怎么计算呢？

答：我们可以使用 MODE.MULT()函数。

一一问：我使用 MODE.MULT()函数算了一下，好像也只能得到一个众数，如图 2-8 所示，那么为什么 399 和 319 都出现了 4 次，但却只显示了 399？

答：这是因为 MODE.MULT()函数返回的是数组，所以我们应该使用数组公式。

一一问：应该怎样使用 MODE.MULT()函数呢？

答：由于 MODE.MULT()函数返回的是数组，因此需要选择多个单元格存放计算结果，如图 2-9 所示，选中 C2 到 C13 区域，用于显示 MODE.MULT()函数的计算结果。

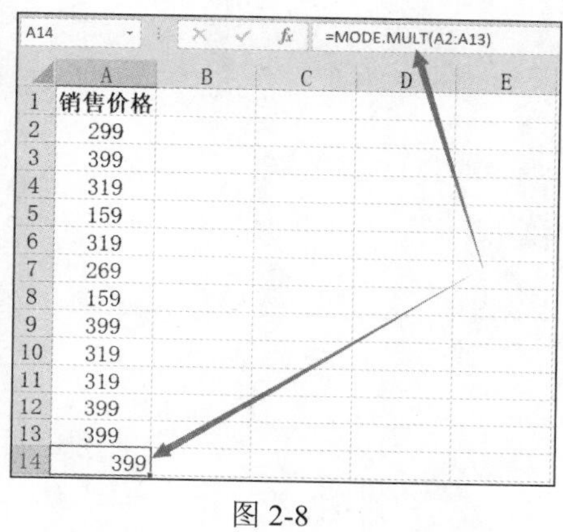

	A	B	C	D	E
1	销售价格				
2	299				
3	399				
4	319				
5	159				
6	319				
7	269				
8	159				
9	399				
10	319				
11	319				
12	399				
13	399				
14	399				

图 2-8

	A	B	C	D
1	销售价格			
2	299			
3	399			
4	319			
5	159			
6	319			
7	269			
8	159			
9	399			
10	319			
11	319			
12	399			
13	399			

图 2-9

在“编辑栏”中输入公式“=MODE.MULT(A2:A13)”，然后按下 Ctrl+Shift+Enter 组合键确认公式，可以看到“编辑栏”中的公式变成了“{=MODE.MULT(A2:A13)}”，这样就定义了数组公式，此时在选中的区域就可以显示多个众数了，即 399 和 319，如图 2-10 所示。

一一问：选中的区域除了两个单元格显示众数以外，其他单元格都显示了“#N/A”，这是什么意思？

答：“#N/A”表示引用错误，即引用的内容（对象）不存在。在本示例中，MODE.MULT()函数计算的众数有两个，选中的其他单元格没有可显示的内容，所以显示“#N/A”。

一一问：对于有多个计算结果的函数，应该选择多少个单元格显示输出结果呢？

答：有两种基本情况。一种情况是类似求多个众数这样的函数，其结果数量是未知的，但也不会太多（我们说过，如果众数太多的话就没什么代表性了），此时我们可以根据需要预留单元格。

另一种情况是函数输出结果的数量是固定的。比如，需要计算所有价格的八五折是多少，此时就需要使用与“销售价格”相同数量的单元格，如图 2-11 所示。

本示例的操作步骤是，首先选中 C2 到 C13 区域，在“编辑栏”中输入“=”，接着再输入“A2:A13*0.85”（或者用鼠标选中 A2:A13 区域后再输入“*0.85”），最后按下 Ctrl+Shift+Enter 组合键进行确认，表示输入的是数组公式，即可得到如图 2-11 中“编辑栏”显示的公式“{=A2:A13*0.85}”。

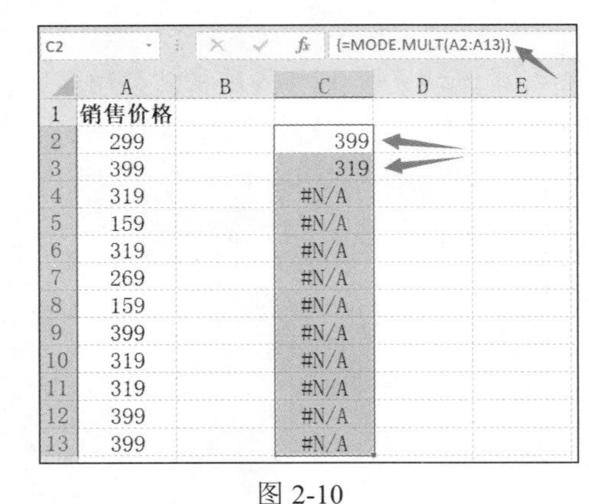

C2 fx {=MODE.MULT(A2:A13)}

	A	B	C	D	E
1	销售价格				
2	299		399		
3	399		319		
4	319		#N/A		
5	159		#N/A		
6	319		#N/A		
7	269		#N/A		
8	159		#N/A		
9	399		#N/A		
10	319		#N/A		
11	319		#N/A		
12	399		#N/A		
13	399		#N/A		

图 2-10

C2 fx {=A2:A13*0.85}

	A	B	C	D	E
1	销售价格				
2	299		254.15		
3	399		339.15		
4	319		271.15		
5	159		135.15		
6	319		271.15		
7	269		228.65		
8	159		135.15		
9	399		339.15		
10	319		271.15		
11	319		271.15		
12	399		339.15		
13	399		339.15		

图 2-11

2.1.4　最小值和最大值

最小值是数据集合中最小的数据，最大值则是数据集合中最大的数据。最大值减最小值的结果称为全距，也称为极差。

在 Excel 中使用 MIN()函数能够获取数据集合中的最小值，使用 MAX()函数能够获取数据集合中的最大值，全距则可以通过最大值减最小值的方式进行计算。

一一问答

一一问：就这么简单？
答：最小值、最大值、全距的概念就是这么简单。

一一问：那它们在数据分析中有什么作用呢？
答：首先，我们通过最小值和最大值可以观察数据集合中的极值，也就是极小或极大的数据。比如，如果服装销售价格出现极低甚至是负数，或者高于正常价格范围的情况都是需要注意的，通过最小值和最大值我们可以很直观地观察到这些异常的数据，也就是数据集合中的“异常值”。

一一问：异常值！听起来不太好？
答：由于人工输入失误或者使用质量不高的数据等原因，数据集合中很有可能会出现异常值。异常值会对均值产生非常明显的影响，最终造成均值与“典型”数据有较大偏差的问题，此时的均值就失去了参考意义。

一一问：“异常值”对众数有影响吗？

答：一般来说，如果异常值不多或者不相同，对众数是没有影响的。但同时也需要注意众数的局限性。只有在众数很少，而且众数数据占全部数据的比例较大时才有参考价值。

一一问：如何将“异常值”对数据分析的影响减少到最小呢？
答：可以采用“掐头去尾”的方法。比如，当数据量很大时，可以将数据按照从小到大排列，即形成“有序数列”，然后使用中间 50%的数据进行分析，也可以根据实际需要选择不同比例的数据进行处理和分析。稍后介绍具体的操作方法。

2.1.5 中位数、四分位数和百分位数

均值可能会受极值和异常值的影响，而众数也有其局限性，此时，在数据集合中还有一个值可以用来观察数据的集中程度，那就是中位数。

在有序数列中，如果数据的数量是奇数，中位数就是数列正中间的那个数据；如果数据的数量是偶数，中位数就是数列中间两个数据的均值。无论如何，中位数都会站在有序数列正中间的位置。

一一问答

一一问：站在数列的正中间，似乎很有代表性？
答：请注意，是站在有序数列的正中间。站在正中间当然有一定的代表性，但也需要注意，如果其他数据与中位数的差距很大，那么中位数也是孤单的，所以，在观察数据时不能只看某一项指标，需要结合多项指标综合判断。

一一问：能具体一点吗？
答：还以销售价格数据为例，在图 2-12 中我们计算了均值、众数和中位数。
图 2-12 共有 10 个数据，并按升序排列。其中，均值是 296，众数和中位数都是 319。此时，数列的均值、众数和中位数都非常接近，由此可以判断数据的集中程度是比较高的。

D4 =PERCENTILE.INC(A2:A11,0.5)

	A	B	C	D	E
1	销售价格				
2	159		均值	296	
3	159		众数	319	
4	269		中位数	319	
5	299				
6	319				
7	319				
8	319				
9	319				
10	399				
11	399				

图 2-12

一一问：我们在求中位数时使用了 PERCENTILE.INC()函数，能详细介绍一下吗？
答：实际上，PERCENTILE.INC(参数一，参数二)函数的功能是计算百分位数，参数一指定了数据的范围，如示例中的 A2:A11；参数二指定了 0 到 1 的数据，分别表示从 0%到 100%位置，常用的百分位数如下。

- 0 返回最小值，即 0%位置的数据。
- 1 返回最大值，即 100%位置的数据。
- 0.5 返回中位数，即 50%位置的数据。
- 0.25 返回下四分位数，即 25%位置的数据。
- 0.75 返回上四分位数，即 75%位置的数据。

在实际应用中，我们还可以根据需要获取指定位置的数据。

——问：PERCENTILE.INC()函数名中有后缀.INC，是不是该函数还有其他版本？

答：是的。求百分位数还可以使用 PERCENTILE.EXC(参数一，参数二)函数，该函数与 PERCENTILE.INC()函数的算法不同，某些位置的数据计算结果也不同，而且，PERCENTILE.EXC()函数的参数二不能设置为 0.0 和 1.0，即无法计算最小值和最大值。在第 5 章中我们将会使用 Python 代码分别实现这两种算法，可以参考使用。

——问：听起来挺复杂，求中位数就没有简单点的方法吗？

答：求中位数的确有一个专用函数，即 MEDIAN()函数。例如，在图 2-12 中，我们将 D4 单元格的公式修改为“=MEDIAN(A2:A11)”，也能得到相同的结果。

——问：最小值、最大值、中位数，还有下四分位数、上四分位数，这些数据都与百分位数有关吗？

答：的确是这样的。它们都是特定百分位数的别名，分别代表有序数列中 0%、100%、50%、25%和 75%位置的数据。

——问：能总结一下这些百分位数在数据分析中有什么作用吗？

答：好的。最小值和最大值体现了数据集合中的极值，对其进行分析可以从主观上判断是否存在异常值。最小值和最大值的差值称为全距（或极差），可以反映数据的离散程度，但是，当数据出现异常值时，全距就无法有效衡量数据的离散程度了，此时使用四分位距就比较合适，也就是上四分位数与下四分位数的差。当数据量较大，并且存在异常值或极值较分散时，只使用下四分位数到上四分位数之间的数据进行分析会更具有代表性。最后，中位数是在有序数列正中间的数据，可以和均值、众数一起作为数据集中程度的参考值。

——问：对于销售数据，可以只分析下四分位数到上四分位数之间的数据吗？

答：可以先对销售数据进行大概的评估，如果销售价格最大值和最小值都在合理的范围内，那么完全可以使用全部数据进行分析。在出现异常值的情况下我们可以考虑只分析下四分位数到上四分位数之间的数据，也可以根据实际需要截取某一区间的数据。

2.1.6 方差和标准差

观察数据分布特点的方法有很多种，如标准差表示数据与均值之间的平均距离，可以通过它评估数据的分散程度。方差是标准差的平方，在计算标准差之前可以先计算方差，计算公式如图 2-13 所示。

其中，x 表示集合中的每一个数据，μ 表示均值，n 表示数据的数量，大写的西格玛 Σ 表示求和。公式的含义是先计算集合中所有数据减均值的平方的和，再除以数据的数量。

——问答

——问：计算出方差以后，如何得到标准差呢？

答：标准差的平方是方差，方差的平方根就是标准差。

在 Excel 中可以使用 VAR.P()函数计算总体方差，使用 STDEV.P()函数计算总体标准差。图 2-14 显示了这两个函数的计算结果。

$$方差 = \frac{\sum(x-\mu)^2}{n}$$

图 2-13

D3 =STDEV.P(A2:A11)

	A	B	C	D	E
1	销售价格				
2	159		总体方差	6161	
3	159		总体标准差	78. 49203781	
4	269				
5	299				
6	319				
7	319				
8	319				
9	319				
10	399				
11	399				

图 2-14

——问答

——问：方差和标准差哪个更常用呢？

答：通过方差的计算公式可以看到，其值是数据与均值差的平方和的均值，这样就造成了方差相对于集合中的数据偏大的情况，而标准差则可以更直观地反映数据与均值之间的平均距离。如果是手工计算，我们往往会先计算方差，然后取其平方根得到标准差。在 Excel 或 Python 编程中可以直接通过函数计算标准差。

——问：这么说标准差更常用，那么标准差是越大越好还是越小越好呢？

答：方差和标准差，只要有其中一个就可以计算另一个，标准差的数据会更接近集合中的数据，方差的值则更大一些，在数据分析过程中我们可以根据需要灵活应用。而关于标准差数据的大小，要视其应用场景具体分析。比如，我们会期望相同型号零件尺寸的标准差为 0，也就是所有零件都是相同的标准尺寸。

一一问：标准差的大小有什么含义？
答：标准差的最小值是 0，此时集合中的所有数据都相同。标准差越小说明集合中的数据越接近，标准差越大说明集合中的数据越分散。标准差的大小在不同的领域有不同的标准，所以需要具体问题具体分析。

一一问：两位客户都购买了价格为 519 元的服装，这符合他们自己的消费习惯吗？
答：这样的话我们可以试试使用标准分。

2.1.7　标准分

标准分（standard score）也称为 z 分（z-score），表示集合中某个数据与均值之间的距离有多少个标准差，标准分可以衡量一个数据与均值的标准偏差。计算标准分的方法是使用数据与均值的差除以标准差。如计算数据 x 的标准分可以使用公式：$z=(x-\mu)\div\sigma$，其中，μ 为均值，σ 为标准差。

Excel 并没有计算标准分的函数，但可以通过公式计算，图 2-15 显示了某位顾客购买的所有服装价格的标准分。

C9　{=(A2:A9-B11)/B12}

	A	B	C	D
1	销售价格		标准分	
2	159		-1.314772738	
3	159		-1.314772738	
4	269		-0.325883841	
5	299		-0.056186869	
6	319		0.123611112	
7	319		0.123611112	
8	399		0.842803037	
9	519		1.921590924	
10				
11	均值	305.25		
12	标准差	111.236		

图 2-15

想要计算图 2-15 中的数据，首先需要在 B11 单元格使用 AVERAGE()函数计算 A2 到 A9 数据的均值，然后在 B12 单元格使用 STDEV.P()函数计算 A2 到 A9 数据的标准差。计算数据的标准分时，首先选中 C2 到 C9 区域，然后输入公式“=(A2:A9−B11)/B12”，最后按下 Ctrl+Shift+

Enter 组合键生成数组公式。在计算结果中，C2 到 C9 分别显示了 A2 到 A9 数据对应的标准分。

一一问答

一一问：519 在购买价格中标准分最大，这应该怎么解读呢？

答：首先回顾一下标准差的含义。标准差表示集合中的数据与均值之间的平均距离。计算某个数据的标准分时，首先使用数据减均值，然后除以标准差，这样得到的结果就是数据与均值之间的距离有多少个标准差。标准分可以帮助我们判断一个数据在集合中的典型性，在图 2-15 中，519 的标准分约等于 1.92，表示它距离均值接近两个标准差，同时在集合数据的标准分中是最大的，说明 519 是最大值。

一一问：标准分可以是负数吗？

答：可以。标准分为负数时说明数据比均值小。

一一问：标准分如何应用呢？

答：前面介绍的均值、众数、中位数、标准差等概念反映的是数据集合整体的集中或分散程度，标准分则反映了某个数据在其集合中的"典型性"。标准分最大的作用是让不同集合中的数据具有可比性，也就是比较不同集合中的数据在其集合中的"典型性"，图 2-16 显示了两名客户购买服装的价格。

观察后可以得知，客户 c0002 购买服装的价格普遍比客户 c0001 高，那么 519 元在哪位客户的消费金额中更"典型"呢？计算结果并不是客户 c0002，519 在两组数据中的标准分如图 2-17 所示。

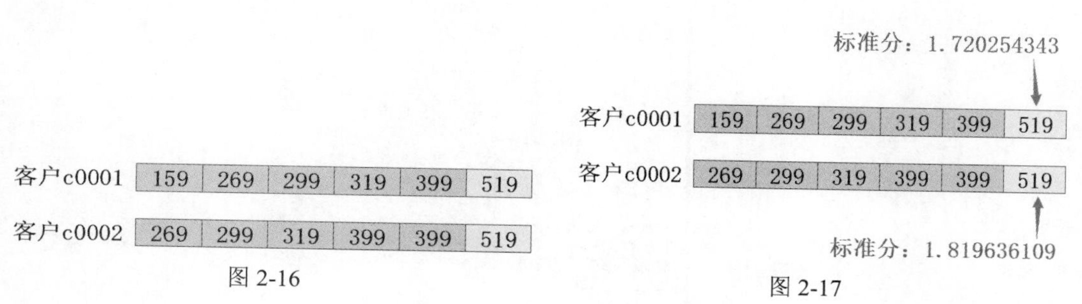

图 2-16

图 2-17

一一问：这是怎么回事？

答：计算标准分时需要使用数据集合的均值和标准差。图 2-18 分别显示了客户 c0001 和 c0002 消费金额的标准分、均值和标准差，其中保留 3 位小数。

							标准分	均值	标准差
客户c0001	159	269	299	319	399	519	1.720	327.333	111.418
客户c0002	269	299	319	399	399	519	1.820	367.333	83.350

图 2-18

通过对数据进行分析，可以得到两组数据的均值和标准差特点。客户 c0001 消费价格的均值较小，但标准差较大，说明数据比较分散。实际上，1.720 和 1.820 的标准分相差并不大，可以说客户 c0001 和 c0002 购买 519 元的服装在各自消费记录中的“典型性”很接近。

——问：既然说到不同客户之间的数据比较，那么可不可以按不同的客户、服装货号分别计算销量，以及销售额的合计、均值等数据呢？

答：你所提到的功能在 Excel 中可以通过分类汇总和数据透视表实现。下面先来看分类汇总的应用。

2.1.8 分类汇总

在 Excel 中，分类汇总可以按某列数据进行分类，然后再对指定列的数据进行统计汇总，如计数、求和等。图 2-19 显示了一些销售数据，接下来我们会对这些数据进行分类汇总。

	A	B	C	D	E	F	G
1	销售ID	客户代码	货号	销售价格	销售年	销售月	销售日
2	1	c0001	a22001	299	2022	6	26
3	2	c0001	a22002	399	2022	6	26
4	3	c0001	a22003	319	2022	6	26
5	4	c0001	b22001	159	2022	7	3
6	5	c0002	a22003	319	2022	7	1
7	6	c0002	b22003	269	2022	7	5
8	7	c0003	b22001	159	2022	6	25
9	8	c0003	a22002	399	2022	6	10
10	9	c0005	a22003	319	2022	7	1
11	10	c0003	a22003	319	2022	7	10

图 2-19

首先将“客户代码”列的数据升序排列，如图 2-20 所示。

	A	B	C	D	E	F	G
1	销售ID	客户代码	货号	销售价格	销售年	销售月	销售日
2	1	c0001	a22001	299	2022	6	26
3	2	c0001	a22002	399	2022	6	26
4	3	c0001	a22003	319	2022	6	26
5	4	c0001	b22001	159	2022	7	3
6	5	c0002	a22003	319	2022	7	1
7	6	c0002	b22003	269	2022	7	5
8	7	c0003	b22001	159	2022	6	25
9	8	c0003	a22002	399	2022	6	10
10	10	c0003	a22003	319	2022	7	10
11	9	c0005	a22003	319	2022	7	1

图 2-20

接下来按“客户代码”进行分类并统计每名客户购买了多少件衣服。选中数据区域内的某个单元格，并通过点击 Excel 菜单栏“数据”选项卡中的“分类汇总”打开分类汇总对话框。

如图 2-21 所示，首先在“分类字段”列表中选择需要分类的数据列名，如“客户代码”；然后在“汇总方式”列表中选择“计数”，并在“选定汇总项”中选择汇总的数据列，这里需要统计记录数量，可以选择分类字段相同的“客户代码”；最后点击“确定”按钮执行汇总，操作结果如图 2-22 所示。

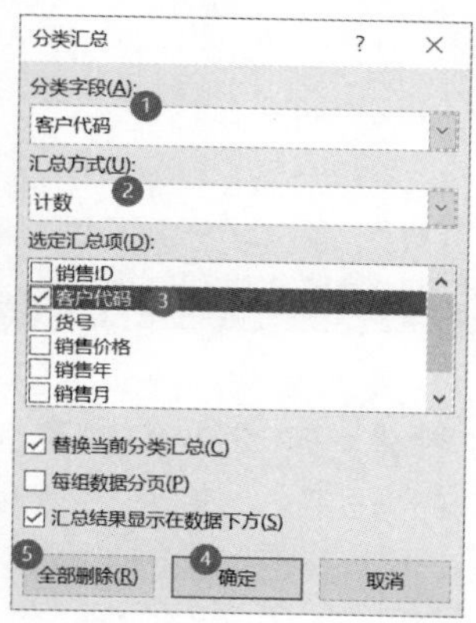

图 2-21

	A	B	C	D	E	F	G
1	销售ID	客户代码	货号	销售价格	销售年	销售月	销售日
2	1	c0001	a22001	299	2022	6	26
3	2	c0001	a22002	399	2022	6	26
4	3	c0001	a22003	319	2022	6	26
5	4	c0001	b22001	159	2022	7	3
6	c0001 计数	4					
7	5	c0002	a22003	319	2022	7	1
8	6	c0002	b22003	269	2022	7	5
9	c0002 计数	2					
10	7	c0003	b22001	159	2022	6	25
11	8	c0003	a22002	399	2022	6	10
12	10	c0003	a22003	319	2022	7	10
13	c0003 计数	3					
14	9	c0005	a22003	319	2022	7	1
15	c0005 计数	1					
16	总计数	10					

图 2-22

在本示例中，我们按“客户代码”分组统计了记录数量，并通过“总计数”汇总了记录的总数量。删除汇总结果时，我们可以在“分类汇总”对话框中点击左下角的“全部删除”按钮，如图 2-21 所示。

接下来还是按“客户代码”分类，这次我们统计销售价格的合计，“分类汇总”的设置如图 2-23 所示，其中，分类字段选择“客户代码”，汇总方式选择“求和”，选定汇总项选择“销售价格”。

分类汇总结果如图 2-24 所示。

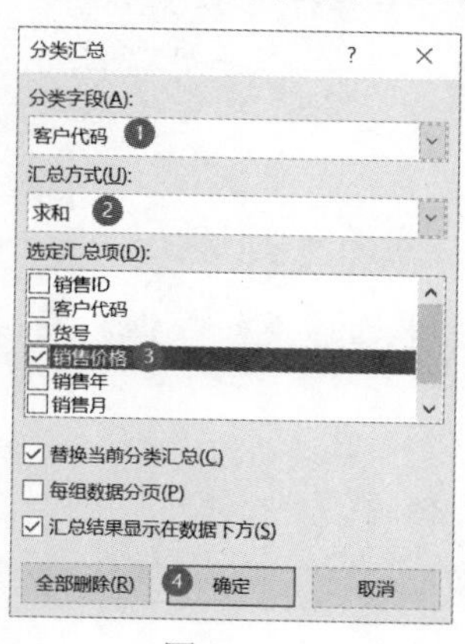

图 2-23

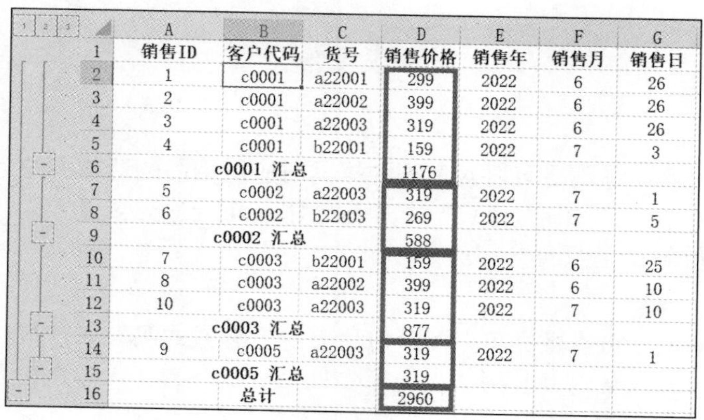

	A	B	C	D	E	F	G
1	销售ID	客户代码	货号	销售价格	销售年	销售月	销售日
2	1	c0001	a22001	299	2022	6	26
3	2	c0001	a22002	399	2022	6	26
4	3	c0001	a22003	319	2022	6	26
5	4	c0001	b22001	159	2022	7	3
6		c0001 汇总		1176			
7	5	c0002	a22003	319	2022	7	1
8	6	c0002	b22003	269	2022	7	5
9		c0002 汇总		588			
10	7	c0003	b22001	159	2022	6	25
11	8	c0003	a22002	399	2022	6	10
12	10	c0003	a22003	319	2022	7	10
13		c0003 汇总		877			
14	9	c0005	a22003	319	2022	7	1
15		c0005 汇总		319			
16		总计		2960			

图 2-24

如果只需要查看汇总结果，我们可以在 Excel 数据表的左上角点击“2”，选择显示到第二级汇总结果，如图 2-25 所示。

	A	B	C	D	E	F	G
1	销售ID	客户代码	货号	销售价格	销售年	销售月	销售日
6		c0001 汇总		1176			
9		c0002 汇总		588			
13		c0003 汇总		877			
15		c0005 汇总		319			
16		总计		2960			

图 2-25

——问答

——问：汇总结果可以单独保存吗？

答：可以。这里介绍一种简单的方法。首先，选择第二级汇总结果，即图 2-25 中显示的结果；其次，点击“全选”按钮选择全部数据并复制；然后，在“记事本”程序中粘贴数据；最后再次全选并复制数据，并在新建的 Excel 表单中粘贴数据，如图 2-26 所示。

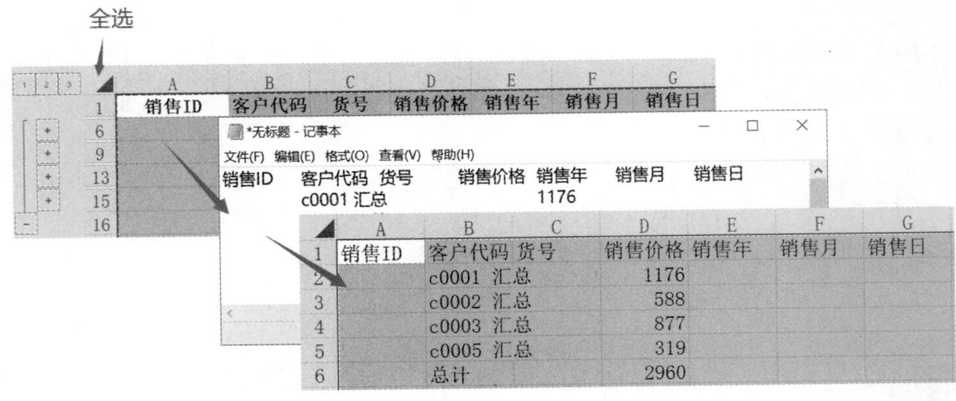

图 2-26

——问：是不是可以对多列数据同时应用相同的汇总方法？

答：可以。如图 2-23 所示，我们可以在“选定汇总项”列表中选择多列数据，然后执行相同的汇总操作。

——问：分类数据可以同时应用多种汇总方式吗？如计数、求和等。

答：可以使用“数据透视表”实现。下面介绍具体的操作方法。

2.1.9　数据透视表

相对于分类汇总，数据透视表可以进行更加复杂的汇总统计。下面我们将通过数据透视表计算不同客户的购买数量和消费金额合计。首先选中数据区域内的某个单元格，然后通过点击 Excel 菜单栏“插入”选项卡中的“数据透视表”打开设置对话框，如图 2-27 所示。

如图 2-27 所示，“表/区域”中会显示自动识别的数据区域，如果自动识别的数据区域不正确，还可以通过点击文本框右侧上箭头的图标选择数据区域，选定完成后再次点击此图标即可。

默认情况下，透视表会保存到“新工作表”中。如果需要在当前工作表中显示透视表，那么可以在放置位置中选择“现有工作表”。确定数据区域和透视表显示位置后点击“确定”按钮，在 Excel 界面右侧会出现“数据透视表字段”对话框，如图 2-28 所示。

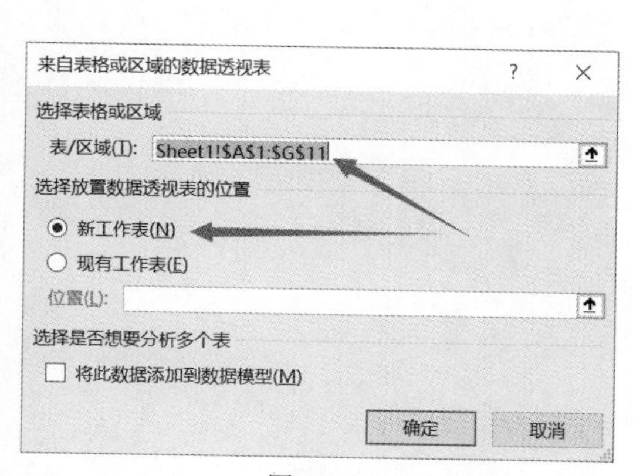

图 2-27

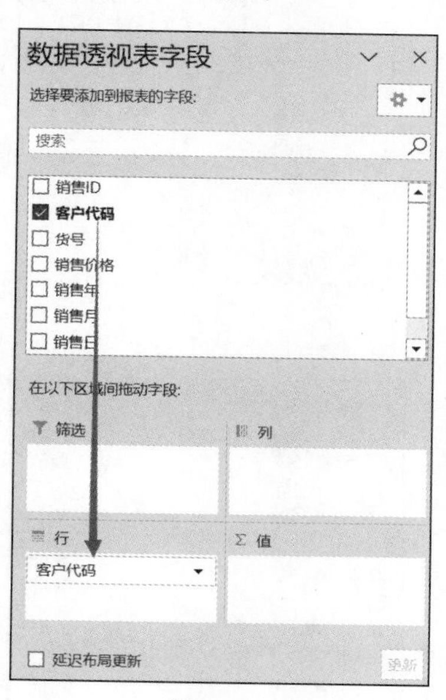

图 2-28

在图 2-28 中，当需要对“客户代码”分组统计时，首先将“客户代码”拖拽至“行”区域。接下来是设置汇总项，将“销售价格”拖拽到“值”区域，此时，默认的统计方法是求和，显示的字段名称为“求和项:销售价格”；当需要统计销售数量时，可以通过点击“求和项:销售价格”右侧的下三角图标显示菜单，并选择“值字段设置”，如图 2-29 所示。

完成上述操作后，在弹出的“值字段设置”对话框中，在“计算类型”列表中选择“计数”，然后点击“确定”按钮，如图 2-30 所示。

除了统计销量以外，我们还需要使用“求和”计算销售价格的合计，在“数据透视表字段”对话框中，再次将“销售价格”拖拽到“值”区域，这次使用默认的求和计算，显示的字段名为“求和项:销售价格”，如图 2-31 所示。

完成数据透视表设计后，指定的工作表中会显示汇总结果，如图 2-32 所示。

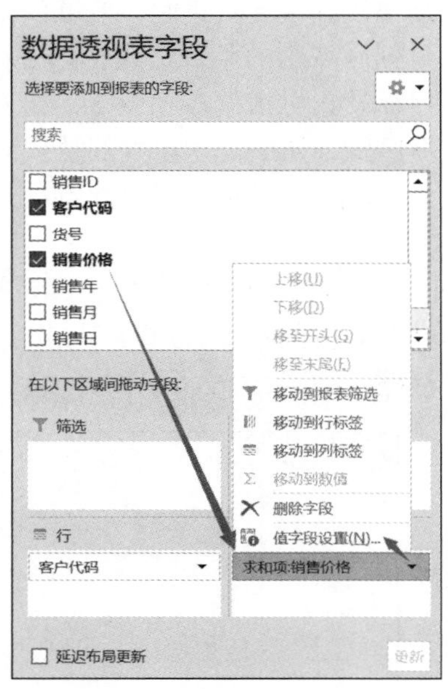

图 2-29

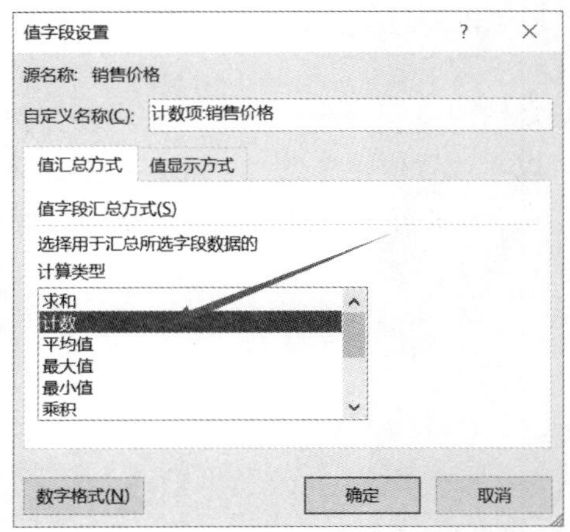

图 2-30

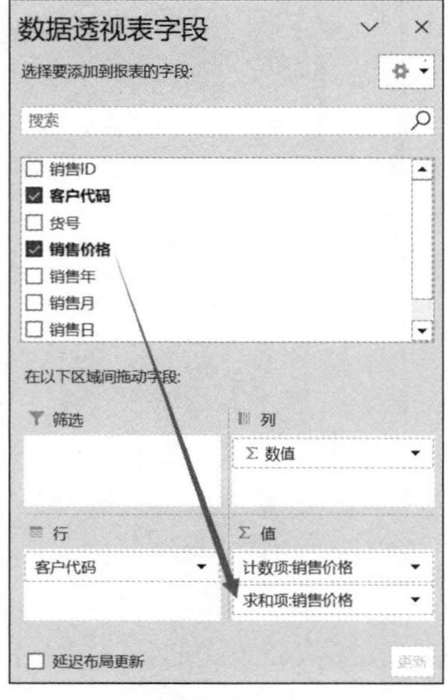

图 2-31

	A ❶	B ❷	C ❸
1	行标签	计数项:销售价格	求和项:销售价格
2	c0001	4	1176
3	c0002	2	588
4	c0003	3	877
5	c0005	1	319
6	总计	10	2960

图 2-32

一一问答

一一问：在数据透视表中，默认的列名似乎不太友好？

答：的确是这样的。对于分组数据名称，即图 2-32 中的“行标签”，我们可以通过鼠标双击单元格进入编辑状态并修改，如修改为“客户代码”。对于计算列名称，如图 2-32 中的 B1 和 C1，我们可以通过鼠标双击单元格打开“值字段设置”对话框，如图 2-30 中的界面，其中可以修改“自定义名称”“计算类型”等内容。在该示例中，可以将“计数项:销售价格”修改为“购买数量”，将“求和项:销售价格”修改为“金额合计”。除了修改列名以外，我们还可以设置单元格格式，图 2-33 展示了单元格内容居中对齐的效果。

	A	B	C
1	客户代码	购买数量	金额合计
2	c0001	4	1176
3	c0002	2	588
4	c0003	3	877
5	c0005	1	319
6	总计	10	2960

图 2-33

一一问：“客户代码”中的下三角按钮的功能是“筛选”吗？

答：是的。通过筛选我们可以查看指定客户的消费情况。

2.2 学看统计图

统计图可以将数据图形化，让数据的显示更加直观，是数据分析常用的工具。本节将介绍 3 种基本的统计图，分别是折线图、饼图和条形图。图形是数据的另一种表现形式，通过修改图形属性我们可以改变图形的形状。如果使用不当，统计图同样具有欺骗性，稍后在折线图和条形图中我们可以看到如何通过刻度改变图形的视觉效果。

2.2.1 折线图

折线图可以反映数据的发展趋势，一般用于展示有时间序列的数据。图 2-34 显示了 1 月到 6 月的服装销量数据。

在 Excel 工作表中，首先选中需要绘图的数据区域，然后通过点击 Excel 菜单栏“插入”选项卡中的折线图图标来绘制折线图，如图 2-35 所示。

	A	B
1	月份	销量（件）
2	1月	1025
3	2月	890
4	3月	1260
5	4月	1380
6	5月	1391
7	6月	1455

图 2-34

图 2-35

生成的折线图如图 2-36 所示。

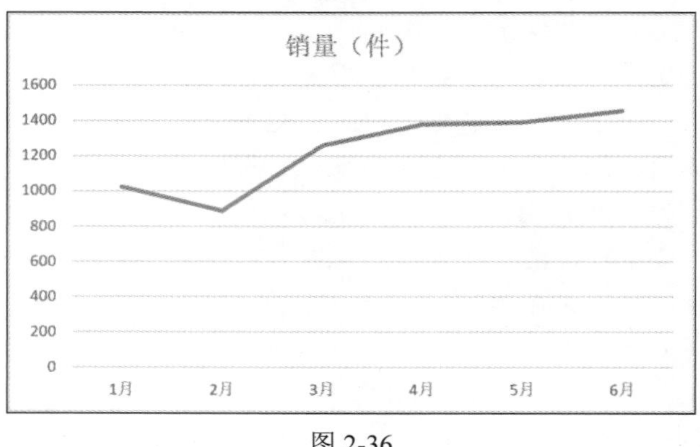

图 2-36

图 2-36 中的折线起伏并不大，和直接观察数据的感觉相似，再来看图 2-37 中的折线图。

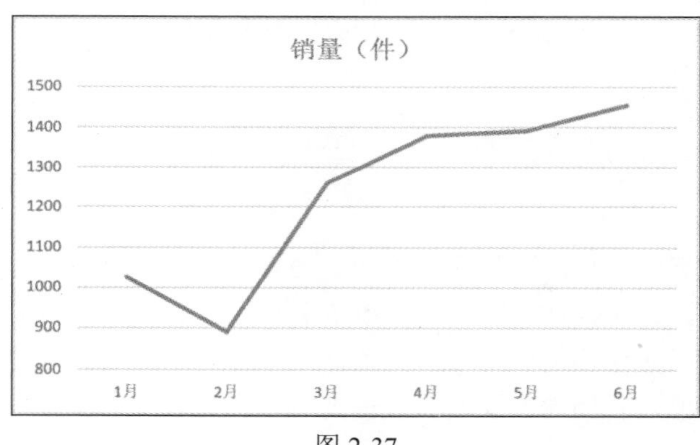

图 2-37

一一问答

一一问：图 2-37 展示的这张折线图的数据起伏似乎比较大？

答：这张图的折线起伏的确要大得多，但它和图 2-36 显示的数据是完全一样的。

一一问：数据一样？那为什么图形看起来区别这么大呢？

答：请注意 Y 轴（垂直方向）的刻度数据。图 2-36 中的 Y 轴刻度是从 0 到 1600 的，而图 2-37 中的 Y 轴刻度则是从 800 到 1500。相同的数据在不同的坐标系里所呈现的图形是不同的，所以，在折线图中需要配合坐标系的刻度来观察数据，包括刻度的整体范围和刻度间隔，这些要素的变化直接影响了折线的形状。

2.2.2　饼图

饼图又称为扇形图，图形中用一个圆表示数据的整体，用扇形表示其中的一部分，也就是说，饼图反映的是部分与整体的关系。

一一问答

一一问：用饼图展示各种服装的销量情况怎么样？

答：饼图展示的数据分类不宜过多。可以想象，如果 360° 的圆形上有几十个分类，那么每个分类平均只有几度的扇形区域，这样根本无法有效地比较数据。

一一问：那么饼图可以展示什么数据呢？

答：用于展示不同渠道的销售情况就很不错。下面来看看效果。

图 2-38 显示了不同销售渠道在某一时期的销售数据。

在 Excel 工作表中，我们首先选中数据区域，然后通过点击 Excel 菜单栏“插入”选项卡中的饼图图标来绘制图形，如图 2-39 所示。

	A	B
1	渠道	销量
2	网下	1300
3	网店一	2360
4	网店二	2156
5	直播	1225

图 2-38

图 2-39

在弹出的选项中选择二维饼图，如图 2-40 所示。

默认的饼图绘制结果如图 2-41 所示。

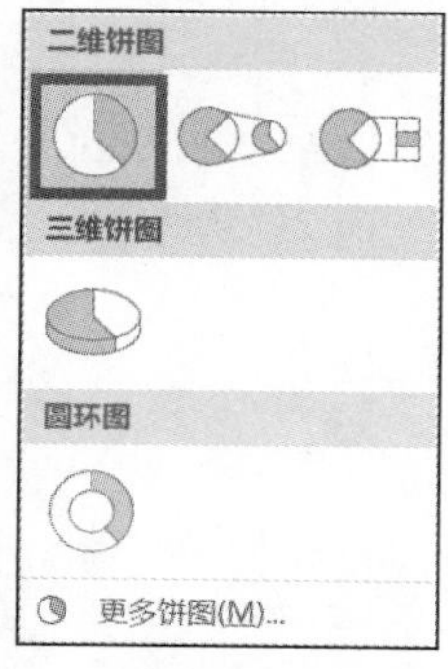

图 2-40

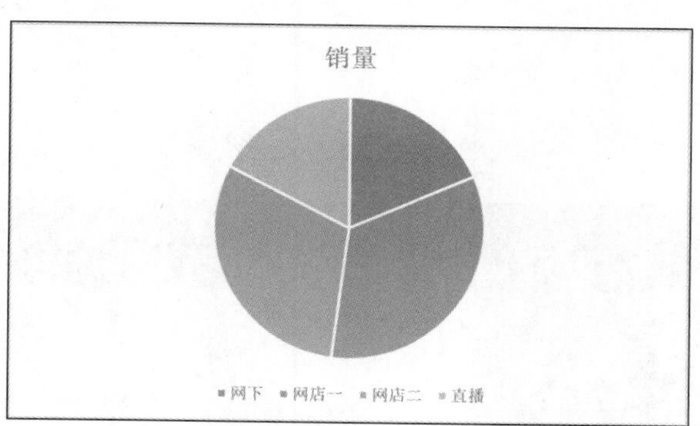

图 2-41

除了使用默认的饼图样式以外，我们还可以修改图形的颜色、数据显示方式等属性。图 2-42 显示了两种风格的包含了各部分百分比的饼图。

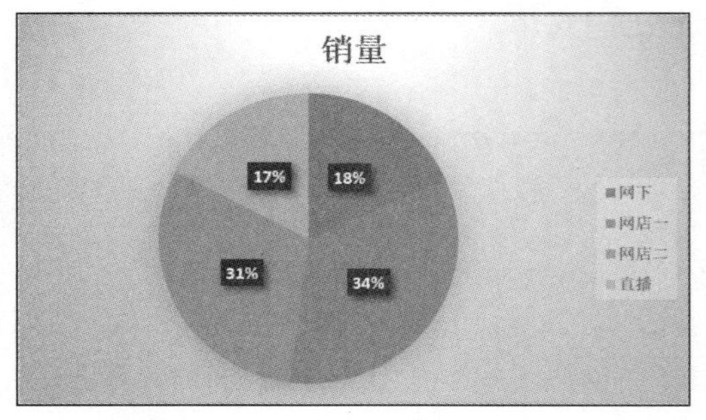

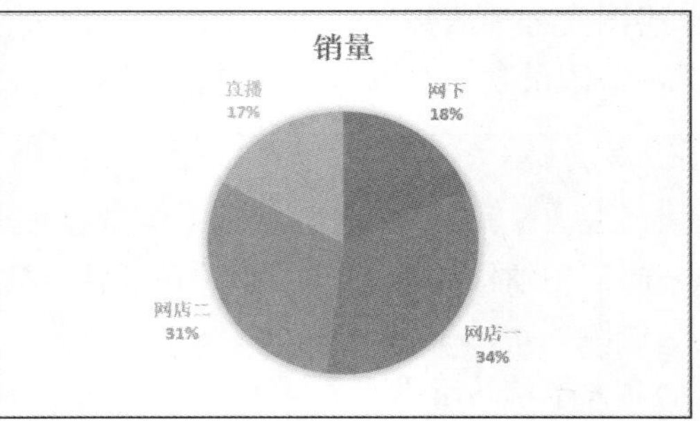

图 2-42

一一问答

一一问：可以使用饼图绘制 1 月到 6 月的销量吗？

答：如果需要表示 1 月到 6 月各月销量占上半年总销量的比例，那么可以使用饼图来呈现。饼图主要展示的是部分与整体的关系，如果想要观察数据部分与整体的关系，都可以使用饼图来表现，只是需要注意分类不要太多。此外，如果只是需要对比 1 月到 6 月的销量数据，下面介绍的条形图会更适合。

2.2.3　条形图

条形图可以帮助我们更加直观地对比数据，如对比 1 月到 6 月的销量数据。在实际应用中，条形图有很多类型，其中，垂直条形图也称为柱形图。在 Excel 中绘制垂直条形图（柱形图），首先选中数据区域，然后点击 Excel 工具栏“插入”选项卡中的条形图图标，如图 2-43 所示。

在弹出的选项中选择“二维柱形图”中的“簇状柱形图”图标，如图 2-44 所示。

图 2-43

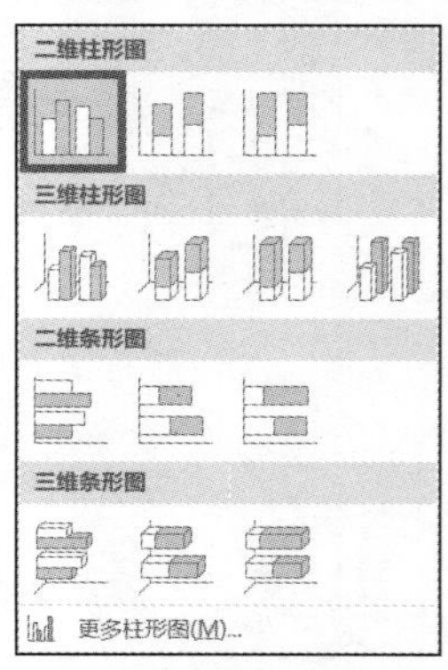

图 2-44

默认的绘制结果如图 2-45（a）所示，其中，Y 轴刻度是从 0 到 1600 的，各月份的销量看起来差距并不大。然后修改 Y 轴刻度为 800 到 1500，绘制结果如图 2-45（b）所示，这样看起来各月的销量差距会更大一些。

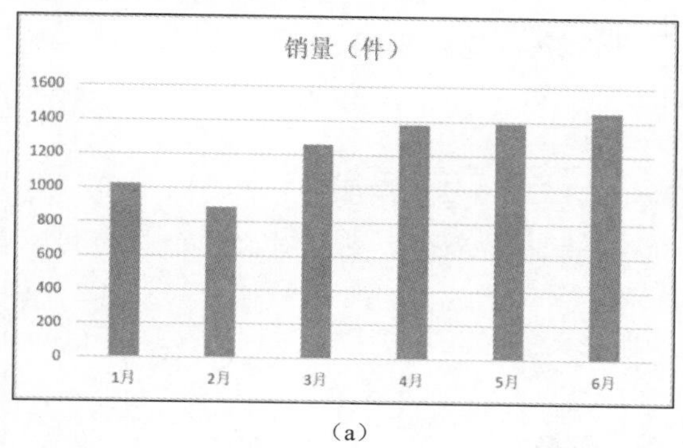

（a）

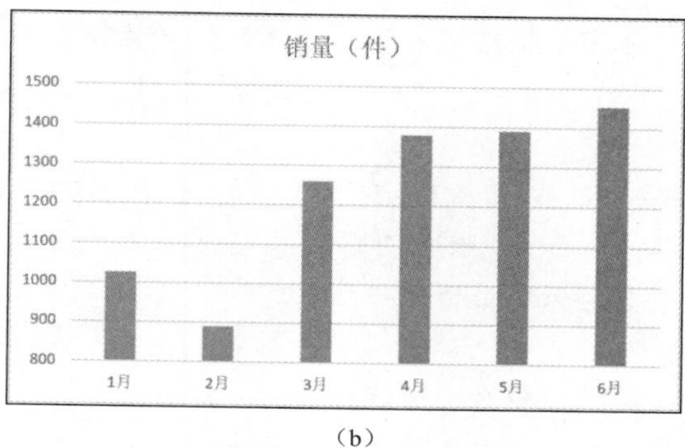

（b）

图 2-45

一一问答

一一说：坐标的刻度对图形影响的确不小，但我们的目的不仅是要看图形，还得看清刻度才行呀。

答：的确是这样的。在折线图和条形图中，相同数据的图形会随着刻度的变化而变化，有时甚至会有一些误导性和欺骗性。所以，在观察统计图时，一定要结合原始数据、坐标刻度（范围和间隔），以及图形的形状等要素综合判断。此外，图形并不能代替真正的数据，讲好数据的故事依然是数据分析工作中最重要的组成部分。

2.3 销量下降——是时候认真分析数据了

销售成绩往往令人捉摸不透，这不，一一从网店店长那里又得到了一些信息。

一一问答

一一问：“一号网店”的店长告诉我销售下降了 26%，是出了什么问题吗？

答：能具体说说是什么数据下降了吗？销量、销量额，或者利润？另外，下降比率是相对量，店长对比的是哪两个数据？

——说：好像没说清楚，我再问一下。
答：好的。

——问：确认了一下，是 7 月的销售额比 6 月下降 26%，这正常吗？
答：6 月是不是有什么促销活动，比如“618 购物节”？

——问：6 月的确有促销活动，这样看来 7 月的销售额下降是正常的了？
答：如果 6 月促销是降价出售，而 7 月多以原价销售或折扣较低，也许对比两个月的利润率会使你的心情好一点。

——问：怎么计算呢？
答：我们可以使用同一时间段的利润除以销售额，再乘以 100%。如销售额为 100 万元，利润有 15 万元，利润率就是 15 ÷ 100 × 100% = 15%。

——说：我计算了两个月的利润率，6 月的只有 16%，而 7 月的有 25%。我还计算了利润额，似乎 7 月的利润也不差。
答：是的。要从多个角度计算和比较数据。如果两个月的利润相近，计算利润率时的分子就相近，分母是销售总额，而 6 月的销售额比 7 月大，这样，6 月的利润率自然就小一些。

——说：但 7 月的销量的确下降了不少！
答：的确。不如一起想想办法吧。

2.3.1 转化率——访问量和销量

我们在介绍绝对量与相对量时已经讨论过“转化率”，它可以在一定程度上反映客户对商品的认可度。这里，客户查看商品的次数可以称为“点击量”，客户实际购买的数量可以称为“购买量”（以卖方的角度看就是“销量”），那么转化率等于“购买量÷点击量×100%”。

点击量、购买量和转化率都是实际产生的数据，从这些数据中我们可以看到客户从选择到购买商品的过程，分析这些数据可以为进一步优化商品和经营策略提供帮助。

分析已存在的销售数据时应注意一些问题，比如，销量大的产品可能只是相对于来访的客户比较适合，只提高这些产品的供货量未必能提高销量。销量小的产品也可能只是对来访的客户不适合。因此最重要的是要吸引更多的客户（提高访问量），并提高客户对商品的关注程度，进而购买商品（提高转化率和销量）。

在分析销售数据时，我们关注的目标通常是“访问量→产品竞争力→转化率→销量”。

一一问答

一一问：为什么把“访问量”放在第一位，而不是“产品竞争力”呢？

答：实际情况要复杂得多，其实它们完全可以并列放在第一位，也就是说产品和推广是同等重要的。在互联网和大数据时代，“流量”的确很重要，没有访问量就很难有销量，没有竞争力的产品同样不会有很高的销量，所以，在考虑转化率和销量之前，先思考如何提升访问量和产品竞争力是非常重要的。

一一问：如何提升“访问量”？

答：第 1 章讨论了使用朋友圈发送广告的方法。实际上，无论是投放传统广告还是互联网广告，都是需要成本的，推广时必须考虑能够承受多少广告成本。换句话说，得好好算算账，如果广告淹没在无尽的互联网流量中，那么推广效果一定不会太好。如果需要用数据说话，就应该尝试各种推广方式，以获取真实的推广效果数据（访问量、转化率和销量），然后再决定更侧重于哪些推广形式。

一一问：如何提升“产品竞争力”？

答：我可不是服装设计师，无法给你产品设计上的建议。但不同的产品，或者说针对不同客户群的产品，都应该有其明确的特点。从数据的角度来说，通过数据分析可以获取不同客户群的偏好，以及客户偏好与产品的关联性等信息，这些信息都有利于提升“产品竞争力”。

一一问：如何更好地利用销售数据呢？

答：销售数据代表了过去。一方面，如果商品不是消耗品，那么一名客户购买此商品后还会再次购买吗？如果只是简单地根据数据预测未来，那么，向客户推销相同的非消耗品是不会成功的。另一方面，如果客户访问了某件商品而没有购买，此时就应该找到客户没有购买的真正原因，否则只是一味地推销，效果可能并不好。从销售数据中我们可以看到客户的偏好，但也要寻求客户没有购买商品的真正原因，分析这些数据也许就可以帮助我们为客户找到真正所需要的商品。

一一问：打折可以提高销量吗？

答：目前来看可以。从直觉上说，打折就是在降价，很多人会在打折时购买商品，但这也助长了一些欺骗行为，如虚高标价，然后打折销售，最终使得实际成交价格与市场价格相同甚至更高。折扣是个相对值，如果客户发现成交价格并不低，结果会怎么样？所以说，如果要打折促销，就应该真正地把价格降下来，这样一般都会提高销量。不过，商家最关心的问题可能还是：利润增加了吗？

2.3.2 访问量－购买量＝？

前面说到，销售数据都是已经发生了的，分析这些数据可以反映一些问题，但是，如果只限于这些数据，那么很可能会忽略一些重要的信息，因为已有的数据只代表过去，那些没产生的数据才是未来。

现在我们来考虑另一部分数据，即“访问量－购买量”，也就是查看商品后但没有购买的那一部分客户数据。那么，客户是由于对商品的哪些方面不满意而导致最终没有购买吗？已获取的销售数据并不能直接给出答案，但还是可以从相关数据中查找到一些线索。

一一问答

一一问：怎样才能得知客户访问商品但不购买的原因呢？

答：这正是数据分析要解决的问题之一。一方面，通过客户购买商品的信息我们可以发现客户的偏好，从而更有效地为客户提供更多类似的商品推荐。另一方面，针对客户访问商品却没有购买的情况，原因会有很多，如不喜欢面料、款式、尺寸、颜色、图案、价格等。这些信息都可以从客户对商品的评价、客服留言、直播评论等数据中获取。

一一问：看起来挺复杂的？

答：的确是这样的。市场中没有可以保证稳赚不赔的固定模式，只有提高产品竞争力，满足客户需求，才能更好地经营下去。在这一过程中我们不仅需要学习丰富的经济学知识，而且必须考虑客户的消费心理，没有一成不变的经营策略，只有努力适应市场才能实现更好的发展。

一一问：有能够简单快速提高销量的方法吗？

答：实在不行就从打折促销开始吧，毕竟商品大量积压的损失更大。此外，我们是不是可以考虑提供个性化服务，比如，可以在服装上印制客户提供的图案，当然，这里还要注意图案的版权问题，或者说是 IP（知识产权）问题。

一一问：那么再深入学习数据分析还有必要吗？

答：正是因为现在除了简单的推广和降价促销以外，还没有其他更有效的营销策略，所以才更需要深入学习数据分析。数据分析正是透过数据看本质的过程，也是发现问题、解决问题和创造未来的过程。从销售数据中我们可以分析客户的购买偏好，从大量数据中也可以发现客户可能的购买需求，只有不断扩大客户群、增强产品竞争力、努力满足客户需求，才能让生意越来越红火，而这些都离不开数据分析。“访问量－购买量”等于什么？这正是需要我们去挖掘的数据宝藏。

第3章 凌晨3点——又加班了

随着一系列营销手段的实施，销量有了显著提高，但问题随之而来……

一一问答

一一说：销售渠道多了，销量上去了，烦恼也来了，数据需要手工合并，然后进行计算和分析，加班已经成常态了，受不了呀！别说旅游了，就连看场电影、吃个火锅都难呀！

答：生意火是好事情呀！但这对数据的处理就提出了更高的要求，下面我们来看一看具体情况。

3.1 多销售渠道的烦恼

随着业务的发展，销售渠道越来越多，如线下销售、网店销售、直播销售等。随着销售数据每天都在快速增长，数据分析工作也越来越复杂，要求也越来越高。

对全部销售数据进行分析时，首先需要合并不同渠道的销售数据，在Excel中我们无论使用哪种方法合并数据，都有一个基本的前提，即合并的数据格式必须是相同的，比如，数据的顺序和类型等。图3-1显示了两个渠道的销售数据。

	A	B	C	D	E	F
1	客户代码	货号	销售价格	销售年	销售月	销售日
2	c0001	a22001	299	2022	6	26
3	c0001	a22002	399	2022	6	26
4	c0001	a22003	319	2022	6	26
5	c0001	b22001	159	2022	7	3
6	c0002	a22003	319	2022	7	1
7	c0002	b22003	269	2022	7	5
8	c0003	b22001	159	2022	6	25
9	c0003	a22002	399	2022	6	10
10	c0003	a22003	319	2022	7	10
11	c0005	a22003	319	2022	7	1

	A	B	C	D	E	F
1	客户代码	货号	销售价格	销售年	销售月	销售日
2	c0006	a22001	299	2022	6	25
3	c0006	a22002	399	2022	6	28
4	c0008	a22003	319	2022	7	3
5	c0008	b22003	269	2022	7	3
6	c0009	b22001	159	2022	6	25
7	c0011	a22002	399	2022	6	15
8	c0011	a22003	319	2022	7	16
9	c0011	a22003	319	2022	7	16
10	c0033	a22002	399	2022	6	28
11	c0033	a22003	319	2022	7	1
12	c0033	b22003	269	2022	7	1

图3-1

一一问答

一一问：图中的数据似乎少了点什么？

答：是不是没有销售渠道的标识。

一一问：对呀，如果需要在全部数据中按销售渠道汇总该怎么办呢？

答：很简单，只要在销售数据中添加一列，标注销售渠道就可以了，如图 3-2 所示。

	A	B	C	D	E	F	G
1	渠道	客户代码	货号	销售价格	销售年	销售月	销售日
2	线下	c0001	a22001	299	2022	6	26
3	线下	c0001	a22002	399	2022	6	26
4	线下	c0001	a22003	319	2022	6	26
5	线下	c0001	b22001	159	2022	7	3
6	线下	c0002	a22003	319	2022	7	1
7	线下	c0002	b22003	269	2022	7	5
8	线下	c0003	b22001	159	2022	6	25
9	线下	c0003	a22002	399	2022	6	10
10	线下	c0003	a22003	319	2022	7	10
11	线下	c0005	a22003	319	2022	7	1

	A	B	C	D	E	F	G
1	渠道	客户代码	货号	销售价格	销售年	销售月	销售日
2	网店一	c0006	a22001	299	2022	6	25
3	网店一	c0006	a22002	399	2022	6	28
4	网店一	c0008	a22003	319	2022	7	3
5	网店一	c0008	b22003	269	2022	7	3
6	网店一	c0009	b22001	159	2022	6	25
7	网店一	c0011	a22002	399	2022	6	15
8	网店一	c0011	a22003	319	2022	7	16
9	网店一	c0011	a22003	319	2022	7	16
10	网店一	c0033	a22002	399	2022	6	28
11	网店一	c0033	a22003	319	2022	7	1
12	网店一	c0033	b22003	269	2022	7	1

图 3-2

接下来我们可以合并各个渠道的销售数据，其中就包含了销售渠道。如图 3-3 所示，这样就可以按渠道分类汇总或创建数据透视表了。

	A	B	C	D	E	F	G
1	渠道	客户代码	货号	销售价格	销售年	销售月	销售日
2	线下	c0001	a22001	299	2022	6	26
3	线下	c0001	a22002	399	2022	6	26
4	线下	c0001	a22003	319	2022	6	26
5	线下	c0001	b22001	159	2022	7	3
6	线下	c0002	a22003	319	2022	7	1
7	线下	c0002	b22003	269	2022	7	5
8	线下	c0003	b22001	159	2022	6	25
9	线下	c0003	a22002	399	2022	6	10
10	线下	c0003	a22003	319	2022	7	10
11	线下	c0005	a22003	319	2022	7	1
12	网店一	c0006	a22001	299	2022	6	25
13	网店一	c0006	a22002	399	2022	6	28
14	网店一	c0008	a22003	319	2022	7	3
15	网店一	c0008	b22003	269	2022	7	3
16	网店一	c0009	b22001	159	2022	6	25
17	网店一	c0011	a22002	399	2022	6	15
18	网店一	c0011	a22003	319	2022	7	16
19	网店一	c0011	a22003	319	2022	7	16
20	网店一	c0033	a22002	399	2022	6	28
21	网店一	c0033	a22003	319	2022	7	1
22	网店一	c0033	b22003	269	2022	7	1

图 3-3

3.2 日报表、月报表、年度报表等

在数据分析过程中，除了日报表、月报表、年度报表以外，还可能需要季度报表、周报表和不定期报表等。分析某个时段的全部销售数据时，我们必须先合并这一时段所有渠道的销售数据，特别是日报表，每天都需要进行数据合并操作。

一一问答

一一说：这工作量想想都头疼。

答：的确。这还只是销售数据，不同的销售渠道还包括客户信息和评论等数据。

一一问：不同渠道的客户信息怎么处理呢？应该有客户在多个渠道都注册了账号，能关联这些客户的消费记录吗？

答：同一客户在不同平台注册的昵称可能并不一样，而不同平台昵称相同的客户也未必就是同一人。一般来说，每个平台都会保存客户的电话号码，大多情况下我们可以通过电话号码确认客户是否为同一人。

一一问：不会要一个一个查找电话号码来关联客户信息吧？

答：这个工作量可不小，可以说几乎是不可能完成的任务。

一一问：那怎么办呢？

答：使用编程和数据库技术就方便多了。

一一问：编程和什么库，听起来很神秘？

答：数据库！就是数据的仓库，使用它可以高效地管理海量数据。

一一问：听起来不错，真想快点结束数据的混乱状态，我们什么时候开始学习编程和数据库呢？

答：总是加班的确很累，不如暂时放下报表工作，先来了解更强大的信息处理工具——Python 编程吧。

第 4 章　强大的信息处理工具——Python 编程

对于服装，流行的颜色和款式会吸引更多人的关注，在编程领域也一样，流行的编程工具会有很多人选择学习，也会有更多的可用资源，Python 就是这样一种编程工具，它可以工作在 Windows、macOS、Linux 等操作系统中。

一一的计算机安装了 Windows 10 操作系统，本书会使用同款测试环境。下面首先介绍如何在 Windows 10 操作系统中创建 Python 开发和运行环境。

4.1　创建 Python 环境

Python 环境在 Windows 操作系统中是什么角色呢？图 4-1 显示了本书的 Python 应用开发和运行环境的基本结构。

本书的 Python 环境基于 Windows 操作系统，Python 应用开发会在 Visual Studio 中完成，如代码的编写和测试等，最终，Python 应用由 Python 环境解释和执行。

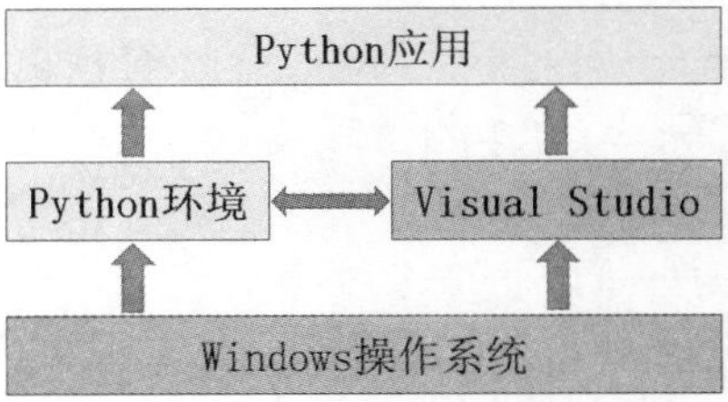

Python应用	
Python环境 ⟷	Visual Studio
Windows操作系统	

图 4-1

4.1.1　Visual Studio

Visual Studio 是微软公司出品的一款集成开发环境（Integrated Development Environment，IDE），可以进行多种类型的应用开发和测试工作。本书示例均使用 Visual Studio 2022 Community 版本。如果计算机安装的是 Windows 7 操作系统，那么可以使用 Visual Studio 2019 Community 版本。

此外，Visual Studio 安装程序需要.NET Framework 4.6 或更高版本支持，该组件可以从微软公司官方网站下载。

安装 Visual Studio 时可以选择所需要的组件，可以参考图 4-2 中的选项来选择 Python 相关组件。

如果计算机已经安装了 Visual Studio，那么我们还可以使用 Visual Studio Installer 修改和更新组件，选择的组件同样可以参考图 4-2。安装或更新过程中要保持网络畅通，耐心等待安装完成即可。

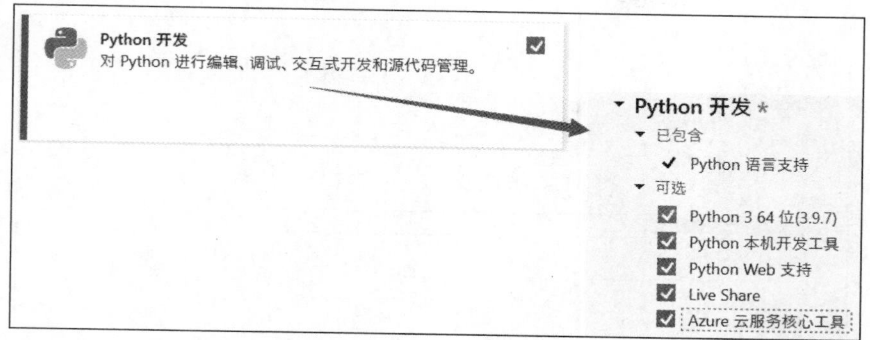

图 4-2

安装完成后，我们可以通过 Windows 10 操作系统的“搜索”功能或“Cortana”助手查询并启动 Visual Studio，软件图标如图 4-3 所示。

启动 Visual Studio 后，我们需要在欢迎界面中选择“创建新项目”，如图 4-4 所示。

图 4-3

图 4-4

创建 Python 项目时，我们可以通过“python”关键字搜索项目模板，并选择“Python 应用程序”，如图 4-5 所示。

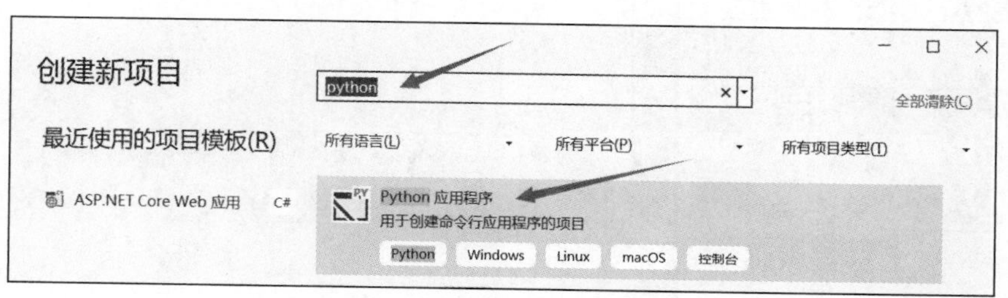

图 4-5

本书测试项目名称和解决方案名称都使用 PythonDemo，读者可以根据需要指定项目和解决方案名称，并指定保存位置，最后点击“创建”按钮完成项目的创建，如图 4-6 所示。

打开 Visual Studio 后，也可以通过点击菜单“文件”→“新建”→“项目”命令打开项目新建窗口，操作过程与在欢迎界面中创建项目的过程相同。

创建项目后，可以在“解决方案资源管理器”对话框中管理项目文件，如图 4-7 所示。

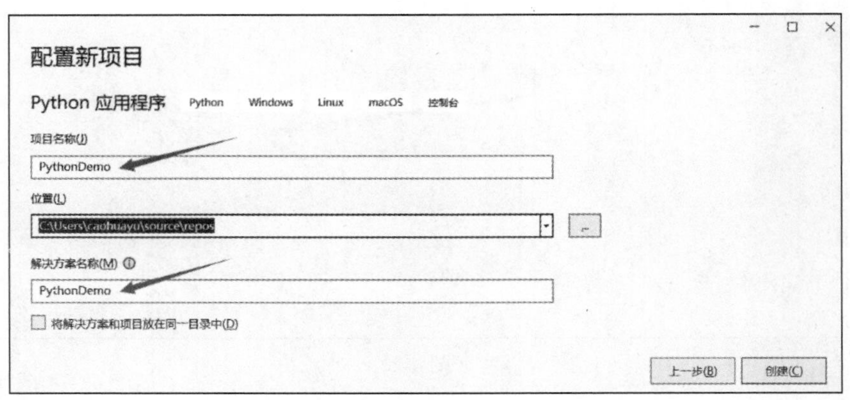

图 4-6

默认情况下，新建 Python 项目的主代码文件与项目名称相同，并加粗显示，如图 4-7 中的 PythonDemo.py 文件。双击打开此文件，然后修改文件内容如下。

```
print("Hello Python")
```

在上述代码中，print()函数的功能是显示圆括号中的参数内容，一对双引号定义的是文本内容，即字符串（string）。

运行程序时，我们可以点击 Visual Studio 菜单栏中的运行按钮（绿色三角）或按下 F5 功能键，如果看到如图 4-8 所示的窗口，说明第一行 Python 代码已经成功运行。

图 4-7

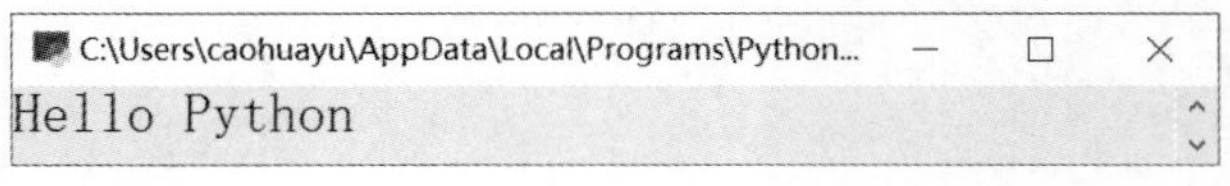

图 4-8

4.1.2　代码文件的编码问题

对大多数初学编程的朋友来说，能够通过代码显示自己的名字是一个不小的诱惑，一一当然也不例外，她修改了 PythonDemo.py 文件的代码，内容如下。

```
print("一一最棒了！")
```

但是代码执行的结果并不能让一一满意，窗口中显示了很多提示信息，实际上，只有最后一部分是关键，内容如下。

```
    SyntaxError: (unicode error) 'utf-8' codec can't decode byte 0xd7 in posi
tion 4: invalid continuation byte
```

可以看出，这是代码文件的编码问题。原因是，Python 3 默认使用 UTF-8 编码标准，而在中文版的 Visual Studio 2022 开发环境中，代码文件的默认编码标准是 GB 2312—1980，所以在处理中文时就会出现问题。

解决 Python 代码文件的编码问题有两种常用的方法，第一种方法是在文件内容的第一行注明文件的编码类型，如下面的代码就可以正常运行。

```
# coding:gb2312

print("一一最棒了！")
```

在中文编码标准中，GB 2312—1980 是 GBK 的子集，所以，在文件中直接标注编码为 gbk 也可以正确执行，代码如下所示。

```
# coding:gbk

print("一一最棒了！")
```

第二种方法是将代码文件保存为 UTF-8 格式。在 Visual Studio 环境中，通过点击菜单“工具”组的“自定义”项打开自定义窗口，并在“命令”选项卡中点击“添加命令”按钮，如图 4-9 所示。

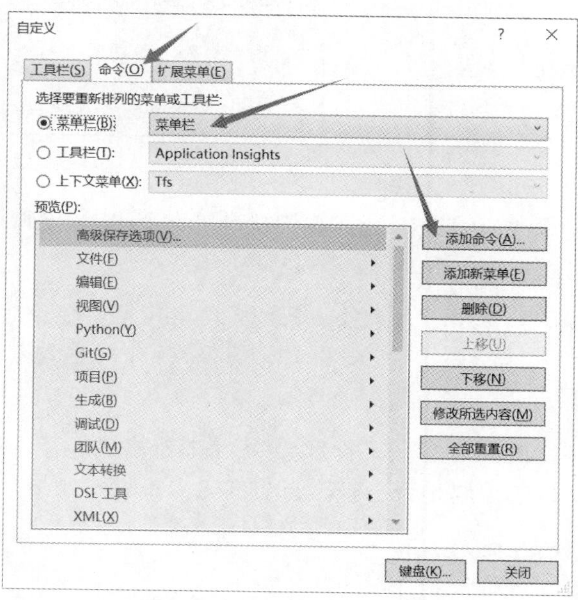

图 4-9

然后在“添加命令”对话框中选择“文件”→“高级保存选项”，并点击“确定”按钮，如图 4-10 所示。

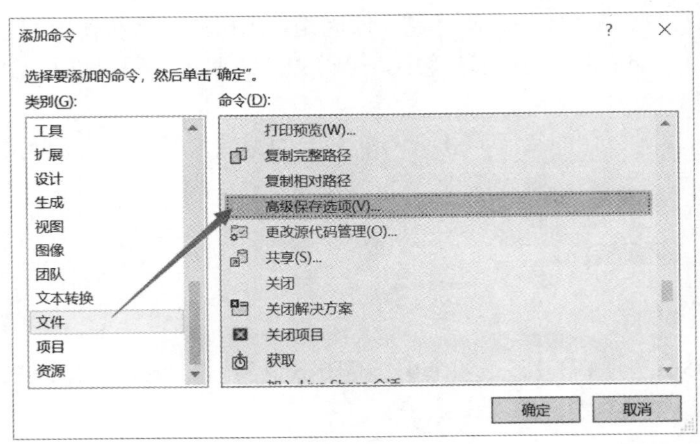

图 4-10

操作成功后，Visual Studio 菜单栏会显示“高级保存选项”菜单，如图 4-11 所示。

在修改代码文件的编码时，我们可以点击“高级保存选项”菜单打开“编码”对话框，然后选择“编码”列表中的“Unicode(UTF-8 带签名) - 代码页 65001”项，如图 4-12 所示。

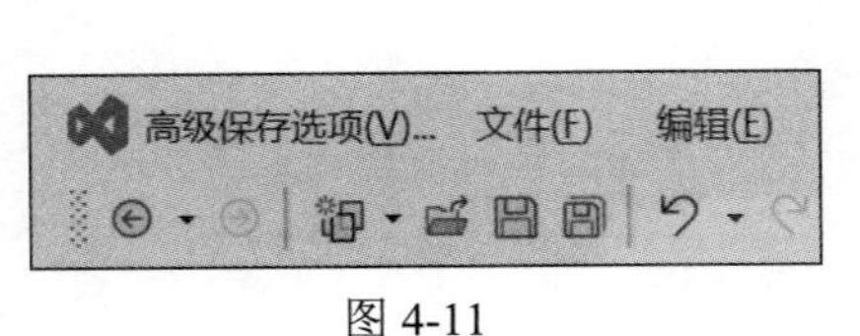

图 4-11

图 4-12

将代码文件的编码修改为 UTF-8 后，我们就可以在 Python 代码和注释中直接使用中文了，如下面的代码就可以正确执行。

```
# 注释：文件编码 UTF-8

print("一一最棒了！")
```

在接下来的示例中，Python 代码文件都会以 UTF-8 格式保存，测试时如果出现编码问题，可以先确认代码文件的编码是否已修改为 UTF-8。

4.1.3　使用指定版本的 Python

随 Visual Studio 一起安装的 Python 可能不是最新的版本，如果需要使用指定版本的 Python，可以从 Python 官方网站下载。

在安装过程中需要注意并记录 Python 的实际安装路径，稍后需要使用。可以在这里记下 Python 的版本及安装路径。

安装 Python 后，我们还需要在 Visual Studio 中设置 Python 运行环境。首先在菜单栏 Python 环境列表中选择“添加环境”，如图 4-13 所示。

图 4-13

在“添加环境”对话框中选择“现有环境”，并在已安装的 Python 环境列表中选择需要的版本，如图 4-14 所示的 Python 3.10。最后点击“添加”按钮。

添加新的 Python 环境后，可以在 Visual Studio 菜单栏的 Python 环境列表中选择需要的运行环境，如图 4-15 所示。

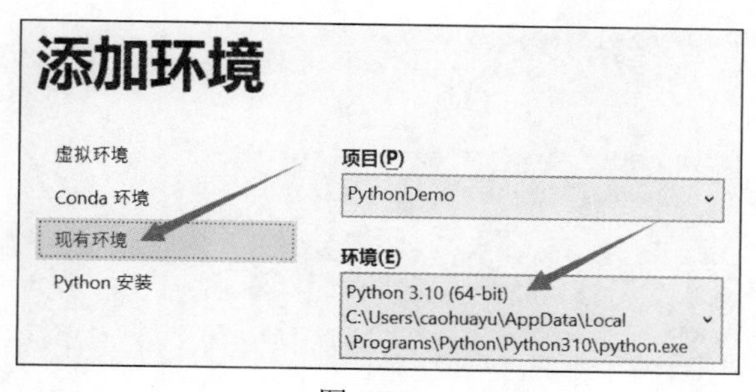

图 4-14

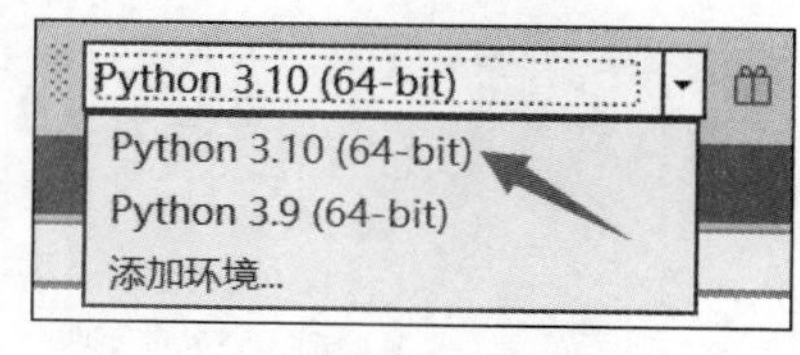

图 4-15

请注意本书示例主要基于 Python 3.10 环境。

4.1.4 设置 Path 环境变量

早期的个人计算机并不像现在使用图形界面这么方便，而是通过命令执行一系列的操作。即使你没有亲手操作过，也可能在影视作品里看到过类似的操作。

Python 工具都是通过执行命令运行的，只是在 Visual Studio 中不需要自己输入这些命令，但从实际的运行结果可以看到，Windows 操作系统中的 Python 程序是通过“命令行窗口”执行的，如图 4-16 所示。

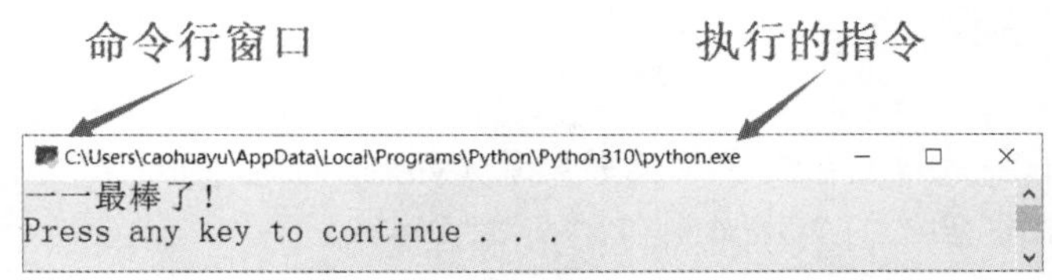

图 4-16

Visual Studio 环境可以自动判断 Python 的安装路径，但在命令行窗口中直接执行命令时，这些命令在什么地方呢？系统又是怎么找到它们的呢？在 Windows 操作系统中我们可以通过 Path 环境变量设置查找命令的路径。简单地说，命令是目的地，而 Path 环境变量就是导航系统。

使用 Python 命令时需要在 Path 环境变量中添加 Python 安装路径及其 Scripts 子目录的路径。设置 Windows 环境变量时，我们首先通过按下“⊞+R”组合键打开“运行”对话框，然后运行“sysdm.cpl”，并在“系统属性”对话框中选择“高级”选项卡，点击其中的“环境变量”打开环境变量管理对话框，再选择“系统变量”中的“Path”并点击“编辑”按钮，如图 4-17 所示。

图 4-17

在图 4-18 中，我们通过点击“编辑环境变量”对话框中的“新建”按钮添加路径，该示例中添加的是本书测试环境中 Python 3.10 安装目录及其 Scripts 子目录的路径，读者可以根据实际安装路径进行设置。

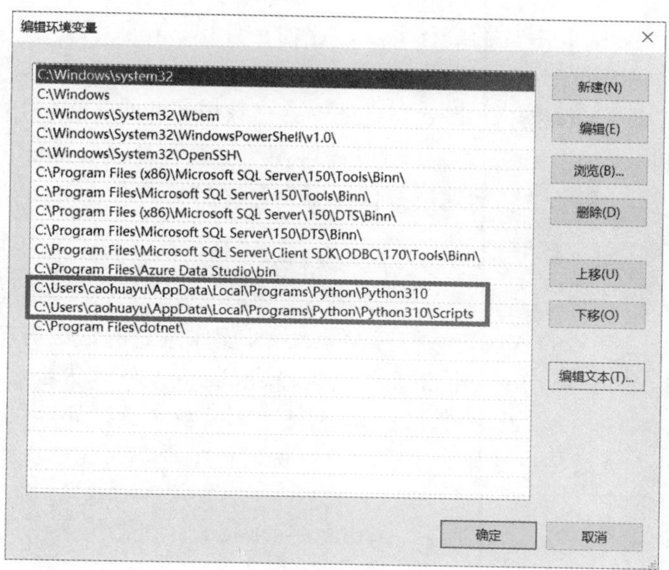

图 4-18

一一问答

一一问：如果没有记下安装路径，那么怎么能找到 Python 的默认安装路径呢？

答：如果安装 Python 3.10 时使用了默认的安装路径，那么可以通过按下“⊞+E”组合键打开“文件资源管理器”，在地址栏中输入：

```
C:\Users\<用户名>\AppData\Local\Programs\Python\Python310
```

其中，<用户名>是自己的 Windows 操作系统登录名。最后在地址栏中复制路径即可，如图 4-19 所示。

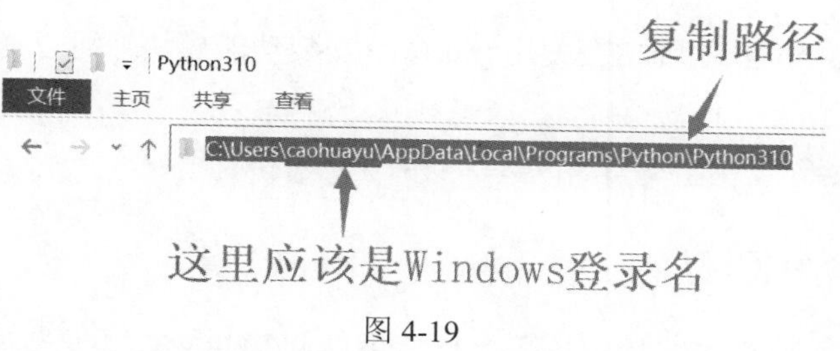

图 4-19

4.1.5 命令行窗口

虽然本书中的多数示例并不需要使用命令行窗口（cmd.exe），但命令行是 Python 的基本工作方式，也是很多辅助工具的执行方式，比如，使用 pip 命令安装扩展模块（module）时就需要使用命令行窗口。

此外，在执行一些命令时还可能需要系统管理员权限，此时可以使用管理员权限启动命令行窗口。在 Windows 10 操作系统中，可以通过在“搜索”或“Cortana”助手中输入“cmd”关键字进行查询，然后选择“以管理员身份运行”命令打开，如图 4-20 所示。

一一问答

一一问：有没有什么简单的方法能够打开 Windows 操作系统的命令行窗口呢？

答：我们可以在 C:\Windows\System32 目录中找到 cmd.exe 文件，然后右击，在弹出的右键菜单中选择“发送到”→“桌面快捷方式”来创建桌面快捷方式，最后在桌面快捷方式图标上右击，在弹出的右键菜单中选择“以管理员身份运行”命令，就可以打开命令行窗口了。

打开命令行窗口后，可以通过输入 python --version 命令确认正在使用的 Python 版本，如图 4-21 所示。

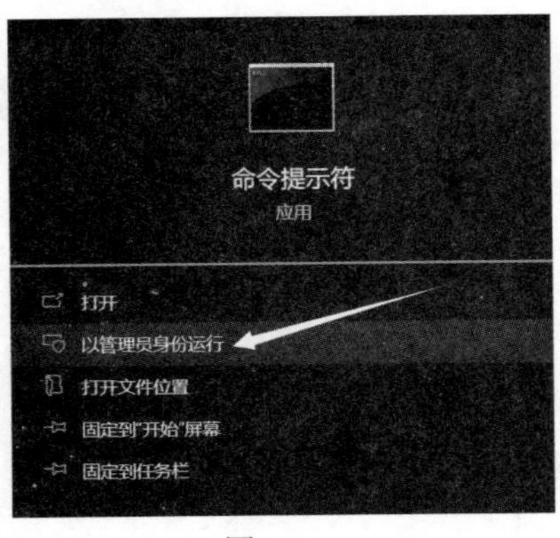

图 4-20

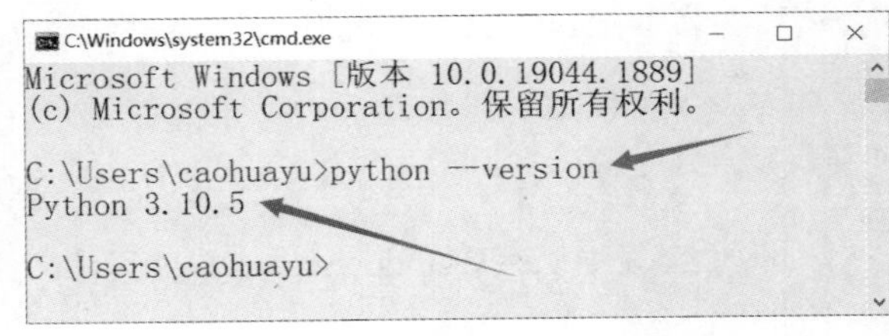

图 4-21

在 Python 工具中，我们经常会使用 pip 命令安装功能模块，可以通过如下命令更新 pip 的版本。

```
python -m pip install --upgrade pip
```

4.1.6 Python 命令行环境

Python 本质上是通过命令行工作的，直接执行 python.exe 就可以打开 Python 环境，如图 4-22 所示。

可以尝试在 Python 命令行环境中输入如下代码。

```
print('Hello Python')
```

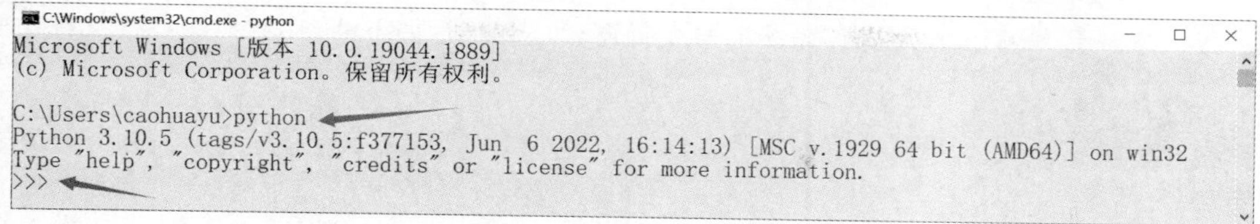

图 4-22

输入代码并按下回车键，执行结果如图 4-23 所示。

```
C:\Windows\system32\cmd.exe - python
Microsoft Windows [版本 10.0.19044.1889]
(c) Microsoft Corporation。保留所有权利。

C:\Users\caohuayu>python
Python 3.10.5 (tags/v3.10.5:f377153, Jun  6 2022, 16:14:13) [MSC v.1929 64 bit (AMD64)] on win32
Type "help", "copyright", "credits" or "license" for more information.
>>> print('Hello Python')
Hello Python
>>>
```

图 4-23

若要退出 Python 环境，可以执行 quit()函数或按下 Ctrl+Z 组合键。

在实际工作中，Python 代码一般保存在扩展名为.py 的文件中，然后再通过 python.exe 命令执行，应用格式如下。

```
python <.py 文件> <参数 1> <参数 2> …
```

使用 Windows 操作系统的“记事本”程序来创建一个文本文件，并修改内容如下。

```
print("Hello Python")
```

将文件保存到 D:\hello.py，保存类型选择“所有文件(*.*)”，编码选择“UTF-8”，如图 4-24 所示。

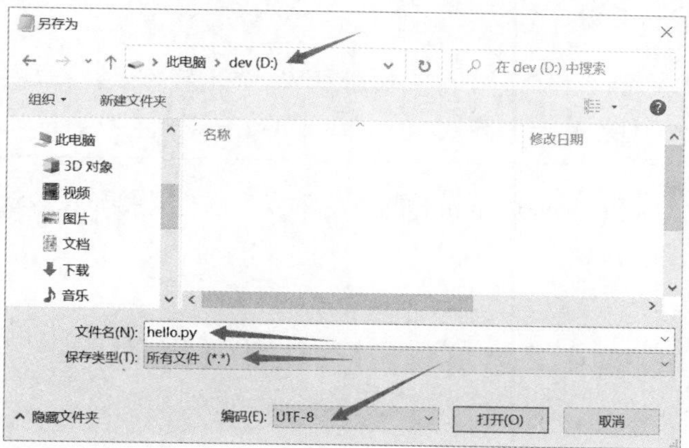

图 4-24

接下来，打开 Windows 操作系统的命令行窗口，并执行如下两条命令。

```
D: <Enter>
python hello.py <Enter>
```

执行结果如图 4-25 所示。

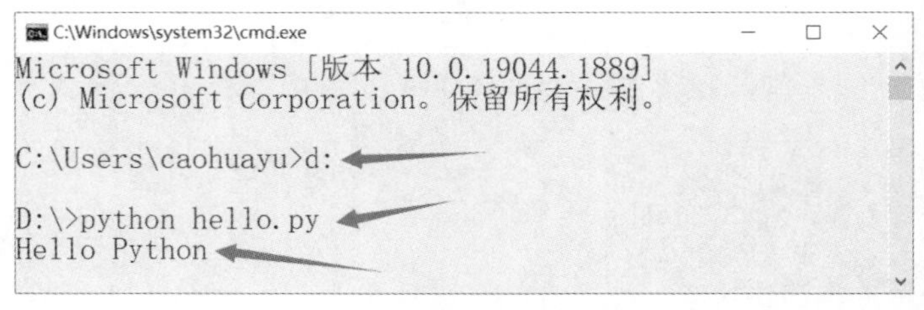

图 4-25

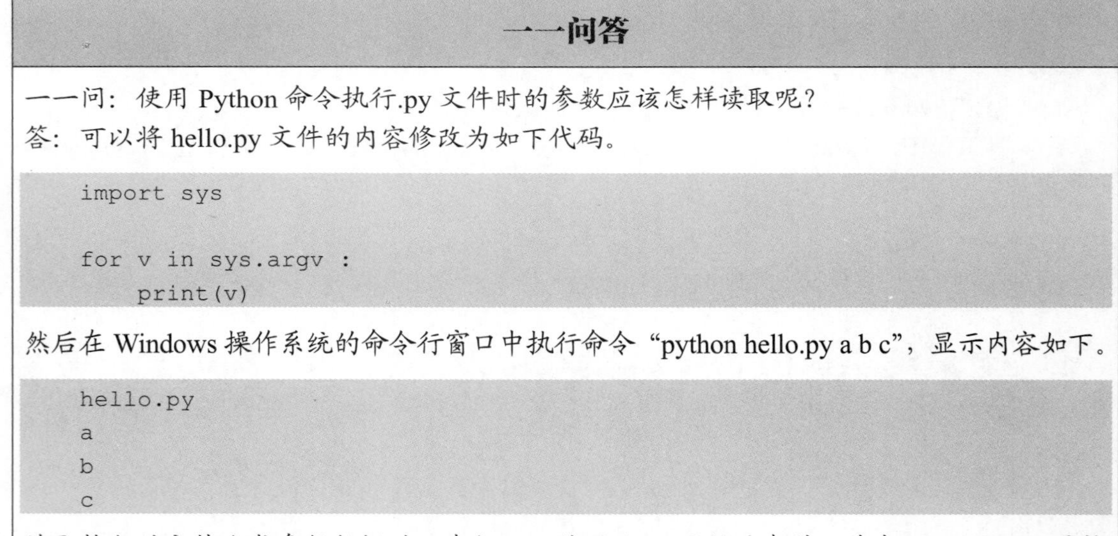

一一问答

一一问：使用 Python 命令执行.py 文件时的参数应该怎样读取呢？

答：可以将 hello.py 文件的内容修改为如下代码。

```
import sys

for v in sys.argv :
    print(v)
```

然后在 Windows 操作系统的命令行窗口中执行命令“python hello.py a b c”，显示内容如下。

```
hello.py
a
b
c
```

读取执行的文件名或参数数据时，我们可以使用从 0 开始的索引。其中，sys.argv[0]是执行的文件名，sys.argv[1]是第一个参数，sys.argv[2]是第二个参数，依此类推。

本节创建了 Python 和 Visual Studio 的开发环境，这也是接下来学习和测试的基础，请确保每一个步骤都正确完成。

4.2 编写 Python 代码

前面介绍了 Python 代码的基本工作方式，本节我们将进一步了解 Python 代码的构成。首先修改 PythonDemo.py 文件内容如图 4-26 所示。

```
PythonDemo.py
1  # 自定义函数，判断参数n是否为偶数
2  def is_even(n):
3      if n % 2 == 0 :
4          return True
5      else :
6          return False
7
8  # 调用is_even()函数
9  print(is_even(6))
```

图 4-26

在上述代码中，第 1 行和第 8 行都以#符号开始，表示这两行是注释内容。注释是代码中的说明部分，并不是真正的执行代码。开发中我们可以通过注释说明代码的功能和基本思路，帮助开发人员更方便地阅读和维护代码。

第 2 行到第 6 行定义了 is_even()函数。其中，第 2 行代码使用 def 关键字定义函数，行尾以冒号（:）结束。从第 3 行到第 6 行代码是 is_even()函数的实现部分。请注意，当代码相对于前一行代码有缩进时表示这些代码属于前一行代码定义的结构，每缩进一级需要在行首添加 4 个空格符。

Python 代码通过缩进定义各种代码结构，这是 Python 的主要特征之一。

代码中定义的 is_even()函数可以判断参数 n 是否为偶数，当 n 是偶数时函数返回 True（真），不是偶数时返回 False（假）。第 9 行代码调用了 is_even()函数，并带入参数 6，执行结果会显示 True，即 6 是偶数，我们可以随意修改参数的数据以观察执行结果。

一一问答

一一问：是不是行尾有冒号（:）的语句，下一行就要缩进？

答：观察很仔细，暂时可以这样理解。在 Python 代码中，行尾的冒号（:）表示此行代码是代码结构的开始，结构内的代码需要使用缩进来表明自己的归属。如 def 关键字定义函数，if 和 else 关键字分别定义了条件成立或不成立时执行的语句结构，这些语句后都有冒号，它们的下一行代码也都使用了缩进。

一一问：什么是关键字？

答：在编程语言中，关键字是一些有着特殊含义的标识符，定义自己的标识符（如变量）时不应使用编程语言的关键字，如 def 关键字定义函数，代码中就不应使用 def 表达其他含义。

一一问：代码中如果需要定义自己的标识符，应该怎么命名呢？

答：一般来说，标识符名称都是以字母开始的，然后可以使用字母、数字和下画线进行组合，如 x、name、pos_x、lst1 等。

一一问：代码中的 def、if、else、return 是小写，True 和 False 首字母大写，有什么玄机吗？

答：没那么邪乎！其实很简单，Python 代码是区分字母大小写的，也就是说 def 和 Def、

DEF 是不同的标识符，def 是关键字，而 Def 和 DEF 不是。同样的道理，True 表示“真”值，False 表示“假”值，而 true 和 false 则不是 Python 的关键字。

一一问：Python 中的函数和 Excel 中的函数有什么区别？
答：含义相同。函数的英文是 function，本义也包括了“功能”。表示函数可以实现一定的功能，如示例中创建的 is_even()函数，其功能就是判断参数 n 是否为偶数并返回判断结果。下面将介绍更多关于函数的应用。

4.3　功能实现者——函数和 lambda 表达式

每一个函数（function）都有特定的功能，可以通过参数带入所需数据，并返回执行的结果。Python 中的函数总会有一个返回值，如果函数内没有使用 return 语句返回数据，返回值就是 None，表示什么都没有，称为“空值”或“空对象”。

Python 包含大量的内置函数，如已经多次使用的 print()函数。再来观察几个 print()函数的调用示例，代码如下所示。

```
print("一一最棒了！")
print(1, 2, 3)
print(print(1))
```

执行代码之前，可以先自己判断一下输出结果。

示例共调用了 4 次 print()函数，其中，第一行显示文本内容；第二行调用包括了 3 个参数（使用逗号分隔），print()函数会在同一行显示参数内容，并使用空格分隔；第三行通过嵌套调用了两次 print()函数，首先执行的是内层的 print(1)，会显示 1；最后执行外层的 print()函数，它显示的内容是 print(1)的返回值 None。执行结果如图 4-27 所示。

图 4-27

4.3.1　函数

实际工作中我们可能需要创建一些新的函数，Python 代码中需要使用 def 关键字定义函数，基本格式如图 4-28 所示。

知道最神奇的是什么吗？图 4-28 展示的是完全正确的 Python 代码！在定义的函数中，函数的名称就是“函数名”，函数名后的一对圆括号定义了函数的参数，参数名就是“参数列表”。

```
def 函数名(参数列表) :
    pass
```

图 4-28

一一问答

一一问：还可以使用汉语编程吗？

答：实际上，Python 3 支持 Unicode 标准，代码中可以使用 Unicode 字符定义标识符，如使用中文定义函数名、参数名、变量名等，不过，还是建议使用推荐的命名形式，如函数名使用小写单词，并使用下画线（_）分隔，类似 print()和自定义的 is_even()函数。

一一问：pass 是什么意思呢？

答：函数中的 pass 关键字表示什么也不做。定义语句结构时，如果暂时不需要执行代码，但又必须保证代码结构的完整性，就可以通过 pass 语句来占位，需要的时候再使用正式的代码替换 pass 语句。

一一问：也就是说，图 4-28 中定义的函数没有任何功能？

答：的确是这样的。但我们可以读取它的返回值 None。

一一问：pass 关键字和 pass 语句是什么关系？

答：好问题！我们说过，关键字是有特殊含义的标识符，而语句则是能够完成一定功能的代码，语句中可以包含关键字和表达式。巧的是，pass 语句用于占位，而这条语句只需要 pass 关键字就可以了。

一一问：我创建了下面的代码测试函数，为什么会出错？

```
price = 139

def add(y) :
    price = price + y

add(10)
print(price)
```

答：查看代码的功能可以发现，add()函数的功能是加价销售。请注意，如果 price 变量定义在代码文件中的其他结构之外，称为“全局变量”。在函数中使用全局变量时首先需要使用 global 关键字进行声明。如下面的代码就可以正常运行。

```
price = 139

def add(y) :
    global price
    price = price + y

add(10)
print(price)
```

再来看一个函数的定义和调用示例，代码如下所示。

```
def show_info(num, price) :
    print("货号: ", num)
    print("价格: ", price)

# 调用函数
show_info("a22003", 199)
```

本例首先定义了 show_info()函数，功能是显示货号（num）和价格（price）。请注意，调用函数时应按参数定义的顺序指定参数数据，示例执行结果如图 4-29 所示。

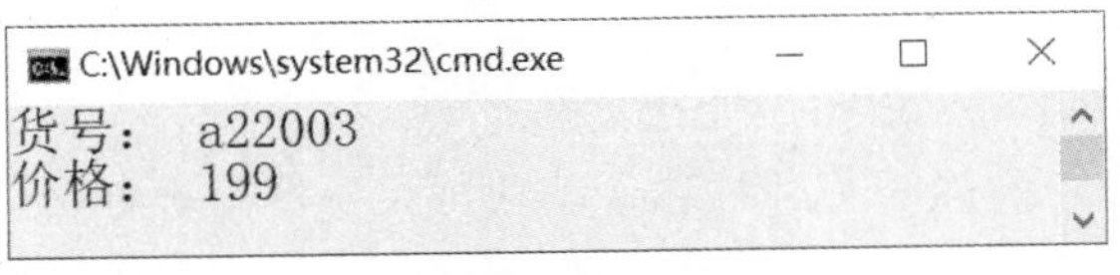

图 4-29

实际上，在调用函数时，即使参数顺序与函数定义的参数顺序不一致，show_info()函数依然可以显示信息，代码如下所示。

```
def show_info(num, price) :
    print("货号: ", num)
    print("价格: ", price)

# 调用函数
show_info(199, "a22003")
```

执行结果如图 4-30，可以看到，显示的货号和价格数据错位了。

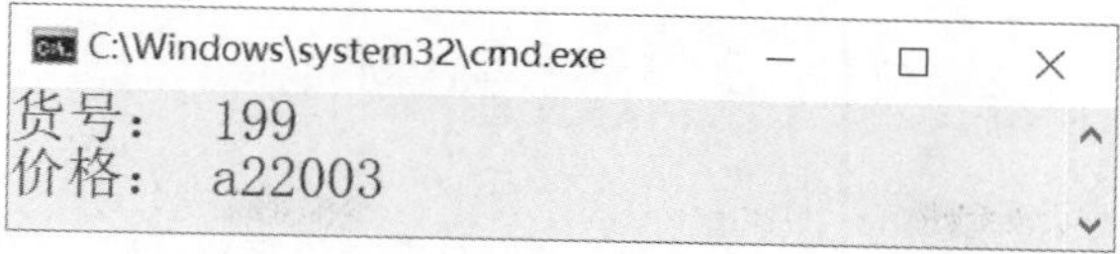

图 4-30

为解决参数顺序的问题，调用函数时可以通过参数名指定数据，代码如下所示。

```
def show_info(num, price) :
    print("货号: ", num)
    print("价格: ", price)

# 调用函数
show_info(price=199, num="a22003")
```

通过参数名指定数据后，货号和价格数据就可以正确匹配了，代码执行结果与图 4-29 相同。

一一问答

一一问：听说编程语言中有很多数据类型，Python 代码怎么没体现出来呢？

答：Python 代码虽然没有指定数据类型，但数据还是有具体类型的，如双引号或单引号定义的是字符串类型（str），没有小数部分的数值是整型（int），有小数部分的数值是浮点数（float），而 True 和 False 值属于布尔类型（bool）等。代码会根据数据的格式自动判断类型。

定义函数时还可以标识参数和返回值类型，代码如下所示。

```
def show_info(num:str, price:int|float) -> None:
    print("货号: ", num)
    print("价格: ", price)

# 调用函数
show_info(num="a22001", price=159.9)
```

定义函数时，参数的类型标识使用冒号（:）定义，返回值类型使用->运算符指定。参数可能有多个类型时使用竖线（|）分隔，如代码中 price 参数的定义。

一一问答

一一问：调用函数时，参数数据不按指定的类型设置会出错吗？

答：在 Python 中不会出错。定义函数时，参数和返回值类型只是提示性的，而不是强制性的。在 Visual Studio 集成开发环境中，当鼠标光标移动到调用的函数时会出现函数定义的提示，可以帮助开发者正确使用函数，如图 4-31 所示。

```
show_info(num="a22001", price=159.9)
(function) show_info: (num: str, price: int | float) -> None
```

图 4-31

——问：调用函数时不给参数指定数据会出错吗？

答：对于没有指定默认值的参数，在调用函数时就必须指定参数数据。实际上，在定义函数时就需要考虑这个问题，有的参数不是必需的，或者有一个常用的数据，此时，可以在定义函数时为参数设置默认值，代码如下所示。

```
# 参数默认值
def fn(x=0, y=0, z=0):
    print(f"x={x}, y={y}, z={z}")

# 调用函数
fn()
fn(x=10, y=99)
fn(z=15)
```

代码中定义的 fn()函数有 3 个参数，分别是 x、y 和 z，它们的默认值都是 0，3 次调用的输出结果分别如下。

```
x=0, y=0, z=0
x=10, y=99, z=0
x=0, y=0, z=15
```

——问：定义函数时，有的参数有默认值，有的没有默认值，这样可以吗？

答：完全可以。需要注意的是，有默认值的参数应该定义在其他参数的后面。此外，调用函数时，如果只需要指定部分参数的数据，那么通过参数名指定数据是比较安全的。

——问：函数的参数应用真的非常灵活，还有什么用法吗？

答：在函数中还可以使用“可变参数”，习惯上命名为*args 和**kwargs 参数，其中，*args 参数能够通过元组传入一个或多个匿名数据，**kwargs 参数则能够通过字典传入一个或多个命名数据。下面的代码演示了可变参数的基本应用。

```
def fn(firstArg, *args, **kwargs):
    print(firstArg)
    print(args)
```

```
        print(kwargs)

    # 函数测试
    fn("数据一", "数据二", "数据三", arg4="数据四", arg5="数据五")
```

在本示例中，“数据一”通过 firstArg 参数传入，“数据二”和“数据三”通过*args 参数传入，“数据四”和“数据五”通过**kwargs 参数传入。代码执行结果如下，还可以修改调用 fn()函数的参数来观察执行结果。

```
数据一
('数据二', '数据三')
{'arg4': '数据四', 'arg5': '数据五'}
```

在函数读取*args 参数的数据时，可以在方括号中使用从 0 开始的索引，如 args[0]，args[1]，…。读取**kwargs 参数的数据时，可以在方括号中使用参数名索引，如 kwargs["arg4"]，kwargs["arg5"]，…。

在实际应用中，也可以将数据整体传递到*args 或**kwargs 中。需要注意的是，直接传递元组时需要添加星号（*），代码如下所示。

```
def show_price(*args) :
    print(args)

p = (139,159,199)
show_price(*p)
```

执行代码会显示“(139, 159, 199)”。

直接传递字典时需要添加两个星号（**），代码如下所示。

```
def show_info(**kwargs) :
    print(kwargs)

atti = {"货号":"a22001", "价格":139}
show_info(**atti)
```

执行代码后将会显示“{'货号': 'a22001', '价格': 139}”。

元组（tuple）和字典（dict）是 Python 中常用的集合类型，第 5 章会详细介绍。

4.3.2 可调用类型

可调用类型（callable）是一种可以将函数作为参数传递的编程特性。下面先来看一个示例。

```
def show_info(num, price, lang):
    lang(num, price)

# 中文
def zh(num, price) :
    print("货号: ", num)
    print("价格: ", price)

# 英文
def en(num, price) :
    print("Num:", num)
    print("Price:", price)

# 调用函数
show_info(num="a22001", price=159, lang=zh)
show_info(num="a22001", price=159, lang=en)
```

代码执行结果如图 4-32 所示。

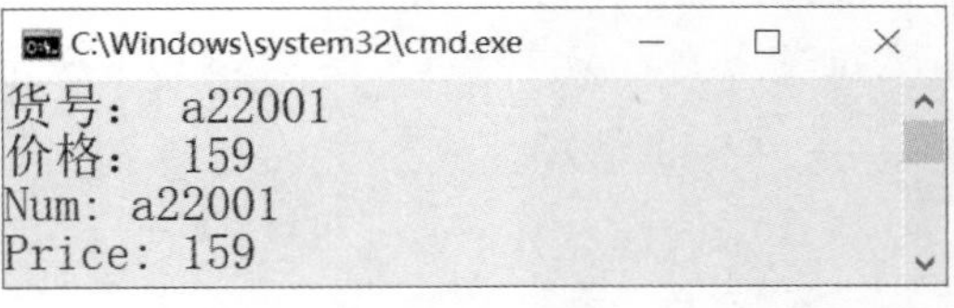

图 4-32

上述示例首先定义了 show_info()函数，请注意第三个参数，调用时应指定为一个函数。zh()和 en()函数有共同的特点，那就是它们都包括两个参数，且分别与 show_info()函数的前两个参数对应。

代码在最后调用了两次 show_info()函数，还通过 lang 参数调用了 zh()和 en()函数，分别显示了中文和英文信息，如图 4-33 所示。

```
                     zh(num="a22001", price=159)
show_info(num="a22001", price=159, lang=zh)
show_info(num="a22001", price=159, lang=en)
                     en(num="a22001", price=159)
```

图 4-33

一一问答

一一问：什么时候需要使用可调用类型呢？

答：实际上，这是一种在已有代码结构中“置入代码”的编程特性。就像示例中的 show_info()函数，通过参数指定货号（num）和价格（price）数据，并显示这些信息，但定义 show_info()函数时其实并没有显示信息的代码。那是因为在调用 show_info()函数时通过 lang 参数提供了不同的函数，分别以不同的语言显示商品信息。

一一问：函数类型的名称是什么呢？

答：如果需要标识可调用类型，可以使用 callable。

4.3.3 lambda 表达式

lambda 表达式并不神秘，可以当作是可调用类型的简化语法，前提是函数的代码足够简单，简单到只有一行代码。

下面的代码演示了 lambda 表达式的应用。

```
# 根据促销规则显示价格
def show_price(price, rate, fn:callable) :
    print(fn(price, rate))

# 打 8 折
show_price(159, 0.8, lambda p,r : p*r)     # 127.2

# 打 9 折再减 10 元
show_price(159, 0.9, lambda p,r : p*r-10)    # 133.1
```

上述代码首先定义了 show_price()函数，该函数可以根据原价（price）和折扣率（rate），或其他促销方式计算最终售价。这里，show_price()函数的第三个参数被定义为可调用类型。

在调用 show_price()函数时，第三个参数使用 lambda 关键字定义 lambda 表达式，表达式分为两部分，冒号（:）的左侧指定数据，相当于函数的参数；冒号的右侧指定数据应用代码，相当于在函数中使用 return 关键字返回计算结果。

如图 4-34 所示，调用 show_price()函数时，会将 159 传入 price 参数，0.8 传入 rate 参数，lambda 表达式中的 p 和 r 分别保存了 159 和 0.8，并进行乘法运算（*运算符），最终显示的结果就是 159 乘以 0.8 的结果 127.2。

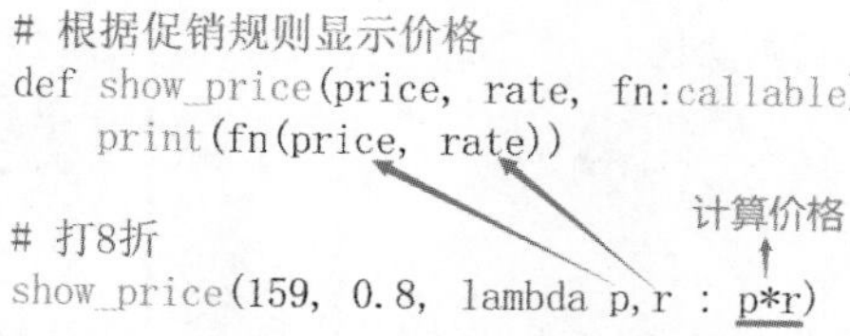

```
# 根据促销规则显示价格
def show_price(price, rate, fn:callable) :
    print(fn(price, rate))

# 打8折
show_price(159, 0.8, lambda p,r : p*r)
```

计算价格

图 4-34

在上述代码中，lambda 表达式相当于隐式地定义函数。如果想要使用显式定义的函数以完成相同的功能，可以使用如下代码。

```
# 根据促销规则显示价格
def show_price(price, rate, fn:callable) :
    print(fn(price, rate))
```

```
# 直接打折
def rate(price, rate):
    return price*rate

# 显示价格
show_price(159, 0.8, rate)
```

代码同样会显示 127.2。

一一问答

一一问：lambda 表达式看上去还是有点复杂，能再简单解释一下吗？
答：好的。为可调用类型传递一个函数时，如果函数只使用一次，并且只需要一行代码返回执行结果，就可以使用 lambda 表达式，不需要再单独定义函数后调用。

一一问：lambda 表达式中只有一行代码比较容易理解，但为什么要强调代码只使用一次呢？
答：如果代码需要多次调用，那么哪怕只有一行代码，都应该定义为函数，然后再进行函数调用，这是比较好的编程方法，也是代码重复利用的标准方式。如果算法发生变化，那么只需要修改函数的实现即可。

一一问：这么说函数就是用来定义重复利用的代码了？
答：的确是这样的。函数定义了可重复使用的代码，当算法改变时也只需要修改函数的实现。

一一问：还有什么可以重复利用代码的方法吗？
答：有的，如下面介绍的面向对象编程的方法。

4.4　"对象"是主角——面向对象编程

面向对象编程（Object-Oriented Programming，OOP）是一种集成度更高的代码封装方式。下面首先介绍两个基本的概念，即类（class）和对象（object）。

4.4.1　类与对象

在一一家的服装公司中，一一和每一名员工都是"对象"，每一件服装也是"对象"，也就是说，对象很具体。如果只是说"服装"，那么它只代表一类物品，只有确定某一件衣服时，它才是"对象"（object）。

在图 4-35 中，“服装”是一个“类”（class），无法确定是哪件服装；而“对象 1”“对象 2”和“对象 3”则很具体，它们都属于服装类，并且具有唯一性。在该示例中，“对象 1”“对象 2”和“对象 3”都是“对象”，它们都是服装类的实例（instance）。

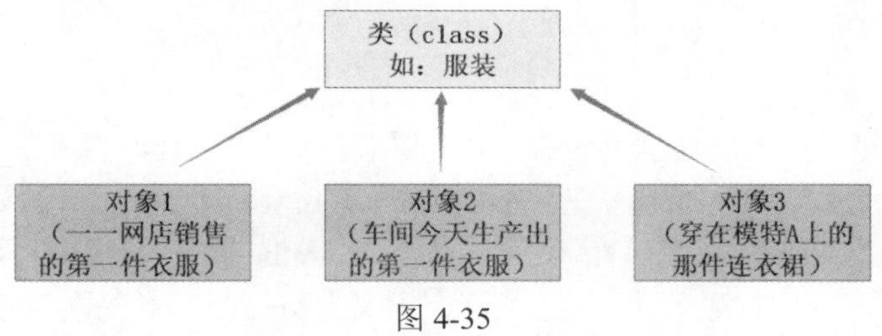

图 4-35

一一问答

一一问：类、对象、实例，它们是什么关系？

答：简单地说，类就是一个类型，而对象是属于某个类的实例，也就是说，对象必须属于某个类型的类。

下面的代码演示了服装类及其对象的应用。

```
# 服装类
class Attire():
    def __init__(self):
        self.number = None
        self.color = None
        self.catalog = None

# 创建一个服装对象
dress = Attire()
dress.number = "a22009"
dress.color = "红色"
dress.catalog = "连衣裙"

# 显示 dress 对象信息
print(dress)
# 显示 dress 对象属性信息
print(dress.number)
print(dress.color)
print(dress.catalog)
```

执行结果如图 4-36 所示。

```
C:\Users\caohuayu\AppData\Local\Programs\Python\Python31...
<__main__.Attire object at 0x00000256C5A02620>
a22009
红色
连衣裙
```

图 4-36

在本示例中，第一行输出显示了 dress 对象的信息，可以看到，它属于__main__.Attire 类，其中，“__main__”是启动程序的主代码文件标识，Attire 则是定义在主代码文件中的 Attire 类。接下来输出的是 dress 对象的 3 个属性，分别是货号（number）、颜色（color）和分类（catalog）。

在上述代码中，我们首先使用 class 关键字定义 Attire 类，类的名称后面有一对圆括号，目前只需要空着。一般情况下，类的名称均使用单词首字母大写的形式，也可以使用其他约定的命名方式。

在 Attire 类中，我们使用 def 关键字定义了名为__init__()的函数（init 前后各有两个下画线）。__init__()函数会在创建对象时自动调用，在面向对象编程概念中，它被称为构造函数。请注意，__init__()函数的第一个参数使用了 self，它是一个特殊的标识符，表示当前实例，也就是正在操作的对象；__init__()函数使用 self 对象定义了 3 个属性，分别是 number、color 和 catalog，它们被定义为实例属性，只能在类中使用 self 关键字或通过类的实例（对象）调用。

代码“dress=Attire()”创建了 Attire 类的实例，并将新的实例赋值到 dress 对象，然后我们就可以通过 dress 对象调用 Attire 类的实例成员了，如属性和方法。

一一问答

一一问：有什么方法可以确认创建对象时是否调用了__init__()函数呢？

答：很简单。只需要在__init__()函数中使用 print()函数显示一条信息就可以验证了，代码如下所示。

```
# 服装类
class Attire():
    def __init__(self):
        print("新的服装实例")
        self.number = None
        self.color = None
        self.catalog = None

# 创建一个服装对象
dress = Attire()
```

在执行代码中我们可以看到，__init__()函数中的 print()函数会自动执行。与__init__()函数对应的是__del__()函数，它会在对象被清除时自动调用，代码如下所示。

```
class Attire():
    def __init__(self):
        print("新的服装实例")

    def __del__(self):
        print("服装实例被清除")

attire = Attire()
```

当对象不再使用时，无论是自动清理还是使用 del 语句，删除对象都会调用__del__()函数，在实际应用中，我们还可以在__del__()函数中添加清理代码，如关闭已打开的资源等。

在前面的示例中，Attire 类定义了 3 个实例属性，分别是服装的货号（number）、颜色（color）和分类（catalog），可以看到，属性就是对象的数据。面向对象编程中另一个重要的概念是“方法”（method），用于执行对象的操作。

下面的代码创建了 SalesClerk 类，其中定义了 sell()方法。方法同样使用 def 关键字定义，和函数的定义也比较相似，只是方法的第一个参数定义为 self，然后才是调用方法时需要的参数。

```
# 销售员类
class SalesClerk():
    def __init__(self):
        self.code = None
        self.name = None

    def sell(self, attire):
        print("销售员：", self.code, self.name)
        print("销售服装：", attire.number, attire.color, attire.catalog)

# 服装类
class Attire():
    def __init__(self):
        self.number = None
        self.color = None
        self.catalog = None

# 创建一个服装对象
dress = Attire()
dress.number = "a22009"
```

```
dress.color = "红色"
dress.catalog = "连衣裙"

# 创建销售员对象
sc = SalesClerk()
sc.code = "000"
sc.name = "李一一"

# 销售连衣裙
sc.sell(dress)
```

SalesClerk 类的 sell()定义为实例方法，需要使用 SalesClerk 类的实例（对象）进行调用。该方法会显示销售员和销售服装的信息。执行结果如图 4-37 所示。

图 4-37

一一问答

一一问：__init__()函数可以有更多的参数吗？

答：好问题！当然可以，通过添加__init__()函数的参数，我们不仅可以在创建对象时指定属性的数据，而且可以指定属性的默认值。下面来看具体的示例。

在下面的代码中，SalesClerk 和 Attire 类的__init__()函数都添加了与对象属性相关的参数，我们可以在创建对象时指定属性数据。

```
# 销售员类
class SalesClerk():
    def __init__(self, code=None, name=None):
        self.code = code
        self.name = name

    def sell(self, attire):
        print("销售员：", self.code, self.name)
        print("销售服装：", attire.number, attire.color, attire.catalog)

# 服装类
class Attire():
```

```
    def __init__(self, num=None, color=None, catalog=None):
        self.number = num
        self.color = color
        self.catalog = catalog

# 创建一个服装对象
dress = Attire("a22009","红色","连衣裙")

# 创建销售员对象
sc = SalesClerk(name="李一一", code="000")

# 销售连衣裙
sc.sell(dress)
```

代码执行结果与图 4-37 相同。

一一问答

一一问：如何判断一个对象是不是某个类的实例？

答：可以使用 isinstance()函数，参数分别指定对象和类，如果对象是类的实例，那么函数会返回 True，否则返回 False。如下面的代码会显示 True。

```
# 服装类
class Attire():
    def __init__(self, num=None, color=None, catalog=None):
        self.number = num
        self.color = color
        self.catalog = catalog

# 创建一个服装对象
dress = Attire("a22009","红色","连衣裙")
# 判断 dress 对象是否为 Attire 类的实例
print(isinstance(dress, Attire))    # True
```

一一问：如果类的方法和属性只需要内部使用，该如何进行限制呢？

答：可以定义为私有成员，属性名和方法名以两个下画线（__）开始就说明被定义为了私有成员，代码如下所示。

```
class C1():
    def __init__(self) :
        self.__a1 = None
```

```
        self.a2 = None

    def __m1(self):
        print(self.__a1)

    def m2(self):
        self.__m1()
```

在 C1 类中，__a1 属性和__m1()方法都被定义为私有成员，通过 C1 的实例（对象）是无法访问的。如下面的代码就会出错。

```
c = C1()
c.__m1()
```

这里，C1 类的实例（对象）只能调用 a2 属性和 m2()方法，代码如下所示。

```
c = C1()
c.m2()
print(c.a2)
```

执行代码会显示两个 None 值，即__a1 和 a2 属性的默认值，其中，__a1 属性的值是通过 m2()调用__m1()方法显示的。

4.4.2 继承

在前面的示例中，Attire 类定义了服装的基本类型，而服装又有很多种分类，如连衣裙、卫衣、衬衣等，如图 4-38 所示。

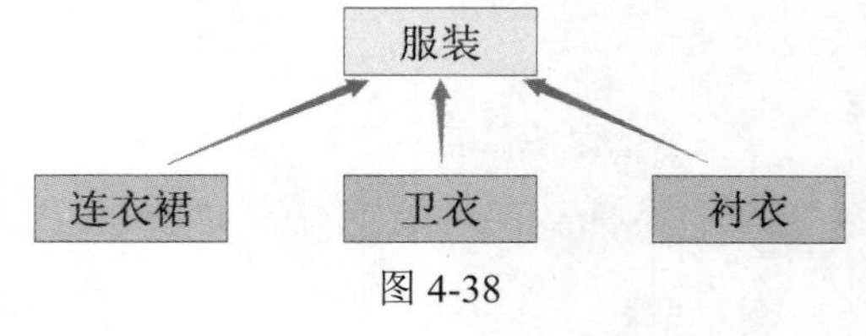

图 4-38

在图 4-38 中，连衣裙、卫衣、衬衣都属于服装的子类，服装则是它们的“超类”。在下面的代码中，Dress 类定义为 Attire 类的子类。

```
# 服装类
class Attire():
    def __init__(self, num=None, color=None, catalog=None):
        self.number = num
        self.color = color
        self.catalog = catalog

# 连衣裙类
class Dress(Attire):
```

```
    def __init__(self,number=None, color=None, pattern=None):
        super().__init__(number,color,"连衣裙")
        self.pattern = pattern

dress = Dress("b22003", "红白色", "棋盘格")
print("货号: ",dress.number)
print("颜色: ",dress.color)
print("分类: ",dress.catalog)
print("图案: ",dress.pattern)
```

定义 Dress 类时，我们在类名后的圆括号中指定 Attire 类为超类，此时，Dress 类就继承了 Attire 类的非私有成员，如 number、color 和 catalog 属性。

Dress 类的__init__()函数需要传递的参数包括货号（number）、颜色（color）和图案（pattern）。函数中通过 super()方法调用超类（Attire）的__init__()函数，并传递货号（number）和颜色（color）参数，同时将分类（catalog）设置为“连衣裙”。此外，我们在 Dress 类中还添加了 pattern 属性。代码执行结果如图 4-39 所示。

图 4-39

一一问答

一一问：如何判断一个类是否为某个类的子类？

答：可以使用 issubclass()函数。如在前面的示例中，Dress 是 Attire 的子类，代码 issubclass (Dress, Attire)会返回 True。

一一问：在示例中，Dress 是 Attire 的子类，dress 对象被定义为 Dress 类的实例，那么代码“isinstance(dress, Attire)”会返回什么值？

答：会返回 True。

一一问：子类会继承超类的方法吗？

答：会的。代码如下所示。

```
class C1():
    def m1(self):
        print(__class__, self.m1.__name__)

class C2(C1):
    pass
```

```
c2 = C2()
c2.m1()
```

在本示例中，C2 并没有定义 m1()方法，但 C2 是 C1 的子类，因此 c2 对象调用的 m1()方法实际就是 C1 类的 m1()方法，执行代码会显示如下信息。

```
<class '__main__.C1'> m1
```

——问：这个示例的 C1 和 C2 类都没有定义__init__()函数，这样没问题吧？
答：如果创建类的实例时不需要带入参数和初始化操作，那么可以不创建__init__()函数。需要注意的是，实例属性是在__init__()函数中通过 self 关键字定义的，如果没有__init__()函数，就不能创建实例属性。

——问：代码中__class__和__name__的含义是什么？
答：__class__和__name__都以两个下画线（__）开始和结束。其中，__class__的功能是返回所在类的信息，如'__main__.C1'表示主代码文件中定义的 C1 类。__name__的功能是返回所在代码结构的名称，在 m1()方法中返回的信息就是方法名“m1”。

4.4.3 “魔术方法”

在 Python 的类中，一些方法名（函数名）前后各有两个下画线，如__init__()。这些方法（函数）有着特殊的功能，可以在特定的时候自动调用，我们称之为“魔术方法”。

下面的代码在 Attire 类中添加了__str__()方法，可以按指定的形式返回对象信息。

```
# 服装类
class Attire():
    def __init__(self, number=None, color=None, catalog=None):
        self.number = number
        self.color = color
        self.catalog = catalog

    def __str__(self):
        return f"货号:{self.number}  颜色:{self.color}  分类:{self.catalog}"

# 创建一个服装对象
dress = Attire("a22009","红色","连衣裙")
print(dress)    # 货号:a22009  颜色:红色  分类:连衣裙
```

在本示例中，Attire 类的__str__()方法会返回由货号（number）、颜色（color）和分类（catalog）组成的文本信息。请注意，最后一行代码使用 print()函数显示 dress 对象信息时会得到__str__()方法返回的内容，代码执行结果如图 4-40 所示。

图 4-40

Python 类支持的“魔术方法”有很多，可以支持运算、转换、类和对象的管理等工作，我们在学习和工作中可以根据需要了解和应用。

一一问答（格式化字符串专场）

一一问：一对双引号定义的是字符串，那它前面的字母 f 是什么意思？

答：字母 f 是 format 的意思，说明定义的是格式化字符串。在格式化字符串中，花括号{和}之间的表达式的值会组合到字符串中。如在前面的示例中，就是将 Attire 对象的货号（number）、颜色（color）和分类（catalog）属性的数据组合到对象信息。下面再看一个例子。

```
x = 10
y = 99
print(f"{x}+{y}={x+y}")
```

该示例的执行代码会显示“10+99=109”。如果需要指定数字的小数位数，还可以在花括号中的表达式中使用冒号（:）指定格式，如执行“print(f"{x:.1f}+{y:.1f}={x+y:.1f}")”代码后，输出结果中的数字会显示 1 位小数，即“10.0+99.0=109.0”。该示例使用“.1f”指定浮点数格式，并保留 1 位小数。

一一问：单引号字符串也可以定义格式化字符串吗？

答：可以。Python 中的双引号字符串和单引号几乎是相同的，我们在不同的情况下可以灵活应用。

一一问：还有其他的格式化字符串形式吗？

答：有的。在阅读旧版本的 Python 代码时，我们还可以看到 C 语言风格的格式化字符串，应用格式为："格式化字符串" % (值列表)，其中，"格式化字符串"位于百分号（%）的左侧，可以使用格式化字符定义数据的位置和类型；百分号（%）的右侧则使用一对圆括号定义值列表，多个值使用逗号分隔，并与字符串中的格式化字符一一对应。图 4-41 中的代码演示了 C 语言风格格式化字符串的应用，执行代码同样会显示“10+99=109”。

在上述代码中，%d 表示整型，如果是浮点数可以使用%f，保留 2 位小数时可以使用%.2f。字符串类型使用%s。

在 Python 中我们还可以使用 format()函数或字符串对象的 format()方法进行字符串的格式化操作，应用格式如下。

- format(值，"格式化字符")。
- "格式化字符串".format(值列表)。

format()函数一次只能格式化一个数据，而字符串的 format()方法则可以同时格式化多个数据，如图 4-42 所示。

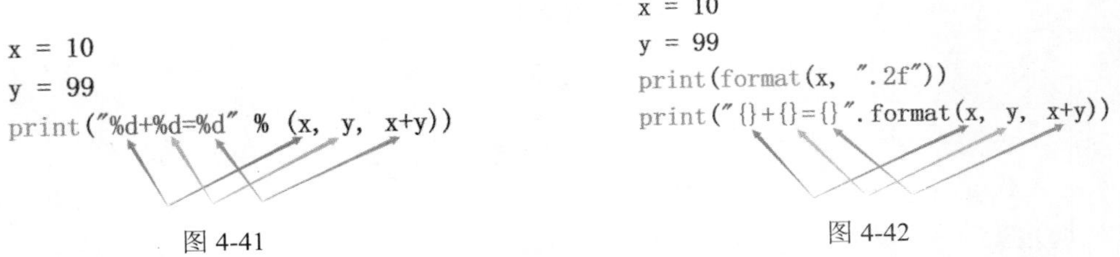

图 4-41　　　　图 4-42

第一个 print()函数显示了 x 的数据，并保留 2 位小数，显示结果为“10.00”。第二个 print()函数内的字符串中使用{和}定义了 3 个数据位置，然后通过字符串对象的 format()方法指定对应的数据，显示为“10+99=109”。在 format()方法中，在{和}之间还可以使用从 0 开始的数值索引标注的数据位置，第一个数据为 0，第二个数据为 1，依此类推，同时，也可以使用冒号（:）添加格式修饰符，代码如下所示。

```
x = 10
y = 99
print("{0:.1f}+{1:.1f}={2:.1f}".format(x, y, x+y))
```

示例中的数据会保留 1 位小数，显示结果为“10.0+99.0=109.0”。

4.4.4　with 语句

Python 可以自动管理计算机资源，当对象不再使用时可以自动完成清理工作。但在一些特殊情况下，可能需要额外的清理工作，比如，在操作文件出现错误时也应该关闭文件的引用，否则文件就会处于锁定状态，无法进行正常的读写操作。

Python 内置的文件操作资源支持 with 语句结构，无论文件处理是否正确都可以关闭文件。如下面的代码会将文本内容写入 D:\a22003.txt 文件。

```
path = r"D:\a22003.txt"
```

```
with open(path, "w", encoding="UTF-8") as f :
    f.write("a22003, 159")
```

正确执行后会在 D:\a22003.txt 文件中写入“a22003, 159”。在本示例中，open()函数用于打开文件并返回文件对象，其中的参数如下。

- file 参数：指定文件的路径，本例使用 path 变量定义。
- mode 参数：指定打开文件的模式，代码中的 w 表示写入模式，常用的模式还包括读取模式（r）、追加写入模式（a）、文本操作模式（t）和二进制操作模式（b）等。此外，还可以使用加号（+）指定为“读/写”模式，如果需要独占打开，即当前代码操作时不允许其他操作，可以使用 x 字符定义。
- encoding 参数：指定文本文件的编码标准，这里使用 UTF-8。

一一问答

一一问：如何读取文本文件的内容呢？

答：同样可以使用 with 语句结构操作，通过读取模式打开文件，然后读取内容，代码如下所示。

```
path = r"D:\a22003.txt"

with open(path, encoding='UTF-8') as f:
    content = f.read()
    print(content)
```

一一问：代码中的 open()函数为什么没有指定打开模式？

答：使用 open()函数时，如果不指定打开模式，则会默认使用"rt"模式，即读取文本文件模式。

在上述示例中，读、写文件时都使用了 with 语句结构，无论文件操作是否正确，都可以安全清理 f 对象，这是如何实现的呢？

实际上，支持 with 语句结构的类需要实现__enter__()和__exit__()两个“魔术方法”。下面的代码演示了相关应用。

```
# 销售员类
class SalesCleak():
    def __init__(self, code=None, name=None):
        self.code = code
        self.name = name
```

```
    # 支持 with 语句
    def __enter__(self) :
        print(f"销售员{self.name}已登录")

    def __exit__(self,exc_type,exc_value,traceback):
        print(f"销售员{self.name}退出登录")

# with 语句测试
with SalesCleak("000", "一一") as sc:
    pass
```

使用 with 语句结构时，在 with 关键字后使用 as 关键字定义对象，则会自动调用__enter__()方法。无论结构中的代码是否正确执行，退出 with 语句结构时都会自动调用__exit__()方法。代码执行结果如图 4-43 所示。

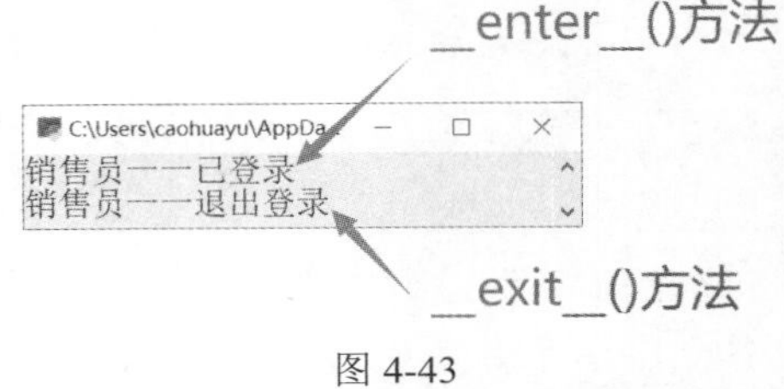

图 4-43

一一问答（转义字符串、r 字符串和三引号字符串）

一一问：在写入文本文件的示例中，文件路径字符串前使用了字母 r，这是什么意思？

答：观察很仔细！字母 r 定义的字符串内容就是看到的样子，如反斜杠不会转义。

一一问：什么意思？字符串中的内容还能和看起来不一样吗？

答：是的。我们可以试试输入代码 print("\"Python\"")并运行，看看它会显示什么。答案是显示"Python"（Python 前后各有一个双引号）。

一一问：这是怎么回事？

答：字符串中可以使用反斜杠(\)进行字符转义，如字符串中的两个\"会转义为双引号(")，也就是说\"实际上表示双引号（"）字符。

一一问：我明白了，双引号字符串中如果包含双引号就需要使用\"转义，那么，还有什么其他字符需要转义吗？

答：下面是一些常用的转义字符。

- \\，反斜杠（\）。
- \'，单引号（'），在双引号字符串中不需要转义，如"It's Python"。
- \"，双引号（"），在单引号字符串中不需要转义，如'"Python"'。

- \n，换行符（LF）。
- \r，回车符（CR）。
- \t，水平制表符（TAB）。

——问：在字符串前使用字母 r 就不需要使用转义字符了吗？

答：大多数情况下是这样的。但对于\n、\r、\t 等不可见字符，还是需要使用转义字符。

——问：有没有更简单的方法能够定义多行文本呢？

答：实际上，Python 还有一种字符串，可以由 3 个双引号或 3 个单引号定义。在三引号字符串中可以保留换行等字符，不需要使用\n 等转义字符，如下所示。

```
s = """货号：a22003
价格：159
"""
print(s)
```

代码执行结果如图 4-44 所示。请注意，在“价格：159”后还有一个换行符。在本示例中，在字符串 s 中并没有使用\n 定义换行符，而是直接按下回车键（Enter）输入换行符。

——问：三引号字符串看起来挺酷的，它还有什么功能吗？

答：三引号字符还可以直接作为注释，如图 4-45 所示，我们在使用 def 关键字定义 hello() 函数（第 1 行）的下一行时使用三引号字符串定义了一些提示信息（第 2 行），当鼠标光标移动到调用的函数时（第 6 行），除了函数的定义以外，还显示了三引号字符串定义的内容。

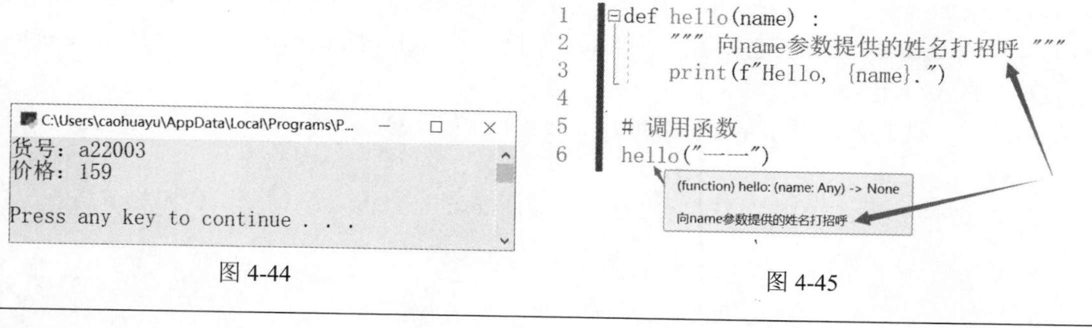

图 4-44

图 4-45

4.4.5 类成员和静态方法

类成员是相对于“实例成员”而言的，在前面的示例中，属性和方法都是通过类的实例（对象）调用的，称为实例成员。“类成员”则通过类直接调用，包含类属性和类方法。

下面的代码演示了类成员的应用。

```
# 服装类
class Attire():
    def __init__(self, num=None, color=None, catalog=None):
        self.number = num
        self.color = color
        self.catalog = catalog

# 服装工厂类
class AttireFactory():
    counter = 0

    @classmethod
    def create(cls):
        cls.counter += 1
        return Attire()

# 测试
attire1 = AttireFactory.create()
print(AttireFactory.counter)     # 1
attire2 = AttireFactory.create()
print(AttireFactory.counter)     # 2
```

在上述代码中，首先定义了 Attire 类，然后定义了 AttireFactory 类，其中，我们定义了 counter 变量并设置默认值为 0，且将 counter 变量定义为类属性。接下来的 create()方法使用了@classmethod 装饰器（decorator）说明定义的是类方法。类方法的第一个参数需要使用 cls，表示当前类，create()方法创建并返回了 Attire 实例，并将 cls.counter 属性加 1，记录了 create()方法创建的 Attire 实例数量。

测试时，我们分别调用 AttireFactory.create()方法创建了两个 Attire 实例，执行代码会显示 1 和 2。

类中还可以定义“静态方法”，此时需要使用@staticmethod 装饰器，代码如下所示。

```
# 服装类
class Attire():
    def __init__(self, num=None, color=None, catalog=None):
        self.number = num
        self.color = color
        self.catalog = catalog
```

```
# 服装工厂类
class AttireFactory():
    counter = 0

    @classmethod
    def create(cls):
        cls.counter += 1
        return Attire()

    @staticmethod
    def create_dress():
        AttireFactory.counter += 1
        return Attire(catalog="连衣裙")

# 测试
attire = AttireFactory.create()
print(AttireFactory.counter)     # 1
dress = AttireFactory.create_dress()
print(AttireFactory.counter)     # 2
```

在本示例中，AttireFactory.create_dress()被定义为静态方法，其中不需要使用 cls 参数。该方法使用类名 AttireFactory 引用 counter 属性，执行代码同样会显示 1 和 2。

下面的代码演示了类属性的另一种应用，我们使用 AttireSize 类定义服装的尺寸。

```
class AttireSize():
    S = 100
    M = 300
    L = 500

#
size = AttireSize.M
print(size)
```

执行代码会显示 300。如果大家学习过 C、C#等语言，可以看到，该示例使用类属性模拟枚举类型，也就是说，使用 AttireSize 类指定服装尺寸时，只能选择 S、M 和 L 项，而实际处理的是这些属性的数值。

一一问答

一一问：代码中的“+=”是什么含义？

答：这是一种复合运算符，如“x+=y”相当于“x=x+y”。Python 中的算术运算符和位运算符都有对应的复合运算符，如-=、*=、/=、**=等。

——问：装饰器（decorator）是什么？
答：可以理解为有特殊含义的命令。

——问：类属性、类方法和静态方法可以定义为私有的吗？
答：可以。代码如下所示。

```
class C1():
    __a1 = None
    a2 = None

    @staticmethod
    def __m1():
        print(C1.__a1)

    @staticmethod
    def m2():
        C1.__m1()

C1.m2()
print(C1.a2)
```

在本示例中，类属性__a1 和静态方法__m1()为私有的，在 C1 类的外部不能调用，而类属性 a2 和静态方法 m2()则可以在 C1 类的外部调用。运行代码会显示两个 None 值，即__a1 和 a2 属性的默认值。

——问：类方法和静态方法中可以调用实例属性和实例方法吗？
答：不可以。因为实例属性和实例方法属于一个具体的实例（对象）。类方法和静态方法只能调用类属性、类方法和静态方法。

——问：实例方法中可以调用类属性、类方法和静态方法吗？
答：可以。请注意，无论一个类有多少实例（对象），其中的类属性、类方法和静态方法都是独一无二的。

——问：这一部分有很多重复代码，有更好的办法来管理这些代码吗？
答：哈哈，你一定是看到了下一节的标题。是的，我们可以将代码保存在独立的文件中，形成“模块”，这样在其他文件中就可以导入后再使用了。下面介绍具体的操作。

4.5 模块化管理

在前面的示例中，服装相关的代码包括 AttireSize、Attire、Dress 和 AttireFactory 类。接下来，我们在项目中创建 attire_chy.py 文件，并将这几个类的实现代码保存到此文件中，代码如下所示。

```
# 服装尺寸
class AttireSize():
    S = 100
    M = 300
    L = 500

# 服装类
class Attire():
    def __init__(self, number=None, color=None, catalog=None, price=None):
        self.number = number
        self.color = color
        self.catalog = catalog
        self.price = price
        self.size = None

    def __str__(self):
        return f"货号:{self.number}  颜色:{self.color}  " + \
            f"分类:{self.catalog}  价格:{self.price}"

# 连衣裙类
class Dress(Attire):
    def __init__(self,number=None, color=None, pattern=None, price=None):
        super().__init__(number,color,"连衣裙",price)
        self.pattern = pattern

    def __str__(self):
        return f"货号:{self.number}  颜色:{self.color}  " + \
            f"分类:{self.catalog}  图案:{self.pattern}  " + \
            f"价格:{self.price}"

# 服装工厂类
class AttireFactory():
```

```
    counter = 0

    @classmethod
    def create(cls,number=None, color=None, catalog=None):
        cls.counter += 1
        return Attire(number,color,catalog)

    @staticmethod
    def create_dress(number=None, color=None, pattern=None):
        AttireFactory.counter += 1
        return Dress(number, color, pattern)
```

在保存 attire_chy.py 文件时需要将文件编码修改为 UTF-8，如图 4-46 所示。

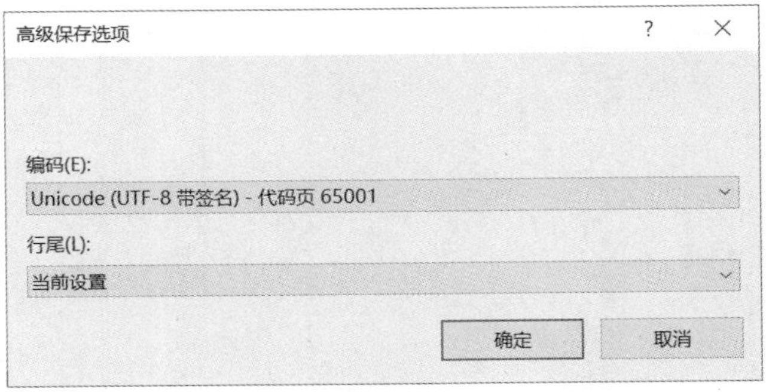

高级保存选项 ? ×

编码(E):

Unicode (UTF-8 带签名) - 代码页 65001

行尾(L):

当前设置

确定 取消

图 4-46

一一问答

一一问：attire_chy.py 文件中的大部分代码我都能理解，不过有一个情况好像是第一次出现，就是在 Attire 和 Dress 类的__str__()方法中，行尾的“\”符号是什么功能？

答：你说的应该是图 4-47 中箭头所指的“\”符号吧。

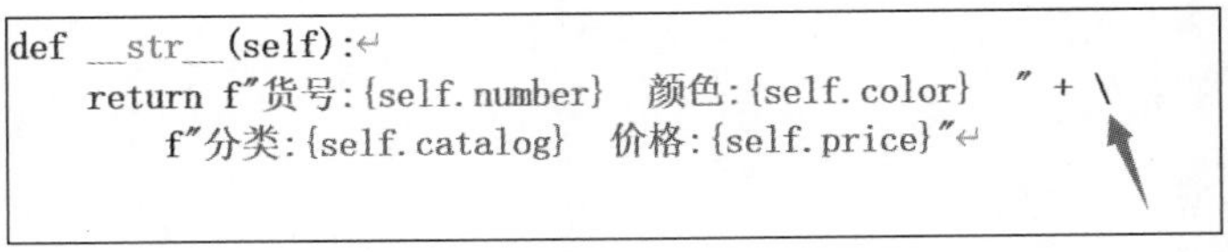

```
def __str__(self):
    return f"货号:{self.number}  颜色:{self.color}  " + \
        f"分类:{self.catalog}  价格:{self.price}"
```

图 4-47

在 Python 代码中，行尾的“\”符号表示下一行的代码与本行的是同一行代码。在本示例中，使用一个字符串也可以完成信息的组合，但一行太长了，会影响排版和阅读体验，所以我们将其分成两个字符串，并使用“+”运算符连接。

一一问：字符串相加是怎么回事？
答：字符串相加就是字符串的连接操作，如"abc"+"def"结果就是"abcdef"。

前面的示例中还定义了 SalesClerk 类，我们将实现代码保存到 salesclerk_chy.py 文件中，代码如下所示。

```
# 销售员类
class SalesClerk():
    def __init__(self):
        self.code = None
        self.name = None

    def sell(self, attire):
        print("销售员：", self.code, self.name)
        print("销售服装：", attire.number, attire.color, attire.catalog)
```

保存代码时注意修改文件编码为 UTF-8 格式。

一一问答

一一问：为什么封装代码的文件名中都有“_chy”？
答：这是本书的约定，你也可以使用自己的名字作为后缀，如使用“_yiyi”结尾，引用模块时使用正确的文件名就可以了。

一一问：我们之前好像说的是要封装“模块”，但目前只是创建了两个.py 文件，还需要做什么？
答：实际上，我们已经创建了 attire_chy 和 salesclerk_chy 模块，也就是说，一个.py 文件就是一个模块，模块的名称就是基本的文件名（不包含.py 扩展名）。

下面的代码会在 PythonDemo.py 文件中调用 attire_chy 模块。

```
import attire_chy

dress = attire_chy.Dress(color="红白色")
print(dress.color)
```

导入模块最基本的方式就是使用 import 关键字并指定模块名称，调用模块中的资源时需要通过模块名引用，如创建 Dress 类的实例需要使用 attire_chy.Dress()。很显然，如果需要大量使用模块中的资源，就需要一遍又一遍地使用模块名引用，这当然有些麻烦，下面介绍几种简化模块引用的方式。

第一种是使用 as 关键字定义模块的别名，可以简化模块名称，代码如下所示。

```
import attire_chy as A

dress = A.Dress()
print(dress.catalog)
```

本例将 attire_chy 模块的别名定义为 A，这样在代码中就可以使用 A 表示 attire_chy 模块了。

另一个简化模块引用的方式是使用 from…import 语句，应用格式如下。

```
from 模块 import 资源列表
```

其中，“模块”用于指定模块名。“资源列表”用于指定导入的资源，导入多个资源时使用逗号（,）分隔，如果需要导入模块中的所有资源可以使用星号（*）。

下面的代码导入了 attire_chy 模块中的 Attire 和 Dress 类。

```
from attire_chy import Attire, Dress

attire = Attire(color="蓝色")
print(attire.color)
dress = Dress()
print(dress.catalog)
```

使用 from…import 语句导入模块中的资源后，我们就可以直接使用资源了，不再需要通过模块名引用，如代码中的 Attire 和 Dress 类。

一一问答

一一问：除了可以从模块中导入类以外，还可以导入其他资源吗？

答：在代码文件中，我们可以导入模块的所有非私有成员。下面的代码演示了如何使用 copy 模块中的 deepcopy()函数复制对象。

```
from attire_chy import Dress
from copy import deepcopy

dress1 = Dress()
dress2 = deepcopy(dress1)
print(dress2.catalog)
```

一一问：模块中的私有成员是什么？

答：如果模块中的变量名、函数名和类名使用两个下画线（__）开始就会被定义为模块的私有成员，无法在模块以外调用。

——问：deepcopy()函数翻译过来是“深度复制”，这是什么意思？

答：“深度复制”是相对于“浅复制”而言的。先来看一个示例，代码如下所示。

```
from attire_chy import Dress

dress1 = Dress(color="蓝色")
dress2 = dress1
print(dress1.color, dress2.color)    # 蓝色 蓝色
#
dress1.color = "红色"
print(dress1.color, dress2.color)    # 红色 红色
```

第一个 print()函数会显示“蓝色 蓝色”，这个不难理解，毕竟 dress2 是从 dress1 对象赋值而来的，属性值相同是没有问题的。接下来我们修改 dress1 对象的 color 属性为“红色”，那么第二个 print()函数会显示“红色 蓝色”吗？事实上，它会显示“红色 红色”。

——问：这是为什么呢？

答：这是因为 dress1 赋值到 dress2 对象时执行的是“浅复制”，从本质上说，dress1 和 dress2 对象指向的是同一个实例，通过修改其中一个对象的属性数据，另一个对象也会有相同的反应。而“深度复制”则会创建一个新的实例，代码如下所示。

```
from attire_chy import Dress
from copy import deepcopy

dress1 = Dress(color="蓝色")
dress2 = deepcopy(dress1)
print(dress1.color, dress2.color)    # 蓝色 蓝色
#
dress1.color = "红色"
print(dress1.color, dress2.color)    # 红色 蓝色
```

在上述代码中，我们使用 deepcopy()函数复制 dress1 对象，此时会创建一个新的实例并赋值到 dress2 对象，这样就完成了深度复制，此时的 dress2 和 dress1 对象就是不同的实例，修改 dress1 对象的 color 属性并不会影响 dress2 对象。

——问：还有什么方式可以封装代码吗？

答：如果封装的资源较多或统计较复杂，可以先统计在一个文件夹中，这样就形成了一个

“包”（package）。包文件夹应有一个__init__.py 文件，可以将资源直接定义在此文件，导入包后可以直接使用__init__.py 文件中的资源。包文件夹中的其他.py 文件定义了包中的模块，导入这些模块应使用“包.模块”格式。如果需要在 Python 环境中都可以使用的全局包，可以将包文件夹保存到 Python 安装路径中的 Lib 目录。

4.6　向左还是向右——代码流程控制

在开发应用时，我们常常需要根据不同的条件执行相应的代码，本节将介绍 Python 中控制代码流程的语句结构。

4.6.1　条件判断和 if 语句

if 语句结构可以根据条件分别执行不同的语句，最简单的应用格式如下。

```
if 条件 :
    # 语句块
```

其中，当条件成立（True）时就会执行语句块。在下面的代码中，如果 color 的值是"red"，则显示“红色”。

```
color = "red"
if color == "red" :
    print("红色")
```

我们可以修改 color 的值来观察执行结果。可以看到，如果 color 的值不是"red"就什么也不显示，这似乎有点不太友好。在下面的代码中，我们在 if 语句结构中添加 else 语句，这样当 color 不是"red"时也会显示提示信息。

```
color = "green"
if color == "red" :
    print("红色")
else :
    print("不是红色")
```

上述代码可以根据 color 变量的值显示对应的信息，图 4-48 显示了本例 if…else 语句的执行逻辑。

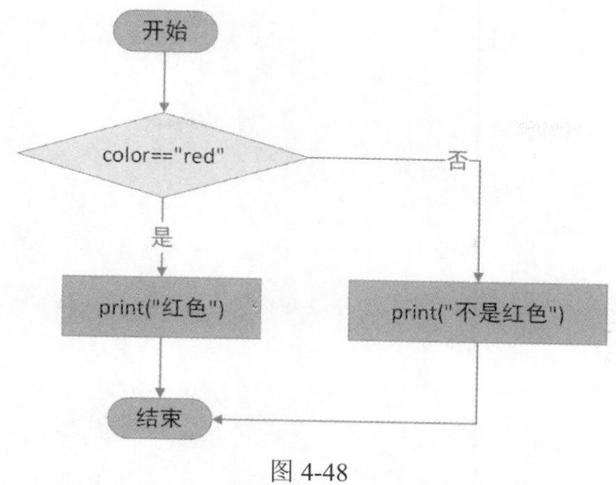

图 4-48

一一问答

一一问：能多介绍一些条件的设置吗？

答：稍后会介绍。在讨论条件设置前我们还应该了解布尔类型及其运算。

布尔类型（或称为逻辑类型）包括两个值，在 Python 中使用 True 表示“真”值，使用 False 表示“假”值。布尔数据有如下 3 种基本运算。

- 与运算，使用 and 运算符，需要两个运算数，当两个运算数都是 True 时运算结果为 True，否则运算结果为 False。
- 或运算，使用 or 运算符，同样需要两个运算数，其中一个是 True 时运算结果就是 True，只有两个运算数都是 False 时运算结果才是 False。
- 取反运算，也称为非运算，使用 not 运算符，只需要一个运算数，运算规则是 True 值取反得 False，False 值取反得 True。

下面的代码演示了这 3 种布尔运算。

```
x = True
y = False
print(x and y)     # False
print(x or y)     # True
print(not y)     # True
```

执行代码会显示 False、True、True，我们可以修改 x 和 y 的值来观察执行结果。

代码执行过程中如果需要布尔值，其他类型的数据会自动转换为布尔类型，其中，None、0、0.0、空字符串（""或''）、空集合会转换为 False 值；非 0 的数值、有内容的字符串和其他对象会转换为 True 值。

下面的代码使用 bool()函数进行转换测试，我们可以修改参数值来观察运行结果。

```
print(bool(None))     # False
print(bool(0))     # False
print(bool(0.0))     # False
print(bool(""))     # False
print(bool("False"))     # True
```

在 if 语句或其他需要条件判断的语句中，条件表达式最终会返回布尔值，条件成立时返回 True 值，条件不成立时返回 False 值。使用条件表达式可以进行一些基本的比较运算，当比较结果成立时返回 True，不成立时返回 False，Python 中的比较运算如下。

- 等于，使用==运算符。请注意，等于运算符是两个等号（==），而一个等号（=）称为赋值运算符，其功能是将运算符右侧表达式的值赋值到运算符左侧的标识符（如变量、对象），如“x=10”就是将整型 10 赋值到 x 变量。
- 不等于，使用!=运算符。
- 大于，使用>运算符。
- 大于等于，使用>=运算符。
- 小于，使用<运算符。
- 小于等于，使用<=运算符。

判断的条件有多个时，可以使用布尔运算确定条件之间的逻辑关系。如下面的代码可以判断一个年份是否为闰年。

```
year = 2022
if (year % 400 == 0) or (year % 100 != 0 and year % 4 == 0) :
    print(year, "是闰年")
else :
    print(year, "不是闰年")
```

执行代码会显示“2022 不是闰年”，我们可以修改 year 的值来观察运行结果。

一一问答

一一问：判断闰年的条件看起来有些复杂，能详细说明吗？

答：当然可以。条件中使用圆括号定义了两个条件，这两个条件使用或（or）运算，也就是说，这两个条件中只要有一个成立，year 中的年份就是闰年；第一条件是年份可以被 400 整除，如 2000 年是闰年，而 1900 年不是闰年；第二个条件同样是组合条件，使用与（and）运算，只有两个条件同时成立才是闰年，即年份不能被 100 整除但必须能被 4 整除时才是闰年。图 4-49 显示了闰年判断条件的分解。

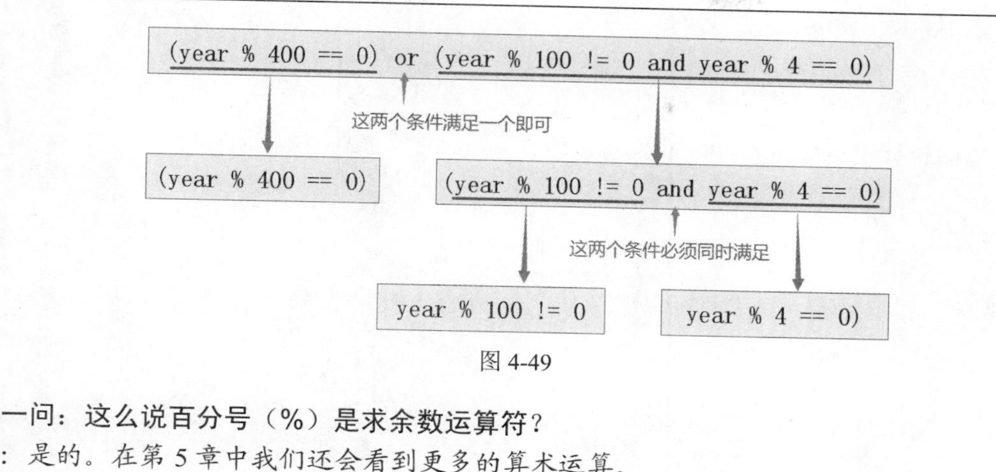

图 4-49

——问：这么说百分号（%）是求余数运算符？

答：是的。在第 5 章中我们还会看到更多的算术运算。

——问：如果有很多条件，需要根据不同的条件执行不同的代码应该怎么做呢？

答：可以在 if 语句结构中添加 elif 语句。

当在代码中需要根据多个条件分别执行不同的代码时，可以使用 if…elif…else 语句结构，在这个结构中，if 和 elif 分别指定不同的条件，else 语句是可选的，用于处理所有条件都不成立的情况，基本的应用格式如下。

```
if 条件1 :
    # 语句1
elif 条件2 :
    # 语句2
elif 条件n :
    # 语句n
else :
    # 语句n+1
```

在上述结构中，当“条件 1”满足时执行“语句 1”，或者当“条件 2”成立时执行“语句 2”，或者当“条件 n”成立时执行“语句 n”，如果条件都不成立则执行“语句 n+1”。

下面的代码演示了 if…elif…else 语句结构的应用。

```
color = "green"
if color=="red" :
    print("红色")
elif color=="green" :
    print("绿色")
elif color=="blue" :
```

```
        print("蓝色")
    else :
        print("不是 RGB")
```

代码的执行逻辑如图 4-50，我们可以修改 color 的值来观察执行结果。

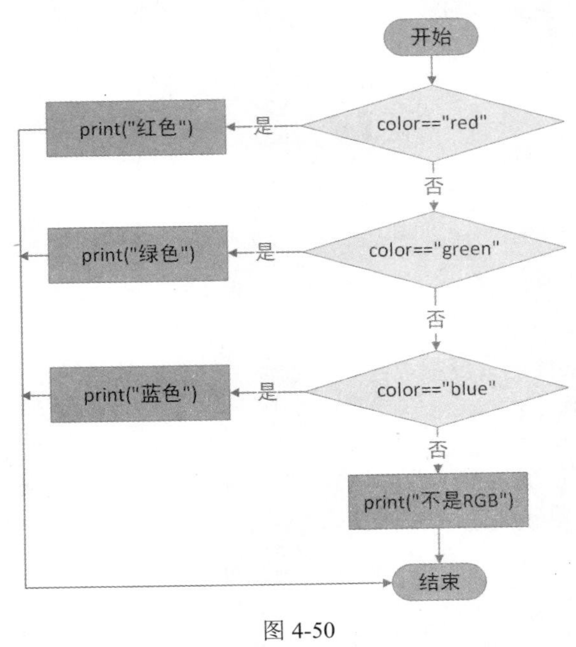

图 4-50

一一问答

一一问：if 语句结构中可以没有 else 部分吗？

答：if…else 或 if…elif…else 结构中都可以没有 else 语句，这样就变成 if 或 if…elif 结构，此时只能处理条件成立的情况。else 语句的作用是处理所有条件都不成立的情况，如果没有可执行的代码就不需要定义。需要注意的是，如果当所有的条件都不成立时我们是不是应该给出响应或提示，一般来说，能够处理所有情况的代码结构才是更加友好的代码结构。

4.6.2　循环语句

循环语句，也称为迭代语句，使用该语句可以根据条件多次执行相同的代码。Python 中包括两种循环语句，即 for…in 语句和 while 语句，下面分别介绍。

for…in 语句的主要功能是通过循环访问集合中的所有元素，可以对每个元素进行相同的操作。下面我们通过一个示例了解 for…in 语句结构的应用。

```
lst = [1,2,3,4,5,6,7,8,9,10]
result = 0
for n in lst :
    result += n
print(result)
```

在上述代码中，lst 被定义为一个列表（list）对象，其中包含了从 1 到 10 的数值；result 的默认值设置为 0。在接下来的 for…in 语句中，每次循环会使用变量 n 读取 lst 对象的一个数值，然后累加到 result 中，上述代码最终会计算从 1 到 10 的累加，结果为 55。

一一问答

一一问：如果计算从 1 到 100 的累加也需要将 1 到 100 写到列表中吗？

答：当然不用这么麻烦，计算 1 到 100 的累加可以参考如下代码。

```
print(sum(range(1,101)))
```

执行结果为 5050。for…in 语句和列表还有很多灵活的应用，我们将在第 5 章中详细讨论。

while 语句的应用格式如下。

```
while 条件:
    # 语句
```

在上述结构中，当"条件"成立（True）时会循环执行"语句"，条件不满足时结束循环。需要注意的是，在"语句"中应该有改变条件的代码，否则就会无限循环。下面的代码使用 while 语句计算了从 1 到 100 的累加结果。

```
n = 1
result = 0
while n <= 100:
    result += n
    n += 1
print(result)
```

在本示例中，n 表示需要累加的数值，初始值为 1；result 表示累加结果，初始值为 0。while 语句的条件是 n 小于等于 100，每次循环时 n 的值会被累加到 result，然后 n 的值加 1；最终执行结果会显示 5050。

循环语句结构中还有两个特殊的语句，分别是 continue 和 break。其中，continue 语句的功能是结束本次循环，并运行下一次循环（如果条件成立）。下面的代码通过 while 语句和 continue 语句计算了 1 到 100 中偶数的和。

```
n = 0
result = 0
while n <= 100:
    n += 1
    if n % 2 != 0 : continue
    result += n
print(result)
```

在本示例的 while 循环中，每次循环会先将 n 的值加 1，然后判断其是否为偶数，当 n 不是偶数时使用 continue 语句结束本次循环并开始下一次循环，最终计算 1 到 100 中偶数的累加值，结果为 2550。

一问一答

——问：continue 语句直接写在 if 语句的后面，这样没有问题吗？

答：如果语句结构中只包含一行代码，这样写是没有问题的。

——问：我在前面看到，计算 1 到 100 的累加只需要一行代码，计算 1 到 100 中的偶数累加有没有简便方法呢？

答：当然有，只需要修改 range()函数的参数，如代码“print(sum(range(2,101,2)))”同样会显示 2550。

——问：continue 语句也可以用在 for…in 语句结构中吗？

答：是的。如下面的代码计算了 1 到 10 中偶数的累加，执行结果显示 30。

```
lst = [1,2,3,4,5,6,7,8,9,10]
result = 0
for n in lst :
    if n % 2 != 0 : continue
    result += n
print(result)
```

——问：我们是不是还漏了 break 语句，好像是“中断”的意思？

答：是的。break 语句的功能就是中断循环语句的执行，在 for…in 或 while 语句结构中，如果满足结束循环的条件，就可以使用 break 语句立即终止循环。下面的代码通过 while 和 break 语句计算了 1 到 100 的累加。

```
n = 1
result = 0
```

```
while True:
    if n > 100 : break;
    result += n
    n += 1
print(result)
```

一一说：计算从 1 到 100 的累加有这么多方法，真的好神奇！

答：是的。一个功能的实现往往有很多方法，我们在开发时需要在代码可读性、运行速度和系统资源占用等方面做出权衡，从中找到最合适的解决方案，这是一个不断测试、验证和改进的过程。

4.6.3 match 语句

match 是 Python 3.10 中新增的语句结构，该语句可以根据表达式的值分别执行不同的代码，应用格式如下。

```
match 表达式 :
    case 值列表 1 :
        # 语句 1
    case 值列表 2 :
        # 语句 2
    case 值列表 n :
        # 语句 n
    case _ :
        # 语句 n+1
```

在上述结构中，match 关键字后的“表达式”会产生一个值，每个 case 语句都可以匹配其中一个或多个值，匹配多值时使用竖线（|）分隔。在执行过程中，如果 case 语句有匹配的值则会执行相应的语句，然后退出 match 语句结构。请注意结构中最后一个 case 语句，其中的下画线（_）是一个匹配符，可以理解为“其他所有的值”，也就是说，如果前面的 case 语句都没有匹配的值，就会执行“语句 n+1”，这和 if 语句结构中的 else 语句功能相似。

在下面的代码中，左侧使用 match 语句结构实现颜色判断功能，右侧是相同功能的 if 语句结构。

```
color = "red"
match color:
    case "red" :
        print("红色")
```

```
color = "green"
if color=="red" :
    print("红色")
elif color=="green" :
```

```
    case "green" :
        print("绿色")
    case "blue" :
        print("蓝色")
    case _:
        print("不是 RGB")
```

```
    print("绿色")
elif color=="blue" :
    print("蓝色")
else :
    print("不是 RGB")
```

执行代码会显示“红色”，我们可以修改 color 的值来观察执行结果。

匹配多个值时，match 语句会更有优势，代码如下所示。

```
n = 1
match n:
    case 1 | 2 | 3:
        print('1、2、3 范围内')
    case _:
        print('不是 1、2、3')
```

代码中的第一个 case 语句匹配 n 等于 1、2、3 的情况，第二个 case 语句处理 n 不等于 1、2、3 的情况，我们可以修改 n 的值来观察执行结果。

一一问答

一一问：match 语句看起来不错，它只能在 Python 3.10 中使用吗？

答：match 语句只能在 Python 3.10 或更新的版本中使用，如果编写或维护 Python 3.9 及更早版本的代码，应该使用 if…elif…else 语句结构。

4.7　处理运行错误

在 Python 代码中捕捉和处理运行错误可以使用 try…except…else…finally 语句结构，完整的运行逻辑如图 4-51 所示。

其中，try 语句块包含了主要的执行代码，当代码运行出现错误时，except 语句块可以捕捉错误并做出相应的处理；如果 try 语句块的代码没有出错，则执行 else 语句块的代码；最终，无论 try 语句块代码是否出现错误，finally 语句块的代码都会执行。

try 语句结构的应用形式如下。

- Try…except 结构。
- try…except…else 结构。
- try…except…else…finally 结构。

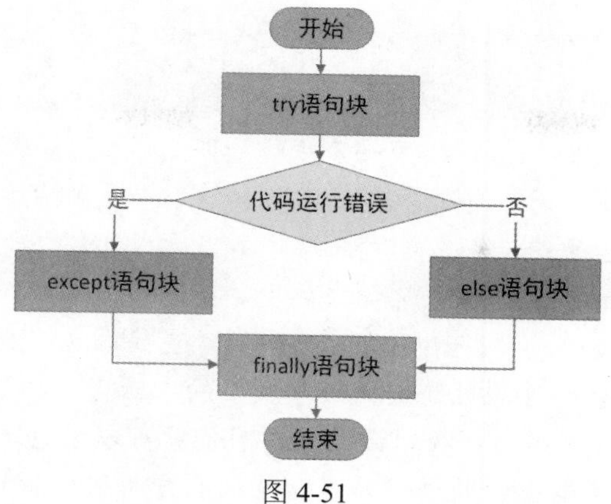

图 4-51

except 语句块可以捕捉一个或多个错误类型，比如，只需要捕捉除零错误时，我们可以使用“except ZeroDivisionError as ex”语句；如果需要捕捉多个错误类型，则需要使用圆括号定义错误类型，并使用逗号（,）分隔。在下面的代码中，except 语句块可以捕捉两个错误类型。

```
try :
    x = 10
    print(x/0)
except (ZeroDivisionError, OverflowError) as ex :
    print(ex)
```

执行代码会显示“division by zero”，即除零错误的描述信息。

在下面的代码中，我们来观察 try 语句的执行逻辑。

```
try :
    print("try 语句块")
except ZeroDivisionError as ex :
    print("except 语句块")
    print(ex)
else :
    print("else 语句块")
finally :
    print("finally 语句块")
```

在本示例中，try 语句块中的代码没有运行错误，所以 except 语句块的代码不会执行，代码执行结果如图 4-52 所示。

图 4-52

一一问答

一一问：能够正确处理代码的运行错误一定很重要吧？

答：是的。在应用程序中，对于可能出现的运行错误，一定要有合理的处理机制，只有这样，用户的操作体验才会更好。如果是用户操作不当造成的错误就需要提示用户应该如何正确操作，如提供正确的数据；如果是资源调用的错误，如网络不能连接、文件不能打开等，则可以对资源进行检查，并提示用户稍后再试。重要的是，我们在开发过程中要编写高质量的代码，提高程序的可靠性，提供更加友好的人机交互体验。

学习阶段可以先不使用 try 语句捕捉错误，这样我们就可以看到运行错误最原始的跟踪信息，从而能够更方便地观察出错的过程，有助于提高分析代码和处理错误的能力。

在接下来的示例中我们一般不会使用 try 语句来捕捉运行错误，不过，为了方便理解错误信息，表 4-1 和表 4-2 分别给出了常用的错误类型和警告类型。

表 4-1　Python3 中的常用错误类型

异常与错误类型	说明
ArithmeticError	数值计算错误的基类
AssertionError	断言（assert）声明无效
AttributeError	引用了对象没有的属性
BaseException	所有异常的基类
EnvironmentError	系统环境操作错误基类
EOFError	到达文件结束位置
Exception	异常的基类
FloatingPointError	浮点数计算错误
GeneratorExit	生成器停止异常
ImportError	导入模块或其他资源错误
IndentationError	缩进错误
IndexError	无效的索引
IOError	输入输出操作错误
KeyError	无效的键（key）引用
LookupError	查找无效数据错误基类
MemoryError	内存不足
NameError	对象没有声明或没有初始化

续表

异常与错误类型	说明
NotImplementedError	方法没有定义和实现
OSError	操作系统操作错误
OverflowError	数值溢出错误
ReferentceError	引用了无效的对象
RuntimeError	通用的运行时错误
StandardError	所有标准内置错误的基类
StopIteration	迭代时已没有更多值
SyntaxError	语法错误
SystemError	通用解释器系统错误
TabError	制表符和空格使用错误
TypeError	类型相关错误
UnboundLocalError	局部变量未初始化
UnicodeDecodeError	Unicode 解码错误
UnicodeEncodeError	Unicode 编码错误
UnicodeError	Unicode 编码操作错误
UnicodeTranslateError	Unicode 内容转换错误
ValueError	参数指定错误
WindowsError	Windows 操作系统调用错误
ZeroDivisionError	被零除错误（除法或求余数运算）

表 4-2 Python3 中的警告类型

警告类型	说明
DeprecationWarning	使用了已弃用的资源
FutureWarning	使用了未来可能改变的资源
PendingDeprecationWarning	使用了将会弃用的资源
RuntimeWarning	运行时警告
SyntaxWarning	语法警告
UserWarning	用户代码警告
Warning	警告基类

第 5 章　更灵活的计算——在 Python 中处理数据

数据分析，最基础的工作就是数据的整理和计算。前面已经介绍了如何使用 Excel 整理数据，并讨论了一些基本的统计方法。本章将讨论 Python 中的算术运算、随机数、数据集合、排序、计算函数、math 和 statistic 模块，以及日期和时间的处理等内容。

5.1　不一样的算术运算

在使用 Python 编程时，有些算术运算的规则与我们日常所熟悉的算术运算是比较接近的，但有些运算则需要注意，在实际应用中，只有熟练掌握运算规则才能得到准确的计算结果。

Python 3 中的算术运算规则如下。

- 加法，使用+运算符。
- 减法，使用−运算符。
- 乘法，使用*运算符。
- 除法，使用/运算符。
- 整除，使用//运算符。
- 取余数，也称为求模计算，使用%运算符。如果需要同时获取商和余数，可以使用 divmod()函数，如 divmod(x,y)可以同时计算 x 除以 y 的商和余数。
- 乘方运算，使用**运算符。pow()函数也可以完成同样的工作，如 pow(x, y)就相当于“x ** y”，即 x 的 y 次方。

在数学或统计学中，我们经常会使用字母或缩写词表示某个数据项，Python 编程中也是这样的，我们称之为“变量”。虽然我们才刚刚正式接触“变量”这个词，但在前面的示例中已经使用过变量，代码如下所示。

```
x = 10
y = 99
print(f"{x}+{y}={x+y}")
```

上述代码中的 x 和 y 就是两个变量，分别赋值为 10 和 99。此时，x 和 y 变量的类型是整型（int），数值分别是 10 和 99。

除法有两个运算符，其中/运算符的用法和我们日常所熟悉的除法相似，而//运算符会返回整除的结果。下面的代码演示了这两个运算符的应用。

```
print(10 / 3)     # 3.3333333333333335
print(10.1 / 3.3)     # 3.0606060606060606
print(10 // 3)     # 3
print(10.1 // 3.3)     # 3.0
```

第一个和第二个 print()函数显示了除法的计算结果，可以看到，即使是两个整数相除，结果也是浮点数（float）。但是，为什么结果保留了 16 位小数呢？因为这里处理的是 64 位浮点数，其精度在 15 到 17 位小数之间，这对于大多数计算应该足够了。

第三个和第四个 print()函数显示了整除的计算结果，整除并不是整数除法，而是计算完整的倍数，如 10 包含 3 个 3，10.1 中包含 3 个 3.3。需要注意的是，整除计算时，如果两个运算数都是整型，那么运算结果为整型；如果两个运算数是浮点数，那么计算结果为浮点数（但只保留整数部分）。

一一问答

一一问：整型和浮点数一起运算会怎么样呢？

答：好问题！一般来说，浮点数比整型处理的范围大，默认情况下整型将自动转换为浮点数再进行计算，最终的计算结果也是浮点数。我们可以观察以下几个运算结果。

```
print(10 + 3.0)     # 13.5
print(10 - 3.0)     # 7.0
print(10 * 3.0)     # 30.0
```

取余数运算的结果是取整倍数以后剩余的部分，代码如下所示。

```
print(10 % 3)     # 1
print(10 % 3.0)     # 1.0
print(10.1 % 3.3)     # 0.20000000000000018
```

一一问答

一一问：对于第三个 print()函数的调用，我们口算都可以得出结果是 0.2，怎么会得到这么长的小数？

答：这依然是浮点数的精度问题，在实际应用中，保留所需要的小数位即可。Excel 也有类似的问题，即看到的数据可能不是完整的数据，处理时需要注意。

一一问：在 Python 中如何指定小数位呢？

答：可以使用 round(参数一，参数二)函数，其中，参数一指定数据，参数二指定保留的小数位，代码如下所示。

```
print(round(10.12598, 3))     # 10.126
print(round(10.12518, 3))     # 10.125
print(round(10.125, 2))     # 10.12
print(round(10.115, 2))     # 10.12
```

下面的代码使用 divmod()函数获取了除法运算的商和余数，并保留 1 位小数。

```
a,b = divmod(10.1, 3.3)
print(round(a,1))     # 3.0
print(round(b,1))     # 0.2
```

最后来看乘方运算，运算符是两个星号（**）。除了正常的乘方运算以外，我们还可以使用**运算符进行开方运算，下面的代码演示了相关应用。

```
print(3 ** 2)     # 9
print(3 ** (1/2))     # 1.7320508075688772
```

第一个 print()函数显示了 3 的 2 次方，结果为 9。在第二个 print()函数中，我们将**运算符的右运算数指定为(1/2)，计算的就是 3 的平方根，也就是说，求 x 的 n 次方根时，可以通过代码“x ** (1/n)”计算。

5.2 随机数

在统计学中，随机是一个非常重要的概念。比如，需要对统计对象进行抽样调查时，真正的随机可以让样本更具有代表性，更能代表统计对象整体。相反，如果样本的抽取不够随机，样本的分析结果可能与整体的真实情况相差甚远，此时的样本分析结果就没有参考价值，甚至会让数据使用者做出错误的判断。

一一问答

一一问：“随机”的概念似乎很有趣，投硬币时正面或反面向上是随机的吧？

答：可以这样理解。这同时也涉及概率问题，因为硬币只有正、反两面，所以，正面和反面向上的可能性都是 50%，也就是说，投硬币时正面和反面向上的概率都是 50%。

除了使用百分数以外，概率也可以使用分数或小数表示，如硬币正面向上和反面向上的概率也可以表示为 1/2 或 0.5。

无论是用哪种方式表达概率，其值都应在 0 到 1 之间，0 表示事件完全不可能发生，1 表示事件必然会发生。

在 Python 中，随机数相关的资源定义在 random 模块中。首先我们来了解 randint()函数，它需要两个整型参数，分别指定可能的最小值和最大值，函数的返回值是这两个整型之间的随机数。下面的代码通过 randint()函数生成了 10 个随机整型。

```
import random as rnd

for i in range(10):
    print(rnd.randint(0,9))
```

代码会生成 10 个 0 到 9 的随机数，多次运行所生成的结果可能是不同的。

在数据分析过程中，如果需要同一批数据测试算法，也可以生成相同的随机数。首先使用 seed()函数设置固定的种子数据，然后就可以生成相同的随机数，代码如下所示。

```
import random as rnd

rnd.seed(1)
for i in range(10):
    print(rnd.randint(0,9))
```

代码会生成 10 个 0 到 9 之间的随机数，多次运行所生成的随机数是相同的。

需要随机浮点数时，可以使用以下两个函数。

- random()函数，返回一个大于等于 0 且小于 1 的随机浮点数。
- unifrom(x,y)函数，返回 x 到 y 之间的随机浮点数，结果可能包含 x 和 y。

下面的代码演示了这两个函数的使用方法。

```
import random as rnd

print(rnd.random())
print(rnd.uniform(0.5, 1.5))
```

随机操作不只是产生随机数，有时还可以进行随机排列，如洗牌等。使用 shuffle()函数可以对数据进行随机排列，代码如下所示。

```
import random as rnd

lst = [0,1,2,3,4,5,6,7,8,9]
rnd.shuffle(lst)
print(lst)
```

代码会对包含 0 到 9 的列表进行随机排序，我们可以多次执行来观察执行结果。如果在测试算法时需要相同的“随机”顺序，同样可以先使用 seed()函数设置固定的种子数据。

一一问答

一一问：刚刚提到的概率看起来挺有意思的，能计算买彩票中大奖的概率吗？

答：假设彩票号码有 7 个数字，每个数字都是 0 到 9，号码组合有 10^7 种，买其中一组号码的中奖概率就是 $1/10^7$，也就是 0.0000001，非常接近 0。

一一问：这么算来，我是不可能中奖了？

答：也不能这么说，无论一个事件的概率多么接近 0，但只要不是 0，就有可能发生，这也是为什么我们总能看到有人中大奖的消息。即使中奖概率是 $1/10^7$，我们也可能在第一次买彩票中奖，或者在第 10^7 次购买彩票时中奖。需要注意的是，概率只是对未来可能性的描述，而不是保证。

一一问：有多少人买彩票没有中奖呢？

答：好问题！人们总是喜欢提供对自己有利的数据，避免谈论对自己有负面影响的数据。所以，虽然“数据不会撒谎”，但数据对人为的操控也没有任何反抗能力，这就需要我们在观察数据时多一些思考，就像你问到的一样，就买彩票而言，虽然有人中大奖，但有多少人没有中奖呢？实际上，大部分人购买彩票根本不可能收回成本。

5.3 序列

我们在进行数据分析时经常会处理一些数据集合，在 Python 中可以使用多种序列（sequence）类型进行操作，如列表（list）、元组（tuple）和数列（range）。

在序列中，元素位置使用从 0 开始的索引，如第一个元素索引值为 0，第二个元素索引值为 1，依此类推。图 5-1 显示了序列的基本结构。

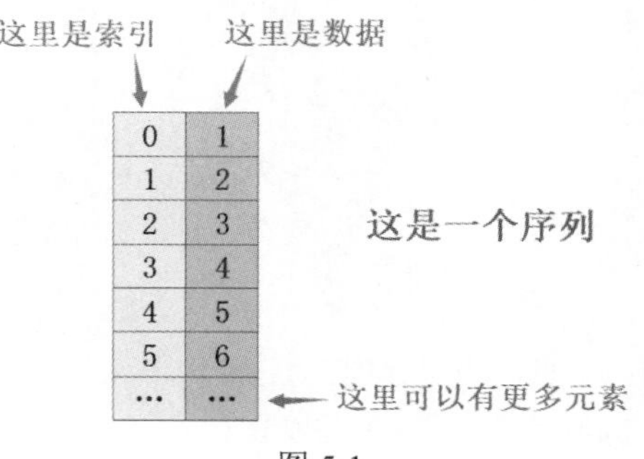

图 5-1

5.3.1 列表

列表（list）使用一对方括号定义数据集合，需要空列表时我们可以使用如下两种形式获取。

- 直接使用一对方括号定义，如 lst=[]。
- 使用 list()函数返回一个空列表，如 lst=list()。list()函数还可以将其他类型的对象转换为列表，如稍后讨论的元组（tuple）、数列（range）等。

列表元素的数据可以是整型（int）、浮点数（float）、字符串（str）和其他各种对象，如下面的代码定义了一个包含整型 1 到 6 的列表，并显示第三个元素。

```
lst = [1, 2, 3, 4, 5, 6]
print(lst[2])     # 3
```

在本示例中，我们首先使用一对方括号定义列表，并赋值到 lst 对象，列表的元素使用逗号（,）分隔。访问列表元素时，可以在列表对象后使用方括号指定索引，如示例中的索引 2 就表示第 3 个元素，即数字 3。

下面的代码会将第 4 个元素（索引为 3）修改为 99。

```
lst = [1, 2, 3, 4, 5, 6]
lst[3] = 99
print(lst)     # [1, 2, 3, 99, 5, 6]
```

想要访问所有元素的数据时可以使用 for 语句，代码如下所示。

```
lst = [1, 2, 3, 4, 5, 6]
for e in lst :
    print(e)
```

想要获取列表元素的数量时可以使用 len()函数，如下面的代码会显示 6。

```
lst = [1, 2, 3, 4, 5, 6]
print(len(lst))     # 6
```

计算数据的最小值和最大值分别使用 min()和 max()函数，代码如下所示。

```
lst = [1, 2, 3, 4, 5, 6]
print(min(lst))     # 1
print(max(lst))     # 6
```

计算列表元素数据的和可以使用 sum()函数，代码如下所示。

```
lst = [1, 2, 3, 4, 5, 6]
print(sum(lst))     # 21
```

想要统计某个元素在列表中有多少个，可以使用 count(e)方法，代码如下所示。

```
lst = [1, 2, 2, 3, 2, 5, 6]
print(lst.count(2))     # 3
```

本示例会显示 3，即列表 lst 中有 3 个 2。

如果需要确定元素的位置（索引），可以使用 index(e)方法，该方法能够返回元素 e 在列表中第一次出现的索引位置，如果指定的元素在列表中不存在，那么 index()方法会出错。下面的代码演示了 index()方法的应用。

```
lst = [1, 2, 2, 3, 2, 3, 6]
print(lst.index(3))     # 3
```

代码会显示 3，即在列表 lst 中，元素 3 第一次出现在索引为 3 的位置（第 4 个元素）。

判断列表中是否存在某个元素可以使用 in 运算符，如下面的代码会显示 False，即 lst 列表中没有 99。

```
lst = [1, 2, 3, 4, 5, 6]
print(99 in lst)     # False
```

相应地，如果想要判断数据列表中不存在某个元素时可以使用 not in 运算，如下面的代码会显示 True。

```
lst = [1, 2, 3, 4, 5, 6]
print(99 not in lst)     # True
```

在列表中添加元素有几种方法，如下所示。

- append(e)方法，将 e 添加到列表的最后。
- extend(s)方法，将 s 序列的元素添加到列表。
- insert(i, e)方法，在索引 i 的位置插入 e 元素。如果索引 i 大于等于元素的数量，那么 e 元素会被添加到列表的最后；如果索引 i 小于等于 0，那么 e 会被添加到列表的第一个元素。

下面的代码显示了 append()方法的应用。

```
lst = [1, 2, 3, 4, 5]
lst.append(6)
print(lst)     # [1, 2, 3, 4, 5, 6]
```

本示例会在列表 lst 的最后追加元素 6，如图 5-2 所示。

extend()方法会将一个序列的所有元素添加到列表，代码如下所示。

```
lst = [1, 2, 3]
lst1 = [4, 5, 6]
```

```
lst.extend(lst1)
print(lst)     # [1, 2, 3, 4, 5, 6]
```

本示例会将 lst1 列表的元素添加到 lst 列表，添加的元素会重新分配索引，如图 5-3 所示。此外，需要合并两个列表的元素时，我们还可以使用+运算符，代码如下所示。

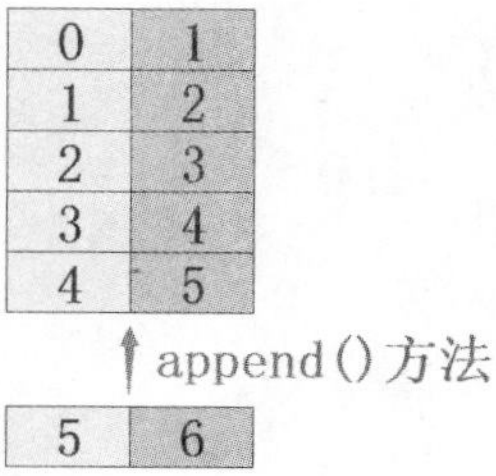

0	1
1	2
2	3
3	4
4	5

append()方法

5	6

图 5-2

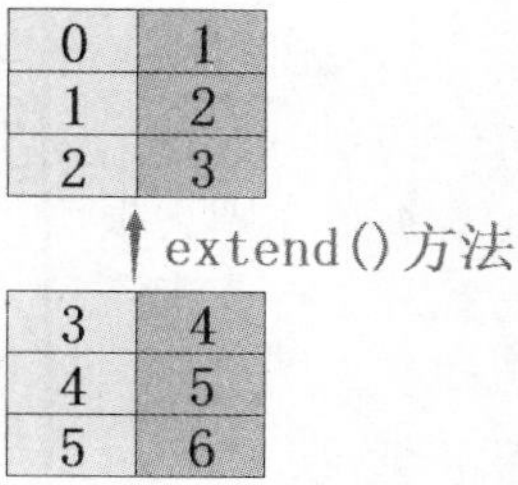

0	1
1	2
2	3

extend()方法

3	4
4	5
5	6

图 5-3

```
lst1 = [1, 2, 3]
lst2 = [4, 5, 6]
lst = lst1 + lst2
print(lst)     # [1, 2, 3, 4, 5, 6]
```

想要将列表元素添加到另一个列表时还可以使用+=运算符，代码如下所示。

```
lst = [1, 2, 3]
lst1 = [4, 5, 6]
lst += lst1
print(lst)     # [1, 2, 3, 4, 5, 6]
```

对于列表，我们还可以使用*运算符，运算符的左运算数是一个列表（lst）对象，右运算数需要指定一个整数 n，计算结果是由 n 组 lst 元素组成的新列表，代码如下所示。

```
lst1 = [1, 2, 3]
lst = lst1 * 3
print(lst)     # [1, 2, 3, 1, 2, 3, 1, 2, 3]
```

如果需要将生成的结果保存到原列表，那么我们可以使用*=运算符，代码如下所示。

```
lst = [1, 2, 3]
lst *= 3
print(lst)     # [1, 2, 3, 1, 2, 3, 1, 2, 3]
```

下面的代码演示了 insert()方法的应用。

```
lst = [1, 2, 3, 4, 5, 6]
lst.insert(3, 99)
print(lst)     # [1, 2, 3, 99, 4, 5, 6]
```

本示例会在索引 3 的位置（第 4 个元素）添加数字 99，插入新的元素后，指定位置以后的元素会重新分配索引，如图 5-4 所示。

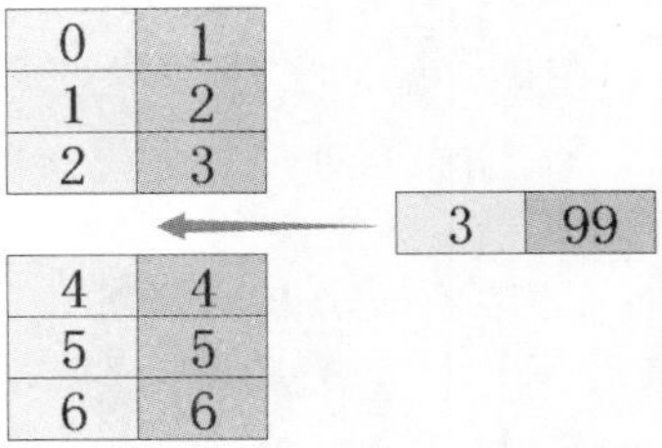

0	1
1	2
2	3
3	99
4	4
5	5
6	6

图 5-4

删除列表元素同样有几种方法，如下所示。

- 使用 del 语句删除对象，如“del lst[0]”可以删除 lst 列表的第一个元素。
- clear()方法，删除所有元素。
- remove(e)方法，删除列表中第一次出现的 e 元素。如果 e 元素不存在则会报错。
- pop(i)方法，删除索引 i 位置的元素。如果不指定参数就会删除最后一个元素。此外，pop()方法还可以返回删除的元素。

下面的代码会连续 3 次删除第一个元素。

```
lst = [1, 2, 3, 4, 5, 6]
lst.remove(1)
del lst[0]
print(lst.pop(0))     # 3
print(lst)     # [4, 5, 6]
```

本示例首先定义了 lst 列表，第一次使用 remove()方法删除元素 1；第二次使用 del 语句删除 lst[0]元素；第三次使用 pop()方法删除索引为 0 的元素；最终，lst 列表的元素只有 4、5、6。

remove()方法只会删除第一个匹配的元素，如果需要删除列表中所有指定的元素，可以参考如下代码。

```
lst = [1, 2, 2, 3, 4, 5, 6, 4, 4]
while 4 in lst :
    lst.remove(4)
print(lst)     # [1, 2, 2, 3, 5, 6]
```

代码可以删除列表中所有的 4。本示例的代码比较容易理解，但需要注意，每次执行 while 循环时，条件中都会循环遍历 lst 列表来判断 4 是否存在，代码执行效率并不高。

下面的代码则是通过元素索引反向访问元素，只需要遍历一次列表就可以删除所有的 4。

```
lst = [4, 1, 2, 2, 3, 4, 5, 6, 4, 4]
max_index = len(lst) - 1     # 列表的最大索引值
for index in range(max_index, -1, -1):
    if lst[index] == 4 : del lst[index]
print(lst)     # [1, 2, 2, 3, 5, 6]
```

代码中的 range()函数可以生成一个有序数列，稍后会详细介绍。在本示例中，range()函数会生成一个降序数列，数据范围从列表最大索引值到 0，for 循环会按索引值从大到小访问列表元素，当元素是 4 时使用 del 语句删除。

如果列表元素不多，两种方式的运行效率区别不会太大，这里我们可以提高数据量进行测试，如下面的代码可以将列表数据量提高 10000 倍，即使用 10 万个数据进行测试。

```
lst = [4, 1, 2, 2, 3, 4, 5, 6, 4, 4]*10000
```

一一问答

一一说：数据量达到 10 万时，两种处理方式的效率真的差别很大，看来算法真的非常重要！

答：的确是这样的。在处理大量数据时，算法的执行效率是不得不考虑的问题，有兴趣可以进一步学习和研究。

一一问：列表可以定义二维数据吗？

答：可以。在实际应用中，列表的元素也可以是序列对象，这样我们就可以模拟二维或多维数据，如图 5-5 显示了一个二维数据结构。

下面的代码定义了图 5-5 中的二维数据结构，并显示了第三行第二列的数据（10）。

```
lst = [[1, 2, 3, 4], \
      [5, 6, 7, 8], \
      [9, 10, 11, 12]]
print(lst[2][1])    # 10
```

一一问：访问列表时，可以同时使用元素的索引和数据吗？

答：想要同时访问元素的索引和数据可以借助 enumerate()函数，如下面的代码会显示元素的索引和数据。

```
lst = [1, 2, 3, 4, 5, 6]
for i, e in enumerate(lst) :
    print(f"{i} - {e}")
```

在 for 语句中 i 和 e 变量分别表示元素的索引和数据，并循环读取 enumerate()函数返回的枚举结果，代码执行结果如图 5-6 所示。

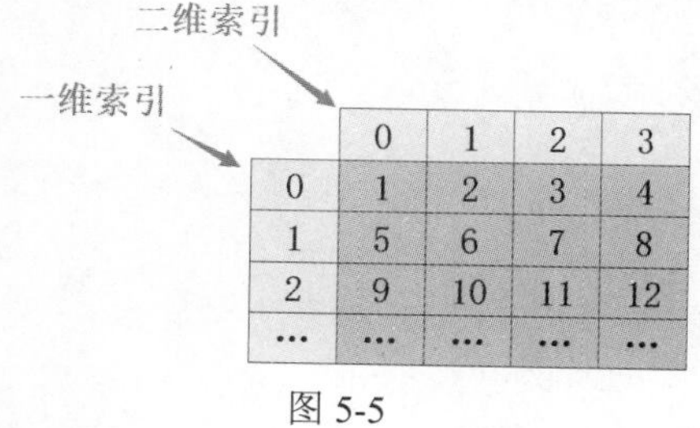

图 5-5

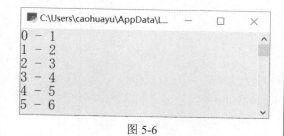

```
C:\Users\caohuayu\AppData\L...
0 - 1
1 - 2
2 - 3
3 - 4
4 - 5
5 - 6
```

图 5-6

前面介绍了列表的基本操作，如列表的创建，元素的添加、删除和修改等。在实际应用中，我们经常需要对列表元素进行统一的处理，下面介绍一些常见的操作。

如果需要计算每个元素的平方，并返回由计算结果组成的新列表可以借助列表推导式，代码如下所示。

```
lst = [1, 2, 3, 4, 5, 6]
pow2 = [e*e for e in lst]
print(pow2)     # [1, 4, 9, 16, 25, 36]
```

图 5-7 中显示了列表推导式的结构。

```
[e*e for e in lst]
```

元素的操作　　循环访问元素

图 5-7

在实际应用中，我们还可以将列表数据解包（unpack）成变量，代码如下所示。

```
lst = [10, 99, 0]
x,y,z = lst
print(x, y, z)     # 10 99 0
```

在本示例中，lst 列表包含 3 个元素，第二行代码可以将这 3 个元素的数据分别保存到变量 x、y、z 中，最后通过 print()函数显示 3 个变量的数据。

请注意，将列表元素解包为变量时，变量与列表元素的数量必须相等。

对列表数据排序可以使用 sort()方法，其中，reverse 参数默认值为 False，即执行升序排列，设置为 True 时执行降序排列。下面的代码演示了如何对列表中的价格数据进行排序。

```
lst = [299, 399, 169]
lst.sort()
print(lst)     # [169, 299, 399]
lst.sort(reverse=True)
print(lst)     # [399, 299, 169]
```

reverse()方法可以将列表中的元素反向排列，代码如下所示。

```
lst = [9, 2, 3, 4, 5, 6]
lst.reverse()
print(lst)     # [6, 5, 4, 3, 2, 9]
```

下面讨论切片（slice）的应用。

一一问答

一一问：切片，听起来很有意思，是要把列表切成一块一块的吗？

答：简单来说，切片就是按一定的规则获取列表的部分元素，并将这些元素作为整体进行操作。

定义切片的格式如下。

```
[start : stop : step]
```

其中，各参数的含义如下。

- start，指定开始位置的索引，默认值为 0。
- stop，指定结束位置的索引，默认值为列表的元素数量，请注意，切片结果中并不包含此索引位置的元素。start 和 stop 参数的默认值表示了列表的所有元素，可以使用[:]表示。
- step，索引的步长，使用默认值 1 时可以读取连续的元素。

下面的代码会读取索引值为奇数的元素。

```
lst = [1, 2, 3, 4, 5, 6]
s = lst[1 : : 2]
print(s)    # [2, 4, 6]
```

读取的数据怎么都是偶数？！别忘了，读取的是索引值为奇数的元素，即索引是 1、3、5 的元素。其中，切片的 start 参数设置为 1，也就是从第 2 个元素（2）开始；stop 参数使用默认值，实际包含列表中 start 索引开始的所有元素；step 参数设置为 2 表示每次读取的索引间隔 2，也就是读取索引为 1、3、5 的元素。本示例的切片操作如图 5-8 所示。

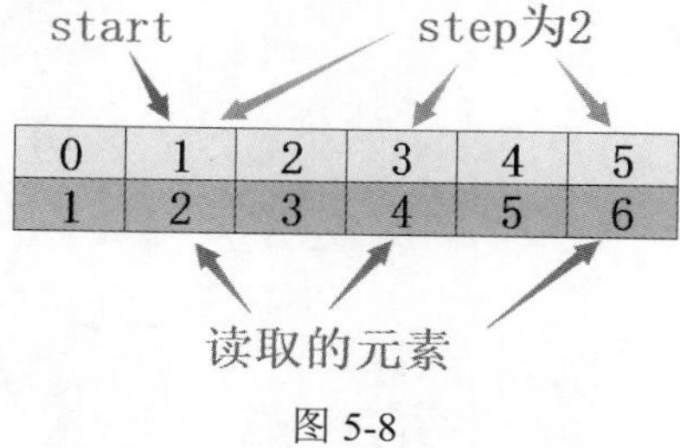

图 5-8

下面的代码演示了如何通过切片删除索引值为奇数的元素。

```
lst = [1, 2, 3, 4, 5, 6]
del lst[1 : : 2]
print(lst)    # [1, 3, 5]
```

代码中的切片同样指定了索引值为奇数的元素，并使用 del 语句删除了这些元素，最终，lst 列表元素只有 1、3、5。

通过切片还可以修改（替换）指定的元素，代码如下所示。

```
lst = [1, 2, 3, 4, 5, 6]
lst[2 : 5] = [99, 99]
print(lst)    # [1, 2, 99, 99, 6]
```

在本示例中，切片没有指定 step 参数，其默认值为 1。这里，切片从索引 2 开始，在索引 5 前结束，指定的范围就是索引 2、3、4 的位置，即元素 3、4、5，代码会将这 3 个元素替换为两个 99。

如果想要将元素 3、4、5 删除，也可以将切片结果赋值为空列表，代码如下所示。

```
lst = [1, 2, 3, 4, 5, 6]
lst[2 : 5] = []
print(lst)    # [1, 2, 6]
```

下面的代码可以将索引 3 及以后的所有元素删除。

```
lst = [1, 2, 3, 4, 5, 6]
lst[3:] = []
print(lst)    # [1, 2, 3]
```

下面再了解一些列表数据的计算问题。

假设两个列表的元素数量相同，需要分别计算对应元素的和，并将结果保存到一个新的列表，我们可以在列表推导式中使用 zip()函数，代码如下所示。

```
lst1 = [1, 2, 3, 4, 5]
lst2 = [6, 7, 8, 9, 10]
lst_sum = [x+y for x,y in zip(lst1, lst2)]
print(lst_sum)    # [7, 9, 11, 13, 15]
```

使用 zip()函数遍历多个列表时需要注意，如果列表的元素数量不一致，默认会以最少的元素数量为准，代码如下所示。

```
lst1 = [1, 2, 3, 4, 5]
lst2 = [6, 7, 8, 9, 10]
lst3 = [11, 12, 13]
lst_sum = [x+y+z for x,y,z in zip(lst1,lst2,lst3)]
print(lst_sum)    # [18, 21, 24]
```

在本示例中，执行结果只包含各列表前 3 个元素的和。

需要所有元素参与计算时，我们可以使用 itertools 模块的 zip_longest()函数，代码如下所示。

```
from itertools import zip_longest
```

```
lst1 = [1, 2, 3, 4, 5]
lst2 = [6, 7, 8, 9, 10]
lst3 = [11, 12, 13]
lst_sum = [x+y+z for x,y,z in zip_longest(lst1,lst2,lst3,fillvalue=0)]
print(lst_sum)    # [18, 21, 24, 13, 15]
```

如果多个列表的元素数量不同，那么在 zip_longest()函数中需要使用 fillvalue 参数指定一个数据，在列表中缺少的元素时会使用此数据，本示例执行的是加法运算，默认值设置为 0 不会改变最终的计算结果。在实际应用中，我们可以根据实际情况设置一个合理的默认值，比如，元素进行乘法运算时可以设置为 1。

当集合的元素需要进行布尔判断时，可以使用 all()和 any()函数，函数的参数需要指定一个集合类型，如列表等。在 all()函数中，集合的所有元素都为 True 时函数返回 True，有一个元素为 False 时函数返回 False。在 any()函数中，集合数据有一个元素为 True 时函数返回 True，所有元素为 False 值时函数返回 False。

在实际应用中，需要注意其他类型自动转换为布尔类型的规则，如数值 0 和 0.0 转换为 False 值，其他数值转换为 True；None、空字符串、空的集合对象（如空列表）转换为 False，其他对象和字符串转换为 True 等。

下面的代码演示了 all()和 any()函数的基本应用，我们可以修改列表数据观察运行结果。

```
lst = [1, 0, 3]
print(all(lst))    # False
print(any(lst))    # True
```

下面的代码演示了如何使用 all()函数判断多个列表是否都不为空。

```
lst1 = [1, 0, 3]
lst2 = [4, 5, 6]
lst3 = [7, 8, 9]
print(all([lst1, lst2, lst3]))    # True
```

在本示例中，我们可以修改 3 个列表对象来观察执行结果，如设置为空列表。

5.3.2 元组

元组（tuple）可以理解为不可变序列，也就是说，元组中的元素只能使用，不能进行添加、修改和删除等操作。

元组使用一对圆括号定义，也可以使用 tuple()函数将其他可迭代的对象转换为元组。下面的代码通过 tuple()函数将列表 lst 转换为元组，并保存到 t1 对象，t2 则是通过圆括号定义的元组。

```
lst = [1, 2, 3, 4, 5, 6]
t1 = tuple(lst)
```

```
t2 = (1, 2, 3, 4, 5, 6)
print(t1)     # (1, 2, 3, 4, 5, 6)
print(t2)     # (1, 2, 3, 4, 5, 6)
```

元组的应用和列表相似，只是不能修改元素，下面的代码会通过推导式计算元组数据的平方，并生成由计算结果组成的列表。

```
t = (1, 2, 3, 4, 5, 6)
lst = [e*e for e in t]
print(lst)     # [1, 4, 9, 16, 25, 36]
```

访问元组的元素时可以使用方括号指定索引，也可以使用切片，代码如下所示。

```
t = (1, 2, 3, 4, 5, 6)
print(t[2])     # 3
print(t[2:5])     # (3, 4, 5)
```

元组还有一些非常实用的特性，如自动包装（pack）和自动解包（unpack）。下面的代码使用元组的这一特性交换了两个变量的数据。

```
x = 10
y = 99
print(f"x={x}, y={y}")
x,y = y,x
print(f"x={x}, y={y}")
```

上述代码首先定义了 x 和 y 变量，数据分别是 10 和 99，然后使用代码“x,y = y,x”交换 x 和 y 的数据，执行结果如图 5-9 所示。

元组的包装和解包是自动完成的，首先在赋值运算符（=）的右侧，“y,x”会自动包装为元组(99,10)，然后将元组赋值到运算符左侧并解包，分别将 99 和 10 赋值给变量 x 和 y。图 5-10 显示了这一执行过程。

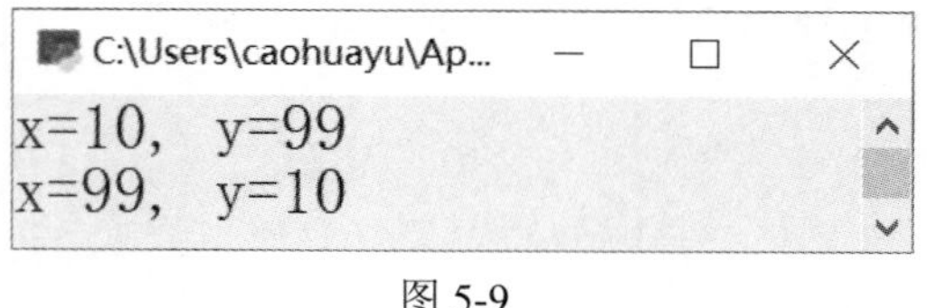

图 5-9

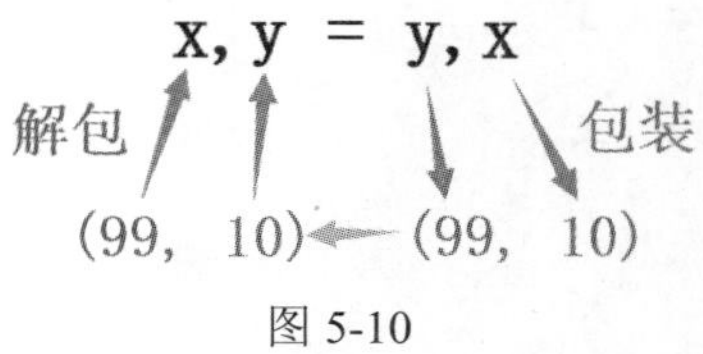

图 5-10

此外，元组数据也可以直接分解到变量中，代码如下所示。

```
x,y,z = (10, 99, 0)
print(x,y,z)     # 10 99 0
```

5.3.3 数列

数列（range）是有特定规则的数字序列，可以使用 range()函数定义。

需要从 0 开始的数列时，我们可以使用 range()函数，只需要一个参数指定数列的上限即可（数列中不包含此数值），如 0 到 9 的数列可以使用 range(10)获取。

range()函数定义数列时也可以使用 3 个参数，定义如下。

```
range(start, stop, step)
```

看起来和切片差不多，实际应用也的确如此，3 个参数的含义如下。

- start，定义起始数值。
- stop，定义数值的上限（或下限），但数列中不包含此数值。
- step，指定数据的步长（间隔），默认为 1。

需要注意的是，数列中并不真正保存数据，而是保存参数数据。需要通过索引值访问元素数据时可以通过下面的公式计算得出。

```
r[i] = start + step * i
```

其中，r 为数列对象，i 为从 0 开始的索引，start 为起始数据，step 为步长。

下面的代码分别定义了两个数列，请注意各项参数，特别是步长（step）的设置。

```
r1 = range(1, 10)
r2 = range(9, 0, -1)
for e in r1 : print(e)
print("-"*30)
for e in r2 : print(e)
```

r1 数列定义为大于等于 1 并且小于 10 的数值，步长（间隔）为 1，即从 1 到 9。r2 数列定义为小于等于 9 并且大于 0 的数值，步长（间隔）为−1，说明数值是逐渐减小的，即从 9 到 1。

一一问答

一一问：如果需要保存数列的元素数据应该怎么办呢？

答：可以使用 list()函数转换为列表，或者使用 tuple()函数转换为元组。如下面的代码会显示[1, 2, 3, 4, 5]。

```
r = range(1, 6)
lst = list(r)
print(lst)    # [1, 2, 3, 4, 5]
```

5.4　字典

在日常生活中，字典（dict）对我们来说并不陌生，各种各样的字典都有一个共同的特点，即通过索引查询条目，然后获取相关的描述，Python 中的字典也有类似的特性。

字典（dict）属于映射（map）类型，元素的格式为“键/值”，其中，键（key）作为元素的名称（索引），值（value）保存了元素的数据，结构如图 5-11 所示。

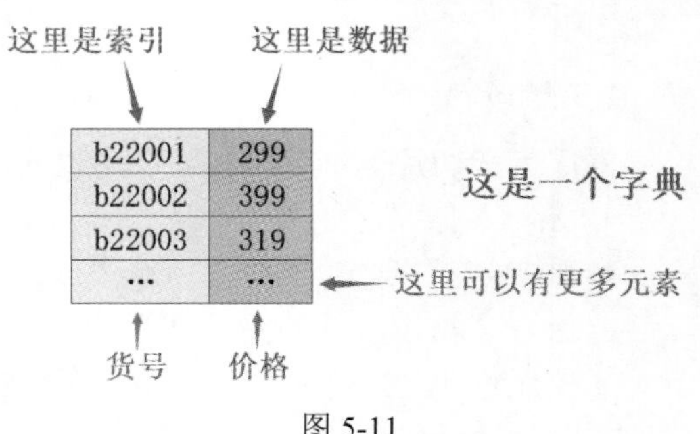

图 5-11

图 5-11 中的字典包含了 3 种服装的信息，其中，索引是货号，数据是价格。下面的代码定义了包含这些信息的字典。

```
d = {"b22001":299, "b22002":399, "b22003":319}
print(d["b22003"])     # 319
```

执行代码会显示 319，即货号是"b22003"的商品价格。

字典使用一对花括号进行定义，多个元素由逗号（,）分隔。每个元素由冒号（:）分为两部分，冒号的左侧定义键（索引），右侧定义值（数据）。创建空白字典对象时，我们可以使用不包含内容的一对花括号，也可以使用没有参数的 dict()函数。

添加字典元素或修改元素数据时可以通过键（索引）指定数据，代码如下所示。

```
d = {}
d["b22001"] = 299
d["b22002"] = 399
d["b22003"] = 319
print(d["b22002"])     # 399
print(len(d))     # 3
```

代码中首先创建了空字典 d，然后通过索引添加 3 个元素，最后显示索引为"b22002"的数据 399，以及字典元素的数量 3。

直接使用键（索引）获取字典元素的值（数据）时，如果键不存在就会引发 KeyError 错误；此时，我们可以通过 get()方法读取数据，get()方法包含如下两个参数。

- key，指定读取数据的键（索引）。
- default，如果指定的键 key 不存在则返回此参数的值，默认为 None 值。

下面的代码演示了 get()方法的应用。

```
d = {"b22001":299, "b22002":399, "b22003":319}
print(d.get("b22002"))      # 399
print(d.get("b22011"))      # None
print(d.get("b22011", 0))     # 0
```

通常服装的价格应该是一个大于 0 的数值，基于这一点，下面的代码可以对读取的价格数据的有效性进行判断。

```
d = {"b22001":299, "b22002":399, "b22003":319}
price = d.get("b22011")
if price and price>0:
    print(f"价格:{price}")
else :
    print("无效的价格")
```

在本示例中，我们可以修改 d.get()方法的参数或 price 变量的值来观察运行结果。

一问一答

一问：在 if 语句的条件中，price>0 很容易理解，但 price 变量也可以直接作为条件吗？

答：还记得数据可以自动转换为布尔类型吗？在本示例中，如果 d.get()方法读取的元素不存在则会返回 None 值，转换为布尔数据就是 False，这样就可以进行条件判断了。

由于 0、0.0、None、空字符串、空集合等会自动转换为 False，因此在 if 语句中使用 get()方法返回值直接作为条件时，需要注意返回的数据是否真的是无效数据，可以根据实际情况进一步判断。

判断字典中是否存在某个键（key）时，我们可以使用 in 运算符，相应地，判断某个键是否不存在可以使用 not in 运算符，代码如下所示。

```
d = {"b22001":299, "b22002":399, "b22003":319}
print("b22002" in d)     # True
print("b22002" not in d)     # False
```

两个字典对象合并时可以使用|运算符，这是 Python 3.9 中新增的运算符，运算结果是两个字典的元素组成的新字典。比如，字典 d1 保存了春季新款服装的价格，字典 d2 保存了夏季新款服装的价格，需要统一处理时，可以先使用|运算符将两个字典合并为一个字典，下面的代码演示了相关操作。

```
d1 = {"a22001":199, "a22002":299, "a22003":399}
d2 = {"b22001":299, "b22002":399, "b22003":319}
```

```
d = d1 | d2
print(d)
```

需要将一个字典的元素添加到已存在的字典时，我们可以使用|=运算符，代码如下所示。

```
d1 = {"a22001":199, "a22002":299, "a22003":399}
d2 = {"b22001":299, "b22002":399, "b22003":319}
d1 |= d2
print(d1)
```

需要访问字典的所有元素时，我们可以关注以下几个方法。

- items()方法，返回可迭代的元素，其中包含了键和值。
- keys()方法，返回所有键（索引）的集合。
- values()方法，返回所有值（数据）的集合。

下面的代码在 for 语句中通过 items()方法显示了所有元素的键和值。

```
d = {"b22001":299, "b22002":399, "b22003":319}
for k,v in d.items() :
    print(f"{k} - {v}")
```

代码执行结果如图 5-12 所示。

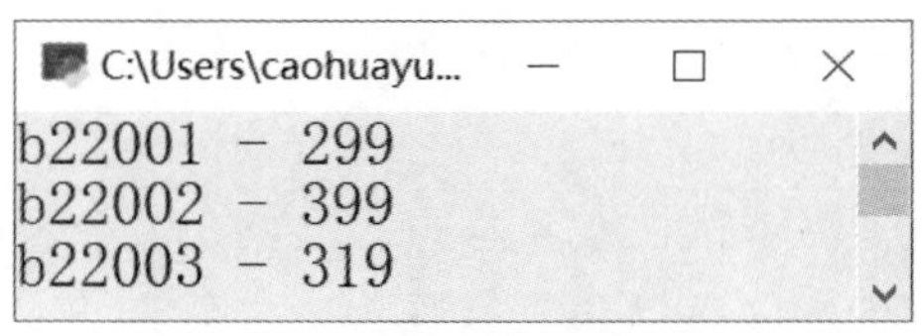

图 5-12

下面的代码在 for 语句中通过 keys()方法读取了所有键，并显示所有元素的键和值，执行结果与图 5-12 相同。

```
d = {"b22001":299, "b22002":399, "b22003":319}
for k in d.keys() :
    print(f"{k} - {d[k]}")
```

如果只需要处理字典元素的值，那么我们可以使用 values()方法获取，如下面的代码会使用字典的值创建一个列表，并对数据进行排序，最后显示排序后的列表数据。

```
d = {"b22001":299, "b22002":399, "b22003":319}
lst = list(d.values())
lst.sort()
print(lst)    # [299, 319, 399]
```

一一问答

一一问：如果想要获取字典中所有键组成的列表是不是可以使用 list(d.keys())？

答：可以。但有更简单的方法，如果存在字典 d，我们直接使用 list(d)就可以获取由字典所有键组成的列表。在实际应用中，我们还需要在简化代码和代码可读性之间做出权衡。

一一问：我在天文俱乐部遇到一个问题，能不能将字典中地内行星的中英文名称互换？

答：如果已有中英文对照的行星字典，就可以通过字典推导式交换键和值，代码如下所示。

```
d1 = {"Mercury":"水星", "Venus":"金星", "Earth":"地球"}
print(d1)
d2 = {v:k for k,v in d1.items()}
print(d2)
```

代码执行结果如图 5-13 所示。

```
C:\Users\caohuayu\AppData\Local\Programs\Python\Python310\python.exe
{'Mercury': '水星', 'Venus': '金星', 'Earth': '地球'}
{'水星': 'Mercury', '金星': 'Venus', '地球': 'Earth'}
```

图 5-13

删除字典元素的方法有多种，根据键删除元素时可以使用 del 语句，删除字典的所有元素时可以使用 clear()方法，下面的代码演示了相关应用。

```
d = {"b22001":299, "b22002":399, "b22003":319}
del d["b22002"]
print(d)    # {'b22001': 299, 'b22003': 319}
d.clear()
print(d)    # {}
```

使用 pop()方法可以删除指定的元素，定义如下。

```
pop(key[, default])
```

如果键 key 存在则删除元素并返回元素的值，如果键（key）不存在则返回 default 参数指定的值。请注意，如果键 key 不存在，并且没有指定 default，则会引发 KeyError 错误。

下面的代码演示了 pop()方法的应用。

```
d = {"b22001":299, "b22002":399, "b22003":319}
print(d.pop("b22002"))    # 399
print(d)    # {'b22001': 299, 'b22003': 319}
print(d.pop("b22011", 139))    # 139
```

使用 popitem()方法可以删除并返回最后一个元素，返回结果是包含键和值的元组，格式为(键, 值)。下面的代码演示了 popitem()方法的应用。

```
d = {"b22001":299, "b22002":399, "b22003":319}
print(d.popitem())    # ('b22003', 319)
```

使用 update()方法可以批量更新字典。下面的代码可以使用 d2 字典的元素更新 d1 字典。

```
d1 = {"b22001":299, "b22002":399}
d2 = {"b22001":219, "b22002":319, "b22003":269}
d1.update(d2)
print(d1)    # {'b22001': 219, 'b22002': 319, 'b22003': 269}
```

在实际应用中，我们还可以通过设置 update()方法的参数直接指定元素数据，格式为“键=值”，代码如下所示。

```
d = {"b22001":299, "b22002":399, "b22003":319}
d.update(b22001=199, b22002=319, b22003=269)
print(d)    # {'b22001': 219, 'b22002': 319, 'b22003': 269}
```

5.5　集合

这里的集合（set）是数学概念，我们可以对其进行并集、交集等运算。定义集合对象时同样需要使用花括号，与字典不同，集合中的元素是单个数据。

下面的代码演示了并集和交集的运算。

```
A = {1, 2, 3}
B = {1, 3, 9}
print('并集:', A.union(B))    # 并集: {1, 2, 3, 9}
print('交集:', A.intersection(B))    # 交集: {1, 3}
```

代码中使用了集合对象的两个方法，如下所示。

- A.union(B)方法，计算集合 A 和集合 B 的并集，返回包含集合 A 和集合 B 所有元素的新集合。
- A.intersection(B)方法，计算集合 A 和集合 B 的交集，返回集合 A 和集合 B 中都存在的元素集合。

下面再了解一些集合的常用操作，其中，A 为调用方法的集合对象，B 为方法的参数，B 用于指定参与运算的另一个集合对象。

A.isdisjoint(B)方法，判断集合 A 和集合 B 是否不相交。当集合 B 和集合 A 有相同的元素时返回 False，否则返回 True。下面的代码演示了 isdisjoint()方法的应用。

```
A = {1, 2, 3}
B = {1, 2, 3, 8, 9}
print(A.isdisjoint(B))    # False
```

代码执行会返回 False。如果将集合 A 的元素修改为{5,6,7}，则会返回 True。

A.issubset(B)方法，如果集合 A 是集合 B 的子集，即集合 B 包含了集合 A 中的所有元素时返回 True，否则返回 False。下面的代码演示了 issubset()方法的应用。

```
A = {1, 2, 3}
B = {1, 2, 3, 8, 9}
print(A.issubset(B))    # True
```

A.issuperset(B)方法，如果集合 A 是集合 B 的超集，即集合 A 包含了集合 B 中的所有元素时返回 True，否则返回 False，如下面的代码会显示 True。

```
A = {1, 2, 3, 8, 9}
B = {1, 2, 3}
print(A.issuperset(B))    # True
```

A.difference(B)方法，返回集合 A 和集合 B 的差集，即返回存在于集合 A 但不包含在集合 B 的元素，代码如下所示。

```
A = {1, 2, 3, 5, 8}
B = {1, 3, 9}
print(A.difference(B))    # {8, 2, 5}
```

A.symmetric_difference(B)，返回集合 A 和集合 B 的对称差集，返回的元素或属于集合 A 或属于集合 B，但不能同时属于两者，代码如下所示。

```
A = {1, 2, 3, 5, 8}
B = {1, 3, 9}
print(A.symmetric_difference(B))    # {2, 5, 8, 9}
```

在本示例中，集合 A 和集合 B 中都存在元素 1 和元素 3，因此计算结果的集合中不包含这两个数据。

5.6 更自由的排列——sorted()函数

使用列表对象中的 sort()方法可以对元素数据进行简单的排序，在实际工作中，列表元素的类型及排序规则可能会更加复杂一些，此时就可以使用 sorted()函数。

sorted()函数的参数如下。

- __iterable 参数，指定可迭代的数据集合，如列表。
- reverse 参数，指定是否降序排列，默认值为 False。
- key 参数，指定排序的数据项。

sorted()函数会返回排序后的新数据集合，如下面的代码演示了函数的基本应用。

```
lst = [3, 5, 1, 9, 8, 6]
print(sorted(lst))    # [1, 3, 5, 6, 8, 9]
print(sorted(lst, reverse=True))    # [9, 8, 6, 5, 3, 1]
```

当列表元素是对象时，如服装（Attire），key 参数就可以指定排序的数据，如下面的代码会按服装的价格进行排序。

```
from attire_chy import Attire

# 服装对象和列表
a1 = Attire("a22001", price=299)
a2 = Attire("a22002", price=399)
a3 = Attire("a22003", price=319)
alst = [a1, a2, a3]
# 排序
plst = sorted(alst, key=lambda a:a.price)
# 显示结果
print("--- 排序前 ---")
for a in alst : print(a.number, a.price)
print("--- 排序后 ---")
for a in plst : print(a.number, a.price)
```

代码执行结果如图 5-14 所示。

图 5-15 显示了一个二维数据结构，接下来对这些数据排序。

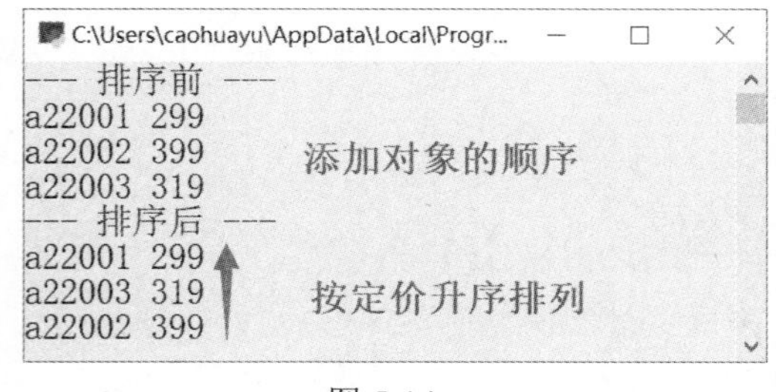

图 5-14

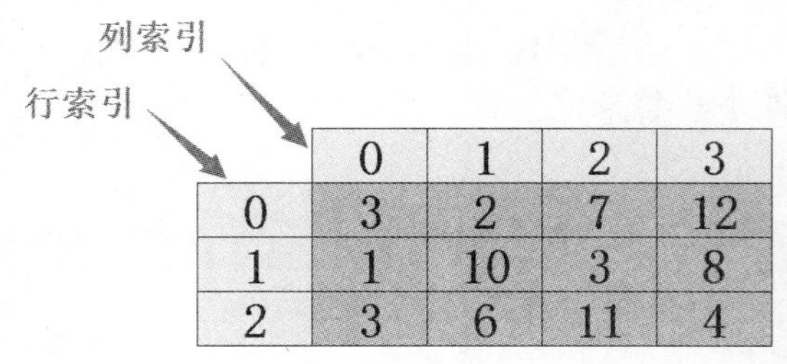

	0	1	2	3
0	3	2	7	12
1	1	10	3	8
2	3	6	11	4

图 5-15

下面的代码会按第三列（列索引 2）数据进行排序。

```
lst=[[3, 2, 7, 12], \
     [1, 10, 3, 8], \
     [2, 6, 11, 4]]
lst1 = sorted(lst, key=lambda e:e[2])
for e in lst1 : print(e)
```

在本示例中，我们在 key 参数中使用 lambda 表达式指定 e 为列表的元素（行），然后取其中的第 3 列（索引 2）数据进行排序。图 5-16 显示了排序后的二维数据结构。

如果需要对多列数据排序，我们可以借助 operator 模块的 itemgetter()函数。下面的代码先按第 1 列数据降序排列，当第一列数据相同时再按第 3 列数据降序排列。

```
from operator import itemgetter

lst=[[3, 2, 7, 12], \
     [1, 10, 3, 8], \
     [3, 6, 11, 4]]
lst1 = sorted(lst, key=itemgetter(0,2), reverse=True)
for e in lst1 : print(e)
```

排序后的数据结构如图 5-17 所示。

	0	1	2	3
0	1	10	3	8
1	3	2	7	12
2	3	6	11	4

图 5-16

	0	1	2	3
0	3	6	11	4
1	3	2	7	12
2	1	10	3	8

图 5-17

5.7 数学计算——math 模块

Python 有着大量的数据计算资源，下面先了解 math 模块中的常用资源。

floor()函数的功能是返回小于或等于参数的最大整数，ceil()函数的功能是返回大于或等于参数的最小整数，下面的代码演示了这两个函数的应用。

```
import math

print(math.floor(10.9))     # 10
print(math.floor(-10.9))     # -11
print(math.ceil(10.9))     # 11
print(math.ceil(-10.9))     # -10
```

此外，常用的数学计算资源如下。

- abs()函数用于返回参数的绝对值。
- gcd(x,y)函数，计算 x 和 y 的最大公约数。计算 x 和 y 的最小公倍数可以使用代码“x / math.gcd(x,y) * y”。
- 三角函数，如 sin()、cos()、tan()函数等。
- pi 变量，圆周率。
- e 变量，e 常量。

5.8　统计资源——statistics 模块

本节将介绍 statistics 模块中与统计相关的计算资源。

5.8.1　使用 Fraction 类处理分数

通过分数计算我们可以避免浮点数运算对精度的影响，如“1/3+1/4+1/6”的结果为 3/4，小数形式为 0.75，使用 Python 代码直接计算结果为 0.7499999999999999。下面的代码使用 Fraction 类进行分数计算。

```
import statistics as s

f1 = s.Fraction(1,3)
f2 = s.Fraction(1,4)
f3 = s.Fraction(1,6)
result = f1 + f2 + f3
print(result)     # 3/4
print(result.numerator / result.denominator)     # 0.75
```

在上述代码中，Fraction 类的构造函数中分别指定了分子（参数一）和分母（参数二），然后对 Fraction 对象进行加法运算，运算结果同样是 Fraction 对象，其中的 numerator 和 denominator 属性分别获取分子和分母。

通过 Fraction 类进行计算，即使最终结果不能化为有理数，也只需要将计算结果转换为浮点数，就可以减少浮点数的精度问题带来的影响。

Fraction 对象在初始化时还会自动将分数转换为最简形式，并且可以通过浮点数指定数据，代码如下所示。

```
import statistics as s

print(s.Fraction(15, 6))     # 5/2
print(s.Fraction(0.25))     # 1/4
```

Fraction 对象还支持一些基本的数学运算，如下面的代码可以计算 1/2 的三次方。

```
import statistics as s

f = s.Fraction(1, 2) ** 3
print(f)    # 1/8
```

5.8.2 算术平均数

算术平均数（均值）的计算方法是将数据集合中的所有数据相加再除以数据的数量。在 statistics 模块中我们可以使用 mean()函数计算均值，代码如下所示。

```
import statistics as s

data = [1,2,3,5,7,8,9]
print(s.mean(data))    # 5
```

5.8.3 几何平均数

几何平均数的计算方法是将集合中的数据相乘，然后开 n 次方（n 为数据的数量），在 statistics 模块中我们可以使用 geometric_mean()函数计算几何平均数。

一一问答

一一问：我还记得在 Excel 中可以使用 geomean()函数计算几个月份的平均增速，它们的功能是相同的吧？

答：是的，下面来看在 Python 代码中怎么计算平均增速。

图 5-18 显示了 2015—2020 年的销售额，其中，“与上年比例”保留了 4 位小数，下面来计算 2016—2020 年销售额的平均增速。

年份	销售额	与上年比例
2015	100000	——
2016	105890	1.0589
2017	115680	1.0925
2018	129800	1.1221
2019	110560	0.8518
2020	120568	1.0905

=B3/B2

图 5-18

首先将 5 年中的“与上年比例”数据相乘，然后将乘积开 5 次方后减 1，最后乘以 100%

得到平均增速。下面的代码演示了相关操作。

```
import statistics as s

data = [1.0589, 1.0925, 1.1221, 0.8518, 1.0905]
gm = s.geometric_mean(data)
print(gm)     # 1.0381360019762398
print(f"{gm-1:.2%}")     # 3.81%
```

在本示例中，gm 变量保存了数据的几何平均数，并通过 print()函数显示计算结果；第二个 print()函数显示 2016—2020 年的平均增速，结果以百分数显示，并保留 2 位小数。如需要获取直接的增速数据，应将 gm 的值减 1 再乘以 100，保留两位小数就是 3.81。

5.8.4　众数

众数是集合中出现频数最多的数据，可能是一个，也可能是多个。在 statistics 模块中我们可以使用 mode()函数获取数据集合的第一个众数，如下面的代码会显示 2。

```
import statistics as s

data = [2,2,2,3,3,4,4,5,5,5,6]
print(s.mode(data))     # 2
```

在上述代码中，data 列表的 2 和 5 都出现了 3 次，但只显示了第一个众数，如果需要获取全部众数，我们可以使用 multimode()函数，代码如下所示。

```
import statistics as s

data = [2,2,2,3,3,4,4,5,5,5,6]
print(s.multimode(data))     # [2, 5]
```

可以看到，multimode()函数会返回由众数组成的列表。

5.8.5　中位数

median()的功能是计算有序数据集合中位数的标准函数。当数据数量为奇数时返回中间位置的数据，当数据数量为偶数时返回中间两个数据的均值。下面的代码演示了 median()函数的应用。

```
import statistics as s

data1 = [1,2,3,4,5]
data2 = [1,2,4,5,6,9]
print(s.median(data1))     # 3
print(s.median(data2))     # 4.5
```

在本示例的第一个输出中，data1 列表的数据有 5 个，取中间的数据 3 作为中位数。在第二个输出中，data2 列表有 6 个数据，中位数取中间两个数 4 和 5 的均值，即 4.5。

使用 median_high()和 median_low()函数也可以计算中位数，当数据的数量为奇数时，两个函数返回的结果与 median()函数相同，即返回中间位置的数据；当数据数量为偶数时，median_high()函数将返回中间两个数据较大的一个，median_low()函数则返回中间两个数据较小的一个。下面的代码演示了这两个函数的使用。

```
import statistics as s

data1 = [1,2,3,4,5]
data2 = [1,2,3,4,5,6]
print(s.median_high(data1))    # 3
print(s.median_low(data1))     # 3
print(s.median_high(data2))     # 4
print(s.median_low(data2))     # 3
```

5.8.6 方差和标准差

方差包括总体方差（population variance）和样本方差（sample variance）。标准差是方差的平方根，同样也包括总体标准差（population variance）和样本标准差（sample standard deviation），statistics 模块中相关的函数如下。

- pvariance()函数，计算总体方差。
- pstdev()函数，计算总体标准差。
- variance()函数，计算样本方差。
- stdev()函数，计算样本标准差。

下面的代码使用 pvariance()和 pstdev()函数分别计算总体方差和总体标准差。

```
import statistics as s

data = [1,2,3,4,5,6,7,8,9,10]
print(s.pvariance(data))     # 8.25
print(s.pstdev(data))     # 2.8722813232690143
```

一一问答

一一问：Python 的开发资源挺丰富的，我们还需要自己编写计算代码吗？

答：Python 的开发资源，特别是数据统计方面的资源的确非常丰富，多数情况下，我们并不需要自己编写算法代码，只需要充分利用现有资源就可以完成数据统计工作。不过，通过自己编写代码可以更加灵活地实现算法，以满足更多的计算需求。接下来我们会做两个练习，通过 Python 代码分别实现百分位数和标准分（z 分）的计算。

5.9　计算百分位数

计算有序数列的百分位数有两种基本的方法，首先来看第一种算法，计算步骤如下。

- 计算 p=(n−1)*k+1。其中，n 表示数据的数量；k 表示位置，取值范围从 0（0%）到 1（100%）。
- 如果 p 为整数，则第 p 个数据就是所需要的百分位数，计算结束。
- 如果 p 不是整数，则向下取整得到 a，取小数部分 r，即 p=a+r。然后通过 N[a]+(N[a+1]−N[a])*r 计算所需要的百分位数。其中，N 为有序数据集合，N[a]表示集合中第 a 个数据。

下面的代码在 statistics_chy.py 文件中封装了此算法。

```
import statistics as s

def percentile_inc(data:list|tuple , k:float) -> float :
    ''' 计算百分位数，0<=k<=1 '''
    p = (len(data)-1) * k + 1
    a = int(p)
    if a == p : return data[a-1]
    r = p - a
    return data[a-1] + (data[a] - data[a-1]) * r
```

在 percentile_inc()函数中，参数 data 需要指定一个有序数列，参数 k 需要设置为 0.0 到 1.0 的数值，其中，0.0 表示最小值，1.0 表示最大值，0.5 表示中位数，0.25 表示下四分位数，0.75 表示上四分位数。

应注意，因为数据集合的索引值是从 0 开始，如列表或字典元素，所以第 a 个数据的索引应该是 a−1，也就是说，第 a 个数据应使用 data[a−1]读取。

下面在主代码文件中测试 percentile_inc()函数的应用。

```
import statistics_chy as sc

data = [1,2,3,4,5,6,7,8,9,10]
print('最小值：', sc.percentile_inc(data, 0))     # 最小值： 1
print('最大值：', sc.percentile_inc(data, 1))     # 最大值： 10
print('中位数：', sc.percentile_inc(data, 0.5))    # 中位数： 5.5
```

```
print('下四分位数：', sc.percentile_inc(data, 0.25))    # 下四分位数： 3.25
print('上四分位数：', sc.percentile_inc(data, 0.75))    # 上四分位数： 7.75
```

代码执行结果与 Excel 中的 PERCENTILE.INC()函数计算结果相同。

一一问答

一一问：使用 percentile_inc()函数时，如果指定的 data 参数没有排序怎么办？

答：为了防止 data 参数带入的数据没有排序，可以在计算前添加如下两行代码。

```
data = list(data)
data.sort()
```

这里先将带入的数据转换为列表，然后调用 sort()方法进行排序。

Python 有很多计算资源，如 NumPy 就是一个非常流行的数学计算基础功能包，在 Windows 操作系统的命令行窗口中我们可以使用如下命令安装。

```
pip install numpy
```

使用 numpy 模块中的 percentile(参数一，参数二)函数可以计算百分位数，其中，参数一需要指定一个包含数据的 NumPy 数组（ndarray 对象）；参数二指定百分位，使用 0 到 100 的数值表示。下面的代码演示了相关应用。

```
import numpy as np

data = [1,2,3,4,5,6,7,8,9,10]
arr = np.array(data)
print('最小值：', np.percentile(arr, 0))     # 最小值： 1.0
print('最大值：', np.percentile(arr, 100))    # 最大值： 10.0
print('中位数：', np.percentile(arr, 50))     # 中位数： 5.5
print('下四分位数：',np.percentile(arr, 25))    # 下四分位数： 3.25
print('上四分位数：', np.percentile(arr, 75))    #上四分位数： 7.75
```

上述代码首先使用 numpy 模块中的 array()函数将列表转换为 ndarray 对象，然后通过 percentile()函数计算百分位数，计算结果与 percentile_inc()函数相同。

在计算百分位数的另一种算法中，百分位参数在 0 到 1 之间，但不包含 0 和 1，也就是不能计算最小值和最大值，具体的计算步骤如下。

- 计算 p=(n+1)*k。其中，n 为数据的数量；k 取值大于 0 并且小于 1。
- 如果 p 是整数，则第 p 个数据就是所需要的百分位数，计算结束。
- 如果 p 不是整数，则先取较接近的整数，如 1.75 最接近的整数是 2，标识为第 a 个数据；再取 p 的小数部分 0.75，标识为 r。

- 如果 p 接近较小数据，则使用公式 N[a]*(1–r)+N[a+1]*r 计算百分位数。其中 N 为数据集合，a 表示集合中的第几个数据。
- 如果 p 接近较大数据，则使用公式 N[a]*r+N[a–1]*(1–r)计算百分位数。其中 N 为数据集合，a 表示集合中的第几个数据。

下面的代码在 statistics_chy.py 文件中使用 percentile_exc()函数实现此算法。

```
def nearest_int(n:int|float) -> int:
    ''' 返回最接近的整数 '''
    a = int(n)
    if n-a<0.5 : return a
    else : return a+1

def percentile_exc(data:list|tuple, k:float) -> float:
    ''' 计算百分位数，0<k<1 '''
    p = (len(data) + 1) * k
    p_int = int(p)
    if p_int==p : return data[p_int-1]
    r = p - p_int
    a = nearest_int(p)
    if a==p_int :
        return data[a-1]*(1-r)+data[a]*r
    else :
        return data[a-1]*r+data[a-2]*(1-r)
```

在上述代码中，nearest_int()函数用于计算数据最接近的整数，采用四舍五入的规则，与较小整数相差小于 0.5 时返回较小的整数，否则向上取整。

percentile_exc()函数中的 data 参数需要指定一个有序数列，k 参数则需要取为一个大于 0 并小于 1 的数值。

下面的代码在程序主文件中测试 percentile_exc()函数。

```
import statistics_chy as sc

data = [1,2,3,4,5,6,7,8,9,10]
print('中位数：', sc.percentile_exc(data, 0.5))     # 中位数： 5.5
print('下四分位数：', sc.percentile_exc(data, 0.25))     # 下四分位数： 2.75
print('上四分位数：', sc.percentile_exc(data, 0.75))     # 上四分位数： 8.25
```

代码执行结果与 Excel 中 PERCENTILE.EXC()函数的计算结果相同。

5.10 计算标准分数

标准分，也称为 z 分，表示一个数据与其所在集合的均值距离多少个标准差。计算数据 x 的标准分公式是：$z=(x-\mu)\div\sigma$，其中，μ 为均值，σ 为标准差。下面的代码在 statistics_chy.py 文件中使用 z_score()函数实现标准分的计算。

```
def z_score(x:int|float, data:list|tuple) -> float:
    ''' 计算 x 在 data 集合中的标准分数（Z 分） '''
    return (x - s.mean(data)) / s.pstdev(data)
```

下面的代码在项目主代码文件中测试 z_score()函数的应用。

```
import statistics as s
import statistics_chy as sc

data = [1,2,3,4,5,6,7,8,9,10]
print(s.mean(data))     # 5.5
print(s.pstdev(data))    # 2.8722813232690143
print(sc.z_score(9, data))    # 1.2185435916898848
```

在上述代码中，9 在集合中的标准分大约是 1.219。将 z_score()函数的第一个参数修改为 5 或 6，可以看到它们的标准分的绝对值都不到 0.18，也就是说 5 和 6 要比 9 更接近均值。

5.11 按中文拼音排序

一一问答

一一问：我想根据客户的姓名或昵称排序，但使用 sorted()函数排序的结果似乎不太对？

答：sorted()函数默认是按 Unicode 编码排序的，而中文习惯上使用拼音的字母顺序排列，如下面的代码排序结果看上去就很奇怪。

```
data = ['Tom','张三','jerry','李四', '王二', 'Meria']
result = sorted(data)
print(result)    # ['Meria', 'Tom', 'jerry', '张三', '李四', '王二']
```

解决这一问题并不难。首先我们创建一个包含汉字和拼音对应的字典，如{'张':'zhang',

'李':'li', …}；然后，通过字典获取汉字的拼音，并将字典中没有的字符转换为小写形式；最后对转换后的内容排序。下面的代码演示了基本的操作。

```
han_dict = {'二':'er','三':'san','四':'si', \
    '张':'zhang','李':'li','王':'wang'}

# 给出一个字符的拼音
def pinyin(ch):
    if py := han_dict.get(ch) :
        return py
    else :
        return ch.lower()

# 给出一个字符串的拼音，返回拼音列表
def pinyin_list(s):
    result = []
    for ch in s:
        result.append(pinyin(ch))
    return result

# 给出一个字符串的拼音，返回完成拼音字符串
def pinyin_str(s):
    return ''.join(pinyin_list(s))

# 测试
data = ['Meria', 'Tom', 'jerry', '张三', '李四', '王二']
result = sorted(data,key=lambda e:pinyin_str(e))
print(result)    # ['jerry', '李四', 'Meria', 'Tom', '王二', '张三']
```

在本示例中，我们首先定义了 han_dict 字典，其中包含了汉字和对应的拼音。接下来，pinyin()函数会返回一个汉字的拼音，其中使用了:=运算符，这是 Python 3.8 新增的运算符，因为竖着时有些像海象的两颗牙，所以也称为“海象运算符（the walrus operator）”。:=运算符的功能是将运算符右侧表达式的值赋值给运算符左侧的变量（对象），此变量（对象）只能在其定义的代码结构中使用，本示例就是在 if 语句结构中使用。

在 pinyin()函数中，han_dict 字典中存在的汉字会返回相应的拼音，否则将返回原始字符的小写形式。这么做的原因是因为大写字母和小写字母的编码是不同的（大写字母编码比小写字母编码小），也就是说 A 和 a 的编码不同，并且在升序排列时 A 会排在 a 的前面，因此将所有字符都转换为小写后，可以忽略字母大小写，然后和拼音一起排序，这样看起来会更加自然一些。

pinyin_list()函数的功能是返回字符串中各个字符的拼音组成的列表。

pinyin_str()函数的功能返回字符串中各字符的拼音组成的字符串。

汉语中常用的汉字有几千个，全部汉字则有数万个，因此手工创建字典的工作量是非

常大的，还好在 Python 生态圈中已经有人做了这些工作。这里我们可以使用 pypinyin 模块，如果还没有安装此模块，可以在 Windows 命令行中使用如下命令安装。

```
pip install pypinyin
```

下面的代码演示了如何使用 lazy_pinyin()函数获取汉字拼音。

```
from pypinyin import lazy_pinyin

data = ['张三','李四','王二']
print(lazy_pinyin(data[0]))      # ['zhang', 'san']
```

需要获取完整的拼音时，我们可以使用字符串对象的 join()方法将各个汉字的拼音连接，如下面的代码会显示“zhangsan”。

```
from pypinyin import lazy_pinyin

data = ['张三','李四','王二']
print(''.join(lazy_pinyin(data[0])))      # zhangsan
```

下面的代码演示了中文和英文的混合排序。

```
from pypinyin import lazy_pinyin

def get_pinyin(s):
    ''' 返回拼音小写形式 '''
    return (''.join(lazy_pinyin(s))).lower()

data = ['Meria', 'Tom', 'jerry', '张三', '李四', '王二']
result = sorted(data, key=lambda e:get_pinyin(e))
print(result)     # ['jerry', '李四', 'Meria', 'Tom', '王二', '张三']
result = sorted(data, reverse=True, key=lambda e:get_pinyin(e))
print(result)     # ['张三', '王二', 'Tom', 'Meria', '李四', 'jerry']
```

在本示例中，第一个print()函数输出结果是按拼音升序排列的；第二个print()函数显示按拼音降序排列的结果，此时将 sorted()函数的 reverse 参数设置为 True。图 5-19 显示了实际排序的内容，可以更加直观地观察排序结果。

原始内容	排序内容
jerry	jerry
李四	lisi
Meria	meria
Tom	tom
王二	wanger
张三	zhangsan

图 5-19

5.12　日期和时间

在 Python 中处理日期和时间主要使用 datetime 模块，为了区别 datetime 类，我们可以将 datetime 模块的别名定义为 dt，代码如下所示。

```
import datetime as dt
```

接下来介绍一些常用的日期和时间处理资源。

5.12.1　datetime 类

datetime 类是处理日期和时间的主要类型之一，构造函数中可以通过年、月、日、时、分、秒、微秒等数据创建对象，相关参数如下。

- year，指定年份。
- month，指定月份。
- day，指定月份中的第几天。
- hour，可选，指定时点，默认为 0 点。
- mintue，可选，指定分钟，默认为 0 分。
- second，可选，指定秒数，默认为 0 秒。
- microsecond，可选，指定微秒数（百万分之一秒），默认为 0，有效数据为 0 到 999999。
- tzinfo，可选，指定时区信息，默认为 None 值，使用系统中的时区设置。

一一问答

一一问：如果有了 datetime 对象，可以从中读取日期和时间数据吗？

答：在 datetime 对象中我们可以使用构造函数参数同名的属性读取数据。

下面的代码演示了 datetime 对象的创建，并显示其中的日期信息。

```
import datetime as dt

dt1 = dt.datetime(2022, 6, 26)
print(dt1)     # 2022-06-26 00:00:00
print(dt1.year)     # 2022
print(dt1.month)     # 6
print(dt1.day)     # 26
```

需要获取系统的日期和时间时，我们可以使用 datetime 类的如下方法。

- today()方法，获取系统中的日期和时间信息。
- now()方法，获取系统中的日期和时间信息，还可以通过 tzinfo 参数设置时区。
- uctnow()方法，获取系统时间对应的格林尼治时间。北京时间为正八区，当北京时间（系统时间）是早上 9 点时，格林尼治时间就是当天的凌晨 1 点。

下面的代码演示了这 3 个方法的应用。

```
import datetime as dt

print(dt.datetime.today())
print(dt.datetime.now())
print(dt.datetime.utcnow())
```

我们将测试环境的系统时区设置为正八区，执行代码后，前两个输出结果相同，第三个输出结果则会比前两个输出早 8 个小时。

如果想要获取星期信息，我们可以使用 datetime 对象中的方法，具体如下。

- weekday()方法，返回星期几的数值，其中，0 表示星期一，1 表示星期二，依此类推，6 表示星期日。
- isoweekday()方法，返回星期几的数值，其中，1 到 6 分别表示星期一到星期六，7 表示星期日。

下面的代码演示了这两个方法的应用。

```
import datetime as dt

dt1 = dt.datetime(2022,6,6)
print(dt1.weekday())     # 0
print(dt1.isoweekday())     # 1
```

在本示例中，2022 年 6 月 6 日是星期一，因此 weekday()方法返回 0，isoweekday()方法返回 1。

开发工作时，应约定使用哪一种方式表示星期的值，特别是在需要保存并重复使用星期数据时。

5.12.2 时间间隔

datetime 模块中的 timedelta 类表示日期和时间的间隔数据，构造函数的参数如下。

- days，表示间隔的天数，默认值为 0，取值范围在-999999999 到 999999999 之间。
- seconds，表示一天中的秒数，默认值为 0，取值范围在 0 到 86400 之间。
- microseconds，表示微秒数，默认值为 0，取值范围在 0 到 1000000 之间。
- milliseconds，表示毫秒数，默认值为 0。
- minutes，表示分钟数，默认值为 0。

- hours，表示小时数，默认值为 0。
- weeks，表示星期数，默认值为 0。

在 timedelta 对象中我们可以通过查看 days、seconds、microseconds 参数获取数据，其他数据可以通过这 3 个数据进行换算。稍后在日期和时间的推算示例中我们可以看到 timedelta 对象的具体应用。

5.12.3 时区

时区（timezone）是以格林尼治时间为基准进行划分的，分东、西两区，也称为正区、负区，北京时间所处的时区为正八区，即东八区，比格林尼治时间晚 8 小时。

如果想同步处理世界各地时间则需要关注时区问题，我们可以使用 datetime 模块中的 timezone 类处理时区问题，其中 utc 属性表示格林尼治标准时间。下面的代码在 datetime 对象中添加了时区信息。

```
import datetime as dt

dt1 = dt.datetime(2022,6,6,11,tzinfo=dt.timezone(dt.timedelta(hours=8)))
dt2 = dt.datetime(2022,6,6,11,tzinfo=dt.timezone.utc)
print(dt1)    # 2022-06-06 11:00:00+08:00
print(dt2)    # 2022-06-06 11:00:00+00:00
```

在本示例中，我们在 dt1 对象中使用 tzinfo 属性设置时区，其中，timezone()构造函数的参数使用 timedelta 对象设置时区为正八区。dt2 对象的 tzinfo 属性设置 timezon.utc 指定为格林尼治标准时间。

使用 datetime 对象的 tzname()方法可以获取时区名称，如正八区显示为“UTC+08:00”；如果 datetime 对象不包含时区信息，那么 tzname()方法会返回 None 值。

5.12.4 时间戳

时间戳（timestamp）是一个浮点数。格林尼治时间 1970 年 1 月 1 日 0 时的时间戳为 0.0，这是时间戳的标准时点，其他时点的时间戳就是与标准时点的间隔，其中，整数部分表示距离标准时点的秒数，小数部分表示微秒数。

使用 datetime 对象的 timestamp()方法可以获取日期和时间对应的时间戳，代码如下所示。

```
import datetime as dt

dt1 = dt.datetime(1970, 1, 1, tzinfo = dt.timezone.utc)
dt2 = dt.datetime(2022, 6, 6, 11, 30, 55, 123456, tzinfo = dt.timezone.utc)
print(dt1.timestamp())    # 0.0
print(dt2.timestamp())    # 1654515055.123456
```

请注意，因为时间戳表示的是与格林尼治时间 1970 年 1 月 1 日 0 时的距离，所以，在使用时间戳时应明确时区信息。在应用开发中，我们在使用时间戳时可以使用统一的时区，如输入代码 timezone.utc 指定应用程序时间为格林尼治标准时间，如果只应用于国内，也可以使用北京所在的正八区时间。

获取时间戳以后，我们还可以通过 datetime.fromtimestamp()方法将其转换为 datetime 对象，下面的代码演示了 datetime 对象和时间戳的转换。

```
import datetime as dt

dt1 = dt.datetime(1970, 1, 1, tzinfo=dt.timezone.utc)
ts = dt1.timestamp()
dt2 = dt.datetime.fromtimestamp(ts, dt.timezone.utc)
print(ts)     # 0.0
print(dt1)     # 1970-01-01 00:00:00+00:00
print(dt2)     # 1970-01-01 00:00:00+00:00
```

5.12.5 日期和时间的推算

下面的代码演示了 datetime 对象的加法和减法运算，运算结果是 timedelta 对象，表示两个 datetime 对象的日期和时间间隔。

```
import datetime as dt

dt1 = dt.datetime(2022,6,1)
dt2 = dt.datetime(2022,6,16,5)
print(dt1 - dt2)     # -16 days, 19:00:00
print(dt2 - dt1)     # 15 days, 5:00:00
```

在实际应用中，我们还可以查看 timedelta 对象中的 days、seconds 和 microseconds 参数获取具体的数据，代码如下所示。

```
import datetime as dt

dt1 = dt.datetime(2022,6,1)
dt2 = dt.datetime(2022,6,16,5)
delta = dt2 - dt1
print('days: ', delta.days)     # days:  15
print('seconds: ', delta.seconds)     # seconds:  18000
print('microseconds: ', delta.microseconds)     # microseconds:  0
```

如果需要向前或向后推算日期和时间，我们可以使用 timedelta 对象确定日期和时间的间隔数据，然后对 datetime 对象进行加法或减法运算，下面的代码演示了相关操作。

```
import datetime as dt

dt1 = dt.datetime(2022,6,1)
delta = dt.timedelta(days=10.5)
dt2 = dt1 + delta
print(dt1)     # 2022-06-01 00:00:00
print(dt2)     # 2022-06-11 12:00:00
```

在本示例中，我们将 timedelta 对象中的 days 参数设置为 10.5，并对 datetime 与 timedelta 对象进行加法运算，最终结果会向后推算十天半。

向前推算时我们可以使用 datetime 减 timedelta 对象的方式进行计算，代码如下所示。

```
import datetime as dt

dt1 = dt.datetime(2022,6,6)
delta1 = dt.timedelta(days=1)
print(dt1 - delta1)     # 2022-06-05 00:00:00
```

本示例的输出结果会以标准格式显示 2022 年 6 月 6 日的前一天。

5.12.6　格式转换

在处理日期和时间时，根据国家和地区的不同，以及应用需求等因素，日期和时间的格式也会有所不同。从前面的示例中可以看到，日期的标准格式是“年-月-日”，时间的标准格式是“时:分:秒”，同时显示日期和时间时，日期和时间之间使用空格分隔。

datetime、date 和 time 类中都定义了 strftime()方法，使用此方法需要一个格式化字符串作为参数，最终会返回指定格式的日期和时间字符串。

先来看一个简单的示例，代码如下。

```
import datetime as dt

dt1 = dt.datetime(2022,6,19)
print(dt1.strftime("%Y/%m/%d"))     # 2022/06/19
```

在上述代码中，我们使用格式化字符%Y、%m 和%d 分别表示年、月、日，并使用/符号分隔。可以看到，使用 strftime()方法的关键就是格式化字符，表 5-1 给出了常用的日期和时间格式化字符。

表 5-1　常用日期和时间格式化字符

格式化字符	说明
%a	星期简称，如周一
%A	星期全称，如星期一

续表

格式化字符	说明
%w	表示星期几的数值，取值范围为 0（星期一）到 6（星期日）
%d	日期，月份中的第几天，取值范围 01 到 31
%b	月份简称
%B	月份全称
%m	两位月份，取值范围为 01 到 12
%y	两位年份，取值范围为 00 到 99
%Y	4 位年份
%H	小时（24 小时制），取值范围为 00 到 23
%I	小时（12 小时制），取值范围为 01 到 12
%p	显示 AM 或 PM
%M	分钟，取值范围为 00 到 59
%S	秒，取值范围为 00 到 61。目前已取消闰秒，常用数据应是 00 到 59
%f	微秒
%z	时区偏移值
%Z	时区名称
%j	一年中的第几天，取值范围为 001 到 366
%U	一年中的第几周，只计算完整的星期
%W	一年中的第几周，取值范围为 00 到 52
%c	显示本地化的日期和时间，需要 locale 的支持
%x	显示日期
%X	显示时间
%%	显示%符号

在设置日期和时间时，我们经常需要进行一些本地化处理，如显示星期的中文名称，下面的代码演示了如何使用区域设置来显示日期和时间的本地格式。

```
import datetime as dt
import locale as loc

# 设置区域
loc.setlocale(loc.LC_ALL,("zh-CN"))
dt = dt.datetime(2022,6,6)
print(dt.strftime("%A"))      # 星期一
print(dt.strftime("%a"))      # 周一
```

在本示例中，我们首先导入了 locale 模块，其中 setlocale(参数一，参数二)函数可以设置 Python 环境中的区域信息，函数的参数如下。

- 参数一（category）用于指定需要本地化的内容，LC_ALL 值表示所有内容。
- 参数二（locale）用于指定区域字符串，“zh-CN”表示中国大陆。

代码的最后，我们使用了%A 和%a 格式字符分别显示了星期的全称和简称。

由于日期和时间是组合数据，因此在传递的过程中我们经常会使用字符串形式表达日期和时间，下面介绍如何从字符串中提取日期和时间数据。

使用 datetime.strptime(参数一，参数二)方法可以读取字符串中的日期和时间。其中，参数一用于指定包含日期和时间数据的字符串；参数二用于指定对应的格式化字符串，例如表 5-1 中的格式化字符。

下面的代码演示了 datetime.strptime()方法的应用。

```
import datetime as dt

s = "2022-06-26 11:33:56"
dt1 = dt.datetime.strptime(s, "%Y-%m-%d %H:%M:%S")
print('year:', dt1.year)    # year: 2022
print('month:', dt1.month)    # month: 6
print('day:', dt1.day)    # day: 26
print('hour:', dt1.hour)    # hour: 11
print('minute:', dt1.minute)    # minute: 33
print('seconD:', dt1.second)    # seconD: 56
```

本示例将字符串 s 中的日期和时间转换为 datetime 对象，并显示其中的年、月、日、时、分、秒数据。

第 6 章 “超能熊猫”来帮忙——pandas 应用

很久以前，Python 江湖上有 NumPy 和 Matplotlib 两位大侠，NumPy 擅长计算，Matplotlib 擅长绘图，而 pandas 则综合了两位大侠之所长，集计算与绘图功夫于一身，终于成为 Python 江湖中数据统计的领军人物，它就是举世闻名的“超能熊猫”。

本章我们将学习 pandas 的基本功，包括 Series 对象的创建、数据的排序和统计等。如果计算机中还没有 pandas 模块，那么我们可以在 Windows 操作系统的命令行窗口中输入如下命令进行安装。

```
pip install pandas
```

6.1 Series 对象

Series 对象常用于处理一维数据，其中，每个元素包括索引和数据，如果不指定元素的索引，就会默认使用从 0 开始的数值索引，如图 6-1 所示。

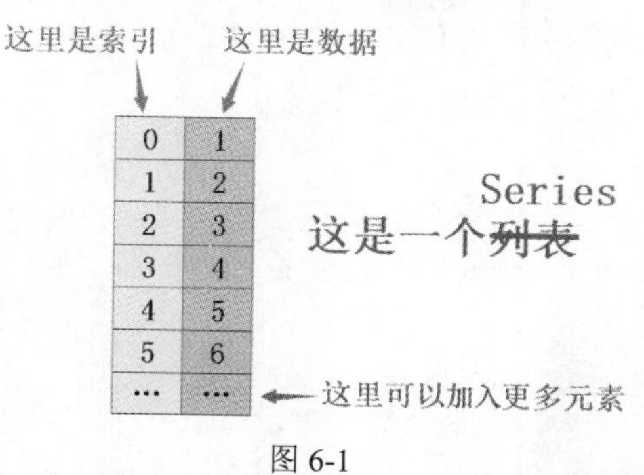

图 6-1

一一问答

一一问：图 6-1 看上去像列表（list），我们可以将列表数据转换为 Series 对象吗？

答：可以，而且操作方法很简单，只需要将列表对象作为 Series()构造函数的参数即可，这样，Series 对象就可以使用从 0 开始的索引访问元素数据了，如下面的代码会显示 3。

```
import pandas as pd

ser = pd.Series([1, 2, 3, 4, 5, 6]);
print(ser[2])
```

——问：示例中的数据是连续的，那是不是可以使用数列（range）创建 Series 对象呢？

答：当然没问题，如下面的代码同样会显示 3。

```
import pandas as pd

ser = pd.Series(range(1, 7));
print(ser[2])
```

——问：可不可以使用元组（tuple）创建 Series 对象呢？

答：答案是肯定的，动手试一试吧！

接下来出场的是字典（dict），如图 6-2 所示的商品价格字典。

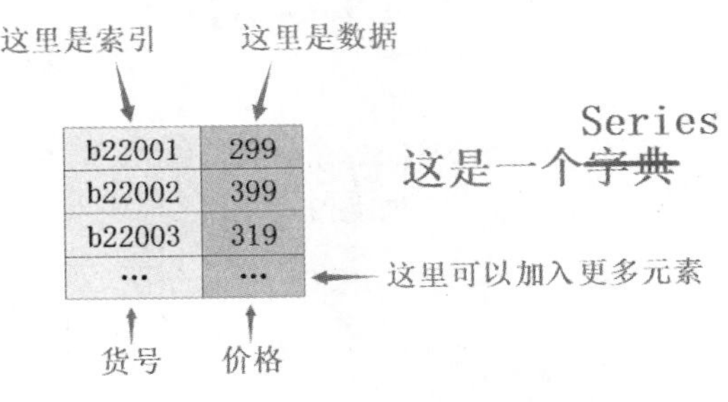

图 6-2

下面的代码使用字典数据对 Series 对象进行了初始化。

```
import pandas as pd

prices = pd.Series({'b22001':299, 'b22002':399, 'b22003':319});
print(prices['b22002'])    # 399
```

在本示例中，字典的键（货号）为 Series 元素的索引，值（价格）为元素的数据，执行代码会显示 399。

我们在 Series 对象中使用自定义索引时还可以先指定数据，然后使用 index 参数指定索引，代码如下所示。

```
import pandas as pd

prices = pd.Series([299, 399, 319],\
    index=['b22001','b22002','b22003']);
print(prices['b22002'])     # 399
```

在本示例中，Series 构造函数的第一个参数（data）使用列表指定了 3 个数据，index 参数使用列表指定了数据对应的索引，执行代码同样会显示 399。

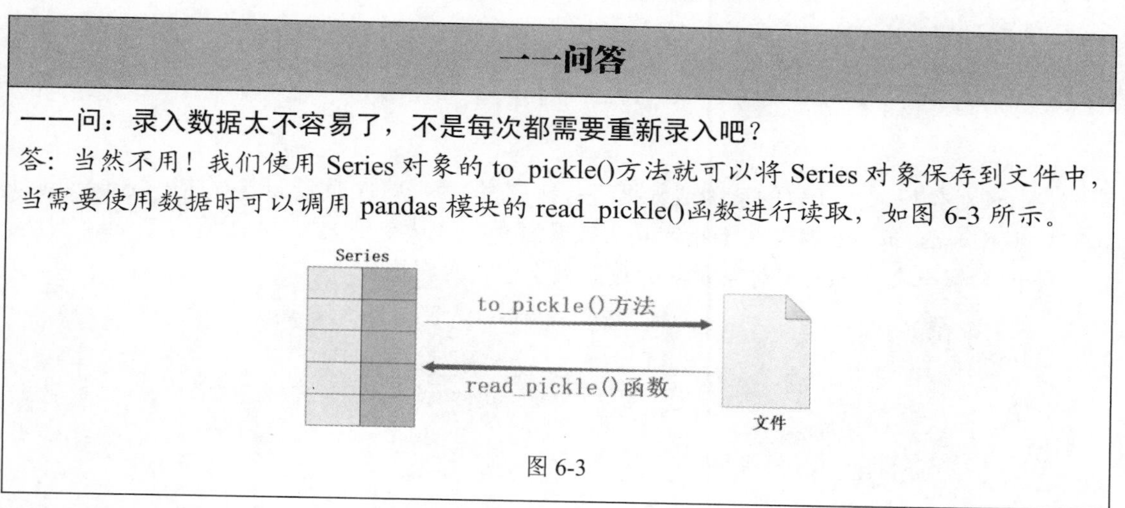

一一问答

一一问：录入数据太不容易了，不是每次都需要重新录入吧？

答：当然不用！我们使用 Series 对象的 to_pickle()方法就可以将 Series 对象保存到文件中，当需要使用数据时可以调用 pandas 模块的 read_pickle()函数进行读取，如图 6-3 所示。

图 6-3

下面的代码演示了对 Series 对象的保存和读取操作。

```
import pandas as pd

# 保存价格
path = r'D:\prices.ser'
prices = pd.Series({'b22001':299, 'b22002':399, 'b22003':319});
prices.to_pickle(path)
# 读取并显示价格
p = pd.read_pickle(path)
print(p)
```

代码执行结果如图 6-4 所示。

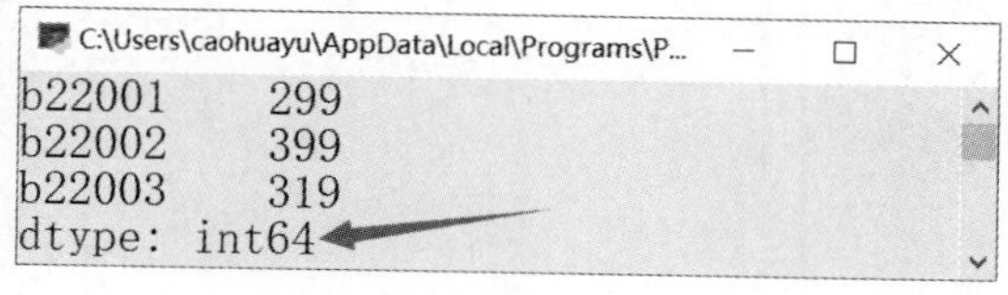

图 6-4

一一问答

一一问：输出结果中的“dtype: int64”是什么含义呢？

答：在 Series 对象中，dtype 参数表示元素数据的类型，int64 表示 64 位整型，其他常用的数据类型还有 int32、float32、float64、bool、object 等，需要注意的是，字符串的类型为 object。

6.2　排序

Series 对象可以按元素的索引或数据进行排序，按数据排序时我们需要使用 sort_values()方法，其中，ascending 参数用于指定是否按升序排列（从小到大），默认值为 True。

下面的代码会按 Series 对象元素的数据大小进行升序排列。

```
import pandas as pd

prices = pd.Series({'b22001':299, 'b22002':399, 'b22003':319});
prices_asc = prices.sort_values()
print(prices_asc)
```

在本示例中，我们使用 sort_values()方法会返回排序后的新 Series 对象，排序结果如图 6-5 所示，可以看到商品价格按升序排列。

如果需要按元素数据降序排列（从大到小），我们可以将 sort_values()方法的 ascending 参数设置为 False，代码如下所示。

```
import pandas as pd

prices = pd.Series({'b22001':299, 'b22002':399, 'b22003':319});
prices_asc = prices.sort_values(ascending=False)
print(prices_asc)
```

排序结果如图 6-6 所示。

b22001	299
b22003	319
b22002	399

图 6-5

b22002	399
b22003	319
b22001	299

图 6-6

如果需要对当前 Series 对象的元素进行排序，且不需要新的 Series 对象保存排序结果，那么我们可以将 sort_values()方法中的 inplace 参数设置为 True，代码如下所示。

```
import pandas as pd

prices = pd.Series({'b22001':299, 'b22002':399, 'b22003':319});
prices.sort_values(inplace=True, ascending=False)
print(prices)
```

在 Series 对象中，想要按元素的索引进行排序时，我们可以使用 sort_index()方法，同样也可以使用 ascending 参数指定是否按升序排列（默认为 True）。如下面的代码会按元素索引（货号）降序排列。

```
import pandas as pd

prices = pd.Series({'b22001':299, 'b22002':399, 'b22003':319});
num_desc = prices.sort_index(ascending = False)
print(num_desc)
```

排序结果如图 6-7 所示。

b22003	319
b22002	399
b22001	299

图 6-7

一一问答

一一问：在下面的代码中，我根据商品的价格对商品进行了排序，执行结果如图 6-8 所示，排序似乎有些问题？

```
import pandas as pd

prices = pd.Series(["59","299", "199", "99"],\
    index=["b22011","b22012","b22013","b22014"]);
prices_asc = prices.sort_values()
print(prices_asc)
```

答：问题的关键在于，Series 对象中的数据是字符串（object 类型），因此排序出现了问题。那么，如何才能将字符串格式的数值正确排序呢？

我们可以在排序前使用 Series 对象的 astype()方法转换数据类型，代码如下所示。

```
import pandas as pd

prices = pd.Series(["59", "299", "199", "99"],\
    index=["b22011","b22012","b22013","b22014"]);
prices_int = prices.astype("int64")
prices_int.sort_values(inplace = True)
print(prices_int)
```

在上述代码中，我们首先使用 astype()方法将 Series 对象元素的数据类型转换为 64 位整型（int64），然后进行升序排列，执行结果如图 6-9 所示。

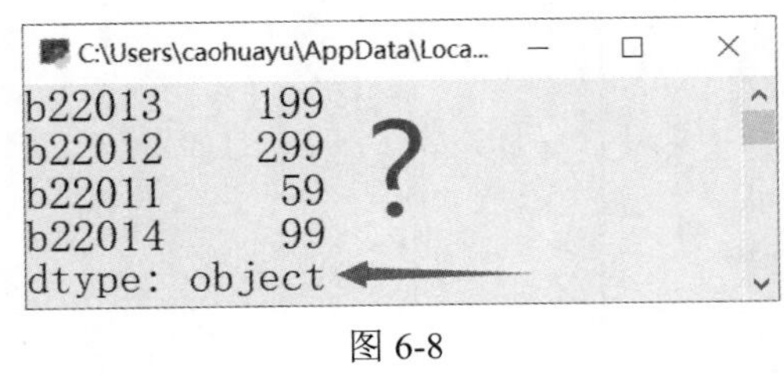

图 6-8

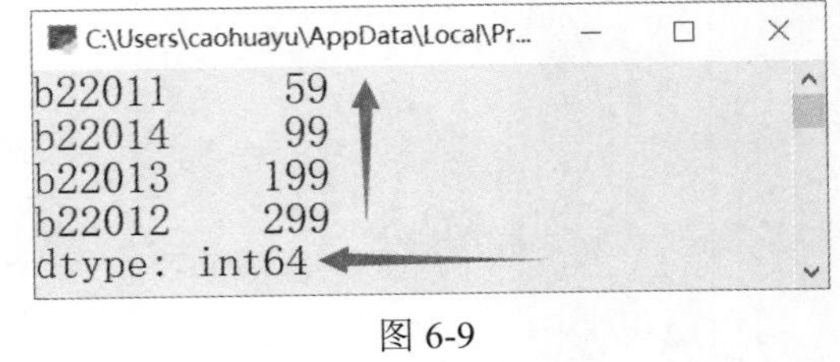

图 6-9

6.3　统计方法

下面我们再来学习“超能熊猫”统计数据的功夫，Series 对象的常用统计方法如下。

- count()方法，返回非空数据的数量，不包含 pandas.NA 和 None 等空值。需要获取所有元素的数量时可以使用 size 属性。
- min()方法，返回最小值。
- max()方法，返回最大值。
- sum()方法，返回所有数据的和。
- product()方法，返回所有数据的乘积。
- mean()方法，返回所有数据的均值（算术平均数）。
- mode()方法，返回所有数据的众数，方法会返回 Series 对象，包含所有的众数。
- median()方法，返回数据的中位数。
- quantile()方法，返回百分位数。参数 q 取值范围为 0.0 到 1.0，取 0.0 时返回最小值，取 1.0 时返回最大值，取 0.5 时返回中位数，取 0.25 时返回下四分位数，取 0.75 时返回上四分位数；使用该方法所得计算结果与 Excel 的 percentile.inc()函数和第 5 章封装的 percentile_inc()函数相同。

- var()方法，返回方差。默认为样本方差，ddof 参数为 1。求总体方差时需要将 ddof 参数设置为 0。
- std()方法，默认返回计算样本标准差，求总体标准差时需要将 ddof 参数设置为 0。

首先，我们来看使用 count()方法和 size 属性获取元素数量的区别，如图 6-10 所示。

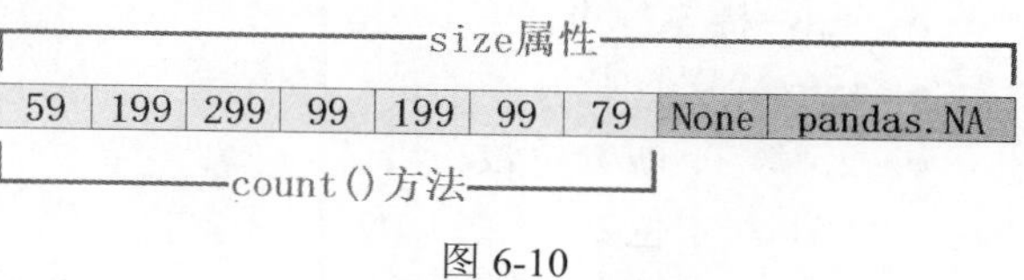

图 6-10

下面的代码分别使用 count()方法和 size 属性获取了元素数量。

```
import pandas as pd

sales = pd.Series([59, 199, 299, 99, 199, 99, 79, None, pd.NA])
print(sales.count())     # 7
print(sales.size)     # 9
```

下面的代码使用 mode()方法计算了众数，该方法可用于观察某位顾客购买的服装中哪个价位的最多。

```
import pandas as pd

sales = pd.Series([59, 199, 299, 99, 199, 99, 79])
modes = sales.mode()
print(modes)
```

计算结果会显示 99 和 199。而在图 6-11 中我们可以看到该顾客购买商品的价格中 199 元和 99 元最多，各有 2 件。

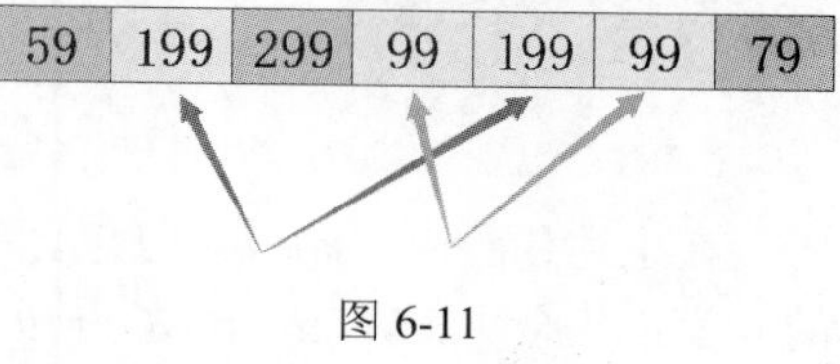

图 6-11

下面再来计算这位顾客购买服装的价格的均值、方差和标准差，代码如下所示。

```
import pandas as pd

sales = pd.Series([59, 199, 299, 99, 199, 99, 79])
print('均值：', sales.mean())
print('样本方差：', sales.var())
print('总体方差：', sales.var(ddof = 0))
print('样本标准差：', sales.std())
print('总体标准差：', sales.std(ddof = 0))
```

计算结果如图 6-12 所示。通过总体标准差和均值我们可以看出，这位顾客似乎更喜欢价位区间在 67 到 228 元的服装。

此外，使用 describe()方法还可以进行常用的统计，并返回统计结果的 Series 对象，元素索引及含义如下。

均值	147.5714286
样本方差	7580.952381
总体方差	6497.959184
样本标准差	87.06866475
总体标准差	80.60991988

图 6-12

- count，数据数量。
- mean，均值。
- std，样本标准差。
- min，最小值。
- 25%，下四分位数。
- 50%，中位数。
- 75%，上四分位数。
- max，最大值。

下面的代码演示了 describe()方法的应用。

```
import pandas as pd

sales = pd.Series([59,199,299,99,199,99,79])
print(sales.describe())
```

计算结果如图 6-13 所示。

在 Series 对象中，我们通过分组还可以进行分类汇总操作，首先使用 groupby()方法按索引分组，然后进一步计算数据。如下面的代码分别计算了 3 个渠道的销售额合计。

```
import pandas as pd

sales = pd.Series([1059, 1166, 1956, 2381, 1015, 1593],\
    index=['MC-A','MC-A','MC-B','MC-B','MC-B','MC-C'])
print(sales.groupby(level=0).sum())
```

在上述代码中，sales 对象包含了 6 个数据，分别是 MC-A、MC-B 和 MC-C 3 个销售渠道的 6 笔销售金额。在 groupby()方法中，level 参数指定索引级别，而本示例中的 Series 对象只有一级索引，设置为 0 即可。最后，对分组结果调用 sum()方法即可计算各分组数据的合计。

在本示例中，我们会按元素索引（即销售渠道代码）进行分组，然后计算各个渠道销售金额的合计，计算结果如图 6-14 所示。

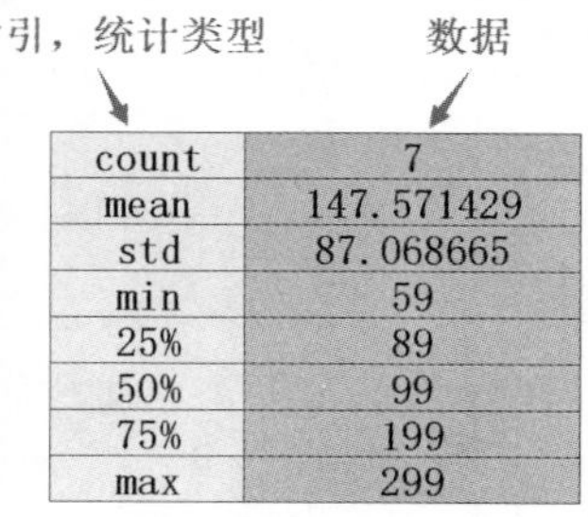

count	7
mean	147.571429
std	87.068665
min	59
25%	89
50%	99
75%	199
max	299

图 6-13

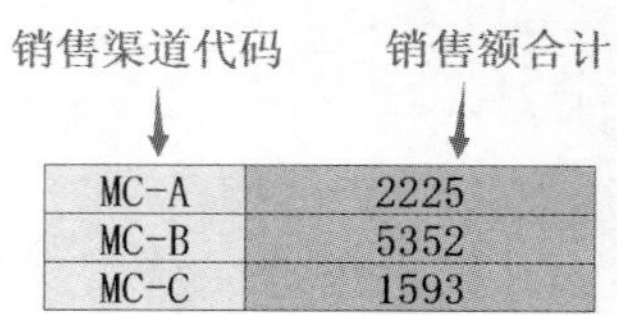

MC-A	2225
MC-B	5352
MC-C	1593

图 6-14

如果需要观察分组数据，可以参考如下代码。

```
import pandas as pd

sales = pd.Series([1059,1166,2058,2381,1015,1593],\
    index=['MC-A','MC-A','MC-B','MC-B','MC-C','MC-C'])
grp = sales.groupby(level = 0)
print(grp.get_group('MC-A'))
```

在上述代码中，我们首先使用 groupby()方法对 Series 对象的数据进行分组，并使用 grp 保存分组结果，最后使用 get_group()方法读取了“MC-A”分组的内容，如图 6-15 所示。

如果需要对各销售渠道的数据同时应用多个统计方法，那么我们可以使用 agg()方法，代码如下所示。

```
import pandas as pd

sales = pd.Series([1059, 1166, 1956, 2381, 1015, 1593],\
    index=['MC-A','MC-A','MC-B','MC-B','MC-B','MC-C'])
print(sales.groupby(level = 0).agg(func=['count','sum','mean']))
```

在 agg()方法中，我们通过 func 参数指定了 3 个函数名，分别统计各组数据的数量、合计和均值，汇总结果如图 6-16 所示。

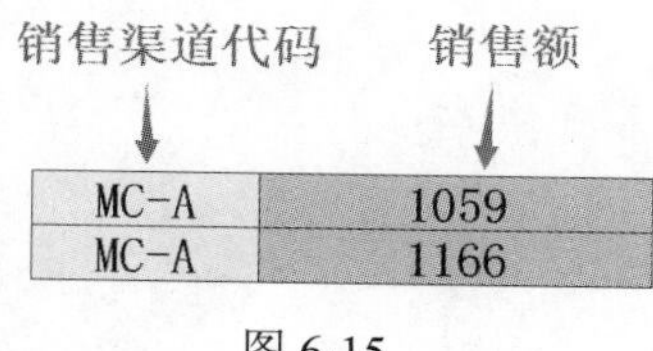

MC-A	1059
MC-A	1166

图 6-15

	count	sum	mean
MC-A	2	2225	1112.5
MC-B	3	5352	1784
MC-C	1	1593	1593

图 6-16

一一问答

一一问：agg()方法返回的是二维数据吗？

答：是的。第 7 章将介绍如何使用 pandas 模块的 DataFrame 对象处理二维数据。

第 7 章　二维表模型——DataFrame

使用过 Excel 以后，相信我们对二维表数据结构已经不再陌生，如图 7-1 所示。在 pandas 中我们可以使用 DataFrame 对象处理二维数据，包括数据管理、排序、查询、旋转、合并、统计、分组汇总、透视表等。

行索引　列索引

	货号	分类	价格
1	a22001	外套	299
2	a22002	外套	399
3	a22003	卫衣	319

图 7-1

7.1　DataFrame 对象

在 DataFrame 对象中，列索引和行索引都默认使用从 0 开始的数值，在下面的代码中，我们将图 7-1 中的数据保存到 DataFrame 对象中。

```
import pandas as pd

data = [["a22001","外套",299], \
    ["a22002","外套",399], \
    ["a22003","卫衣",319]]

df = pd.DataFrame(data)
print(df)
```

在上述代码中，我们首先定义了二维列表 data，其中的每个元素都定义了一行数据，然后将 data 对象作为参数创建了 df 对象（DataFrame 类型），此时，DataFrame 对象的行索引和列索引都默认使用从 0 开始的整数。执行结果如图 7-2 所示。

```
C:\Users\caohuayu\AppData\Lo...
        0    1    2
0  a22001   外套  299
1  a22002   外套  399
2  a22003   卫衣  319
```

图 7-2

在 DataFrame 对象中我们也可以自定义行索引和列索引，在构造函数中可以使用 index 参数指定行索引，使用 columns 参数指定列索引，代码如下所示。

```
import pandas as pd

pd.set_option('display.unicode.east_asian_width', True)

data = [["a22001","外套",299], \
    ["a22002","外套",399], \
    ["a22003","卫衣",319]]

df = pd.DataFrame(data, \
    index = ["1","2","3"], \
    columns = ["货号","分类","价格"])
print(df)
```

代码执行结果如图 7-3 所示，与图 7-1 中的数据结构相同。需要注意的是，自定义行索引和列索引时需要使用字符串命名。

```
C:\Windows\system32\cmd.exe
      货号  分类  价格
1  a22001  外套   299
2  a22002  外套   399
3  a22003  卫衣   319
```

图 7-3

一一问答

一一问：pandas 模块中的 set_option()函数设置了什么参数吗？

答：set_option()函数可以设置 pandas 环境参数。上述示例设置了关于显示（display）的参数，主要的目的是能够更美观地显示中英文混合数据。

在实际应用中，我们还可以通过字典创建 DataFrame 对象，字典的每个元素表示一列数据，元素的键用于（key）指定列索引，元素的值（value）通过列表指定列数据，代码如下所示。

```
import pandas as pd

pd.set_option('display.unicode.east_asian_width', True)

data = {"货号":["a22001","a22002","a22003"], \
    "分类":["外套","外套","卫衣"], \
    "价格":[299, 399, 319]}
```

```
df = pd.DataFrame(data, \
    index=["1","2","3"])
print(df)
```

在本示例中，我们使用字典数据构建了 DataFrame 对象，并使用 index 属性设置行号，创建的数据结构与图 7-3 相同。

通过查看 DataFrame 对象的 shape 属性，我们可以获取二维数据的结构，它会返回一个元组，格式为“(行数,列数)”。下面的代码演示了 shape 属性的应用。

```
import pandas as pd

df = pd.DataFrame([[1,2,3,4],[5,6,7,8],[9,10,11,12]])
print(df.shape)    # (3, 4)
```

执行代码会显示“(3, 4)”，表示 DataFrame 对象包含了 3 行 4 列数据。

7.2 读取数据

需要读取 DataFrame 对象中的某一数据时，我们可以使用 values 属性，在使用过程中，需要通过中括号指定行索引和列索引。请注意，values 属性需要使用从 0 开始的整数索引，如下面的代码会读取第 2 行第 1 列的数据，显示结果为“a22002”。

```
import pandas as pd

data = [["a22001","外套",299], \
    ["a22002","外套",399], \
    ["a22003","卫衣",319]]

df = pd.DataFrame(data, \
    index = ["1","2","3"], \
    columns = ["货号","分类","价格"])
print(df.values[1, 0])    # a22002
```

7.2.1 iloc 和 loc 属性

通过 DataFrame 对象的 iloc 和 loc 属性，我们可以读取多行或多列数据，它们的不同点在于，iloc 属性使用从 0 开始的整数索引，而 loc 属性则使用自定义的行索引和列索引。

需要使用 iloc 属性读取某一具体数据时，我们可以使用“iloc[行索引,列索引]”格式，如下面的代码会读取第 2 行第 1 列的数据，执行代码会显示“a22002”。

```
import pandas as pd

data = [["a22001","外套",299], \
    ["a22002","外套",399], \
    ["a22003","卫衣",319]]

df = pd.DataFrame(data, \
    index = ["1","2","3"], \
    columns = ["货号","分类","价格"])
print(df.iloc[1, 0])    # a22002
```

通过 iloc 属性我们还可以读取一行数据，此时只需要指定行的索引值，如下面的代码会返回第 2 行的数据。

```
import pandas as pd

data = [["a22001","外套",299], \
    ["a22002","外套",399], \
    ["a22003","卫衣",319]]

df = pd.DataFrame(data, \
    index = ["1","2","3"], \
    columns = ["货号","分类","价格"])
print(df.iloc[1])
```

代码执行结果如图 7-4 所示。在该示例中，df.iloc[1]返回的行数据为 Series 对象，需要读取其中的“货号”数据时，我们可以使用代码“df.iloc[1]["货号"]”或“df.iloc[1][0]”。

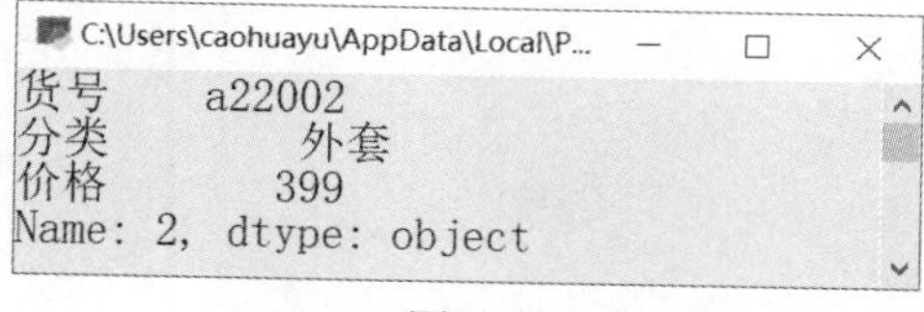

图 7-4

需要使用 iloc 属性读取多行时，我们可以使用列表指定行索引，如下面的代码会返回第 1 行和第 3 行的数据。

```
import pandas as pd

pd.set_option('display.unicode.east_asian_width', True)

data = [["a22001","外套",299], \
    ["a22002","外套",399], \
    ["a22003","卫衣",319]]

df = pd.DataFrame(data, \
    index = ["1","2","3"], \
```

```
    columns = ["货号","分类","价格"])
print(df.iloc[[0, 2]])
```

代码执行结果如图 7-5 所示。

在 iloc 属性中，我们还可以通过列表指定列索引，如下面的代码会返回第 2 行和第 3 行中第 1 列和第 3 列的数据。

```
import pandas as pd

pd.set_option('display.unicode.east_asian_width', True)

data = [["a22001","外套",299], \
    ["a22002","外套",399], \
    ["a22003","卫衣",319]]

df = pd.DataFrame(data, \
    index = ["1","2","3"], \
    columns = ["货号","分类","价格"])
print(df.iloc[[1, 2], [0, 2]])
```

代码执行结果如图 7-6 所示。

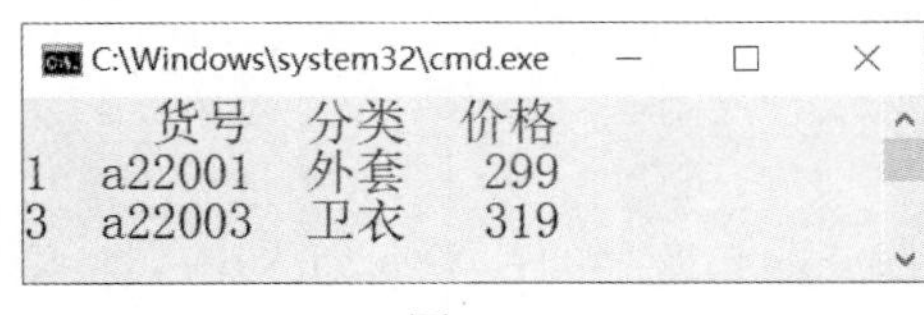

图 7-5

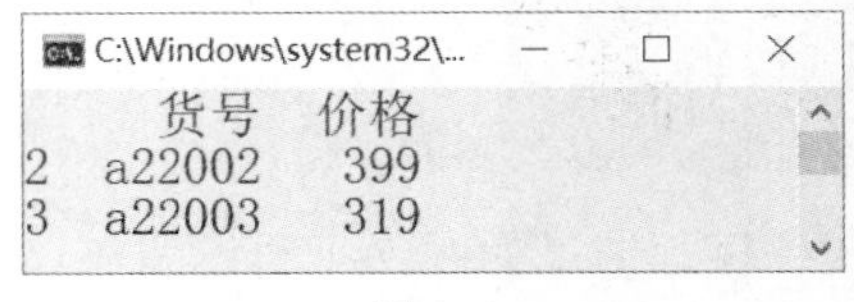

图 7-6

loc 属性可以通过自定义的行索引和列索引访问数据，如下面的代码可以返回第 1 行和第 3 行中的“货号”和“价格”数据。

```
import pandas as pd

pd.set_option('display.unicode.east_asian_width', True)

data = [["a22001","外套",299], \
    ["a22002","外套",399], \
    ["a22003","卫衣",319]]

df = pd.DataFrame(data, \
    index = ["1","2","3"], \
    columns = ["货号","分类","价格"])
print(df.loc[["1", "3"], ["货号", "价格"]])
```

代码执行结果与图 7-6 相同。

7.2.2 读取列

DataFrame 对象可以使用列索引读取指定列的数据，如下面的代码会显示“价格”数据，返回类型为 Series 对象。

```
import pandas as pd

data = [["a22001","外套",299], \
    ["a22002","外套",399], \
    ["a22003","卫衣",319]]

df = pd.DataFrame(data, \
    index = ["1","2","3"], \
    columns = ["货号","分类","价格"])
print(df["价格"])
```

代码执行结果如图 7-7 所示。

需要读取多列数据时，我们可以使用列表指定列索引，如下面的代码会读取“货号”和“价格”数据。

```
import pandas as pd

pd.set_option('display.unicode.east_asian_width', True)

data = [["a22001","外套",299], \
    ["a22002","外套",399], \
    ["a22003","卫衣",319]]

df = pd.DataFrame(data, \
    index = ["1","2","3"], \
    columns = ["货号","分类","价格"])
print(df[["货号", "价格"]])
```

多列数据会通过 DataFrame 对象返回，代码执行结果如图 7-8 所示。

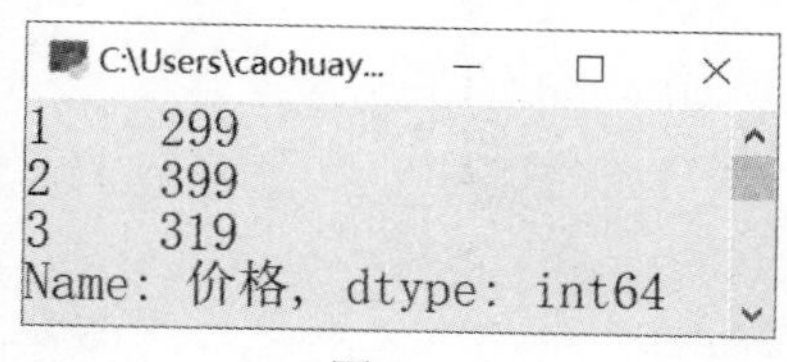

图 7-7

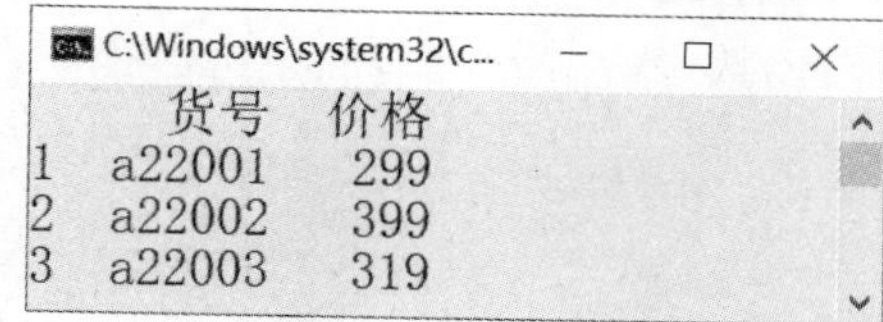

图 7-8

7.2.3　读取行

在 DataFrame 对象的索引中，我们可以使用切片形式的参数读取行数据。

一一问答

一一问：切片？和列表切片差不多吗？

答：是这样的。DataFrame 对象使用切片读取行时同样需要使用“start:stop:step”格式，其中，start 用于指定开始的行索引，stop 用于指定结束的行索引（读取结果中不包含索引为 stop 的行），step 用于指定每次读取的行索引间隔。

下面的代码可以读取自定义行索引为奇数的记录。

```
import pandas as pd

pd.set_option('display.unicode.east_asian_width', True)

data = [["a22001","外套",299], \
    ["a22002","外套",399], \
    ["a22003","卫衣",319], \
    ["a22011","卫衣",259], \
    ["b22001","外套",359], \
    ["b22002","连衣裙",159], \
    ["b22003","连衣裙",269], \
    ["b22003","连衣裙",319], \
    ["b22090","连衣裙",499]]

df = pd.DataFrame(data, \
    index = ["1","2","3","4","5","6","7","8","9"], \
    columns = ["货号","分类","价格"])
print(df[0:9:2])
```

在本示例中，读取的行索引从 0 开始（自定义行索引为 1），读取间隔为 2，因此读取的默认行索引为 0、2、4、6、8，即自定义行索引为 1、3、5、7、9 的记录。代码执行结果如图 7-9 所示。

使用切片读取行时，我们也可以使用自定义行索引，代码如下所示。

```
import pandas as pd

pd.set_option('display.unicode.east_asian_width', True)
```

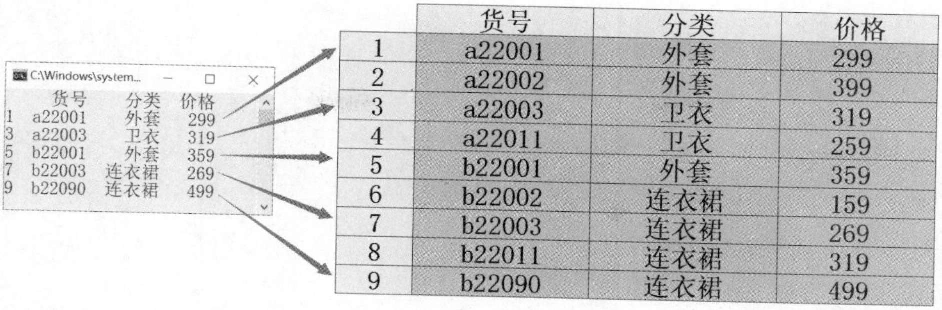

C:\Windows\system...

	货号	分类	价格
1	a22001	外套	299
3	a22003	卫衣	319
5	b22001	外套	359
7	b22003	连衣裙	269
9	b22090	连衣裙	499

	货号	分类	价格
1	a22001	外套	299
2	a22002	外套	399
3	a22003	卫衣	319
4	a22011	卫衣	259
5	b22001	外套	359
6	b22002	连衣裙	159
7	b22003	连衣裙	269
8	b22011	连衣裙	319
9	b22090	连衣裙	499

图 7-9

```
data = [["a22001","外套",299], \
    ["a22002","外套",399], \
    ["a22003","卫衣",319], \
    ["a22011","卫衣",259], \
    ["b22001","外套",359], \
    ["b22002","连衣裙",159], \
    ["b22003","连衣裙",269], \
    ["b22003","连衣裙",319], \
    ["b22090","连衣裙",499]]

df = pd.DataFrame(data, \
    index = ["1","2","3","4","5","6","7","8","9"], \
    columns = ["货号","分类","价格"])
print(df["1":"9":2])
```

执行结果与图 7-9 相同。

在读取连续的行时，我们可以不设置切片的第三个参数 step，如下面的代码会读取第 1 行（索引 0）到第 5 行（索引 4）的记录。

```
import pandas as pd

pd.set_option('display.unicode.east_asian_width', True)

data = [["a22001","外套",299], \
    ["a22002","外套",399], \
    ["a22003","卫衣",319], \
    ["a22011","卫衣",259], \
    ["b22001","外套",359], \
    ["b22002","连衣裙",159], \
    ["b22003","连衣裙",269], \
    ["b22003","连衣裙",319], \
```

```
    ["b22090","连衣裙",499]]

df = pd.DataFrame(data, \
    index = ["1","2","3","4","5","6","7","8","9"], \
    columns = ["货号","分类","价格"])
print(df[0:5])
```

在本示例中，如果我们使用自定义行索引，那么运行代码“df["1":"5"]”后可以获取相同的数据。执行结果如图 7-10 所示。

在实际应用中，需要获取前 n 行数据时，我们可以使用 head(n)方法，需要获取最后 n 行时，我们可以使用 tail(n)方法，其中，n 的默认值为 5。下面的代码演示了这两个方法的应用。

```
import pandas as pd

pd.set_option('display.unicode.east_asian_width', True)

data = [["a22001","外套",299], \
    ["a22002","外套",399], \
    ["a22003","卫衣",319], \
    ["a22011","卫衣",259], \
    ["b22001","外套",359], \
    ["b22002","连衣裙",159], \
    ["b22003","连衣裙",269], \
    ["b22003","连衣裙",319], \
    ["b22090","连衣裙",499]]

df = pd.DataFrame(data, \
    index = ["1","2","3","4","5","6","7","8","9"], \
    columns = ["货号","分类","价格"])
print(df.head(3))
print('-'*30)
print(df.tail(3))
```

代码会分别读取前 3 行和后 3 行数据，显示结果如图 7-11 所示。

```
C:\Windows\system32\cmd.exe
     货号   分类  价格
1  a22001  外套   299
2  a22002  外套   399
3  a22003  卫衣   319
4  a22011  卫衣   259
5  b22001  外套   359
```

图 7-10

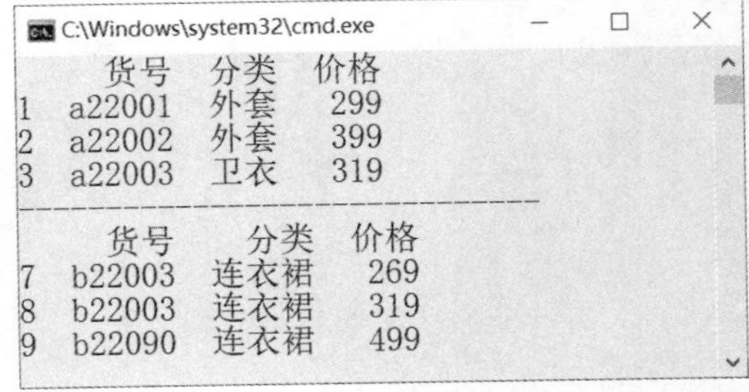

图 7-11

一一问答

一一问：行索引直接使用从 0 开始的整数是不是更简单？

答：的确是这样的。列索引一般会使用有意义的名称，而行号从 0 开始或者从 1 开始的区别并不大，只是应用的习惯问题。不过，使用文本设置行索引也可以使数据的表达更加清晰，比如，使用“货号”作为行索引，代码如下所示。

```
import pandas as pd

pd.set_option('display.unicode.east_asian_width', True)

data = [["外套",299], \
    ["外套",399], \
    ["卫衣",319]]

df = pd.DataFrame(data, \
    index = ["a22001","a22002","a22003"], \
    columns = ["分类","价格"])
print(df)
```

代码执行结果如图 7-12 所示。

```
C:\Windows\system32\c...
        分类  价格
a22001  外套   299
a22002  外套   399
a22003  卫衣   319
```

图 7-12

一一问：“货号”可不可以在作为行索引的同时又包含在数据中呢？

答：可以的，代码如下所示。

```
import pandas as pd

pd.set_option('display.unicode.east_asian_width', True)

data = [["a22001","外套",299], \
    ["a22002","外套",399], \
    ["a22003","卫衣",319]]

df = pd.DataFrame(data, \
```

```
    columns = ["货号","分类","价格"])
df.index = df["货号"]
print(df)
```

在上述代码中，我们将 DataFrame 对象的 index 属性指定为“货号”数据，这样就可以将货号设置为行索引，执行结果如图 7-13 所示。

```
C:\Windows\system32\cmd.exe
          货号    分类   价格
货号
a22001  a22001  外套   299
a22002  a22002  外套   399
a22003  a22003  卫衣   319
```

图 7-13

7.3 排序

在列表、Series 等一维数据结构中，对数据进行排序相对简单，而在 DataFrame 对象中进行数据的排序则需要指定排序的列，类似于 Excel 中的数据排序。

通过使用 DataFrame 对象的 sort_values()方法可以对数据进行排序，常用的参数如下。

- by 参数，指定排序的索引值。
- axis 参数，指定排序方向，默认值 0 表示上下（垂直）排序，1 表示左右（水平）排序。
- ascending 参数，指定是否升序排列，默认值为 True。

下面的代码演示了 sort_values()方法的应用。

```
import pandas as pd

pd.set_option('display.unicode.east_asian_width', True)

data = [["a22001","外套",299], \
    ["a22002","外套",399], \
    ["a22003","卫衣",319]]

df = pd.DataFrame(data, \
    columns = ["货号","分类","价格"])
df1 = df.sort_values(by="价格", axis=0, ascending=False)
print(df1)
```

在本示例中，我们按“价格”降序排列，执行结果如图 7-14 所示。

当需要对多个字段进行排序时，我们可以在 by 参数中使用列表指定排序字段，如下面的代码可以按“分类”升序排列，如果“分类”相同，再按“价格”升序排列。

```
import pandas as pd

pd.set_option('display.unicode.east_asian_width', True)

data = [["a22001","外套",299], \
     ["a22002","外套",399], \
     ["a22003","卫衣",319]]

df = pd.DataFrame(data, \
     columns = ["货号","分类","价格"])
df1 = df.sort_values(by=["分类","价格"])
print(df1)
```

代码执行结果如图 7-15 所示。

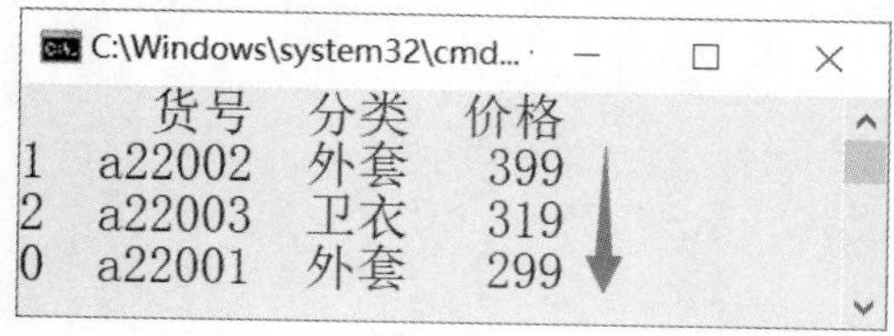

图 7-14

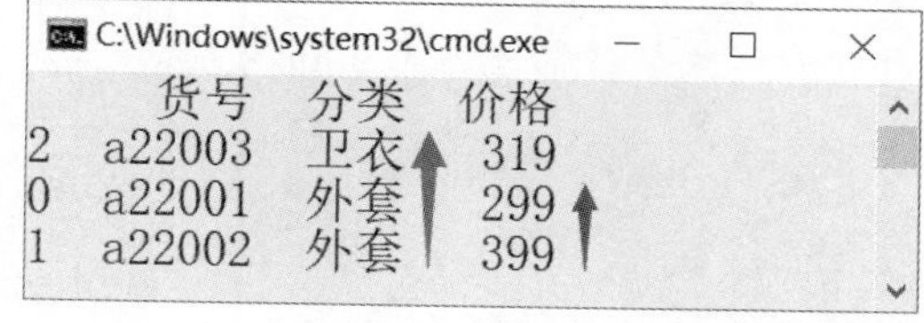

图 7-15

通过使用 sort_index()方法，我们可以按行索引或列索引进行排序，常用的参数如下。

- axis 参数，指定排序方向，默认值 0 表示按行索引排序（垂直方向），1 表示按列索引排序（水平方向）。
- ascending 参数，指定是否按升序排列，默认值为 True。

在下面的代码中，我们使用“货号”作为行索引，并按行索引降序排列。

```
import pandas as pd

pd.set_option('display.unicode.east_asian_width', True)

data = [["外套",299], \
    ["外套",399], \
    ["卫衣",319]]

df = pd.DataFrame(data, \
    index = ["a22001","a22002","a22003"], \
```

```
    columns = ["分类","价格"])
df1 = df.sort_index(ascending=False)
print(df1)
```

代码执行结果如图 7-16 所示。

```
C:\Windows\system32\c...
        分类  价格
a22003  卫衣   319
a22002  外套   399
a22001  外套   299
```

图 7-16

7.4　按条件查询数据

与 Excel 的筛选功能相似，使用 DataFrame 对象可以按条件查询数据，如下面的代码可以查询价格大于或等于 300 元的服装。

```
import pandas as pd

pd.set_option('display.unicode.east_asian_width', True)

data = [["a22001","外套",299], \
    ["a22002","外套",399], \
    ["a22003","卫衣",319], \
    ["a22011","卫衣",259], \
    ["b22001","外套",359], \
    ["b22002","连衣裙",159], \
    ["b22003","连衣裙",269], \
    ["b22003","连衣裙",319], \
    ["b22090","连衣裙",499]]

df = pd.DataFrame(data, \
    columns = ["货号","分类","价格"])
print(df[df["价格"]>=300])
```

代码执行结果如图 7-17 所示。

如果需要根据指定的数据查找记录，我们可以使用 isin()方法指定数据列表，如下面的代码可以查询价格是 299 元、399 元和 499 元的服装。

```
import pandas as pd

pd.set_option('display.unicode.east_asian_width', True)

data = [["a22001","外套",299], \
     ["a22002","外套",399], \
     ["a22003","卫衣",319], \
     ["a22011","卫衣",259], \
     ["b22001","外套",359], \
     ["b22002","连衣裙",159], \
     ["b22003","连衣裙",269], \
     ["b22003","连衣裙",319], \
     ["b22090","连衣裙",499]]

df = pd.DataFrame(data, \
     columns = ["货号","分类","价格"])
print(df[df["价格"].isin([299,399,499])])
```

代码执行结果如图 7-18 所示。

```
C:\Windows\system32\cmd.exe
     货号     分类  价格
1  a22002    外套   399
2  a22003    卫衣   319
4  b22001    外套   359
7  b22003  连衣裙   319
8  b22090  连衣裙   499
```

图 7-17

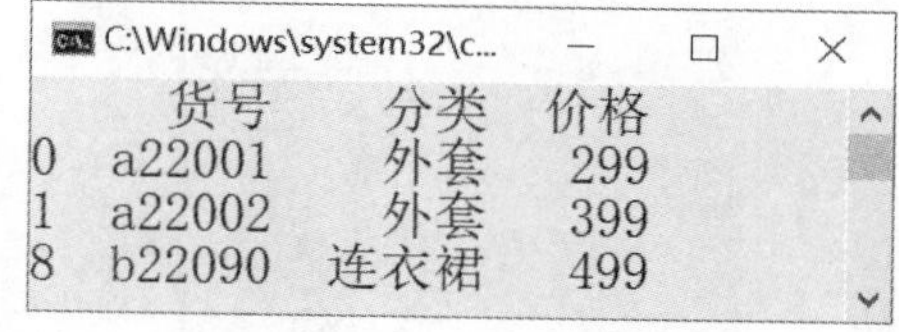

C:\Windows\system32\c...
货号 分类 价格
0 a22001 外套 299
1 a22002 外套 399
8 b22090 连衣裙 499

图 7-18

下面的代码可以查询价格大于 300 元的连衣裙信息。

```
import pandas as pd

pd.set_option('display.unicode.east_asian_width', True)

data = [["a22001","外套",299], \
    ["a22002","外套",399], \
    ["a22003","卫衣",319], \
    ["a22011","卫衣",259], \
    ["b22001","外套",359], \
    ["b22002","连衣裙",159], \
    ["b22003","连衣裙",269], \
    ["b22003","连衣裙",319], \
    ["b22090","连衣裙",499]]
```

```
df = pd.DataFrame(data, \
    columns = ["货号","分类","价格"])
print(df[(df["分类"]=="连衣裙") & (df["价格"]>300)])
```

代码执行结果如图 7-19 所示。

```
C:\Windows\system32\c...
     货号      分类    价格
7  b22003   连衣裙    319
8  b22090   连衣裙    499
```

图 7-19

在本示例中，我们使用&运算符判断两个条件是否同时满足，即条件之间为“与”（and）关系。除此之外，使用|运算符可以指定条件的“或”（or）关系，使用~运算符则可以执行取反（not）操作。

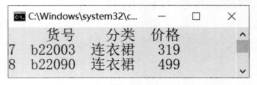

需要按文本内容查询时，我们还可以使用 str 属性获取数据的字符串对象，然后进行相关操作。在 contains()方法中，我们可以通过正则表达式模式查询，如下面的代码可以查询分类中包含“衣”字的数据。

```
import pandas as pd

pd.set_option('display.unicode.east_asian_width', True)

data = [["a22001","外套",299], \
    ["a22002","外套",399], \
    ["a22003","卫衣",319], \
    ["a22011","卫衣",259], \
    ["b22001","外套",359], \
    ["b22002","连衣裙",159], \
    ["b22003","连衣裙",269], \
    ["b22003","连衣裙",319], \
    ["b22090","连衣裙",499]]

df = pd.DataFrame(data, \
    columns = ["货号","分类","价格"])
print(df[df["分类"].str.contains(r"衣+")])
```

代码执行结果如图 7-20 所示。其中查询的条件是：“分类”中包含一个或多个“衣”字。

如果需要查询分类以“衣”字结尾的记录，可以将条件设置为(r"衣$")，查询结果如图 7-21 所示。

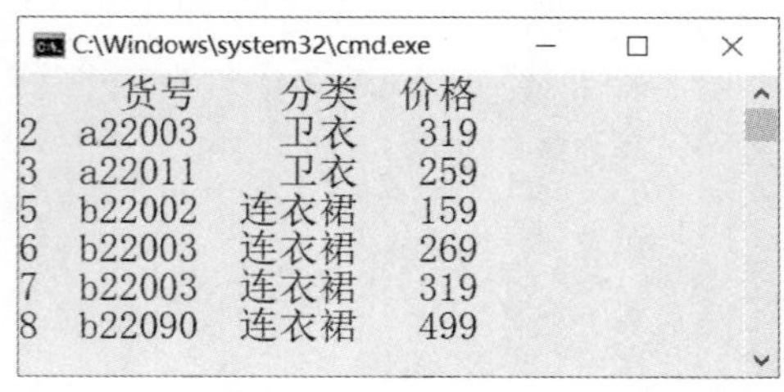

C:\Windows\system32\cmd.exe
货号 分类 价格
2 a22003 卫衣 319
3 a22011 卫衣 259
5 b22002 连衣裙 159
6 b22003 连衣裙 269
7 b22003 连衣裙 319
8 b22090 连衣裙 499

图 7-20

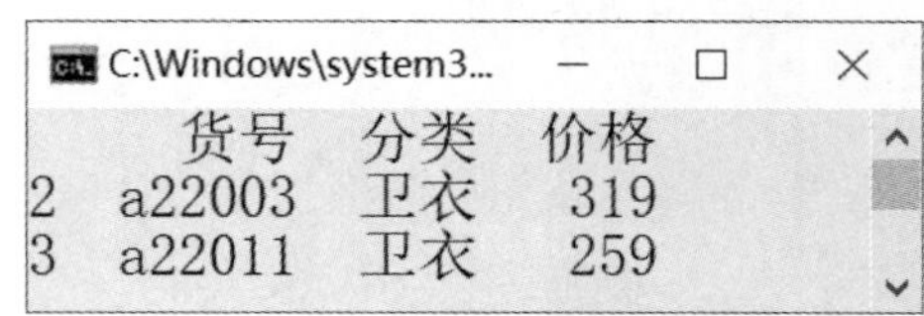

C:\Windows\system3...
货号 分类 价格
2 a22003 卫衣 319
3 a22011 卫衣 259

图 7-21

一一问答

一一问：正则表达式是什么？

答：正则表达式是一种强大的文本处理工具，主要功能是通过模式匹配文本，然后进一步操作。第 15 章会介绍 Python 中的正则表达式。

7.5 处理空值数据

空值表示没有数据，在 DataFrame 对象中，NA、None 等表示空值，相关处理方法如下。

- dropna()方法，默认删除包含空值的行，如果需要删除包含空值的列，可以将 axis 参数设置为 1。该方法会返回删除空值数据行（或列）后的新 DataFrame 对象。
- fillna()方法，填充空值数据，可以使用 value 参数设置填充数据。该方法会返回填充数据后的新 DataFrame 对象。

下面的代码会删除“价格”为空值的行。

```
import pandas as pd

pd.set_option('display.unicode.east_asian_width', True)

data = [["a22001","外套",299], \
    ["a22002","外套",399], \
    ["a22003","卫衣",pd.NA], \
    ["a22011","卫衣",259], \
    ["b22001","外套",359], \
    ["b22002","连衣裙",None]]

df = pd.DataFrame(data, \
    columns = ["货号","分类","价格"])
df1 = df.dropna()
print(df1)
```

在本示例中，货号“a22003”和“b22002”的“价格”为 NA 或 None 值，我们通过 dropna()方法可以删除这两条记录，执行删除操作后的数据结构如图 7-22 所示。

	货号	分类	价格
0	a22001	外套	299
1	a22002	外套	399
3	a22011	卫衣	259
4	b22001	外套	359

图 7-22

下面的代码使用了 fillna()方法将“价格”为空值的数据填充为 0。

```
import pandas as pd

data = [["a22001","外套",299], \
    ["a22002","外套",399], \
    ["a22003","卫衣",pd.NA], \
    ["a22011","卫衣",259], \
    ["b22001","外套",359], \
    ["b22002","连衣裙",None]]

df = pd.DataFrame(data, \
    columns = ["货号","分类","价格"])
df1 = df.fillna(value=0)
print(df1)
```

代码执行后的数据结构如图 7-23 所示。

	货号	分类	价格
0	a22001	外套	299
1	a22002	外套	399
2	a22003	卫衣	0
3	a22011	卫衣	259
4	b22001	外套	359
5	b22002	连衣裙	0

空值填充为0

图 7-23

7.6　处理重复数据

在处理数据时，我们经常会使用某一列数据作为记录的唯一标识，如货号、客户代码等；如果没有对唯一标识进行有效的检查就可能出现重复数据。

在 DataFrame 对象中处理重复数据的方法如下。

- duplicated()方法，判断哪些数据是重复的。返回格式为 Series 对象，其索引与 DataFrame 对象的行索引相同，重复数据的行标识为 True，否则标识为 False。
- drop_duplicates()方法，删除重复数据。

下面的代码会通过 duplicated()方法找到重复数据。

```
import pandas as pd

data = [["a22001","外套",299], \
    ["a22002","外套",399], \
    ["a22003","卫衣",319], \
    ["a22011","卫衣",259], \
```

```
    ["a22002","外套",399], \
    ["b22002","连衣裙",159], \
    ["b22002","连衣裙",159], \
    ["b22090","连衣裙",499]]

df = pd.DataFrame(data, \
    columns = ["货号","分类","价格"])
result = df.duplicated()
print(result)
```

代码执行结果如图 7-24 所示。可以看到，行索引 4 和行索引 1 的“货号”数据相同，行索引 7 和行索引 6 的“货号”数据与行索引 5 的数据相同，默认情况下，duplicated()方法会将相同数据的第一行标识为 False，其他行标识为 True。

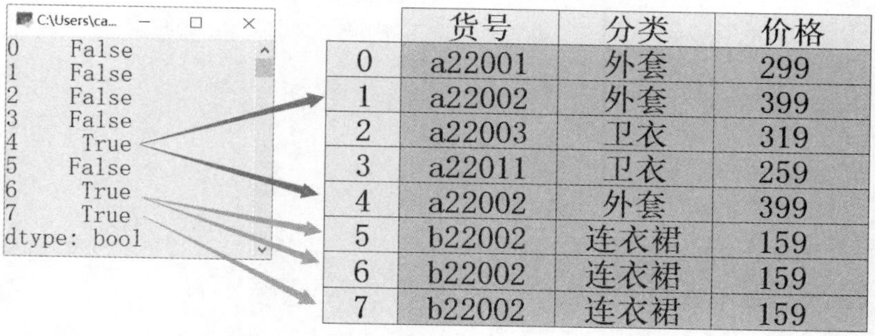

```
0    False
1    False
2    False
3    False
4     True
5    False
6     True
7     True
dtype: bool
```

	货号	分类	价格
0	a22001	外套	299
1	a22002	外套	399
2	a22003	卫衣	319
3	a22011	卫衣	259
4	a22002	外套	399
5	b22002	连衣裙	159
6	b22002	连衣裙	159
7	b22002	连衣裙	159

图 7-24

如果需要标识全部的重复数据，那么我们可以将 duplicated()方法的 keep 参数设置为 False，代码如下所示。

```
import pandas as pd

data = [["a22001","外套",299], \
    ["a22002","外套",399], \
    ["a22003","卫衣",319], \
    ["a22011","卫衣",259], \
    ["a22002","外套",399], \
    ["b22002","连衣裙",159], \
    ["b22002","连衣裙",159], \
    ["b22002","连衣裙",159]]

df = pd.DataFrame(data, \
    columns = ["货号","分类","价格"])
result = df.duplicated(keep=False)
print(result)
```

代码执行结果如图 7-25 所示。

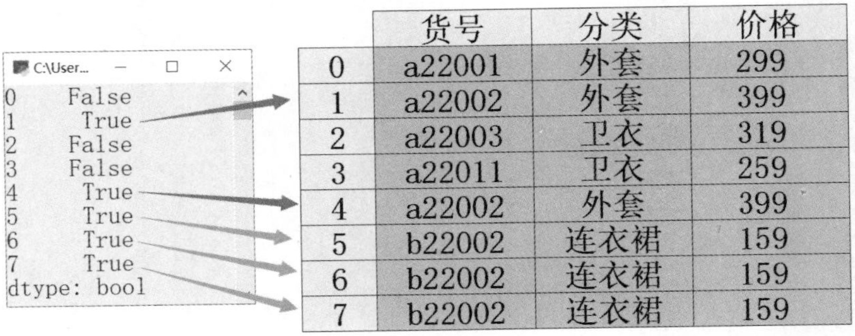

```
C:\User...
0    False
1     True
2    False
3    False
4     True
5     True
6     True
7     True
dtype: bool
```

	货号	分类	价格
0	a22001	外套	299
1	a22002	外套	399
2	a22003	卫衣	319
3	a22011	卫衣	259
4	a22002	外套	399
5	b22002	连衣裙	159
6	b22002	连衣裙	159
7	b22002	连衣裙	159

图 7-25

找到重复数据后，我们还需要确认这些数据是否真的是同一条记录，如果确认不需要重复数据，我们可以通过 drop_dulipcates()方法将其删除，代码如下所示。

```
import pandas as pd

data = [["a22001","外套",299], \
    ["a22002","外套",399], \
    ["a22003","卫衣",319], \
    ["a22011","卫衣",259], \
    ["a22002","外套",399], \
    ["b22002","连衣裙",159], \
    ["b22002","连衣裙",159], \
    ["b22002","连衣裙",159]]

df = pd.DataFrame(data, \
    columns = ["货号","分类","价格"])
result = df.drop_duplicates()
print(result)
```

执行代码后，result 对象的数据结构如图 7-26 所示。

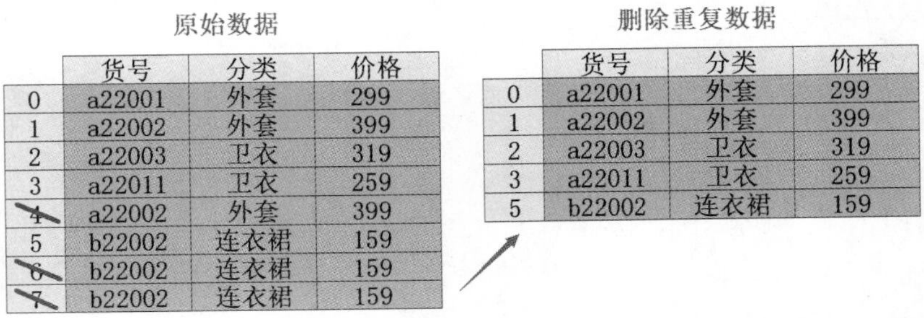

原始数据

	货号	分类	价格
0	a22001	外套	299
1	a22002	外套	399
2	a22003	卫衣	319
3	a22011	卫衣	259
~~4~~	a22002	外套	399
5	b22002	连衣裙	159
~~6~~	b22002	连衣裙	159
~~7~~	b22002	连衣裙	159

删除重复数据

	货号	分类	价格
0	a22001	外套	299
1	a22002	外套	399
2	a22003	卫衣	319
3	a22011	卫衣	259
5	b22002	连衣裙	159

图 7-26

一一问答

一一问：在图 7-26 中我们可以看到，删除重复数据后原统计表会保留行索引，我们可以删除原行索引，生成新的行索引吗？

答：可以。我们只需要将 drop_duplicates()方法的 ignore_index 参数设置为 True 即可。

一一问：可以直接将重复的数据全部删除吗？

答：通常我们应该保留重复数据中的一个，如果确认需要删除所有重复数据，可以将 drop_duplicates()方法的 keep 参数设置为 False。

7.7 数据旋转

二维数据的旋转就是将行和列的方向互换，在 DataFrame 对象中我们可以使用 transpose()方法完成数据旋转操作，代码如下所示。

```
import pandas as pd

data = [["a22001","外套",299], \
    ["a22002","外套",399], \
    ["a22003","卫衣",319]]

df = pd.DataFrame(data, \
    columns = ["货号","分类","价格"])
print(df)
print("-"*30)
print(df.transpose())
```

代码执行结果如图 7-27 所示。

	货号	分类	价格
0	a22001	外套	299
1	a22002	外套	399
2	a22003	卫衣	319

数据旋转

	0	1	2
货号	a22001	a22002	a22003
分类	外套	外套	卫衣
价格	299	399	319

图 7-27

7.8　数据合并

调用 pandas 模块的 concat()函数可以将多个 DataFrame 对象的数据按垂直或水平方向合并，主要的参数如下。

- objs，可以使用列表指定需要合并的 DataFrame 对象。
- axis，为默认值 0 时进行垂直合并，设置为 1 时进行水平合并。
- sort，指定是否排序。
- ignore_index，默认为 False，合并数据时会保留原记录索引，设置为 True 时会重新分配索引。

下面的代码将两个 DataFrame 对象的数据进行了垂直合并。

```
import pandas as pd

data1 = [["a22001","外套",299], \
    ["a22002","外套",399], \
    ["a22003","卫衣",319], \
    ["a22011","卫衣",259]]
data2 = [["b22001","外套",359], \
    ["b22002","连衣裙",159], \
    ["b22003","连衣裙",269], \
    ["b22003","连衣裙",319], \
    ["b22090","连衣裙",499]]
df1 = pd.DataFrame(data1, columns = ["货号","分类","价格"])
df2 = pd.DataFrame(data2, columns = ["货号","分类","价格"])
# 合并数据
df = pd.concat(objs=[df1,df2], ignore_index=True)
print(df)
```

在本示例中，objs 参数指定了两个 DataFrame 对象，ignore_index 参数设置为 True，因此合并后的数据会重新分配行索引。代码执行后的数据结构如图 7-28 所示。

	货号	分类	价格
0	a22001	外套	299
1	a22002	外套	399
2	a22003	卫衣	319
3	a22011	卫衣	259

	货号	分类	价格
0	b22001	外套	359
1	b22002	连衣裙	159
2	b22003	连衣裙	269
3	b22003	连衣裙	319
4	b22090	连衣裙	499

	货号	分类	价格
0	a22001	外套	299
1	a22002	外套	399
2	a22003	卫衣	319
3	a22011	卫衣	259
4	b22001	外套	359
5	b22002	连衣裙	159
6	b22003	连衣裙	269
7	b22011	连衣裙	319
8	b22090	连衣裙	499

图 7-28

——问答

——问：在进行垂直合并时需要注意些什么吗？

答：在垂直合并的多个数据结构中，列的定义应该是相同的，也就是说，列的数据含义和顺序应该是一致的，这样在垂直合并时才不会产生歧义。

——问：如果在合并的数据结构中，列的数量不一致会导致怎样的后果呢？

答：仍然可以合并。但是在合并的结果中，缺少的数据会显示为 NaN，表示“不是一个数值（Not a Number）”，代码如下所示。

```
import pandas as pd

data1 = [[1,2,3],[4,5,6],[7,8,9]]
data2 = [[101,102],[103,104],[105,106]]
df1 = pd.DataFrame(data1)
df2 = pd.DataFrame(data2)
df = pd.concat([df1,df2])
print(df)
```

代码执行结果如图 7-29 所示。其中，由于 df2 对象中只有两列，因此对应 df1 第三列的数据都会填充为 NaN 值。

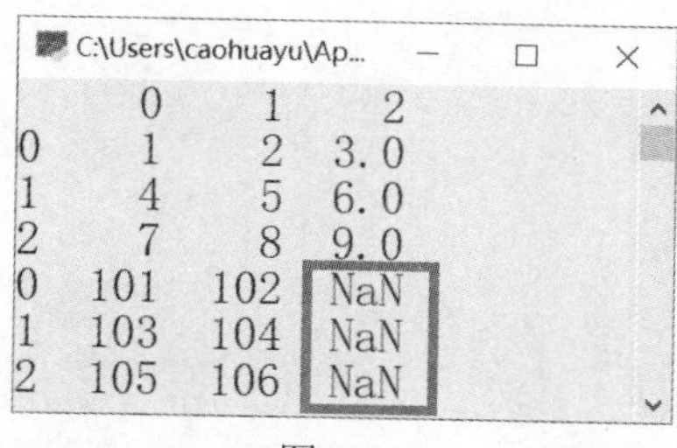

图 7-29

——问：在进行水平合并时需要注意些什么呢？

答：需要注意数据水平合并的实际意义，水平合并更像是数据的扩展，如添加新的列。比如，对于已存在服装的基本信息，我们可以扩展其上市日期、库存量等数据，这就是“一对一”的扩展，此时我们可以使用一个关键数据，如“货号”进行数据的关联，以保证数据水平扩展的正确性。当通过调用 concat()函数水平合并数据时，我们应将 axis 参数设置为 1。数据中也存在“一对多”的关系，如一名客户购买了多件服装，合并此类数据时我们可以使用 DataFrame 对象的 merge()或 join()方法。

下面的代码使用 DataFrame 对象的 merge()方法合并服装信息和销售信息。

```
import pandas as pd

data1 = [["a22001","外套",299], \
    ["a22002","外套",399], \
    ["a22003","卫衣",319], \
    ["a22011","卫衣",259]]
data2 = [["a22001","c0001","2022-5-15"], \
    ["a22001","c0123","2022-5-16"], \
    ["a22003","c0001","2022-3-5"], \
    ["a22003","c0123","2022-3-16"], \
    ["a22003","c0665","2022-2-26"]]
df1 = pd.DataFrame(data1, columns = ["货号","分类","价格"])
df2 = pd.DataFrame(data2, columns = ["货号","客户代码","购买日期"])
# 合并数据
df = df1.merge(right=df2, on="货号")
print(df)
```

在使用 merge()方法时，调用方法的对象 df1 称为“左表”，参数 right 指定的对象称为“右表”，on 参数指定关联数据的列名。在本示例中，我们使用“货号”作为关联数据，数据合并结果如图 7-30 所示。

	货号	分类	价格
0	a22001	外套	299
1	a22002	外套	399
2	a22003	卫衣	319
3	a22011	卫衣	259

	货号	客户代码	购买日期
0	a22001	c0001	2022-5-15
1	a22001	c0123	2022-5-16
2	a22003	c0001	2022-3-5
3	a22003	c0123	2022-3-16
4	a22003	c0665	2022-2-26

	货号	分类	价格	客户代码	购买日期
0	a22001	外套	299	c0001	2022-5-15
1	a22001	外套	299	c0123	2022-5-16
2	a22003	卫衣	319	c0001	2022-3-5
3	a22003	卫衣	319	c0123	2022-3-16
4	a22003	卫衣	319	c0665	2022-2-26

图 7-30

在上述代码中，df1 和 df2 分别保存了服装和销售信息，而一种服装可以销售给多名客户，这样就形成了“一对多”的关系，如图 7-31 所示。

	货号	分类	价格
0	a22001	外套	299
1	a22002	外套	399
2	a22003	卫衣	319
3	a22011	卫衣	259

	货号	客户代码	购买日期
0	a22001	c0001	2022-5-15
1	a22001	c0123	2022-5-16
2	a22003	c0001	2022-3-5
3	a22003	c0123	2022-3-16
4	a22003	c0665	2022-2-26

图 7-31

默认情况下，使用 merge()方法合并的数据只会保留关联字段（“货号”）在“左表”（服装数据）和“右表”（销售数据）中都存在的记录。如果需要同时查看没有销售记录的服装信息，那么可以通过修改 how 参数设置合并方式，可选值如下。

- inner，默认值，只包含关联数据在“左表”和“右表”中共有的行。
- left，包含“左表”，即 merge()方法调用对象中的所有行。
- right，包含“右表”，即 merge()方法中 right 参数设置对象的所有行。
- outer，对“左表”和“右表”数据进行交叉合并。

将 merge()方法的 how 参数设置为"left"的合并结果如图 7-32 所示。

	货号	分类	价格	客户代码	购买日期
0	a22001	外套	299	c0001	2022-5-15
1	a22001	外套	299	c0123	2022-5-16
2	a22002	外套	399	NaN	NaN
3	a22003	卫衣	319	c0001	2022-3-5
4	a22003	卫衣	319	c0123	2022-3-16
5	a22003	卫衣	319	c0665	2022-2-26
6	a22011	卫衣	259	NaN	NaN

图 7-32

合并结果包含了 df1 对象中的所有数据，可以看到，货号“a22002”和“a22011”的服装在 df2 中没有销售记录，因此其中的“客户代码”和“购买日期”数据填充为 NaN。

7.9 数据连接

通过使用 DataFrame 对象的 join()方法，我们可以按行索引连接数据。在该方法中，other 参数用于设置连接的数据对象（DataFrame）；how 参数用于设置连接方法，可选值如下。

- inner，连接结果只包含两个对象共有的行。
- left，连接结果包含 join()方法调用对象中的所有行。
- right，连接结果包含 join()方法 other 参数对象中的所有行。
- outer，连接结果包含 join()方法调用对象和 other 参数对象的所有行。

下面用简单的数据结构演示这 4 种连接方式。

```
import pandas as pd

data1 = [[1,2,3],[4,5,6],[7,8,9]]
data2 = [[101,102],[103,104],[105,106]]
df1 = pd.DataFrame(data1, \
    columns=[0,1,2], index=[0,1,2])
df2 = pd.DataFrame(data2, \
```

```
    columns=[3,4], index=[1,2,3])
# 连接数据
df = df1.join(other=df2, how="inner")
print(df)
```

在上述代码中，join()方法的 how 参数设置为"inner"，因此连接结果包含 df1 和 df2 对象中都存在的行索引，我们可以通过修改 how 参数来观察数据连接结果，如图 7-33 所示。

	0	1	2
0	1	2	3
1	4	5	6
2	7	8	9

df1

	3	4
1	101	102
2	103	104
3	105	106

df2

	0	1	2	3	4
1	4	5	6	101	102
2	7	8	9	103	104

inner

	0	1	2	3	4
0	1	2	3	NaN	NaN
1	4	5	6	101	102
2	7	8	9	103	104

left

	0	1	2	3	4
1	4	5	6	101	102
2	7	8	9	103	104
3	NaN	NaN	NaN	105	106

right

	0	1	2	3	4
0	1	2	3	NaN	NaN
1	4	5	6	101	102
2	7	8	9	103	104
3	NaN	NaN	NaN	105	106

outer

图 7-33

7.10　统计方法

DataFrame 对象定义了一系列统计方法，其中有一些通用的参数，如 axis 参数可以指定计算方向，默认为 0，表示垂直方向，设置为 1 时表示水平方向。

下面的代码可以计算价格的合计。

```
import pandas as pd

data = [["a22001","外套",299], \
    ["a22001","外套",299], \
    ["a22003","卫衣",319], \
    ["a22003","卫衣",319], \
    ["a22003","卫衣",319], \
    ["a22003","卫衣",pd.NA]]
```

```
df = pd.DataFrame(data, \
    columns=["货号","分类","价格"])
result = df["价格"].sum()
print(result)    # 1555
```

在上述代码中，我们首先使用了“df["价格"]”获取“价格”数据集合，然后调用了 sum()方法计算它们的和，结果显示为 1555。此外，常用的计算方法如下。

- min()方法，获取最小值。
- max()方法，获取最大值。
- mean()方法，计算均值（算术平均数）。
- median()方法，计算中位数。

一一问答

一一问：我发现价格数据中包含了一个空值，这会对计算产生什么影响吗？

答：默认情况下会忽略空值，如在计算均值时调用 df["价格"].mean()方法，计算结果是 311.0，即 1555 除以 5 的结果。

7.11 分组

通过使用 DataFrame 对象的 groupby()方法，我们可以对数据进行分组，然后对分组数据进行统计，如下面的代码可以计算服装不同“分类”的价格合计。

```
import pandas as pd

data = [["a22001","外套",299], \
    ["a22001","外套",299], \
    ["a22003","卫衣",319], \
    ["a22003","卫衣",319], \
    ["a22003","卫衣",319], \
    ["a22003","卫衣",pd.NA]]

df = pd.DataFrame(data, \
    columns=["货号","分类","价格"])
grp = df[["分类","价格"]].groupby(by=["分类"])
print(grp.sum())
```

在本示例中，我们首先从 df 中获取了“分类”和“价格”两列数据，然后按“分类”分组，最后调用了分组的 sum()方法计算各分类价格的合计。代码执行结果如图 7-34 所示。

想要查看分组信息时，我们可以调用分组结果的方法，具体如下。

- groups 属性，返回分组结果。示例中返回的内容为“{'卫衣': [2, 3, 4, 5], '外套': [0, 1]}”，字典元素的键为分组数据（如“分类”数据），元素的值包含了对应的行索引。
- get_group()方法，返回指定的组，参数为分组数据。

下面的代码显示了分组后“外套”组的记录。

```
import pandas as pd

pd.set_option('display.unicode.east_asian_width', True)

data = [["a22001","外套",299], \
    ["a22001","外套",299], \
    ["a22003","卫衣",319], \
    ["a22003","卫衣",319], \
    ["a22003","卫衣",319], \
    ["a22003","卫衣",pd.NA]]

df = pd.DataFrame(data, \
    columns=["货号","分类","价格"])
grp = df[["分类","价格"]].groupby(by=["分类"])
print(grp.get_group("外套"))
```

代码执行结果如图 7-35 所示。

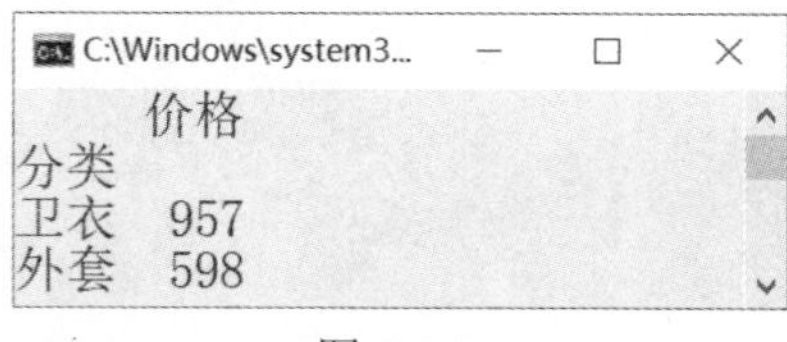

图 7-34

图 7-35

通过使用分组结果的 agg()方法，我们还可以同时进行多项汇总，如下面的代码会同时计算服装各分类的价格合计和销售数量。

```
import pandas as pd

pd.set_option('display.unicode.east_asian_width', True)

data = [["a22001","外套",299], \
    ["a22001","外套",299], \
```

```
    ["a22003","卫衣",319], \
    ["a22003","卫衣",319], \
    ["a22003","卫衣",319], \
    ["a22003","卫衣",pd.NA]]

df = pd.DataFrame(data, \
    columns=["货号","分类","价格"])
grp = df[["分类","价格"]].groupby(by=["分类"])
print(grp.agg({"价格":"sum", "分类":"count"}))
```

在本示例中，我们同样使用“分类”数据进行分组，然后计算价格合计（sum），并对分类进行了计数统计（count）。代码执行结果如图 7-36 所示。

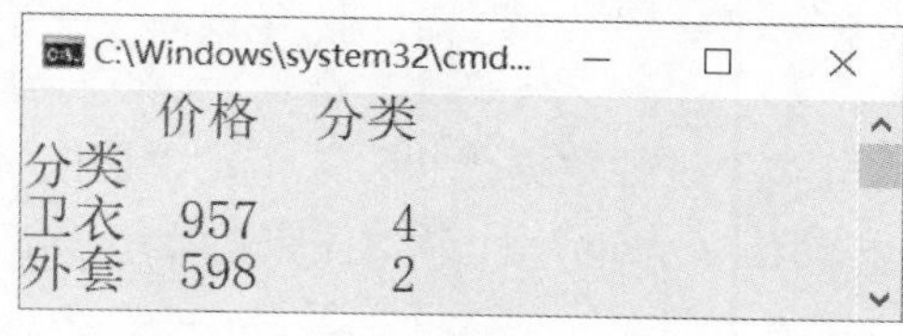

图 7-36

7.12 透视表

和 Excel 一样，当我们在 DataFrame 对象中需要对数据进行更复杂的汇总时，可以使用透视表，此时我们需要使用 pivot_table()函数，常用的参数如下。

- values，指定计算列，默认为全部列。
- index，指定垂直分组数据的列索引。
- columns，指定水平分组数据的列索引。
- aggfunc 参数，指定统计方法名，默认为 mean，多个统计方法使用列表定义。
- fill_value 参数，指定缺失数据的替换值，默认为 None 值。
- dropna 参数，是否删除空值，默认为 True。
- margins 参数，是否显示合计列，默认为 False。
- margins_name 参数，指定合计行显示的名称，默认为 ALL。

下面的代码使用透视表统计了服装各分类的价格合计、数量和价格均值。

```
import pandas as pd

pd.set_option('display.unicode.east_asian_width', True)
```

```
data = [["a22001","外套",299], \
    ["a22001","外套",299], \
    ["a22003","卫衣",319], \
    ["a22003","卫衣",319], \
    ["a22003","卫衣",319], \
    ["a22003","卫衣",pd.NA]]

df = pd.DataFrame(data, \
    columns=["货号","分类","价格"])
pt = pd.pivot_table(df, values="价格", \
    index="分类", \
    aggfunc=["sum","count", "mean"], \
    margins=True, margins_name="合计")
print(pt)
```

在本示例中，我们按“分类”进行数据分组，并指定“价格”为汇总数据，分别进行求和（sum）、计数（count）和均值（mean）计算。代码执行结果如图 7-37 所示。

```
C:\Windows\system32\cmd....
       sum  count   mean
      价格   价格   价格
分类
卫衣   957      3  319.0
外套   598      2  299.0
合计  1555      5  311.0
```

图 7-37

下面的代码会按“客户代码”和服装“分类”统计价格数据。

```
import pandas as pd

pd.set_option('display.unicode.east_asian_width', True)

data = [["c0001","外套",299], \
    ["c0002","外套",299], \
    ["c0001","卫衣",319], \
    ["c0002","卫衣",369], \
    ["c0003","卫衣",319], \
    ["c0003","卫衣",369]]

df = pd.DataFrame(data, \
    columns=["客户代码","分类","价格"])
pt = pd.pivot_table(df, values="价格", \
```

```
    index="客户代码", \
    columns= "分类", \
    aggfunc=["sum"], \
    margins=True, margins_name="合计")
print(pt)
```

代码执行结果如图 7-38 所示。在本示例中，我们同样计算了“价格”数据，垂直方向按“客户代码”分组，水平方向按“分类”分组，并显示了垂直和水平方向的合计数据。

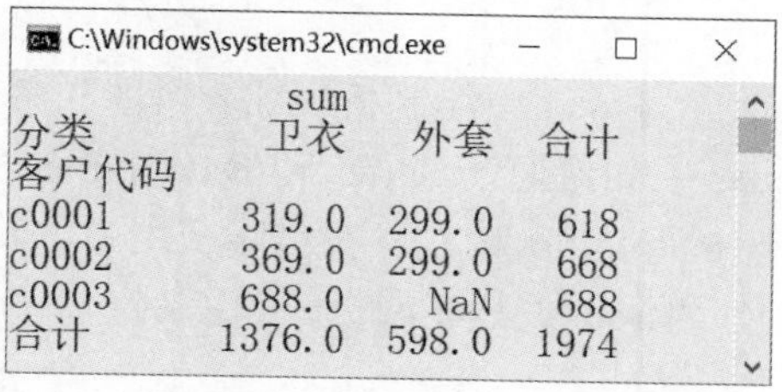

```
C:\Windows\system32\cmd.exe
          sum
分类       卫衣    外套    合计
客户代码
c0001    319.0  299.0   618
c0002    369.0  299.0   668
c0003    688.0    NaN   688
合计    1376.0  598.0  1974
```

图 7-38

第 8 章　图形更直观——pandas 绘制统计图

我们在第 2 章讨论了如何在 Excel 中绘制折线图、饼图和条形图，以及如何通过图形观察数据，本章将介绍在 pandas 中如何通过 Series 和 DataFrame 对象数据绘制统计图。

pandas 的绘图功能基于 matplotlib 构建。在实际应用中，我们经常会直接在 matplotlib 环境中进行操作，如下面的代码演示了基本的折线图绘制。

```
import pandas as pd
import matplotlib as mp
import matplotlib.pyplot as p

mp.rcParams['font.family'] = 'simsun'
mp.rcParams['axes.unicode_minus'] = False

data = pd.Series({'一月':-10,'二月':15,'三月':19})
data.plot.line(color="red",linewidth=3)
p.show()
```

在上述代码中，matplotlib 模块的 rcParams 变量定义了 matplotlib 环境的参数集合，rcParams 变量包含如下两个参数。

- font.family，设置字体名称。代码中设置的“simsun”为“宋体”，目的是正确显示中文内容。
- axes.unicode_minus，设置为 False 时，刻度中小于 0 的数值显示负号（–），设置为 True（默认值）时，小于 0 的数值不显示负号。

绘制统计图时，我们可以使用 Series 或 DataFrame 对象的 plot()方法，并通过 kind 参数设置图形类型；也可以使用 plot 属性中的一系列图形绘制方法，如 pie()方法绘制饼图、line()方法绘制折线图、bar()方法绘制垂直条形图（柱形图）等。

在本示例中，我们使用 line()方法将 Series 对象的数据绘制为折线图，其中，color 参数用于设置线条颜色，linewidth 参数用于设置线条的宽度，绘制结果如图 8-1 所示。

matplotlib.pyplot 模块的 show()方法可以用于显示统计图，可以看到如图 8-1 所示的界面是一个完整的图形查看界面，我们可以进行图片的缩放、移动和保存操作。

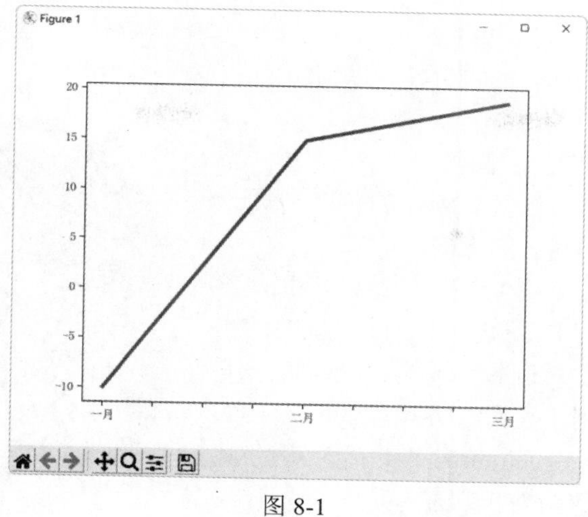

图 8-1

8.1 部分与整体的比例——饼图

饼图，也称为扇形图，用于反映部分与整体的关系，绘制时只需要一维数据；当然，每部分必须都有对应的标签，这样饼图才有意义，对于这样的数据结构，Series 对象是不错的选择。

在下面的代码中，Series 对象保存了各分类服装的销量。在绘制的饼图中，元素的索引（分类）将作为数据标签，元素的值（销量）将作为绘图的数据。

```
import pandas as pd
import matplotlib as mp
import matplotlib.pyplot as p

mp.rcParams['font.family'] = 'simsun'

ser = pd.Series({'外套':35,'卫衣':25,'连衣裙':16})
ser.plot.pie(autopct='%0.2f%%',label='',\
    wedgeprops={'linewidth':1,'edgecolor':'gray'})
p.title('服装销量',fontsize=22)
p.legend()
p.show()
```

图形绘制结果如图 8-2 所示。

pie()方法的常用参数如下。

- label，设置饼图侧面显示的标签，默认为 None 值，代码中将其设置为空字符，代表不显示任何内容。

- autopct，显示各部分的百分比，保留两位小数时设置为'%.2f%%'。
- radius，设置饼图所在圆形的半径。
- startangle，设置饼图开始绘制的角度，默认为 0，表示水平向右的方向。
- counterclock，设置是否逆时针绘制，默认值为 True，设置为 False 时按顺时针方向绘制。
- wedgeprops，设置扇形区域的边界样式，其中，linewidth 用于设置边界宽度，示例中设置为 1 像素；edgecolor 用于设置边界的颜色，示例中设置为灰色（gray）。
- textprops 参数，设置各部分标签的字体，如{'fontsize':16,'color':'blue'}表示字体尺寸为 16 像素，显示为蓝色。

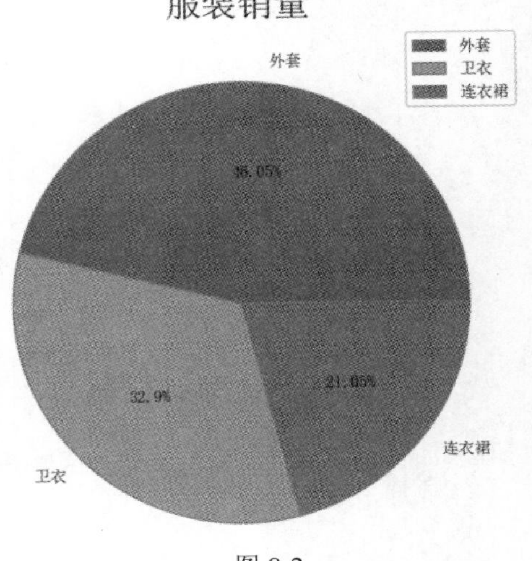

图 8-2

此外，代码中还调用了 matplotlib.pyplot 模块中的如下函数。

- title()函数，设置图形的标题。其中，label 参数用于设置标题内容，fontsize 参数用于设置字体尺寸。
- legend()函数，显示图例，默认使用 Series 元素的索引作为标签名称，也可以在 labels 参数中通过列表设置图例中的标签，标签名称应与绘制数据的顺序对应。loc 参数用于指定图例的位置，第一个关键字指定垂直方向，包括 upper（上）、center（中）、lower（下）；第二个关键字指定水平方向，包括 left（左）、center（中）、right（右），如'lower right'表示图例显示在右下角。
- show()函数，显示图形。

一一问答

一一问：我们可以直接保存绘制的图形吗？

答：通过调用 matplotlib.pyplot 模块的 savefig()函数，我们就可以完成文件的保存，如 p.savefig(r"D:\f.png")可以将图形保存到 D:\f.png 文件。

图 8-3 展示了 DataFrame 对象包含的销量数据。下面的代码会将这些数据绘制为饼图。

	分类	销量
0	外套	35
1	卫衣	25
2	连衣裙	16

图 8-3

```
import pandas as pd
import matplotlib as mp
import matplotlib.pyplot as p

mp.rcParams['font.family'] = 'simsun'

data = [['外套',35],['卫衣',25],['连衣裙',16]]
df = pd.DataFrame(data,columns=["分类","销量"])
df.plot.pie(y="销量", autopct='%0.2f%%',label='')
p.title('服装销量',fontsize=22)
p.legend(labels=[f"{x}:{y}" for x,y in zip(df["分类"],df["销量"])])
p.show()
```

在 pie()方法中，y 参数指定了饼图数据的列索引。请注意 legend()函数的 labels 参数设置，我们在本示例中使用了“分类”和“销量”的数据组合，这样可以更直观地标识图形各部分的含义和数据，此外，图形中各部分的标签默认使用行索引 0、1 和 2。绘制结果如图 8-4 所示。

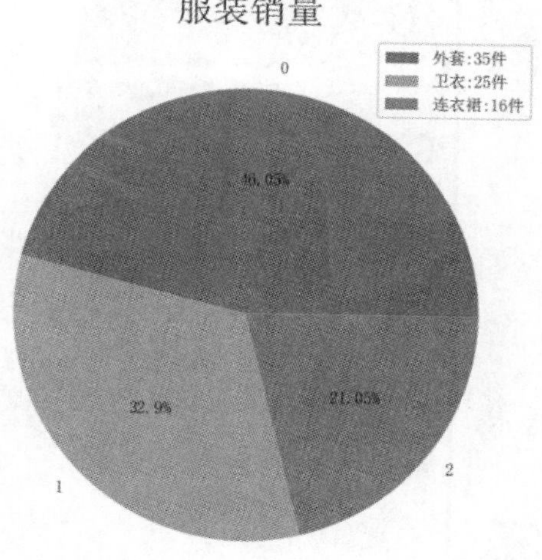

图 8-4

在饼图中，如果需要突出显示某一部分，那么我们可以在 pie()方法中使用 explode 参数指定一个列表，该参数包含各部分突出的距离，0 表示不突出，下面的代码演示了相关应用。

```
import pandas as pd
import matplotlib as mp
import matplotlib.pyplot as p

mp.rcParams['font.family'] = 'simsun'
```

```
data = [['外套',35],['卫衣',25],['连衣裙',16]]
df = pd.DataFrame(data, columns=["分类","销量"])
df.plot.pie(y="销量", \
    autopct='%0.2f%%',label='', \
    explode=[0, 0, 0.1])
p.title('服装销量',fontsize=22)
p.legend(labels=[f"{x}:{y}件" for x,y in zip(df["分类"], df["销量"])])
p.show()
```

绘制结果如图 8-5 所示。

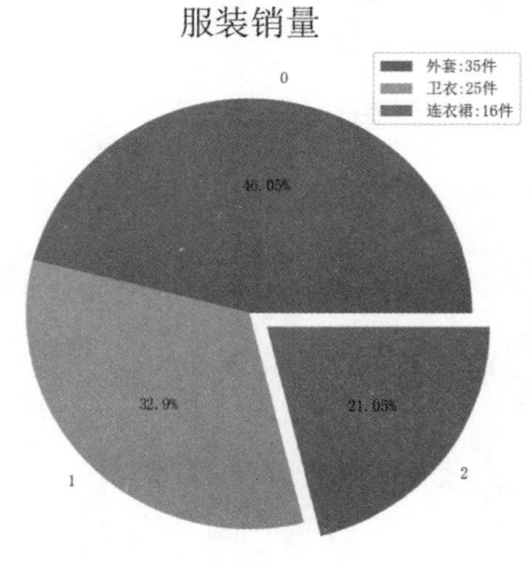

图 8-5

如果需要在图形各部分显示有意义的标签，如“分类”的名称，那么我们可以将 DataFrame 行索引设置为“分类”数据，代码如下所示。

```
import pandas as pd
import matplotlib as mp
import matplotlib.pyplot as p

mp.rcParams['font.family'] = 'simsun'

data = [['外套',35],['卫衣',25],['连衣裙',16]]
df = pd.DataFrame(data, columns=["分类","销量"])
df.index = df["分类"]
df.plot.pie(y="销量", \
    autopct='%0.2f%%',label='', \
    explode=[0, 0, 0.1])
```

```
p.title('服装销量',fontsize=22)
p.legend(labels=[f"{x}:{y}件" for x,y in zip(df["分类"], df["销量"])])
p.show()
```

绘制结果如图 8-6 所示。如果临时修改了 DataFrame 对象的行索引，那么我们在图形绘制后需要恢复行索引，相关的操作可以参考下面的代码。

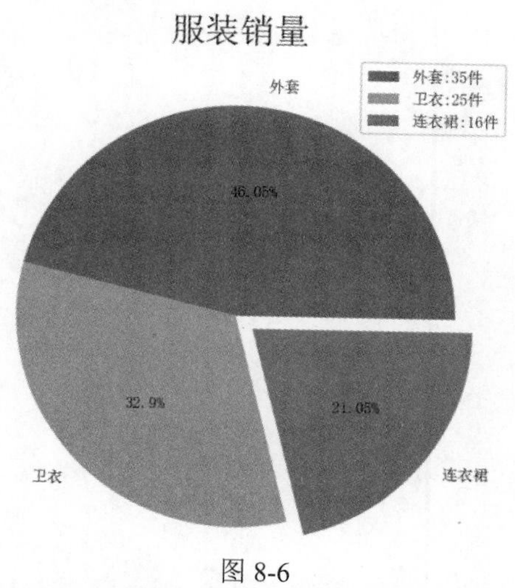

图 8-6

```
# 备份行索引
ibak = df.index
# 设置行索引
df.index = df["分类"]
# 绘图
# 恢复行索引
df.index = ibak
```

8.2　数据的关系与分布——散点图与气泡图

散点图可以展示两组数据的关系，如下面的代码绘制了 y=2x，且 x 的取值范围为–2 到 7 的散点图。

```
import pandas as pd
import matplotlib as mp
import matplotlib.pyplot as p

mp.rcParams['font.family'] = 'simsun'
```

```
mp.rcParams['axes.unicode_minus'] = False

datax = [-2,-1,0,1,2,3,4,5,6,7]
datay = [y*2 for y in datax]
df = pd.DataFrame({"X":datax,"Y":datay})
df.plot.scatter(x="X",y="Y",color="red",grid=True)
p.xlim([-3,8])
p.ylim([-6,16])
p.title("y=2x",size=32)
p.show()
```

图形绘制结果如图 8-7 所示。

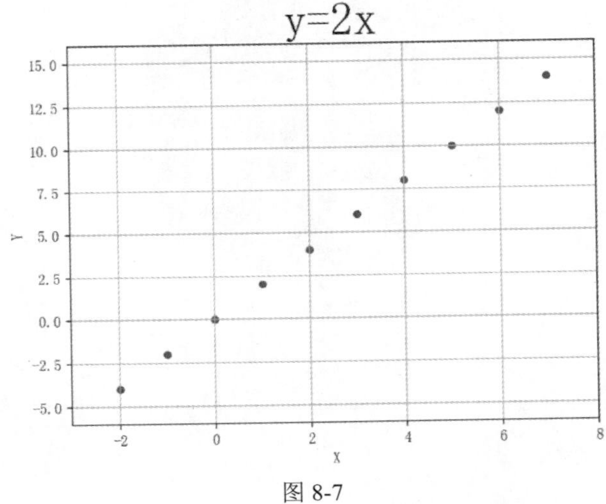

图 8-7

在本示例中，我们使用 DataFrame 对象 plot 属性的 scatter()方法绘制了散点图，常用参数如下。

- X 参数，指定 X 轴数据的列索引。
- Y 参数，指定 Y 轴数据的列索引。
- s 参数，指定点的尺寸。
- c 或 color 参数，指定点的颜色。
- grid 参数，设置为 True 时显示网格，默认为 False。

我们通过调整 scatter()方法的 marker 参数可以设置点的形状，如下所示。

- 圆点（.），默认值，显示为点。
- 星号（*），五角星。
- 加号（+），十字型。大写字母 P 显示为加粗的十字。
- 符号^，正三角形。

- 字母 v，倒三角形。
- 字符<，向左三角形。
- 字符>，向右三角形。
- 字母 s，正方形。
- 字母 o，圆形。
- 字母 d，菱形。大写 D 显示为边长相同的菱形，即旋转 90 度的正方形。
- 字母 p，五边形。
- 字母 x，X 形。
- 字母 h，显示顶部为角的六边形；字母 H，显示顶部为边的六边形。

我们通过调整 matplotlib.pyplot 模块的 xlim()和 ylim()函数可以设置坐标的刻度范围，如下所示。

- xlim([min,max])函数，设置 X 轴的刻度范围，如代码中的 p.xlim([−3,8])。
- ylim([min,max])函数，设置 Y 轴的刻度范围，如代码中的 p.ylim([−6,16])。

需要绘制多组散点时，我们可以保存第一个 scatter()方法返回的标识，然后在绘制其他散点数据时使用 ax 参数关联此标识，下面的代码演示了相关应用。

```
import pandas as pd
import matplotlib as mp
import matplotlib.pyplot as p

mp.rcParams['font.family'] = 'simsun'
mp.rcParams['axes.unicode_minus'] = False

datax = [1,2,3,4,5,6,7,8,9,10]
datay1 = [x*2 for x in datax]
datay2 = [x/2 for x in datax]
df1 = pd.DataFrame({"X":datax,"Y":datay1})
df2 = pd.DataFrame({"X":datax,"Y":datay2})
ax = df1.plot.scatter(x="X", y="Y", color="red")
df2.plot.scatter(x="X", y="Y", ax=ax, \
    color="blue", marker="^", grid=True)
p.title("y=2x 和 y=x/2",size=32)
p.legend(["y=2x","y=x/2"])
p.show()
```

我们在代码中使用 legend()方法显示了图例，同时在参数中通过列表指定了两组数据的标签，图形绘制结果如图 8-8 所示。

我们在散点图中还可以通过点的尺寸表示第三维数据，也就是气泡图。下面的代码演示了相关应用。

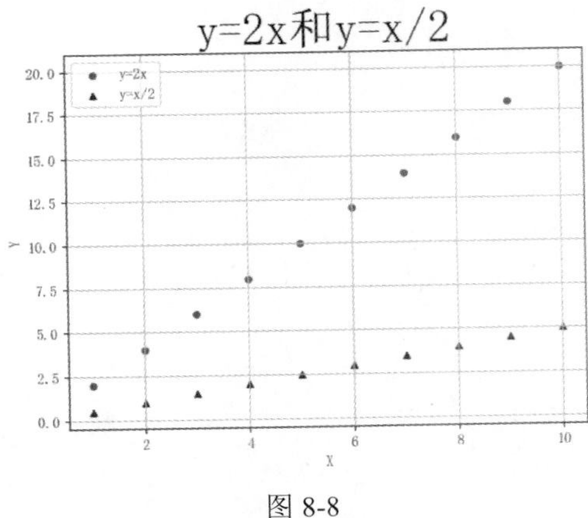

图 8-8

```
import pandas as pd
import matplotlib as mp
import matplotlib.pyplot as p

mp.rcParams['font.family'] = 'simsun'

datax = [1,2,3,4,5,6,7,8,9,10]
datay = [x*2 for x in datax]
dataz = [x*60 for x in datax]
df = pd.DataFrame({"X":datax, "Y":datay, "Z":dataz})
df.plot.scatter(x="X", y="Y", color="tomato", s="Z", grid=True)
p.title("气泡图",size=32)
p.show()
```

点的默认尺寸为 rcParams['lines.markersize'] ** 2。在本示例中，我们在 scatter()方法中使用 s 参数设置了点的尺寸，并将颜色设置为西红柿色（tomato）。绘制结果如图 8-9 所示。

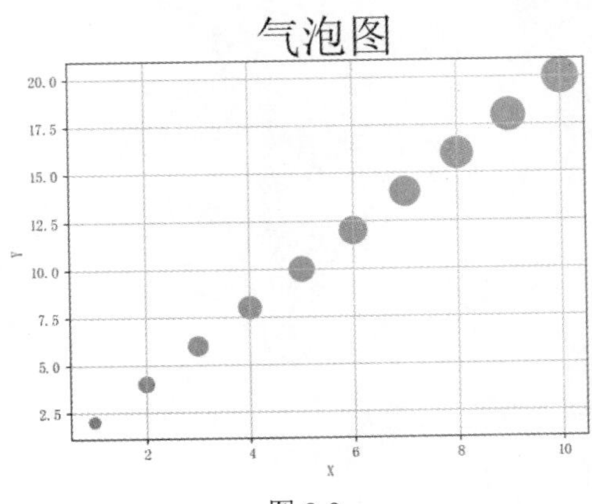

图 8-9

一一问答

一一问：我们可以将气泡图中的气泡设置为不同的颜色吗？

答：可以。我们可以将 scatter()方法的 color 参数设置为一个颜色列表，列表中的颜色数量需要和气泡的数量相同。下面的代码演示了相关应用。

```
import pandas as pd
import matplotlib as mp
import matplotlib.pyplot as p

mp.rcParams['font.family'] = 'simsun'

datax = [1,2,3,4,5]
datay = [x*3 for x in datax]
dataz = [x*100 for x in datax]
color = ["red","blue","green","cyan","tomato"]
df = pd.DataFrame({"X":datax, "Y":datay, "Z":dataz})
df.plot.scatter(x="X", y="Y", color=color, s="Z", grid=True)
p.title("气泡图",size=32)
p.show()
```

绘制结果如图 8-10 所示。

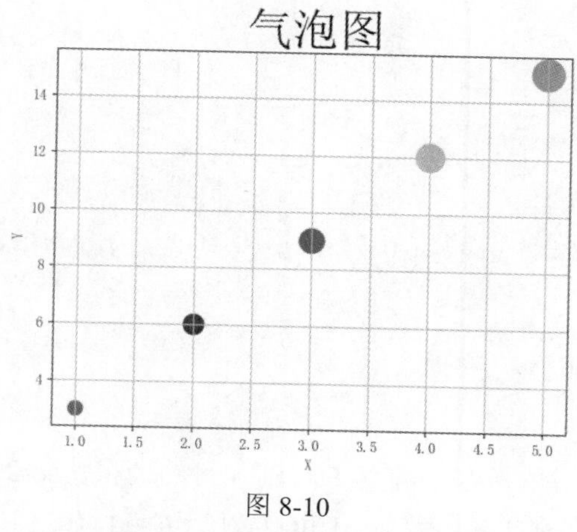

图 8-10

8.3 趋势——折线图

折线图多用于展示时间序列数据，如每个月的销量、销售额的发展趋势等。绘制折线图时我们可以使用 line()方法，常用的参数如下。

- color 参数，指定线条的颜色，如 b（blue，蓝色）、g（green，绿色）、r（red，红色）、c（cyan，青色）、m（magenta，品红色）、y（yellow，黄色）、k（black，黑色）、w（white，白色）。
- linewidth 参数，指定线条的宽度。
- linestyle 参数，设置线条样式，如默认值 solid（-）表示实线、dashed（--）表示短线、dashdot（-.）表示短线和点组合、dotted（:）表示点虚线。

matplotlib.pyplot 模块中还包括如下相关函数。

- xlabel()函数，设置 X 轴标签。
- ylabel()函数，设置 Y 轴标签。

在下面的代码中，两个 Series 对象分别包含了“外套”和“卫衣”1 月到 6 月的销量数据，我们可以将这些数据绘制在同一个图形中。

```
import pandas as pd
import matplotlib as mp
import matplotlib.pyplot as p

mp.rcParams['font.family'] = 'simsun'

# 外套销量
ser1 = pd.Series({"1 月":12,"2 月":23,"3 月":35,"4 月":30,"5 月":25,"6 月":15})
# 卫衣销量
ser2 = pd.Series({"1 月":15,"2 月":30,"3 月":25,"4 月":25,"5 月":15,"6 月":9})
# 绘图
ax = ser1.plot.line(linewidth=3, c="red")
ser2.plot.line(ax=ax, linewidth=3, c="blue", grid=True)
# 显示图形
p.title('服装销量',fontsize=22)
p.legend(["外套","卫衣"])
p.show()
```

在上述代码中，ser1 对象保存了外套 1 月到 6 月的销量，ser2 对象保存了卫衣 1 月到 6 月的销量。由于 ax 变量保存了第一次调用 line()方法的返回值，因此在第二次调用 line()方法时，我们需要使用 ax 参数关联，图形绘制结果如图 8-11 所示。

使用 DataFrame 对象的数据绘制折线图时，默认将行索引作为 X 轴数据，各列的数据作为 Y 轴数据，下面的代码通过 DataFrame 对象数据绘制了“外套”和“卫衣”1 月到 6 月的销量趋势图。

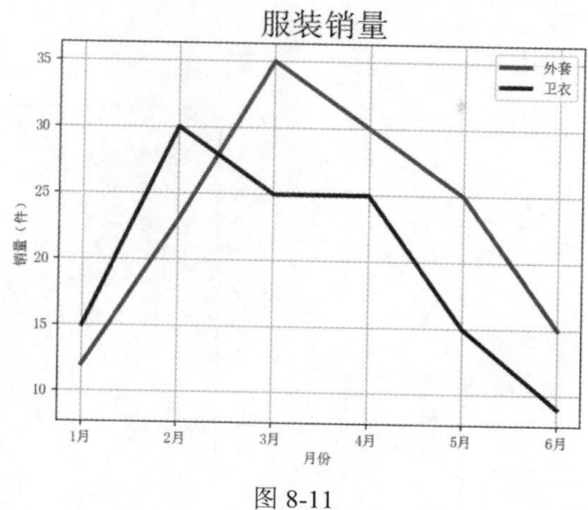

图 8-11

```
import pandas as pd
import matplotlib as mp
import matplotlib.pyplot as p

mp.rcParams['font.family'] = 'simsun'

df = pd.DataFrame({"外套":[12, 23, 35, 30, 25, 15], \
    "卫衣":[15, 30, 25, 25, 15, 9]}, \
    index = ["1 月","2 月","3 月","4 月","5 月","6 月"])
# 绘图
df.plot.line(linewidth=3, grid=True)
# 显示图形
p.xlabel("月份")
p.ylabel("销量（件）")
p.title('服装销量',fontsize=22)
p.legend(["外套","卫衣"])
p.show()
```

在上述代码中，DataFrame 对象（df）的数据结构如图 8-12 所示。在绘制折线图的过程中，我们使用行索引“1 月”到“6 月”作为 X 轴数据，“外套”和“卫衣”两列作为 Y 轴数据分别绘制两条折线，绘制结果如图 8-13 所示。

	外套	卫衣
1月	12	15
2月	23	30
3月	35	25
4月	30	25
5月	25	15
6月	15	9

图 8-12

如果两条折线需要分别绘制，那么我们可以将 line()方法的 subplots 参数设置为 True，代码如下所示。

```
df.plot.line(linewidth=3, grid=True, subplots=True)
```

绘制结果如图 8-14 所示。

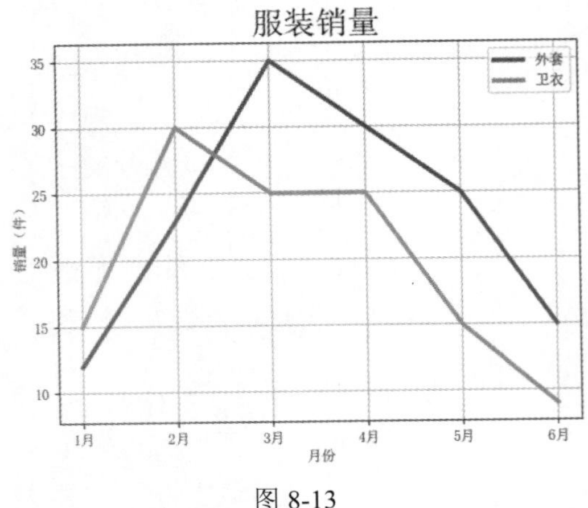

图 8-13

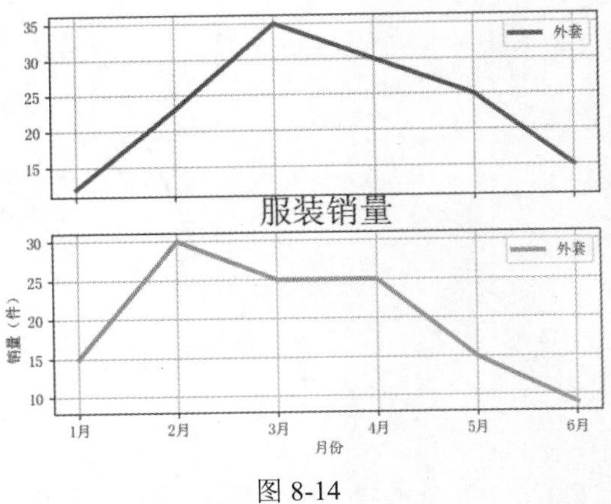

图 8-14

使用 DataFrame 对象的数据绘制折线图时，如果 X 轴和 Y 轴都使用列数据，那么我们可以在 line()方法中分别使用 x 和 y 参数设置相应的列索引，代码如下所示。

```
import pandas as pd
import matplotlib as mp
import matplotlib.pyplot as p

mp.rcParams['font.family'] = 'simsun'

df = pd.DataFrame({"月份":["1 月","2 月","3 月","4 月","5 月","6 月"], \
    "外套":[12, 23, 35, 30, 25, 15], \
    "卫衣":[15, 30, 25, 25, 15, 9]})
# 绘图
df.plot.line(linewidth=3, grid=True, x="月份",y =["外套","卫衣"])
# 显示图形
p.xlabel("月份")
p.ylabel("销量（件）")
p.title('服装销量',fontsize=22)
p.legend(["外套","卫衣"])
p.show()
```

在本示例中，DataFrame 对象（df）中的数据结构如图 8-15 所示，其中，“月份”作为 X 轴数据，Y 轴包括“外套”和“卫衣”两列数据，分别绘制两条折线，绘制结果如图 8-16 所示。

有些时候，两组数据的差距比较大，我们需要使用不同的坐标刻度，此时可以使用 secondary_y 参数设置第二组 Y 轴数据，代码如下所示。

	月份	外套	卫衣
0	1月	12	15
1	2月	23	30
2	3月	35	25
3	4月	30	25
4	5月	25	15
5	6月	15	9

图 8-15

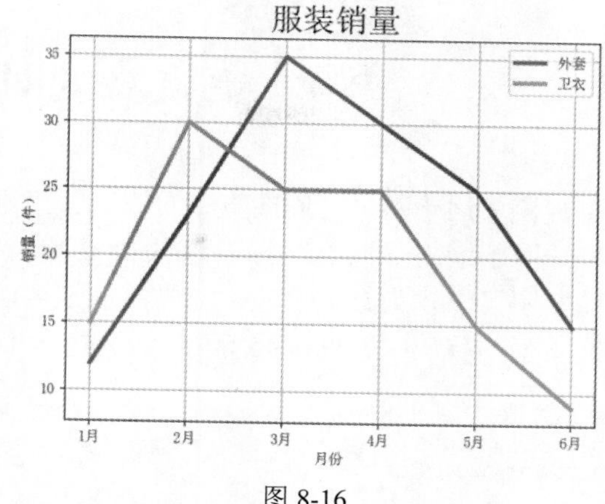

图 8-16

```
import pandas as pd
import matplotlib as mp
import matplotlib.pyplot as p

mp.rcParams['font.family'] = 'simsun'

df = pd.DataFrame({"月份":["1月","2月","3月","4月","5月","6月"], \
    "销量":[12, 23, 35, 30, 25, 15], \
    "金额":[1800, 3500, 4100, 4380, 2800, 2180]})
# 绘图
df.plot.line(linewidth=3, grid=True, x="月份",
            y=["销量","金额"], secondary_y=["金额"])
# 显示图形
p.xlabel("月份")
p.title('服装销量及金额',fontsize=22)
p.show()
```

绘制结果如图 8-17 所示。

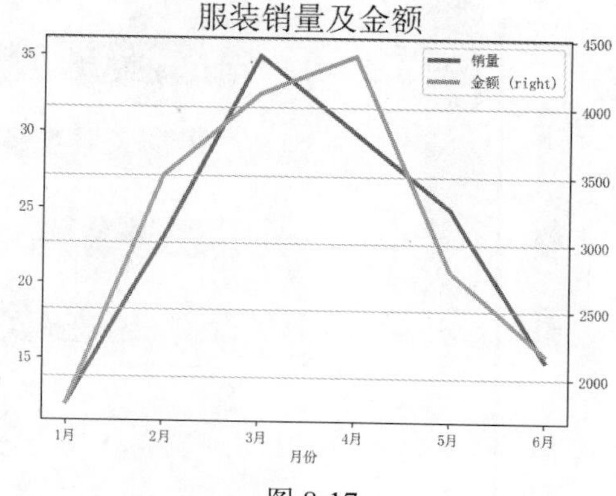

图 8-17

8.4　更直观的对比——条形图

条形图多用于数据之间的直接对比，分为垂直条形图和水平条形图。在 Series 对象中，bar()方法用于绘制垂直条形图（柱形图），barh()方法用于绘制水平条形图。在绘制条形图时，元素的索引可以作为数据标签，元素的值则可以作为绘制条形图的数据。

在下面的代码中，Series 对象（ser）包含了各类服装的销量数据，我们使用这些数据绘制垂直条形图。

```
import pandas as pd
import matplotlib as m
import matplotlib.pyplot as p

m.rcParams['font.family'] = 'simsun'

ser = pd.Series({"外套":135,"卫衣":51,"衬衣":96,"连衣裙":85,"牛仔裤":123})
ser.plot.bar()
p.title('服装销量对比',fontsize=22)
p.show()
```

绘制结果如图 8-18 所示。绘制水平条形图时我们需要使用 barh()方法，绘制结果如图 8-19 所示。通过对比可以发现，水平条形图可以更友好地显示数据标签。

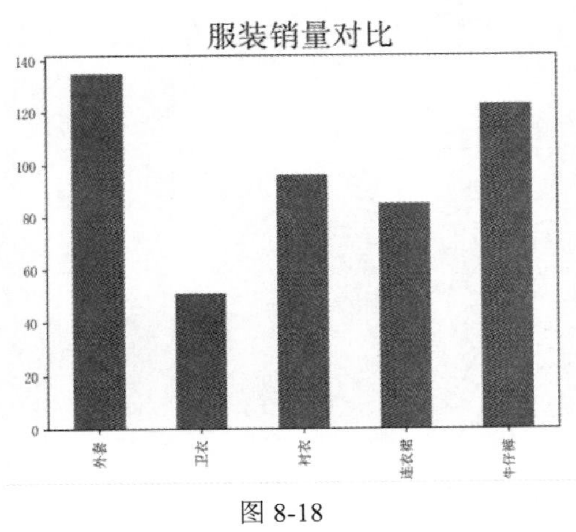

图 8-18

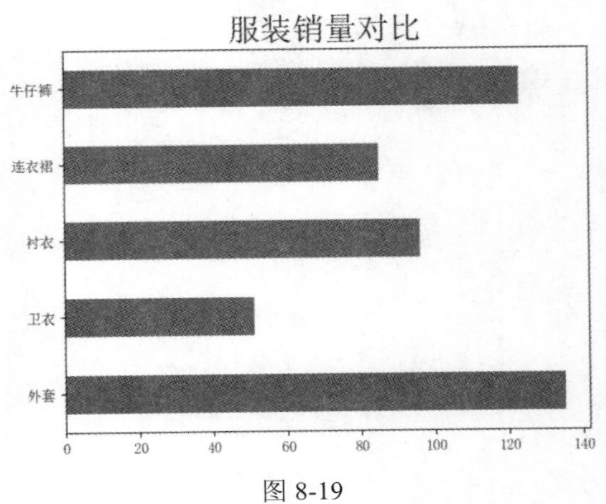

图 8-19

一一问答

一一问：条形图中的条可以显示为不同的颜色吗？

答：我们可以在 bar()或 barh()方法中使用 color 参数指定一个颜色列表，如果列表中的颜色数量少于数据项，那么将会循环使用列表颜色。

一一问：可以用条形图表示时序数据吗，如 1 月到 6 月的服装销量？

答：只要数据有比较的意义，就可以绘制为条形图。对于时序数据，我们还可以将折线图和条形图绘制在同一张图中，代码如下所示。

```
import pandas as pd
import matplotlib as m
import matplotlib.pyplot as p

m.rcParams['font.family'] = 'simsun'

ser = pd.Series({"1月":12,"2月":23,"3月":35,"4月":30,"5月":25,"6月":15})
ax = ser.plot.bar()
ser.plot.line(ax=ax,color="tomato",linewidth=6)
p.title('外套 1 月到 6 月销量',fontsize=22)
p.show()
```

绘制结果如图 8-20 所示。

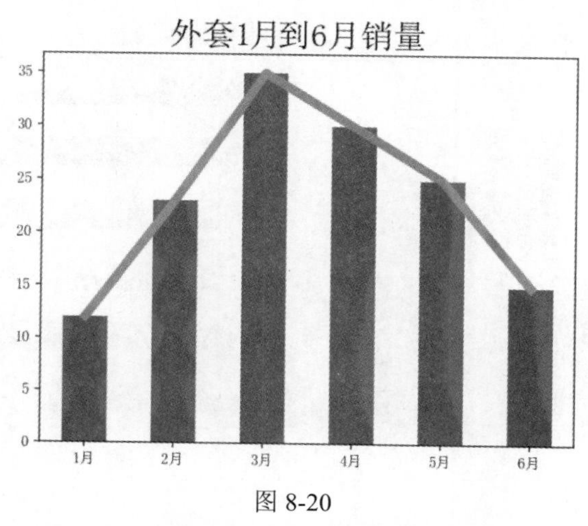

图 8-20

在将 DataFrame 对象的数据绘制为条形图时，默认情况下会使用行索引作为数据标签，并且可以指定一列或多列数据进行图形的绘制。下面的代码演示了如何将“外套”和“卫衣”1 月到 6 月的销量数据绘制为条形图。

```
import pandas as pd
import matplotlib as m
import matplotlib.pyplot as p

m.rcParams['font.family'] = 'simsun'

df = pd.DataFrame({"外套":[12, 23, 35, 30, 25, 15], \
    "卫衣":[15, 30, 25, 25, 15, 9]}, \
    index = ["1 月","2 月","3 月","4 月","5 月","6 月"])
# 绘图
df.plot.bar(y=["外套","卫衣"], grid=True)
# 显示图形
p.xlabel("月份")
p.ylabel("销量（件）")
p.title('服装销量',fontsize=22)
p.legend()
p.show()
```

绘制结果如图 8-21 所示。使用 barh()方法绘制水平条形图时，应将 X 轴标签设置为“销量（件)”，Y 轴标签设置为“月份”。绘制结果如图 8-22 所示。

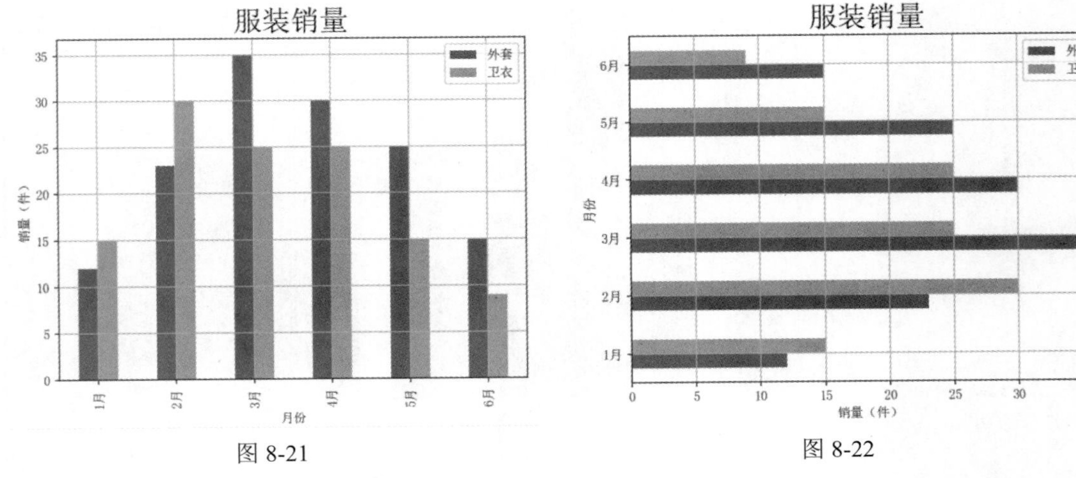

图 8-21　　图 8-22

一一问答

一一问：如图 8-23 所示，“月份”数据也在二维表中，那么如何绘制“外套”和“卫衣”的销量条形图呢？

答：很简单，我们只需要将 bar()或 barh()方法中的 x 参数设置为“月份”就可以了。代码如下所示。

```
import pandas as pd
import matplotlib as mp
import matplotlib.pyplot as p

mp.rcParams['font.family'] = 'simsun'

df = pd.DataFrame({"月份":["1 月","2 月","3 月","4 月","5 月","6 月"], \
    "外套":[12, 23, 35, 30, 25, 15], \
    "卫衣":[15, 30, 25, 25, 15, 9]})
# 绘图
df.plot.bar(grid=True, x="月份",y =["外套","卫衣"])
# 显示图形
p.xlabel("月份")
p.ylabel("销量（件）")
p.title('服装销量',fontsize=22)
p.legend()
p.show()
```

绘制结果如图 8-24 所示。

	月份	外套	卫衣
0	1月	12	15
1	2月	23	30
2	3月	35	25
3	4月	30	25
4	5月	25	15
5	6月	15	9

图 8-23

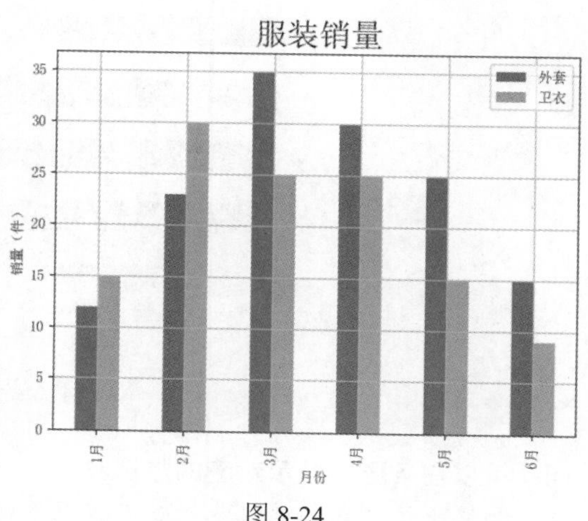

图 8-24

——问：我们可以通过条形图对比各月份“外套”和“卫衣”销量的合计吗？

答：可以使用堆积条形图。我们在绘制堆积条形图时应将 bar()或 barh()方法的 stacked 参数设置为 True。代码如下所示。

```
import pandas as pd
import matplotlib as mp
import matplotlib.pyplot as p

mp.rcParams['font.family'] = 'simsun'

df = pd.DataFrame({"月份":["1 月","2 月","3 月","4 月","5 月","6 月"], \
    "外套":[12, 23, 35, 30, 25, 15], \
    "卫衣":[15, 30, 25, 25, 15, 9]})
# 绘图
df.plot.barh(grid=True, x="月份",y =["外套","卫衣"], stacked=True)
# 显示图形
p.xlabel("销量（件）")
p.ylabel("月份")
p.title('服装销量',fontsize=22)
p.legend()
p.show()
```

绘制结果如图 8-25 所示。

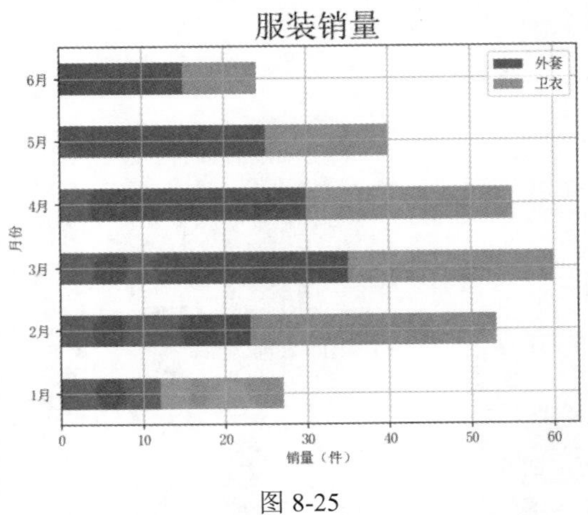

图 8-25

——问：可以在条形上显示对应的数据吗？

答：这个功能比较复杂，可以参考如下代码。

```
import pandas as pd
import matplotlib as mp
import matplotlib.pyplot as p

mp.rcParams['font.family'] = 'simsun'

df = pd.DataFrame({"月份":["1月","2月","3月","4月","5月","6月"], \
    "外套":[12, 23, 35, 30, 25, 15], \
    "卫衣":[15, 30, 25, 25, 15, 9]})
# 绘图
ax = df.plot.barh(grid=True, x="月份", y =["外套","卫衣"], stacked=True)
# 绘制数据合计
datas = [x+y for x,y in zip(df["外套"],df["卫衣"])]
for patch,data in zip(ax.patches, datas) :
    box = patch.get_bbox()
    x = data + 2
    y = box.y1 - 0.25
    ax.text(x, y, f"{data}",
            va="center", ha="center",
            fontsize="16", color="black")
# 显示图形
p.xlabel("销量（件）")
p.ylabel("月份")
p.xlim([0,70])
p.title('服装销量',fontsize=22)
p.legend()
p.show()
```

绘制结果如图 8-26 所示。

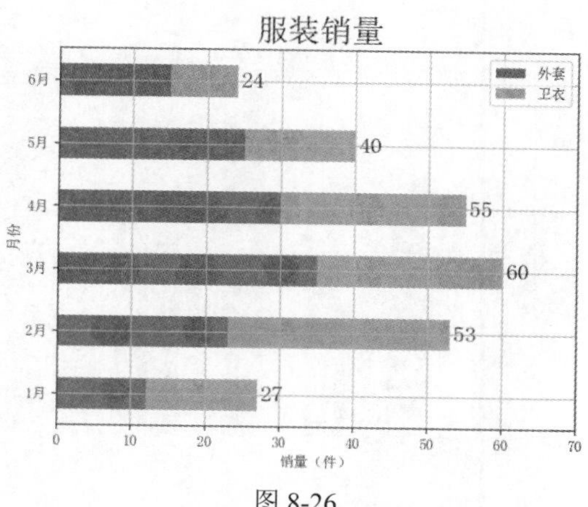

图 8-26

一一问：垂直条形图可以显示数据吗？

答：当然可以，代码如下所示。

```
import pandas as pd
import matplotlib as mp
import matplotlib.pyplot as p

mp.rcParams['font.family'] = 'simsun'

df = pd.DataFrame({"月份":["1 月","2 月","3 月","4 月","5 月","6 月"], \
    "外套":[12, 23, 35, 30, 25, 15], \
    "卫衣":[15, 30, 25, 25, 15, 9]})
# 绘图
ax = df.plot.bar(grid=True, x="月份", y =["外套","卫衣"], stacked=True)
# 绘制数据合计
datas = [x+y for x,y in zip(df["外套"],df["卫衣"])]
for patch,data in zip(ax.patches, datas) :
    box = patch.get_bbox()
    x = box.x0 + 0.25
    y = data + 2
    ax.text(x, y, f"{data}",
            va="center", ha="center",
            fontsize="16", color="black")
# 显示图形
p.ylabel("销量（件）")
p.xlabel("月份")
p.ylim([0,70])
p.title('服装销量',fontsize=22)
p.legend()
p.show()
```

绘制结果如图 8-27 所示。

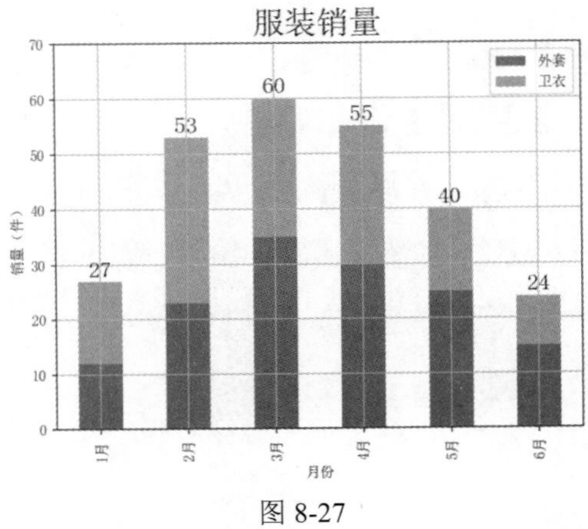

图 8-27

8.5 数据的“距”——箱线图

箱线图可以反映数据集合的最小值、下四分位数、中位数、上四分位数、最大值等信息，在 Series 和 DataFrame 对象中，我们可以使用 plot 属性的 box()方法进行绘制，其中，vert 参数用于指定是否绘制垂直箱线图，默认值为 True，showmeans 参数用于设置是否显示均值图标，默认值为 False。下面的代码使用 Series 对象定义了一个数据集合，并绘制了数据的箱线图。

```
import pandas as pd
import matplotlib as m
import matplotlib.pyplot as p

m.rcParams['font.family'] = 'simsun'

ser = pd.Series([1,2,3,15,16,19,21,30])
ser.plot.box(vert=False,label="")
p.show()
```

绘制结果如图 8-28 所示，其中标注了数据集合的最小值、下四分位数、中位数、上四分位数和最大值。

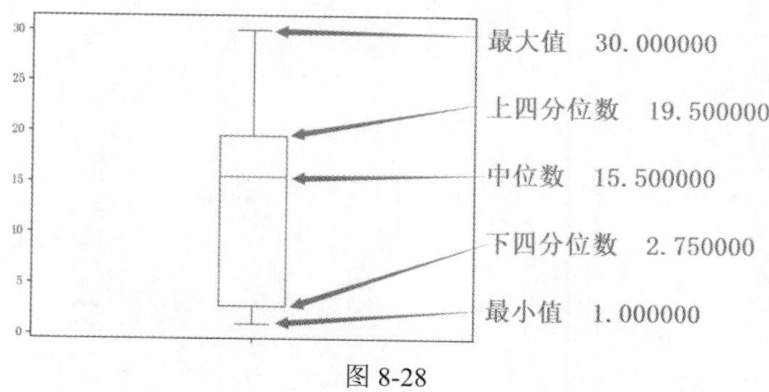

图 8-28

下面的代码根据 DataFrame 对象的 3 列数据绘制水平方向的箱线图，并显示均值的位置。

```
import pandas as pd
import matplotlib as m
import matplotlib.pyplot as p

m.rcParams['font.family'] = 'simsun'
```

```
df = pd.DataFrame({"集合 A":[1,2,3,15,16,19,21,30], \
    "集合 B":[8,15,16,18,19,21,22,25], \
    "集合 C":[15,16,18,19,21,22,23,25]})
df.plot.box(vert=False, showmeans=True)
p.show()
```

图形绘制结果如图 8-29 所示，其中的三角图标就是集合的均值。

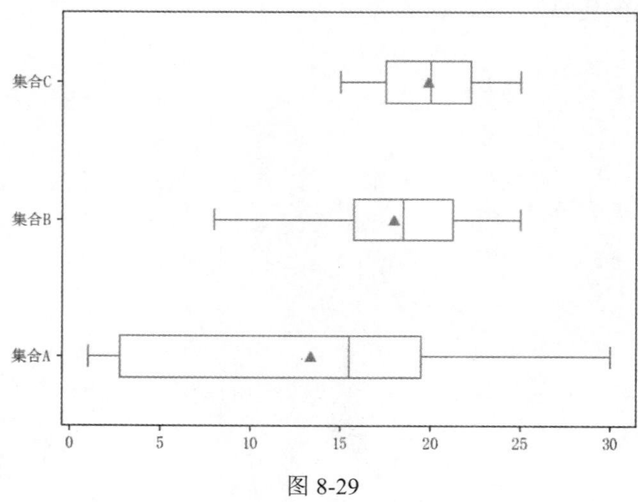

图 8-29

第 9 章　数据中转站——数据格式转换

一问一答

一问：我们已经学习了 Python 和 pandas，那么我们现在可以通过编程读写 Excel 和 CSV 数据吗？

答：这正是本章的主题，内容如下。

- 使用 xlwt 模块写入 Excel（.xls 格式）。
- 使用 xlrd 模块读取 Excel（.xls 格式）。
- 使用 openpyxl 模块读写 Excel 文件（.xlsx 格式）。
- 使用 pandas 模块读写 Excel 文件。
- 使用 csv 模块读写 CSV 数据。
- 使用 pandas 模块读写 CSV 数据。

9.1　xlwt 模块写入 Excel

在 Windows 操作系统的命令行窗口中，我们可以通过输入如下命令来安装 xlwt 模块。

```
pip install xlwt
```

xlwt 模块可以将数据写入 Excel 文件（.xls）中。下面的代码演示了如何将列表的二维数据写入 Excel 文件。

```
from xlwt import *

data = [["a22001","外套",299], \
    ["a22002","外套",399], \
    ["a22003","卫衣",319]]

# 将数据写入 Excel 对象
wb = Workbook()
```

```
ws = wb.add_sheet("data1")
rows = len(data);
cols = len(data[0]);
for row in range(rows):
    for col in range(cols):
        ws.write(row, col, data[row][col])
# 保存到 D:\data1.xls 文件
wb.save(r'D:\data1.xls')
print('OK')
```

在本示例中，我们会将 data 列表的数据写入 D:\data1.xls 文件的“data1”表，执行成功后显示 OK，写入数据如图 9-1 所示。

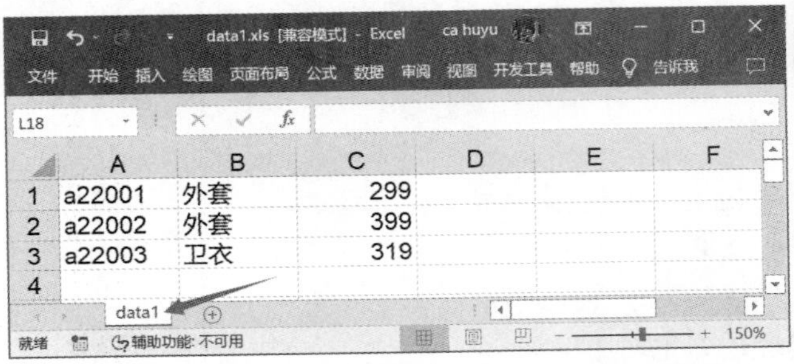

	A	B	C	D	E	F
1	a22001	外套	299			
2	a22002	外套	399			
3	a22003	卫衣	319			
4						

图 9-1

在上述代码中，wb 对象被定义为 Workbook 类型，表示 Excel 文件（工作簿），在本示例中我们调用 Workbook()构造函数创建了一个新的工作簿对象。

ws 对象被定义为 Worksheet 类型，表示一个 Excel 表单。在本示例中我们使用 Workbook 对象的 add_sheet()方法向工作簿添加一个新的表单，方法的参数指定了表单名称为 data1。

rows 变量保存了数据的行数，我们可以通过调用 len()函数获取 data 列表元素的数量。

cols 变量保存了数据的列数，我们可以通过调用 len()函数获取 data[0]元素中的元素数量。请注意，data 列表中每个元素表示一行数据，每行的数据数量和顺序也是相同的。

完成上述操作后，我们又通过两个嵌套的 for 循环读取了 data 列表的所有数据，并将数据写入到表单中对应的单元格，在该嵌套中，我们使用 Worksheet 对象的 write()方法写入单元格数据，参数分别是单元格的行索引、列索引和写入数据。请注意，单元格的行和列使用从 0 开始的数值索引。

最后我们可以使用工作簿对象（Workbook）的 save()方法将数据保存到 D:\data1.xls 文件。

一一问答

一一问：我们可以为写入的数据添加标题行吗？

答：可以。如下面的代码可以在写入的 Excel 表单中添加数据标题行。

```
from xlwt import *

data = [["a22001","外套",299], \
    ["a22002","外套",399], \
    ["a22003","卫衣",319]]

# 将数据写入 Excel 对象
wb = Workbook()
ws = wb.add_sheet("data1")
rows = len(data);
cols = len(data[0]);
# 写入列标题
ws.write(0, 0, "货号")
ws.write(0, 1, "分类")
ws.write(0, 2, "价格")
# 写入数据
for row in range(rows):
    for col in range(0, cols):
        ws.write(row+1, col, data[row][col])
# 保存到.xls 文件
wb.save(r'D:\data2.xls')
print('OK')
```

写入的数据如图 9-2 所示。

	A	B	C	D	E	F
1	货号	分类	价格			
2	a22001	外套	299			
3	a22002	外套	399			
4	a22003	卫衣	319			
5						

图 9-2

需要通过 xlwt 模块写入 Excel 文件时，我们还可以使用 XFStyle 对象设置单元格格式，然后通过 write()方法的 style 参数设置所需要的 XFStyle 对象，如下面的代码会将列标题单元格设置为居中对齐。

```
from xlwt import *
```

```
data = [["a22001","外套",299], \
    ["a22002","外套",399], \
    ["a22003","卫衣",319]]

# 将数据写入 Excel 对象
wb = Workbook()
ws = wb.add_sheet("data1")
rows = len(data);
cols = len(data[0]);
# 设置样式
style = XFStyle()
align = Alignment()
align.horz = Alignment.HORZ_CENTER
align.vert = Alignment.VERT_CENTER
style.alignment = align
# 写入列标题
ws.write(0, 0, "货号", style)
ws.write(0, 1, "分类", style)
ws.write(0, 2, "价格", style)
# 写入数据
for row in range(rows):
    for col in range(0, cols):
        ws.write(row+1, col, data[row][col])
# 保存到.xls 文件
wb.save(r'D:\data3.xls')
print('OK')
```

导出的数据格式如图 9-3 所示。

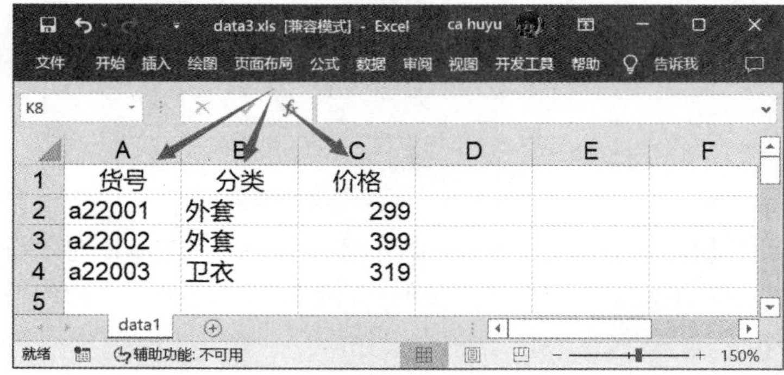

图 9-3

9.2　xlrd 模块读取 Excel

在 Windows 操作系统的命令行窗口中，我们可以输入如下命令安装 xlrd 模块。

```
pip install xlrd
```

xlrd 模块用于读取 Excel 文件（.xls）。下面的代码读取了 D:\data1.xls 文件的数据并保存到二维列表。请注意，此文件数据不包含标题行。

```
from xlrd import *

data = []
with open_workbook(r"D:\data1.xls") as wb :
    ws = wb.sheet_by_name("data1")
    for row in range(ws.nrows):
        rec = []
        for col in range(ws.ncols):
            rec.append(ws.cell(row,col).value)
        data.append(rec)
# 显示数据
for rec in data:
    print(rec)
```

读取的数据会按行保存到 data 列表对象中并分行显示，执行结果如图 9-4 所示。

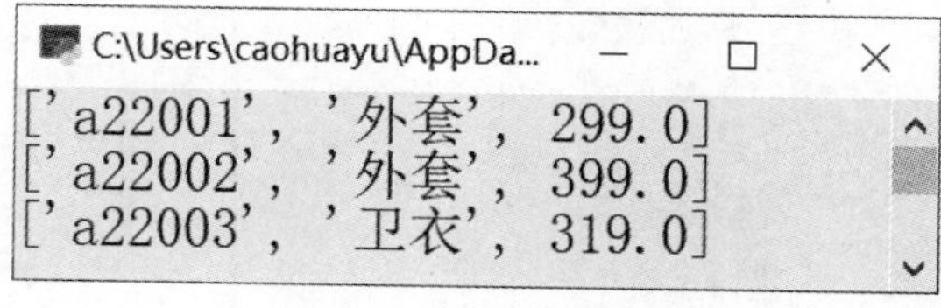

图 9-4

在上述代码中，我们首先通过调用 xlrd 模块的 open_workbook()函数打开 Excel 文件（工作簿），返回对象为 wb（Book 类型）。

然后我们使用 Book 对象（wb）的 sheet_by_name()方法打开表单，参数为需要打开表单的名称，该方法会返回表单对象 ws（Sheet 类型）。此外，我们还可以使用 sheet_by_index()方法按数值索引选择工作表。

在本示例中，data 对象初始为空列表，用于保存读取的数据，其中的元素为行数据。

在 ws 对象（Sheet 类型）中，nrows 属性表示行的数量，ncols 属性表示列的数量，在上述代码中，我们通过嵌套循环读取了工作表中的所有数据，每一行数据都保存在 rec 列表中，对每一行完成读取后会将 rec 对象添加到 data 列表。

获取单元格对象时，我们需要使用 Sheet 对象的 cell()方法，包括两个参数，分别是行索引和列索引。cell()方法会返回单元格对象，我们可以通过如下属性读取单元格数据和数据类型。

- value 属性，获取单元格数据。
- ctype 属性，获取单元格的数据类型，其中，0 表示空（empty）、1 表示文本类型（string）、2 表示数值类型（number）、3 表示日期型（date）、4 表示布尔型（boolean）、5 表示错误类型（error）。

此外，我们还可以通过使用 Sheet 对象的 cell_value()和 cell_type()方法分别获取单元格的数据和类型，需要在该方法的参数中指定行索引和列索引。

代码的最后，我们通过 for 循环语句分行显示了读取的数据。

在 9.1 节中，写入 D:\data2.xls 文件的数据包含了列标题，下面的代码会读取此文件的数据并保存到 DataFrame 对象。

```
from xlrd import *
import pandas as pd

pd.set_option('display.unicode.east_asian_width', True)

data = []
col_name = []
with open_workbook(r"D:\data2.xls") as wb :
    ws = wb.sheet_by_name("data1")
    # 读取数据
    for row in range(1, ws.nrows):
        rec = []
        for col in range(ws.ncols):
            rec.append(ws.cell(row, col).value)
        data.append(rec)
    # 读取第一行的列标题
    for col in range(ws.ncols) :
        col_name.append(ws.cell(0, col).value)
# 创建 DataFrame 对象
df = pd.DataFrame(data, columns=col_name)
print(df)
```

代码执行结果如图 9-5 所示。

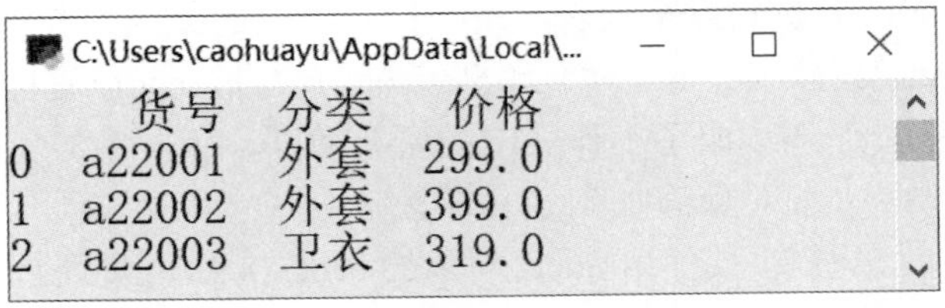

```
C:\Users\caohuayu\AppData\Local\...
     货号    分类   价格
0  a22001  外套  299.0
1  a22002  外套  399.0
2  a22003  卫衣  319.0
```

图 9-5

9.3 openpyxl 模块读写 Excel

openpyxl 模块用于读取或写入.xlsx 格式的 Excel 文件，在 Windows 操作系统的命令行窗口中，我们可以输入如下命令安装模块。

```
pip install openpyxl
```

在下面的代码中，我们将列表的二维数据写入 D:\data1.xlsx 文件的 data1 表单中。

```
import openpyxl as ox

data = [["a22001","外套",299], \
    ["a22002","外套",399], \
    ["a22003","卫衣",319]]

wb = ox.Workbook()
ws = wb.active
ws.title = "data1"
rows = len(data);
cols = len(data[0]);
for row in range(rows):
    for col in range(cols):
        ws.cell(row+1, col+1, data[row][col])
# 保存到D:\data1.xlsx 文件
wb.save(r'D:\data1.xlsx')
print('OK')
```

在本示例中，写入的内容如图 9-6 所示。

	A	B	C
1	a22001	外套	299
2	a22002	外套	399
3	a22003	卫衣	319

图 9-6

在上述代码中，我们首先创建了新的工作簿对象 wb（Workbook），然后通过 active 属性获取当前表单，并通过 title 属性设置表单名称。在将数据写入单元格时，我们使用了表单的 cell()方法，其中的参数分别是行索引、列索引和写入内容。最后我们使用工作簿对象（Workbook）的 save()方法保存 Excel 文件。

在下面的代码中，我们读取了 D:\data1.xlsx 文件中 data1 表单的数据并统计为二维列表。

```
import openpyxl as ox

wb = ox.load_workbook(r"D:\data1.xlsx")
ws = wb["data1"]
```

```
data = []
for row in ws.rows :
    rec = []
    for col in range(len(row)) :
        rec.append(row[col].value)
    data.append(rec)
# 显示数据
for rec in data :
    print(rec)
```

在上述代码中，我们首先调用 load_workbook()函数读取了.xlsx 文件，然后通过表单名作为索引获取操作的表单对象。在表单对象中，rows 属性能够返回所有数据行的集合，行对象中可以使用列索引获取单元格，并使用单元格对象的 value 属性读取单元格数据。执行结果如图 9-7 所示。

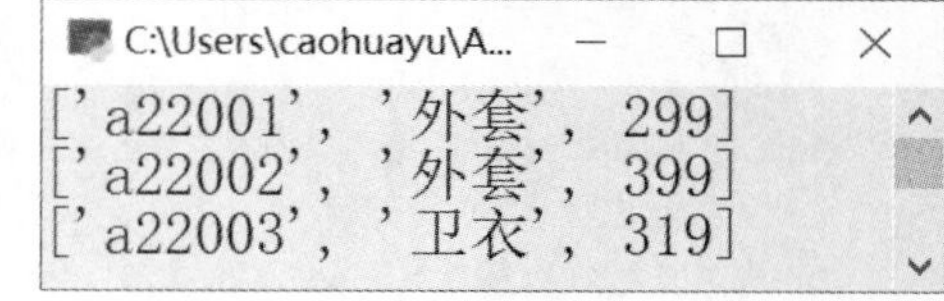

图 9-7

写入单元格内容时，我们还可以使用表单对象的 value 属性指定写入内容，如下面的代码会在 3 个单格中分别写入数据和公式。

```
import openpyxl as ox

wb = ox.Workbook()
ws = wb.active
ws.title = "data1"
ws["a1"].value = 1
ws["a2"].value = 2
ws["a3"].value = "=sum(a1:a2)"
wb.save(r"D:\data99.xlsx")
print("OK")
```

在表单对象中，我们使用单元格地址作为索引，然后使用 value 属性指定单元格内容，写入的数据如图 9-8 所示。

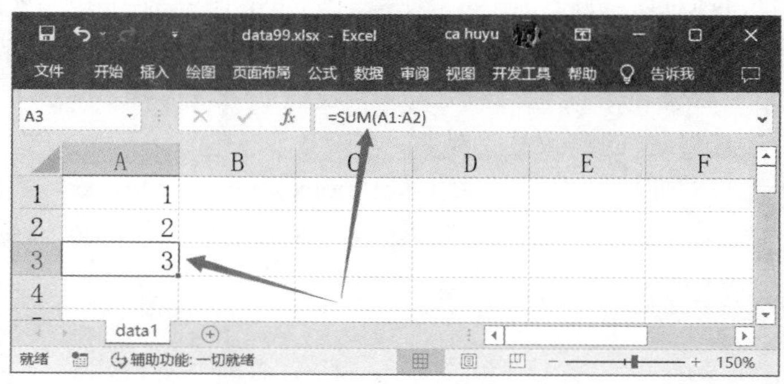

图 9-8

在下面的代码中，我们写入了列标题，并指定了单元格样式。

```
import openpyxl as ox
from openpyxl.styles import Alignment

data = [["a22001","外套",299], \
    ["a22002","外套",399], \
    ["a22003","卫衣",319]]

wb = ox.Workbook()
ws = wb.active
ws.title = "data1"
rows = len(data);
cols = len(data[0]);
# 对齐样式
align = Alignment(horizontal="center", vertical="center")
# 写入列标题并设置居中对齐
ws.cell(1, 1, "货号").alignment = align
ws.cell(1, 2, "分类").alignment = align
ws.cell(1, 3, "价格").alignment = align
# 写入数据
for row in range(rows):
    for col in range(cols):
        ws.cell(row+2, col+1, data[row][col])
# 保存到 D:\data2.xlsx 文件
wb.save(r'D:\data2.xlsx')
print('OK')
```

在本示例中，我们将列标题单元格设置为居中对齐，写入的格式如图 9-9 所示。

	A	B	C
1	货号	分类	价格
2	a22001	外套	299
3	a22002	外套	399
4	a22003	卫衣	319

图 9-9

在下面的代码中，我们将 D:\data2.xlsx 文件的数据读取到 DataFrame 对象。

```
import openpyxl as ox
import pandas as pd
```

```
pd.set_option('display.unicode.east_asian_width', True)

wb = ox.load_workbook(r"D:\data2.xlsx")
ws = wb["data1"]
data = []
for row in ws.rows :
    rec = []
    for col in range(len(row)) :
        rec.append(row[col].value)
    data.append(rec)
# 第一行作为列标题行
col_name = data.pop(0)
# 显示数据
df = pd.DataFrame(data, columns=col_name)
print(df)
```

代码执行结果如图 9-10 所示。

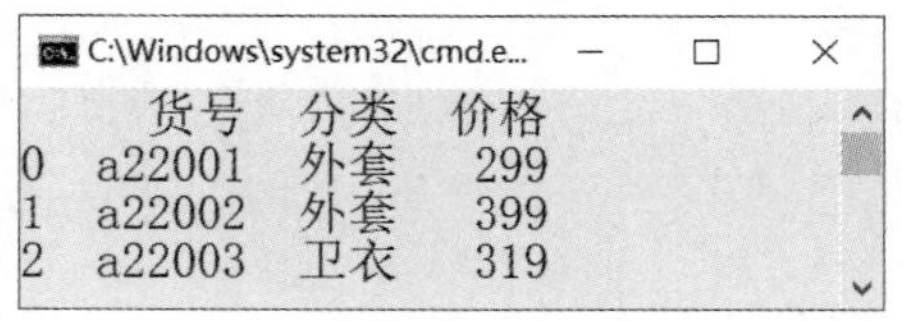

C:\Windows\system32\cmd.e...
货号 分类 价格
0 a22001 外套 299
1 a22002 外套 399
2 a22003 卫衣 319

图 9-10

9.4 pandas 模块读写 Excel

pandas 模块支持多种类型数据的读写，其中，通过使用 DataFrame 对象的 to_excel()方法，我们可以将数据写入 Excel 文件，主要的参数如下。

- excel_writer，指定 Excel 文件路径。
- sheet_name，指定写入的表单名称。
- header，是否写入列索引，默认为 True。也可以使用列表指定列索引，其中的列索引数量应与数据的列相等。
- index，是否写入行索引，默认为 True。

在下面的代码中，我们将 DataFrame 对象的数据保存到了 D:\data1.xlsx 文件中的 data1 表单中。

```
import pandas as pd
```

```
data = [["a22001","外套",299], \
    ["a22002","外套",399], \
    ["a22003","卫衣",319]]
df = pd.DataFrame(data, columns=["货号","分类","价格"])
path = r"D:\data1.xlsx"
df.to_excel(path, "data1")
print("OK")
```

写入的数据如图 9-11 所示，其中包含了列索引和行索引。

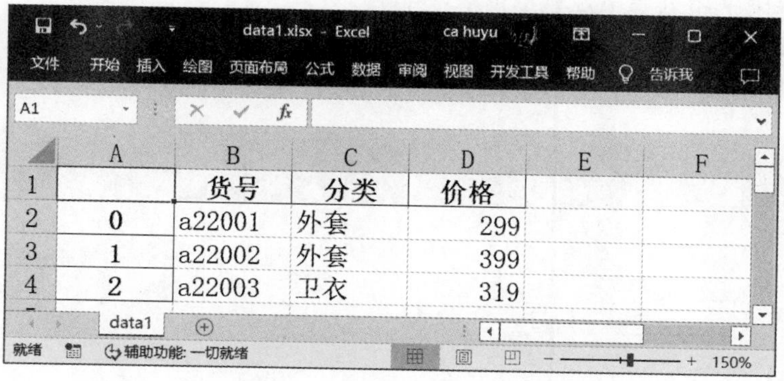

	A	B	C	D	E	F
1		货号	分类	价格		
2	0	a22001	外套	299		
3	1	a22002	外套	399		
4	2	a22003	卫衣	319		

图 9-11

在读取 Excel 文件时，我们可以调用 pandas 模块的 read_excel()函数，主要的参数如下。

- filepath，指定 Excel 文件路径。
- sheet_name，指定读取的表单名称。
- header，指定作为 DataFrame 对象列索引的行，默认为 0，即第一行数据作为列索引，如果工作表中没有包含标题行，可以设置为 None 值。
- index_col，指定作为 DataFrame 对象行索引的列，默认值为 None，即表单中不包含行索引数据。

下面的代码演示了 read_excel()函数的使用。

```
import pandas as pd

pd.set_option('display.unicode.east_asian_width', True)

path = r"D:\data1.xlsx"
df = pd.read_excel(path, "data1", index_col=0)
print(df)
```

代码执行结果如图 9-12 所示。

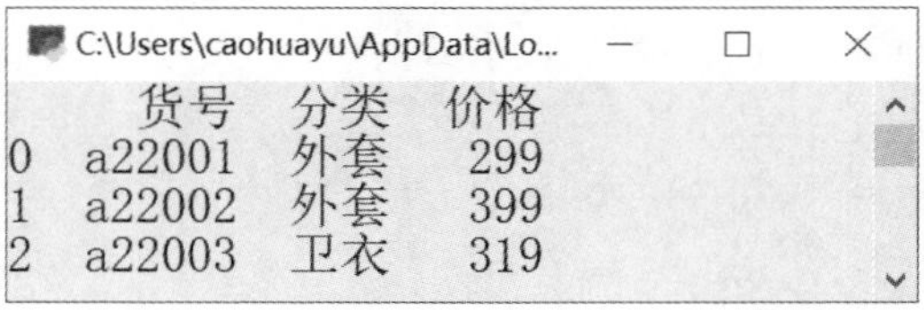

```
      货号   分类   价格
0   a22001   外套    299
1   a22002   外套    399
2   a22003   卫衣    319
```

图 9-12

通过调用 read_excel()函数，我们还可以读取一个 Excel 文件中的多个表单，此时需要在 sheet_name 参数中使用列表指定读取的表单名称。

首先我们在 D:\data1.xlsx 文件中创建一个新的表单，并命名为 data2，然后将 data1 表单的数据复制到 data2 表单，如图 9-13 所示。

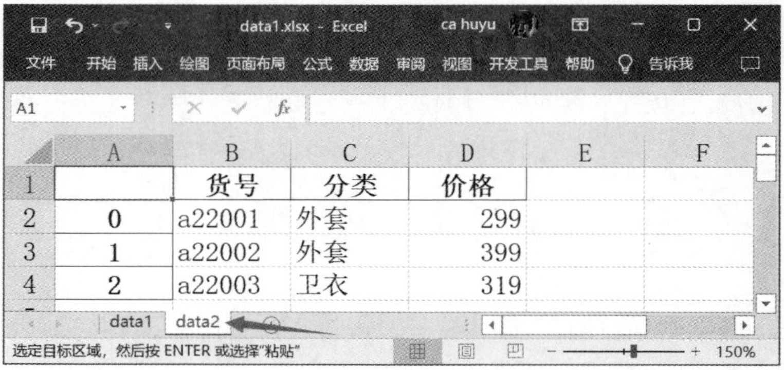

	A	B	C	D
1		货号	分类	价格
2	0	a22001	外套	299
3	1	a22002	外套	399
4	2	a22003	卫衣	319

图 9-13

在下面的代码中，我们读取了这两个表单的数据。

```
import pandas as pd

pd.set_option('display.unicode.east_asian_width', True)

path = r"D:\data1.xlsx"
dfs = pd.read_excel(path, \
    sheet_name=["data1","data2"], index_col=0)
for k,v in dfs.items() :
    print(k)
    print(v)
    print("-"*30)
```

读取多个表单时，read_excel()方法会返回字典对象，其中，元素的键（key）是表单名称，值（value）是包含表单数据的 DataFrame 对象。执行结果如图 9-14 所示。

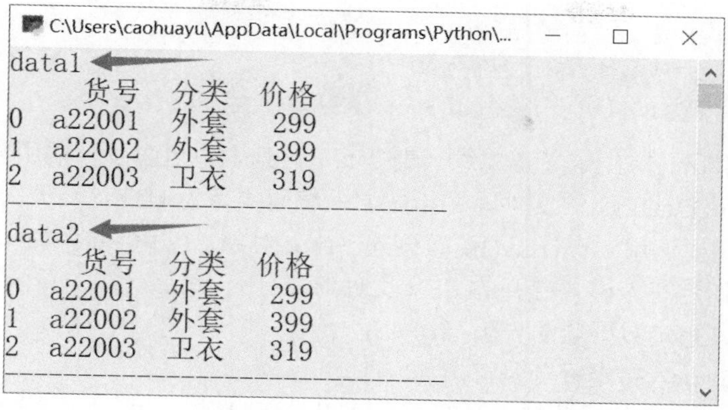

```
C:\Users\caohuayu\AppData\Local\Programs\Python\...
data1
       货号   分类   价格
0  a22001   外套   299
1  a22002   外套   399
2  a22003   卫衣   319
------------------------------
data2
       货号   分类   价格
0  a22001   外套   299
1  a22002   外套   399
2  a22003   卫衣   319
------------------------------
```

图 9-14

一一问答

一一问：pandas 可以读写.xls 格式的 Excel 文件吗？

答: pandas 在读写 Excel 文件时会判断文件格式，然后使用 xlrd 和 xlwt 模块读写.xls 文件，使用 openpyxl 模块读写.xlsx 文件。不过，pandas 未来可能不再支持.xls 格式，所以在工作中我们还是应该尽量使用.xlsx 格式的 Excel 文件。

9.5　csv 模块读写 CSV 数据

CSV 虽然名为逗号分隔值（Comma-Separated Values），但我们也可以使用其他字符分隔数据，如制表符（\t）等。

Python 中的 csv 模块可以用于读写 CSV 数据，其中，写入 CSV 文件需要使用 writer 对象，在下面的代码中，我们将列表的二维数据写到了 D:\data1.csv 文件中。

```
import csv

data = [["a22001","外套",299], \
    ["a22002","外套",399], \
    ["a22003","卫衣",319]]

#写入文件
with open(r"D:\data1.csv","w", encoding="UTF-8") as f :
    wt = csv.writer(f, delimiter=",", lineterminator="\n",  \
        quotechar='"', quoting=csv.QUOTE_ALL)
```

```
    wt.writerows(data)
#
print("OK")
```

在本示例中，我们首先定义了二维列表 data，该列表中包含了一些服装数据，然后通过写模式（w）打开 D:\data1.csv 文件，并指定文件编码类型为 UTF-8。

接下来我们需要调用 csv.writer()函数创建 writer 对象，常用参数如下。

- csvfile，指定写入模式打开的 CSV 文件对象。
- delimiter，指定数据项的分隔符，如逗号（,）、制表符（\t）等。
- lineterminator，指定行分隔符，如"\n"。
- quotechar，指定数据项的定义符，如双引号（"）。
- quoting，指定使用定义符的数据类型，在本示例中使用 csv.QUOTE_ALL 变量表示所有数据都使用定义符。

最后，我们使用 writer 对象（wt）的 writerows()方法将 data 中的数据写入 CSV 文件中，成功执行后会显示 OK。本示例写入 D:\data1.csv 文件的原始内容可以通过 Windows 操作系统的“记事本”程序来查看，如图 9-15 所示。

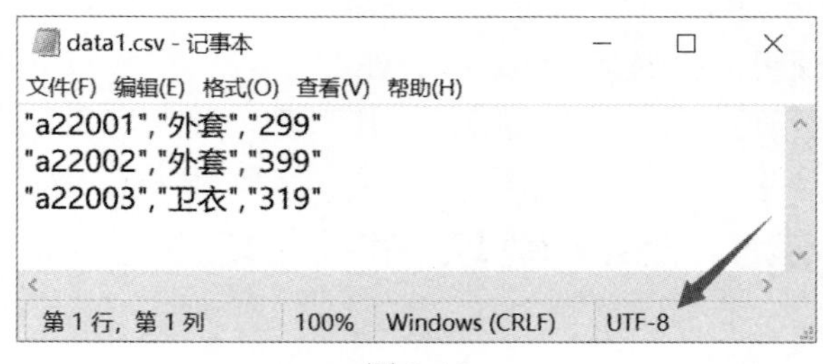

图 9-15

需要读取 CSV 文件全部内容时，我们可以调用 csv.reader()函数，它会返回一个 reader 对象，代码如下所示。

```
import csv

with open(r"D:\data1.csv", encoding="UTF-8") as f :
    rd = csv.reader(f, delimiter=",")
    for row in rd :
        print(row)
```

上述代码首先通过调用 open()函数打开了 CSV 文件，并指定文件编码为 UTF-8，然后调用 csv 模块的 reader()函数创建 reader 对象 rd，其中，第一个参数指定打开的文件对象，参数 delimiter 指定数据的分隔符，在本示例中指定为英文逗号，与写入 CSV 数据时相同。代码执行结果如图 9-16 所示。

```
C:\Windows\system32\cmd.exe
['a22001', '外套', '299']
['a22002', '外套', '399']
['a22003', '卫衣', '319']
```

图 9-16

在实际应用中，我们还可以使用字典对象定义行数据，此时，字典元素的键为列标题，元素的值保存为数据。下面的代码使用 csv.DictWriter 类将字典数据写入了 CSV 文件。

```
import csv

data = [{"货号":"a22001","分类":"外套","价格":299}, \
    {"货号":"a22002","分类":"外套","价格":399}, \
    {"货号":"a22003","分类":"卫衣","价格":319}]

#写入文件
with open(r"D:\data2.csv","w", encoding="UTF-8") as f :
    wt = csv.DictWriter(f, delimiter=",", lineterminator="\n", \
        quotechar='"', quoting=csv.QUOTE_ALL, \
        fieldnames=["货号","分类","价格"])
    wt.writeheader()
    wt.writerows(data)
#
print("OK")
```

写入 CSV 文件的内容如图 9-17 所示。

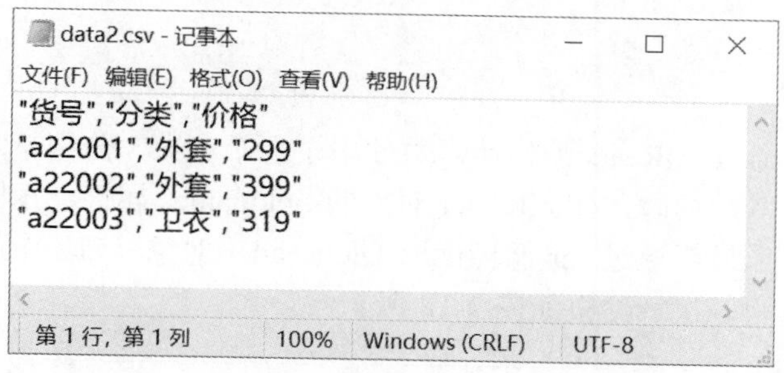

图 9-17

在本示例中，我们首先使用列表定义了数据结构，其中的每一行都是字典对象，包含了数据名称和值。然后调用 open()函数打开准备写入的 CSV 文件，指定文件编码为 UTF-8，并返回为文件对象 f。

接下来我们需要调用 csv.DictWriter 类的构造函数创建 wt 对象，常用参数如下。

- f，指定准备写入的文件对象。
- delimiter，指定数据分隔符，在本示例中使用逗号。
- lineterminator，指定行分隔字符，在本示例中使用换行符（\n）。
- quotechar，指定数据项定义符，在本示例中使用双引号（"）。
- quoting，指定使用定义符的数据类型，在本示例中使用 csv.QUOTE_ALL 变量表示所有数据都使用定义符。
- fieldnames，指定列标题，要求与字典对象的键对应。

通过 csv.DictWriter 对象写入 CSV 文件时，我们使用了以下方法。

- writeheader()方法，写入标题行，由构造函数的 fieldnames 参数指定。
- writerows()方法，将所有数据行写入 CSV 文件。如果只需要写入一行数据，可以使用 writerow()方法。

下面的代码通过 DictReader 对象从 D:\data2.csv 文件中读取了内容。

```
import csv

# 读取 CSV 文件
data = []
fldname = []
with open(r'D:\data2.csv', encoding="UTF-8") as f :
    rd = csv.DictReader(f, delimiter=",")
    fldname = rd.fieldnames
    for row in rd :
        data.append(row)
#
print(fldname)
for row in data :
    print(row)
```

在上述代码中，csv.DictReader()构造函数使用了两个参数，分别指定准备读取的文件对象和数据分隔符。读取数据时，DictReader 对象的 fieldnames 属性会返回列标题（第一行数据）组成的列表对象，最后通过 for 循环读取 DictReader 对象（rd）中的所有行，行数据会以字典对象的形式返回。执行结果如图 9-18 所示。

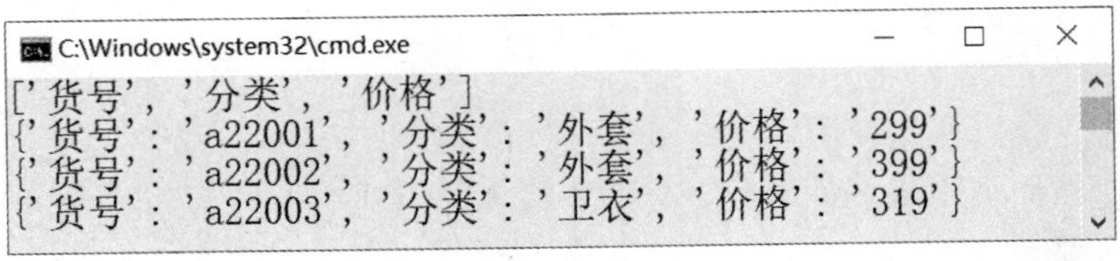

```
C:\Windows\system32\cmd.exe
['货号', '分类', '价格']
{'货号': 'a22001', '分类': '外套', '价格': '299'}
{'货号': 'a22002', '分类': '外套', '价格': '399'}
{'货号': 'a22003', '分类': '卫衣', '价格': '319'}
```

图 9-18

9.6 pandas 模块读写 CSV 数据

在 DataFrame 对象中，我们可以使用 to_csv()方法将数据写入 CSV 文件，常用的参数如下。

- path_or_buf，指定写入数据的文件。
- header，是否写入列索引，默认为 True。
- index，是否写入行索引，默认为 True。
- quoting，设置为 1 时，数据项会使用双引号定义。
- encoding，设置文件的编码标准，如 UTF-8。

下面的代码演示了 to_csv()方法的应用。

```
import pandas as pd

data = [["a22001","外套",299], \
    ["a22002","外套",399], \
    ["a22003","卫衣",319]]

df = pd.DataFrame(data,columns=["货号","分类","价格"])
path = r"D:\data3.csv"
df.to_csv(path, quoting=1, encoding="UTF-8")
print("OK")
```

我们可以使用 Windows 操作系统自带的“记事本”程序查看写入的内容，如图 9-19 所示。如果不设置 quoting 参数，输出内容如图 9-20 所示。

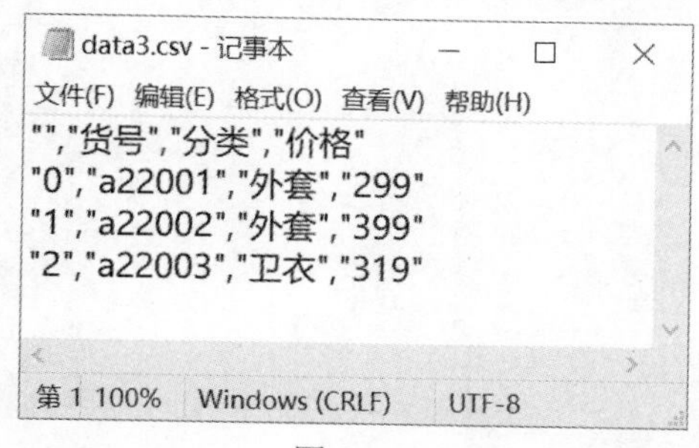

图 9-19

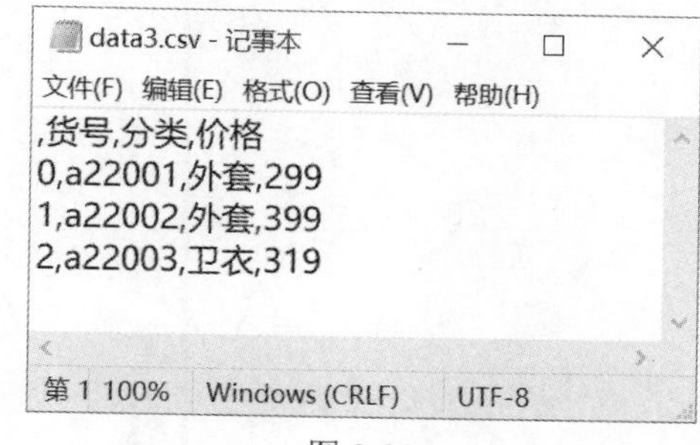

图 9-20

通过调用 pandas 模块的 read_csv()函数，我们可以读取 CSV 文件，常用参数如下。

- filepath 参数，指定 CSV 文件路径。
- header 参数，指定作为 DataFrame 对象列索引的行，0 表示第一行作为列索引，没有列索引时设置为 None 值。

- index_col 参数，指定作为 DataFrame 对象行索引的列，0 表示第一列作为行索引，没有行索引时设置为 None 值。
- encoding 参数，设置文件的编码类型。

下面的代码读取了前面示例中导出的 CSV 文件内容。

```
import pandas as pd

pd.set_option('display.unicode.east_asian_width', True)

path = r"D:\data3.csv"
df = pd.read_csv(path, header=0, index_col=0, encoding="UTF-8")
print(df)
```

读取的 CSV 数据返回为 DataFrame 对象，执行结果如图 9-21 所示。

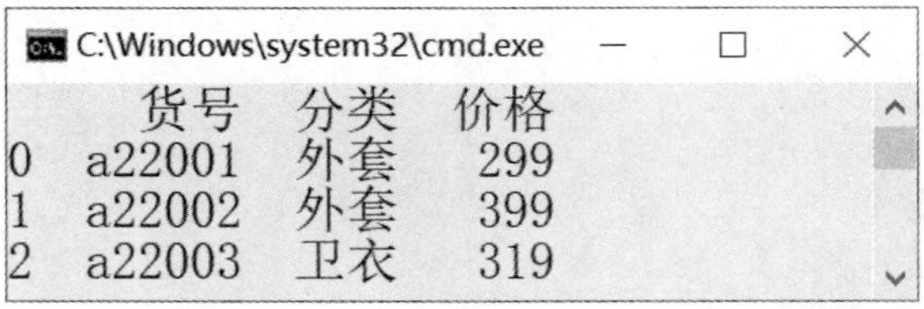

```
C:\Windows\system32\cmd.exe
     货号    分类  价格
0  a22001  外套   299
1  a22002  外套   399
2  a22003  卫衣   319
```

图 9-21

第 10 章　强大的数据仓库——SQLite 数据库

SQLite 是一款开源数据库，内置于 Python、iOS、Android、PHP 等环境。SQLite 和 MySQL 都属于关系型数据库，其最主要的特征就是以二维表形式管理数据。

一一问答

一一问：二维表？是像 Excel 表单那样的数据结构吗？

答：是的，Excel 表单就是典型的二维表结构，如图 10-1 所示的服装信息。

记录ID	货号	分类	价格
1	a22001	外套	299
2	a22002	外套	399
3	a22003	卫衣	319
4	a22011	卫衣	259
5	b22001	外套	359
6	b22002	连衣裙	159
7	b22003	连衣裙	269
8	b22011	连衣裙	319
9	b22090	连衣裙	499

图 10-1

操作关系型数据库时，我们可以使用 SQL（结构化查询语言）。就像使用汉语进行交流一样，虽然一些地区可能存在方言，但总体交流不会有太大问题，SQL 也一样，它有一系列的标准，虽然不同的数据库在实现上会有一些区别，但基本的操作相似，如 SQLite 和 MySQL 数据库的 SQL 语法就非常接近。

10.1　使用 DB Browser for SQLite

在学习 SQL 时，通过使用图形化工具我们可以更加直观地展示执行结果。我们可以通过使用 DB Browser for SQLite（简称 DB Browser）操作 SQLite 数据库。图 10-2 显示了 DB Browser 的一些常用操作。

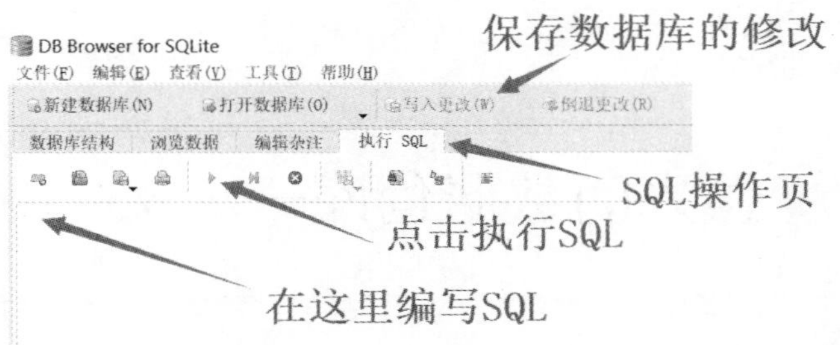

图 10-2

在 DB Browser 中，我们可以通过点击菜单栏的“新建数据库”命令来创建新的数据库文件，并根据实际需要指定数据库文件的保存位置。在“执行 SQL”操作选项卡中，我们可以输入 SQL 语句，并通过按下 F5 功能键或点击菜单栏中的执行按钮执行 SQL。执行更改数据或数据库结构操作后，我们可以通过点击菜单栏中的“写入更改”命令完成保存。

10.2　数据类型

和 Excel、Python 等开发环境相似，数据库也支持不同的数据类型，SQLite 数据库支持的基本数据类型如下。

- Integer，整型，用于处理不包含小数部分的数据。
- real，浮点数类型，用于处理可以包含小数部分的数据。
- text，文本类型。
- blob，二进制数据类型。
- null，空值，表示没有数据。

其中，文本（text）和二进制（blob）数据需要使用一对单引号定义，如'牛仔裤'。整数（integer）、浮点数（real）和 null 可以直接书写，如 1、1.23、null。

10.3　数据表

数据表（table）是管理数据的基本单元，本节将介绍 SQLite 数据表的创建、删除、修改、索引，以及如何从 sqlite_master 系统表读取数据库对象信息等。

10.3.1　创建表

在关系型数据库中，二维表的列也称为“字段（field）”，每个字段会处理含义相同的数据，同时还需要指定字段名、数据类型等属性。

创建数据表时需要使用 create table 语句，代码如下。

```
create table 表名 (字段定义);
```

其中，“字段定义”中可以输入一个或多个字段，输入多个字段时需要使用逗号（,）分隔，如下面的代码创建了“服装”表，定义的字段有“记录 ID”“货号”“分类”和“价格”。

```
create table `服装` (
`记录 ID` integer not null primary key,
`货号` text not null unique,
`分类` text not null,
`价格` real check(`价格`>=0) default 0
);
```

请注意，代码中的数据库对象名称，如表名“服装”，字段名“记录 ID”“货号”“分类”和“价格”都需要使用一对反单引号（`）定义。

一一问答

一一问：怎么输入反单引号？

答：我们常用的键盘是“美式”布局，反单引号在制表键（Tab）的上方，数字 1 的左侧。在“英式”布局的键盘上，反单引号在左 Shift 键和字母 Z 之间。

一一问：能解释一下“服装”表中定义的字段吗？

答：可以，“服装”表的字段定义如下。

“记录 ID”字段被定义为 integer 类型，并使用 primary key 关键字将其定义为自增长（autoincrement）字段，表示字段数据默认从 1 开始，每次加 1，即添加第一条记录时字段数据为 1，每增加一条记录，字段数据会自动加 1。not null 关键字表示字段数据不能为空值（null）。

“货号”字段被定义为文本类型（text），同样使用 not null 关键字指定数据不能为空，unique（唯一约束）关键字指定每条记录的“货号”数据不能重复。

“分类”字段被定义为文本类型（text），数据不能为空值。

“价格”字段被定义为浮点型（real），check()函数指定“价格”数据只能大于或等于 0。“default 0”指定默认数据为 0，表示在“服装”表中添加数据时，如果不指定“价格”数据，默认值就是 0。如果没有使用 default 关键字指定默认值，那么字段的默认值为空值（null）。

一一问：很多资料上的 SQL 语句都是大写英文字母，这里为什么是小写英文字母？

答：SQL 语句的关键字是不区分英文字母大小写的。在英文中，单词大写会突出其特殊性和重要性，而 SQL 语句关键字大写只是一种习惯，但一般小写单词更易于阅读。

——问：唯一约束的字段是说字段的数据是唯一的、不能重复的吗？
答：是的，使用 unique 关键字将字段定义为唯一约束字段，这样字段的数据就不能重复。

——问：那么“主键”的含义是什么呢？
答：定义为“主键（PK, Primary Key）”的字段，其数据同样是不能重复的，它与“唯一约束”的区别在于，唯一约束是字段属性，表中可以定义多个“唯一约束”字段。表的“主键”可以定义一个字段，也可以定义为多个字段的组合，但一个表中只能定义一个主键。当主键定义为多个字段时，这些字段数据的组合是不能重复的。

10.3.2 表的关联——主键、唯一约束和外键

在关系型数据库中，数据以二维表的形式存在，那么进行表的关联有什么作用呢？比如，“客户”信息存放在一个表，“销售”数据存放在另一个表，由于一名客户可以购买多件商品，因此在查询完整的客户信息和消费记录时，我们就需要关联“客户”和“销售”数据。那么应该如何关联多个表的数据呢？

首先，我们使用下面的代码创建“客户”表和“销售”表。

```
create table 客户 (
客户代码 text not null primary key,
昵称 text
);

create table 销售 (
销售ID integer not null primary key,
客户代码 text,
货号 text,
销售价格 real,
销售年 integer,
销售月 integer,
销售日 integer,
foreign key(客户代码) references 客户(客户代码),
foreign key(货号) references 服装(货号)
);
```

“客户”表包含两个字段，分别是“客户代码”和“昵称”，都被定义为文本类型（text），并将“客户代码”设置为主键。

“销售”表包含的字段如下。

- “销售 ID”字段被定义为整型，并通过使用 primary key 关键字将其定义为自增长字段。
- “客户代码”字段被定义为文本类型，并通过外键（FK，Foreign Key）引用了“客户”表的“客户代码”字段。
- “货号”字段被定义为文本类型，并通过外键引用了“服装”表的“货号”字段。
- “销售价格”被定义为浮点型（real），用于保存实际销售价格。
- 销售日期中的年、月、日分别使用“销售年”“销售月”“销售日”字段保存，它们都被定义为整型。

一一问答

一一问：代码中的表名和字段名为什么没有使用反单引号？

答：SQLite 支持 Unicode 字符，因此我们可以直接使用 Unicode 字符作为对象名。需要注意，如果对象名中包含空格等会使语句产生歧义的字符，就应该使用反单引号定义对象名。

一一问：foreign key 关键字的功能是什么？

答：foreign key 关键字可以用于定义外键字段，我们需要在关键字后的括号中指定本表的“外键”字段，然后使用 references 关键字指定引用的表和字段。定义外键后，外键字段的数据就必须是引用表和字段中已存在的数据，如“销售”表“客户代码”字段的数据就必须是“客户”表“客户代码”中已存在的数据。此外，定义外键时，我们也可以直接在字段定义时使用 references 关键字指定引用的表和字段，代码如下所示。

```
客户代码 text references 客户(客户代码)
```

一一问：销售日期的年、月、日为什么要分别保存？

答：SQLite 数据库的基本数据类型中并不包含日期和时间类型，因此只能通过文本或数值类型保存日期和时间数据。使用整型分别保存年、月、日是一种解决方案，稍后我们还会讨论相关主题。

一一问：“销售”表中的“货号”引用的是“服装”表的“货号”字段，这么说外键字段可引用主键字段，也可以引用唯一约束字段，是这样的吗？

答：是的。外键的功能就是通过引用另外一个表中的字段建立两表之间的联系，这样我们就可以在二维表的基础上创建更加复杂的数据结构了，如“一对多”的关系。

一一问：“一对多”是什么样的结构呢？

答：“一对多”就像“客户”表与“销售”表之间的关系，客户表的“客户代码”是唯一的，也就是“一对多”中的“一”，“销售”表可以保存一名客户的多个购买记录，即“客户代码”可以重复出现多次，它就是“一对多”中的“多”，这样就形成了客户与购买商品之间的“一对多”关系。如图 10-3 所示。

客户

客户代码	昵称
c0001	张三
c0002	Maria
c0003	李四
c0004	刘兰
c0005	胖妞

服装

记录ID	货号	分类	价格
1	a22001	外套	299
2	a22002	外套	399
3	a22003	卫衣	319
4	a22011	卫衣	259
5	b22001	外套	359
6	b22002	连衣裙	159
7	b22003	连衣裙	269
8	b22011	连衣裙	319
9	b22090	连衣裙	499

销售

销售ID	客户代码	货号	销售价格	销售年	销售月	销售日
1	c0001	a22001	299	2022	6	26
2	c0001	a22002	399	2022	6	26
3	c0001	a22003	319	2022	6	26
4	c0001	b22001	159	2022	7	3
5	c0002	a22003	319	2022	7	1
6	c0002	b22003	269	2022	7	5
7	c0003	b22001	159	2022	6	25
8	c0003	a22002	399	2022	7	10

图 10-3

实际上，“服装”和“销售”通过“货号”字段也形成了“一对多”的关系，而“客户”和“服装”则构成了“多对多”的关系，即一名客户可以购买多种服装，一种服装也可以由多名客户购买，这种“多对多”的关系是在“销售”表中通过“客户代码”和“货号”体现的。

10.3.3　添加字段

一一问答

一一问：我们可以在“服装”表中添加库存情况吗？

答：可以通过使用 alter table 语句和 add column 子句添加库存情况，代码如下。

```
alter table 表名 add column 字段定义
```

需要注意的是，SQLite 数据库的 alter table 语句只支持字段添加功能，而且一次只能添加一个字段。此外，column 关键字为可选项。

下面的代码在“服装”表中添加了“库存 S”“库存 M”和“库存 L”字段，字段类型定义为整数（integer），默认值为 0。

```
alter table `服装` add column `库存S` integer default 0;
alter table `服装` add column `库存M` integer default 0;
alter table `服装` add column `库存L` integer default 0;
```

一一问答

一一问：为什么要添加 3 个库存字段？

答：3 个字段分别保存了小号（S）、中号（M）和大号（L）的库存数量。实际应用中，我们也可以根据需要使用不同的数据管理方案。

10.3.4 删除表

删除数据表时需要使用 drop table 语句，代码如下。

```
drop table 表名;
```

使用下面的代码可以删除“客户”表（不必真的执行，有谁会想要弄丢客户信息呢？）。

```
drop table `客户`;
```

此外，删除数据表时应注意，假如 A 表的“外键”字段引用了 B 表数据，那么应该先删除 A 表，再删除 B 表。比如，需要删除示例中的数据表时，应该先删除“销售”表，然后再删除“客户”表和“服装”表。

10.3.5 sqlite_master 系统表

sqlite_master 是 SQLite 数据库的系统表，我们可以通过以下字段读取数据库对象信息。

- type，数据库对象类型，如 table（表格）、index（索引）、view（视图）等。
- name，数据库对象的名称。
- tbl_name，表名，如果 type 为 table，则其内容与 name 字段的数据相同。
- sql，生成对象的 SQL 语句。

通过下面的语句，我们可以查看 sqlite_master 表的所有信息。

```
select * from sqlite_master
```

查询结果如图 10-4 所示，统计表包括数据表（table）和索引（index）信息。

	type	name	tbl_name	rootpage	sql
1	table	服装	服装	2	CREATE TABLE `服装` (…
2	index	sqlite_autoindex_服装_1	服装	3	NULL
3	table	客户	客户	4	CREATE TABLE 客户 (…
4	index	sqlite_autoindex_客户_1	客户	6	NULL
5	table	销售	销售	5	CREATE TABLE 销售 (…

图 10-4

一一问答

一一问：什么是索引？

答：对字段添加索引（index）可以提高数据检索的效率。被定义为主键或唯一约束的字段会自动添加索引，我们也可以根据需要对指定的字段添加索引，下面介绍相关操作。

10.3.6　索引

创建索引时需要使用 create index 语句，代码如下所示。

```
create index 索引名称 on 表(字段)
```

下面的代码会对“销售”表的“客户代码”字段创建索引。

```
create index `idx_销售_客户代码` on `销售`(`客户代码`);
```

创建索引后，我们可以通过 sqlite_master 表查询索引信息，代码如下所示。

```
select * from sqlite_master where name='idx_销售_客户代码';
```

删除索引时需要使用 drop index 语句，代码如下所示。

```
drop index `idx_销售_客户代码`;
```

10.4　导入 CSV 数据

随书资源/csv/10 目录中的“服装.csv”“客户.csv”和“销售.csv”文件分别包含了“服装”“客户”和“销售”表的演示数据。在 DB Browser 中，我们可以通过点击菜单栏“文件”→“导入”→“从 CSV 文件导入表”命令打开导入对话框，设置参数后导入，图 10-5 显示了导入“客户”表数据的操作。

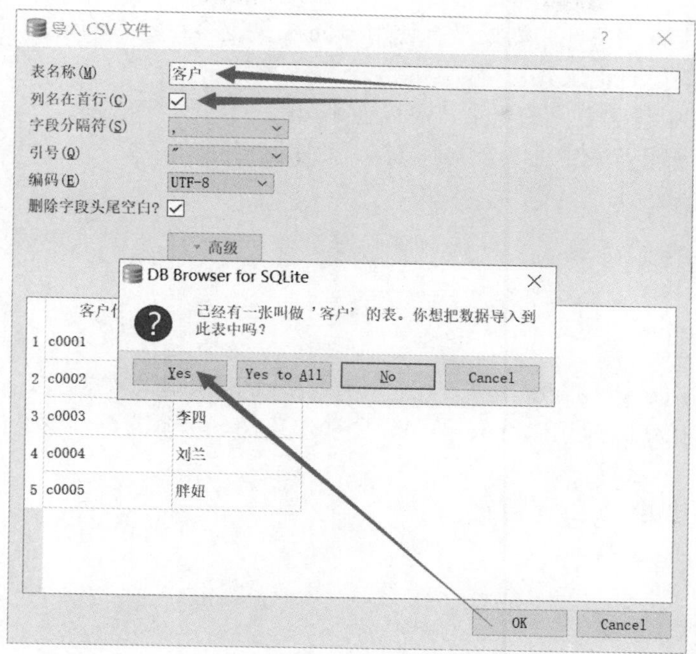

图 10-5

10.5 查询与视图

导入数据后，我们首先需要了解如何使用 select 语句查询数据，基本应用格式如图 10-6 所示。

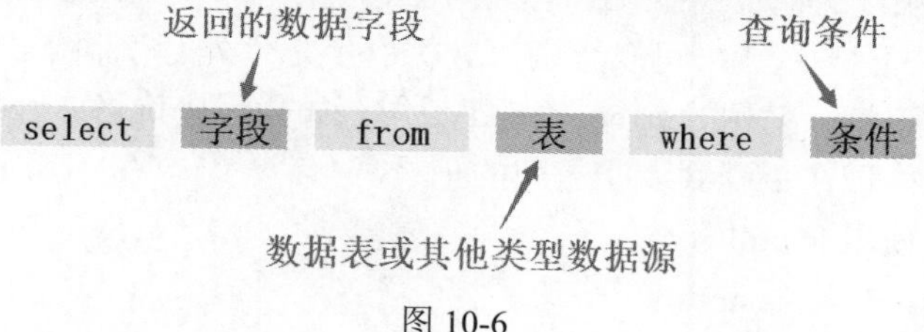

图 10-6

其中，select、from 和 where 是关键字，其他要素如下。

- 字段，指定返回哪些字段的数据，多个字段名之间使用逗号分隔，需要返回所有字段的数据时可以使用星号（*）。如果字段名包含空格等特殊字符，应使用反单引号（`）定义。
- 表，指定查询数据的表或其他数据源，如视图（view），另一个 select 语句的查询结果等。

- 条件，指定查询条件。如果没有使用 where 关键字指定查询条件，那么查询结果将包含表中的所有记录。

如果查询结果中包含重复的记录，可以使用 distinct 关键字进行过滤，下面的代码查询了“服装”表中的“分类”数据，且使得相同的分类只显示一次。查询结果如图 10-7 所示。

分类
外套
卫衣
连衣裙

图 10-7

```
select distinct 分类 from 服装
```

10.5.1 查询条件

无论是使用 select 语句查询数据，还是使用 delete 语句删除数据，或者是使用 update 语句修改数据，我们都可以使用 where 子句设置操作条件。基本的查询条件如下。

- 等于，使用=运算符。
- 不等于，使用<>或!=运算符。
- 小于，使用<运算符。
- 小于等于，使用<=运算符。
- 大于，使用>运算符。
- 大于等于，使用>=运算符。
- 模糊查询，使用 like 运算符，一般用于文本查询。可以使用百分号（%）匹配零个或多个字符，如代码“分类 like '%衣%'”可以查询“分类”中包含“衣”字的记录。使用下画线（_）可以匹配一个字符，如代码“分类 like '_衣'”可以查询“分类”包含两个字，并且第二字是“衣”字的记录。
- 按值查询，使用 in 运算符，如代码“分类 in ('外套','卫衣')”可以查询“分类”是“外套”或“卫衣”的记录。如果指定不包含的值，可以使用 not in 运算符，如代码“分类 not in ('外套','卫衣')”可以查询“分类”不是“外套”和“卫衣”的记录。
- 按数据范围查询，使用 between…and 子句，如代码“价格 between 199 and 399”可以查询“价格”在 199 到 399 之间的记录。
- 空值查询，使用 is null 子句。
- 非空值查询，使用 is not null 子句。
- 按正则表达式模式查询，使用 regexp()函数。

和 Python 编程一样，除了基本的查询条件以外，我们还可以使用 and 和 or 关键字指定多个条件的逻辑关系，使用 not 关键字取相反的条件。下面的代码查询了“分类”是“外套”，并且价格在 199 到 299 之间的服装信息。

```
select * from 服装
where 分类='外套' and 价格 between 199 and 299;
```

查询结果如图 10-8 所示。

记录ID	货号	分类	价格	库存S	库存M	库存L
1	a22001	外套	299	0	0	0

图 10-8

一问一答

一问：如果查询条件比较多，看起来会不会有点乱，不太容易阅读呢？比如，前面的语句中有两个 and 关键字。

答：的确是这样的。当查询中包含多个条件时，我们可以使用圆括号组织，这样结构会更加清晰，相对于只依靠运算符的优先级也会更安全，代码如下所示。

```
select * from 服装
where (分类='外套') and (价格 between 199 and 299);
```

下面的代码查询了"分类"中包含"衣"字的"服装"记录。

```
select * from 服装 where 分类 like '%衣%';
```

查询结果如图 10-9 所示。

下面的代码演示了下画线（_）匹配符的使用，可以查询"服装"表"分类"中有两个字，并且第二个字是"衣"字的记录。

```
select * from 服装 where 分类 like '_衣';
```

查询结果如图 10-10 所示。

记录ID	货号	分类	价格	库存S	库存M	库存L
3	a22003	卫衣	319	0	0	0
4	a22011	卫衣	259	0	0	0
6	b22002	连衣裙	159	0	0	0
7	b22003	连衣裙	269	0	0	0
8	b22011	连衣裙	319	0	0	0
9	b22090	连衣裙	499	0	0	0

图 10-9

记录ID	货号	分类	价格	库存S	库存M	库存L
3	a22003	卫衣	319	0	0	0
4	a22011	卫衣	259	0	0	0

图 10-10

通过 in 运算符我们可以按指定的数据查询记录，下面的代码查询了"服装"表中"分类"是"外套"或"卫衣"的记录。

```
select * from 服装 where 分类 in ('外套','卫衣')
```

查询结果如图 10-11 所示。

记录ID	货号	分类	价格	库存S	库存M	库存L
1	a22001	外套	299	0	0	0
2	a22002	外套	399	0	0	0
3	a22003	卫衣	319	0	0	0
4	a22011	卫衣	259	0	0	0
5	b22001	外套	359	0	0	0

图 10-11

下面的代码演示了 not in 运算符的应用，使用该运算符可以查询“分类”中不是“外套”和“卫衣”的服装记录。

```
select * from 服装 where 分类 not in ('外套','卫衣')
```

查询结果如图 10-12 所示。

在 regexp()函数中，我们可以使用正则表达式的模式（pattern）指定查询条件，下面的代码查询了“服装”表中“分类”以“衣”字结束的记录。

```
select * from 服装 where 分类 regexp('衣$');
```

查询结果如图 10-13 所示。

记录ID	货号	分类	价格	库存S	库存M	库存L
6	b22002	连衣裙	159	0	0	0
7	b22003	连衣裙	269	0	0	0
8	b22011	连衣裙	319	0	0	0
9	b22090	连衣裙	499	0	0	0

图 10-12

记录ID	货号	分类	价格	库存S	库存M	库存L
3	a22003	卫衣	319	0	0	0
4	a22011	卫衣	259	0	0	0

图 10-13

在本示例中，使用“分类 like '%衣'”条件，我们可以得到相同的查询结果。此外，第 15 章还会介绍更多关于正则表达式的应用。

10.5.2　排序

在数据库中，查询结果默认会按主键、唯一约束或索引字段升序排列，如果需要指定排序规则，那么我们可以在 select 语句中使用 order by 子句，应用格式如下。

```
order by <字段 1> [asc | desc], <字段 1> [asc | desc] …
```

在 order by 子句中，默认按字段数据升序（asc）排列，降序排列时需要添加 desc 关键字。下面的代码按“服装”的“价格”进行了降序排列。

```
select 记录 ID,货号,分类,价格 from 服装 order by 价格 desc;
```

查询结果如图 10-14 所示。

当多个字段排序时，将首先按第一个字段排序，数据相同时再按第二个字段排序，依此类推。在下面的代码中，我们在“服装”表中首先按“分类”升序排列（默认排序方式），如果“分类”相同，再按“价格”降序排列（使用 desc 关键字）。

```
select 记录ID, 货号, 分类, 价格 from 服装 order by 分类, 价格 desc;
```

查询结果如图 10-15 所示。

记录ID	货号	分类	价格
9	b22090	连衣裙	499
2	a22002	外套	399
5	b22001	外套	359
3	a22003	卫衣	319
8	b22011	连衣裙	319
1	a22001	外套	299
7	b22003	连衣裙	269
4	a22011	卫衣	259
6	b22002	连衣裙	159

图 10-14

记录ID	货号	分类	价格
3	a22003	卫衣	319
4	a22011	卫衣	259
2	a22002	外套	399
5	b22001	外套	359
1	a22001	外套	299
9	b22090	连衣裙	499
8	b22011	连衣裙	319
7	b22003	连衣裙	269
6	b22002	连衣裙	159

图 10-15

一一问答

一一问：示例中的“分类”排序怎么看起来怪怪的，好像不是按拼音排序的？

答：的确是这样的。示例中的“分类”是按文本 Unicode 编码排序的，并不是按拼音排序。第 11 章会介绍如何通过 Python 扩展 SQLite 数据库按拼音排序的功能。

需要同时指定查询条件和排序规则时，排序规则应在查询条件之后，下面的代码按“连衣裙”的“价格”进行了降序排列。

```
select 记录ID, 货号, 分类, 价格 from 服装
where 分类='连衣裙'
order by 价格 desc;
```

查询结果如图 10-16 所示。

记录ID	货号	分类	价格
9	b22090	连衣裙	499
8	b22011	连衣裙	319
7	b22003	连衣裙	269
6	b22002	连衣裙	159

图 10-16

10.5.3　分组与统计

关系型数据库内置了一些标准的统计函数，如下所示。

- count()函数，计算频数，即满足条件的记录数量。
- avg()函数，计算字段数据的均值。
- min()函数，返回字段数据的最小值。
- max()函数，返回字段数据的最大值。
- sum()函数，计算字段数据的和。

下面的代码统计了“销售”表中的记录数量和“销售价格”均值。

```
select count(*) as `销售记录_数量`, avg(销售价格) as `销售价格_均值`
from 销售;
```

在本示例中，count()函数可以使用*参数，也可以使用字段名作为参数，如“销售价格”。avg()函数用于计算均值，参数指定了计算数据的字段名。在查询结果中，两个计算字段都使用 as 关键字指定了别名。查询结果如图 10-17 所示。

我们经常会分组统计销售数据，比如按“货号”统计、按“客户代码”统计等。下面的代码可以统计不同客户的消费金额。

```
select 客户代码, sum(销售价格) as `销售价格_小计` from 销售
group by 客户代码;
```

在本示例中，select 语句使用了 group by 子句指定数据按“客户代码”分组，并通过 sum()函数计算“销售价格”合计。在查询结果中，“客户代码”是原始字段，“销售价格_小计”是计算字段，同时我们使用 as 关键字指定了别名。查询结果如图 10-18 所示。

销售记录_数量	销售价格_均值
8	290.25

图 10-17

客户代码	销售价格_小计
c0001	1176
c0002	588
c0003	558

图 10-18

指定分组统计的查询条件时应使用 having 子句，下面的代码将返回消费合计小于 1000 元的记录。

```
select 客户代码, sum(销售价格) as `销售价格_小计` from 销售
group by 客户代码 having `销售价格_小计` < 1000;
```

查询结果如图 10-19 所示。

我们也可以使用 order by 子句对分组统计结果进行排序，代码如下所示。

```
select 客户代码, sum(销售价格) as `销售价格_小计` from 销售
group by 客户代码 order by `销售价格_小计`
```

在本示例中，我们按"销售价格_小计"数据升序排列，查询结果如图 10-20 所示。

客户代码	销售价格_小计
c0002	588
c0003	558

图 10-19

客户代码	销售价格_小计
c0003	558
c0002	588
c0001	1176

图 10-20

10.5.4 连接

通过连接（join）查询，我们可以关联多个数据表，下面的代码通过"客户代码"字段连接了"客户"和"销售"表。

```
select C.昵称, S.*
from 客户 as C join 销售 as S on C.客户代码=S.客户代码;
```

查询结果如图 10-21 所示。

C.昵称　　S.*

昵称	销售ID	客户代码	货号	销售价格	销售年	销售月	销售日
张三	1	c0001	a22001	299	2022	6	26
张三	2	c0001	a22002	399	2022	6	26
张三	3	c0001	a22003	319	2022	6	26
张三	4	c0001	b22001	159	2022	7	3
Maria	5	c0002	a22003	319	2022	7	1
Maria	6	c0002	b22003	269	2022	7	5
李四	7	c0003	b22001	159	2022	6	25
李四	8	c0003	a22002	399	2022	7	10

图 10-21

一一问答

一一问：select 语句是如何将"客户"表和"销售"表连接的呢？

答：可以单独看 join…on 子句部分，如图 10-22 所示。

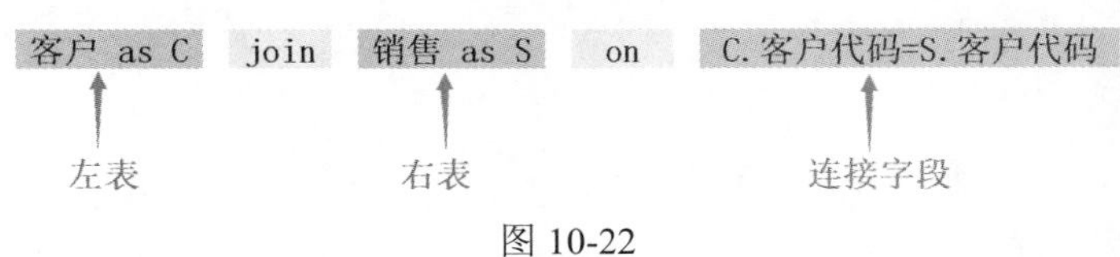

图 10-22

join 关键字的左侧称为“左表”，在本示例中使用“客户”表，设置别名为 C；join 关键字的右侧称为“右表”，在本示例中使用“销售”表，设置别名为 S。on 关键字后指定“左表”和“右表”的关联字段，这里使用表的别名引用字段，通过“客户”和“销售”表的“客户代码”字段进行关联。在实际应用中，如果关联字段的名称相同，也可以使用 using 语句指定字段名，代码如下所示。

```
客户 as C join 销售 as S using(客户代码)
```

——问：DataFrame 对象的连接操作有多种方式，SQLite 是不是也一样呢？

答：是的，下面介绍具体的操作。

连接操作默认使用内联（inner）方式，查询结果包含关联数据在“左表”和“右表”都存在的记录。如示例中只显示了客户“c0001”“c0002”和“c0003”的消费记录，而没有显示客户“c0004”和“c0005”的信息。

查询结果需要包含“左表”所有记录时，可以在 join 前添加 left 关键字，即实现“左连接”，代码如下所示。

```
select C.昵称, S.*
from 客户 as C left join 销售 as S on C.客户代码=S.客户代码;
```

查询结果如图 10-23 所示。可以看到客户“刘兰”和“胖妞”在“销售”表中没有消费记录，相关数据为 null 值。

昵称	销售ID	客户代码	货号	销售价格	销售年	销售月	销售日
张三	1	c0001	a22001	299	2022	6	26
张三	2	c0001	a22002	399	2022	6	26
张三	3	c0001	a22003	319	2022	6	26
张三	4	c0001	b22001	159	2022	7	3
Maria	5	c0002	a22003	319	2022	7	1
Maria	6	c0002	b22003	269	2022	7	5
李四	8	c0003	a22002	399	2022	7	10
李四	7	c0003	b22001	159	2022	6	25
刘兰	null	null	null	null	null	null	null
胖妞	null	null	null	null	null	null	null

没有消费记录

图 10-23

连接查询时也可以指定查询条件，下面的代码只查询了货号“a22002”的销售情况。

```
select C.昵称, S.*
from 客户 as C left join 销售 as S on C.客户代码=S.客户代码
where S.货号='a22002';
```

查询结果如图 10-24 所示。

昵称	销售ID	客户代码	货号	销售价格	销售年	销售月	销售日
张三	2	c0001	a22002	399	2022	6	26
李四	8	c0003	a22002	399	2022	7	10

图 10-24

交叉连接（cross join）会将“左表”和“右表”的所有记录逐一组合，如 t1 表有 2 条记录，t2 表有 3 条记录，那么交叉连接的结果就有 6 条记录（2*3）。下面的代码创建了 t1 和 t2 表，并分别添加 2 条和 3 条记录。

```
create table t1(f1 integer,f2 integer);
create table t2(f3 integer,f4 integer,f5 integer);
insert into t1(f1,f2) values(1,2),(3,4);
insert into t2(f3,f4,f5) values(101,102,103),(104,105,106),(107,108,109);
```

下面的代码对 t1 和 t2 表进行了交叉连接。

```
select * from t1 cross join t2;
```

查询结果如图 10-25 所示。

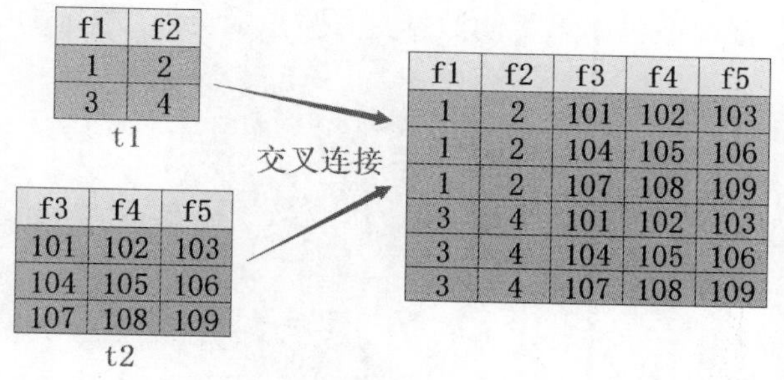

f1	f2
1	2
3	4

f3	f4	f5
101	102	103
104	105	106
107	108	109

f1	f2	f3	f4	f5
1	2	101	102	103
1	2	104	105	106
1	2	107	108	109
3	4	101	102	103
3	4	104	105	106
3	4	107	108	109

图 10-25

10.5.5 联合

为方便测试，我们可以先将随书资源的/csv/10/客户 A.csv 文件的数据导入 SQLite 数据库，同时点击 DB Browser 菜单“文件”→“导入”→“从 CSV 文件导入表”命令，打开“导入 CSV 文件”对话框，并按提示导入“客户 A”表，如图 10-26 所示。

导入 CSV 文件

表名称(M)：客户A

列名在首行(C)：☑

字段分隔符(S)：,

引号(Q)："

编码(E)：UTF-8

删除字段头尾空白?：☑

高级

	客户代码	昵称
1	c0001	张三
2	c0002	Maria
3	c0006	李兰兰
4	c0007	李一
5	c0008	胡丽

OK　Cancel

图 10-26

通过使用联合（union）功能，我们可以垂直合并多个查询结果。下面的代码联合了“客户”和“客户 A”表的数据。请注意，两个表中客户代码为“c0001”和“c0002”的客户信息是相同的。

```
select 客户代码,昵称 from 客户
union
select 客户代码,昵称 from 客户A;
```

查询结果如图 10-27 所示。

默认情况下，联合查询不包括重复的数据，需要显示全部数据时可以使用 union all 关键字，代码如下所示。

```
select 客户代码,昵称 from 客户
union all
select 客户代码,昵称 from 客户A;
```

查询结果如图 10-28 所示。

客户代码	昵称
c0001	张三
c0002	Maria
c0003	李四
c0004	刘兰
c0005	胖妞
c0006	李兰兰
c0007	李一
c0008	胡丽

图 10-27

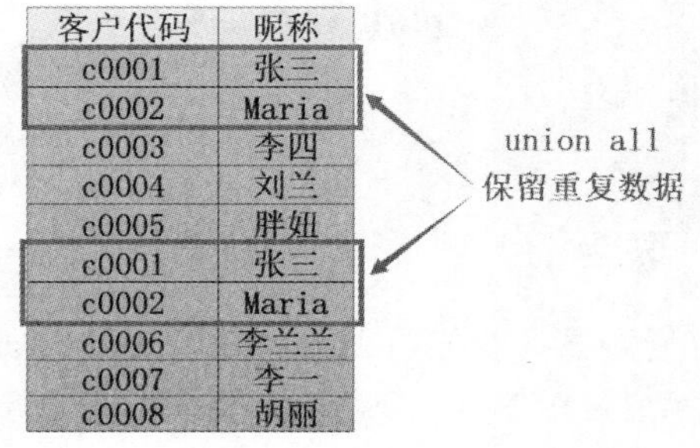

客户代码	昵称
c0001	张三
c0002	Maria
c0003	李四
c0004	刘兰
c0005	胖妞
c0001	张三
c0002	Maria
c0006	李兰兰
c0007	李一
c0008	胡丽

图 10-28

一一问答

一一问：如果两个查询结果的字段不同，那么联合操作会怎么处理呢？

答：如果两个查询的字段不同，那么联合查询结果的字段名和数据类型会使用第一个查询的定义。也就是说，如果“客户A”表与“客户”表字段定义不同，而“客户”表在 union 关键字的左侧，那么联合查询结果的字段会使用“客户”表的定义。

10.5.6 limit 和 offset 关键字

当不需要读取查询结果的全部数据时，我们可以在 select 语句中使用 limit 子句指定返回的记录数量，最简单的应用格式是“limit n”，其中 n 表示返回多少条记录。如下面的代码从“销售”表中返回了 3 条记录。

```
select * from 销售 limit 3;
```

查询结果如图 10-29 所示。

销售ID	客户代码	货号	销售价格	销售年	销售月	销售日
1	c0001	a22001	299	2022	6	26
2	c0001	a22002	399	2022	6	26
3	c0001	a22003	319	2022	6	26

图 10-29

使用 limit 子句时还可以使用两个参数，应用格式如下。

```
limit n offset m
```

或

```
limit m,n;
```

这两种语法的功能是相同的，都是先跳过 m 条记录，然后读取 n 条记录。下面的代码演示了“limit m,n”子句的应用。

```
select * from 销售 limit 2,3;
```

本示例会跳过 2 条记录，然后返回 3 条记录。查询结果如图 10-30 所示。

销售ID	客户代码	货号	销售价格	销售年	销售月	销售日
3	c0001	a22003	319	2022	6	26
4	c0001	b22001	159	2022	7	3
5	c0002	a22003	319	2022	7	1

图 10-30

查询数据时，我们可以使用 limit 子句实现数据分页功能，如果每页有 n 行数据，那么想要返回第 p 页的数据则可以使用如下代码。

```
select * from 销售 limit n offset (n*(p-1));
```

或

```
select * from 销售 limit (n*(p-1)),n;
```

如果每页有 3 行数据，那么想要读取“销售”表的第 2 页数据则可以使用如下代码。

```
select * from 销售 limit (3*(2-1)),3;
```

查询结果如图 10-31 所示。

销售ID	客户代码	货号	销售价格	销售年	销售月	销售日
4	c0001	b22001	159	2022	7	3
5	c0002	a22003	319	2022	7	1
6	c0002	b22003	269	2022	7	5

图 10-31

10.5.7　exists 语句

exists 语句可以在不返回数据的情况下判断是否存在查询结果。在下面的代码中，当“销售”表包含客户“c0003”的消费记录时，则返回“客户”表对应的客户信息。

```
select * from 客户
where 客户代码='c0003' and
exists (select 销售ID from 销售 where 客户代码='c0003');
```

查询结果如图 10-32 所示。

客户代码	昵称
c0003	李四

图 10-32

在上述代码中，如果将“c0003”修改为“c0005”，则不会返回任何数据，因为“销售”表中不包含客户“c0005”的消费记录。

10.5.8　case 语句

在示例中，约定“货号”的第一个字符表示季节，如 a 表示春季款、b 表示夏季款、c 表示秋季款、d 表示冬季款、其他表示不分季。那么，如何从“货号”中提取季节信息并显示对应的季节名称呢？

下面先了解 case 语句的应用格式。

```
case 数据 when 值 1 then 结果 1
          when 值 2 then 结果 2
          when 值 n then 结果 n
          else 值 n+1
end as 显示字段名
```

case 语句会判断“数据”的值并返回对应的结果，如果没有匹配值则返回“值 n+1”。下面的代码会截取“货号”的第一个字符，然后显示对应的季节信息。

```
select 记录 ID,货号,分类,价格,
    case substr(货号,1,1) when 'a' then '春季'
    when 'b' then '夏季'
    when 'c' then '秋季'
    when 'd' then '冬季'
    else '不分季'
    end as '季节'
from 服装;
```

在本示例中，我们首先使用 substr()函数截取了“货号”的第一个字符，然后根据此字符判断季节，其中，“a”返回“春季”，“b”返回“夏季”，“c”返回“秋季”，“d”返回“冬季”，其他字符返回“不分季”，最后定义返回字段的名称为“季节”。查询结果如图 10-33 所示。

记录ID	货号	分类	价格	季节
1	a22001	外套	299	春季
2	a22002	外套	399	春季
3	a22003	卫衣	319	春季
4	a22011	卫衣	259	春季
5	b22001	外套	359	夏季
6	b22002	连衣裙	159	夏季
7	b22003	连衣裙	269	夏季
8	b22011	连衣裙	319	夏季
9	b22090	连衣裙	499	夏季

图 10-33

10.5.9 视图

在实际工作中，很多实用的查询语句可能会比较长，使用起来不太方便，如连接查询等，此时我们可以通过“视图（view）”将查询语句定义为“查询模板”。

创建视图使用 create view 语句，应用格式如下。

```
create view 视图名称
as
查询语句
```

下面的代码将“客户”“服装”和“销售”3 个表的数据进行连接操作，并创建名为“v_客户_服装_销售”的视图。

```
create view `v_客户_服装_销售`
as
select A.货号,A.分类,A.价格,R.客户代码,R.昵称,R.销售ID,R.销售价格,
R.销售年,R.销售月,R.销售日
from 服装 as A left join
(select C.*,S.销售ID,s.销售价格,S.销售年,S.销售月,S.销售日,S.货号
from 客户 as C left join 销售 as S using(客户代码)) as R
using(货号);
```

代码中的查询语句定义了两个连接查询，我们首先通过“客户代码”连接“客户”和“销售”表，连接结果的别名定义为 R，然后通过“货号”连接了“服装”和“R”表。

创建视图后，在 select 语句中，我们可以将视图作为查询的数据源。下面的代码可以查询“v_客户_服装_销售”视图的所有数据。

```
select * from `v_客户_服装_销售`;
```

查询结果如图 10-34 所示。

货号	分类	价格	客户代码	昵称	销售ID	销售价格	销售年	销售月	销售日
a22001	外套	299	c0001	张三	1	299	2022	6	26
a22002	外套	399	c0001	张三	2	399	2022	6	26
a22002	外套	399	c0003	李四	8	399	2022	7	10
a22003	卫衣	319	c0001	张三	3	319	2022	6	26
a22003	卫衣	319	c0002	Maria	5	319	2022	7	1
a22011	卫衣	259	null	null	null	null	null	null	null
b22001	外套	359	c0001	张三	4	159	2022	7	3
b22001	外套	359	c0003	李四	7	159	2022	6	25
b22002	连衣裙	159	null	null	null	null	null	null	null
b22003	连衣裙	269	c0002	Maria	6	269	2022	7	5
b22011	连衣裙	319	null	null	null	null	null	null	null
b22090	连衣裙	499	null	null	null	null	null	null	null

图 10-34

在下面的代码中，我们通过“v_客户_服装_销售”视图查询了“货号”为“a22003”的商品销售情况。

```
select * from `v_客户_服装_销售`
where 货号='a22003';
```

查询结果如图 10-35 所示。

货号	分类	价格	客户代码	昵称	销售ID	销售价格	销售年	销售月	销售日
a22003	卫衣	319	c0001	张三	3	319	2022	6	26
a22003	卫衣	319	c0002	Maria	5	319	2022	7	1

图 10-35

下面的代码从 sqlite_master 系统表中查询了“v_客户_服装_销售”视图的信息。

```
select * from sqlite_master
where type='view' and name='v_客户_服装_销售';
```

查询结果如图 10-36 所示。

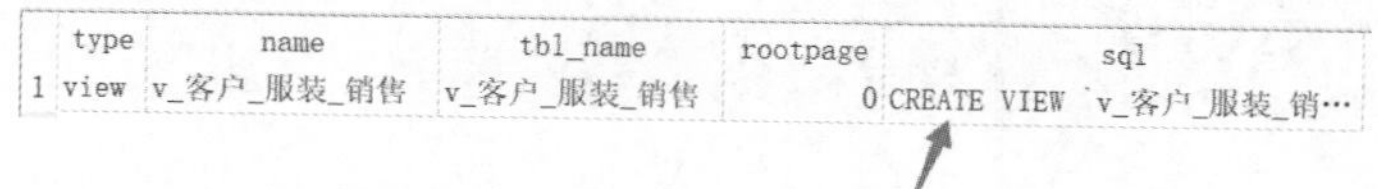

	type	name	tbl_name	rootpage	sql
1	view	v_客户_服装_销售	v_客户_服装_销售	0	CREATE VIEW `v_客户_服装_销…

可以从这里复制视图创建语句

图 10-36

一一问答

一一问：如果视图中的查询语句有问题，如何修改视图的定义呢？

答：我们可以先通过 drop view 语句删除视图，如“drop view 视图名称;”，然后重新创建。如果查询语句只做较小的修改，那么可以先从 sqlite_master 表查询并复制视图的创建代码，然后在此基础上进行修改。

10.5.10 将查询结果保存到表

字面上看，使用视图查询数据像使用表一样方便，而且不需要书写复杂的查询语句，但需要注意，视图并不是持久化数据，通过视图查询数据时首先会执行视图中定义的查询语句，然后在查询结果中再次进行查询。所以，通过视图查询大量数据时，需要综合考虑执行效率问题。

在实际工作中，我们还可以将查询结果保存到数据表，即将查询结果持久化。下面的代码将“v_客户_服装_销售”视图的查询结果保存到了“t_客户_服装_销售”表。

```
create table t_客户_服装_销售
as
select * from v_客户_服装_销售;
```

执行代码会创建名为“t_客户_服装_销售”的数据表。需要注意的是，在创建的新表中，字段只会保留数据的基本类型，我们可以对字段创建索引以提高查询效率，例如下面的代码对“t_客户_服装_销售”表的“货号”字段创建了索引。

```
create index `idx_货号` on `t_客户_服装_销售`(`货号`);
```

下面的代码可以在“t_客户_服装_销售”表中查询没有销售记录的商品。

```
select  * from t_客户_服装_销售 where 客户代码 is null;
```

查询结果如图 10-37 所示。

货号	分类	价格	客户代码	昵称	销售ID	销售价格	销售年	销售月	销售日
a22011	卫衣	259	null	null	null	null	null	null	null
b22002	连衣裙	159	null	null	null	null	null	null	null
b22011	连衣裙	319	null	null	null	null	null	null	null
b22090	连衣裙	499	null	null	null	null	null	null	null

图 10-37

10.5.11 将数据保存到 CSV 文件

在 DB Browser 中还可以将数据保存为 CSV、JSON 等格式。保存为 CSV 格式时，我们可以通过菜单“文件”→“导出”→“导出表到 CSV 文件”命令打开导出对话框，如图 10-38 所示。

在本示例中，我们首先在列表中选择“t_客户_服装_销售”表，并根据需要设置导出选项，如下所示。

- 第一行列名，选中此项后，导出 CSV 数据的第一行会保存字段名。
- 字段分隔符，一般使用逗号（,）即可。
- 引号，定义数据项的符号，如果不需要可以选择空白项。
- 换行符，每行数据结束时的换行符，如“回车换行（\r\n）”或“换行符（\n）”。

设置完成后，点击“Save”按钮，选择 CSV 文件路径保存即可。

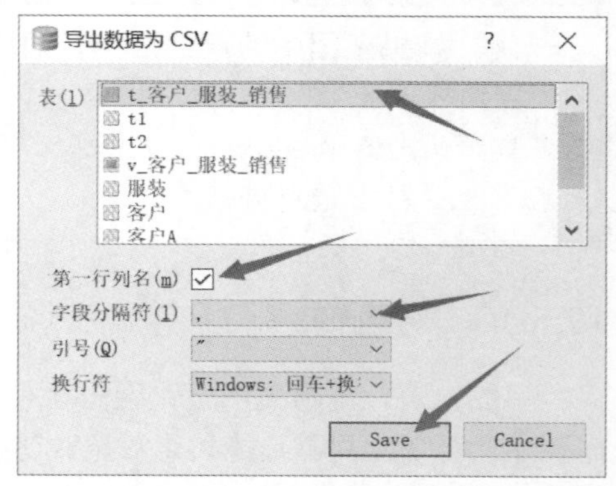

图 10-38

10.6 添加数据

向表中添加数据时，我们可以使用 insert into 语句，基本应用格式如图 10-39 所示。

```
insert  into  表 ( 字段1 , 字段2 , 字段3 ,... )
              values ( 值1 , 值2 , 值3 ,... );
```

图 10-39

通常字段列表和值列表要一一对应，多个字段或数据使用逗号分隔。添加一条新的记录后，我们可以调用 last_insert_rowid()函数读取新记录的自增长字段数据，也就是整型（int），并且使用 primary key 关键字定义的字段。

下面的代码可以在“服装”表中添加一条记录，并显示新记录的“记录 ID”数据。

```
insert into 服装(货号,分类,价格) values('c22010','风衣',599);
select last_insert_rowid();
```

记录成功添加时会显示大于 0 的整数，也就是新记录中“记录 ID”字段的数据。除了自增长字段会自动添加数据以外，在 insert into 语句中没有指定数据的字段也会使用默认值，如果定义字段时没有使用 default 关键字指定默认值，那么字段的值将默认为空值（null）。此外，如果字段定义时没有指定非空值的默认值，又使用 not null 指定字段不能为空值，那么添加记录时就必须指定此字段的数据。

使用下面的代码可以查询刚刚添加的记录，其中，“库存 S”“库存 M”和“库存 L”字段都使用了默认值 0。

```
select * from 服装 where 货号='c22010';
```

查询结果如图 10-40 所示。

记录ID	货号	分类	价格	库存S	库存M	库存L
10	c22010	风衣	599	0	0	0

图 10-40

使用 insert into 语句添加记录时，我们还可以同时指定多条记录的数据，下面的代码向“服装”表添加了两条记录。

```
insert into 服装(货号,分类,价格)
values('c22011','风衣',569),
('c22003','外套',569);
```

一一问答

一一问：“客户”表没有定义自增长字段，添加记录后调用 last_insert_rowid()函数会返回数据吗？

答：这是个好问题。我们通过实践来回答这个问题，代码如下所示。

```
insert into 客户(客户代码,昵称) values('c0006','小喵');
select last_insert_rowid();
```

成功添加客户信息后，last_insert_rowid()函数依然会返回新的记录 ID，这是怎么回事呢？实际上，SQLite 数据表会自动维护一个名为 rowid 的字段，也就是默认的自增长字段。使用下面的代码可以查看“客户”表 rowid 字段的数据。

```
select rowid,客户代码,昵称 from 客户;
```

查询结果如图 10-41 所示。请注意，使用通配符*指定返回字段时，查询结果中并不包含 rowid 字段数据。

rowid	客户代码	昵称
1	c0001	张三
2	c0002	Maria
3	c0003	李四
4	c0004	刘兰
5	c0005	胖妞
6	c0006	小喵

图 10-41

10.7 修改数据

修改数据时，我们需要使用 update 语句，应用格式如图 10-42 所示。

```
update 表
set    字段1 = 值1 , 字段2 = 值3 , 字段3 = 值3 , ...
where  条件 ;
```

图 10-42

请注意，虽然 update 语句的 where 子句是可选的，但是，如果不指定更新条件，那么表中所有记录都会被修改，除非操作的目的就是这样的，否则这个操作将导致数据管理的灾难。

下面的代码将“服装”表中“货号”为“a22001”的“库存 S”修改为 10。

```
update 服装 set 库存S=10 where 货号='a22001';
```

同时更新多个字段的数据时应使用逗号分隔，使用下面的代码可以修改“服装”表“货号”为“a22001”的“库存 M”和“库存 L”数据。

```
update 服装 set 库存M=10,库存L=15 where 货号='a22001';
```

使用下面的代码可以查看更新结果。

```
select * from 服装 where 货号='a22001';
```

查询结果如图 10-43 所示。

记录ID	货号	分类	价格	库存S	库存M	库存L
1	a22001	外套	299	10	10	15

图 10-43

10.8 删除数据

删除数据时，我们需要使用 delete 语句，应用格式如图 10-44 所示。

```
delete from 表 where 条件 ;
```

图 10-44

请注意，如果不指定条件，表中所有数据就都会被删除！
只有在确定要清空数据表时才可以使用没有条件的 delete 语句！

通常更新或删除一条记录时，使用主键或唯一约束字段作为条件是比较安全的，因为它们可以精确地定位一条记录。下面的代码从“服装”表中删除了“货号”为“c22011”的记录。

```
delete from 服装 where 货号='c22011';
```

10.9 日期和时间的处理方式

SQLite 数据库的基本数据类型并不包括日期和时间类型，我们在实际应用中可以根据实际情况使用不同的处理方案，如示例中的“销售”表，则使用“销售年”“销售月”“销售日”3 个字段分别保存销售日期的年、月、日数据。

通过分别保存的年、月、日数据，可以很方便地查询特定周期的销售记录，如下所示。

- 年度数据，如 2022 年的销售记录可以使用条件“销售年=2022”。
- 月度数据，如 2022 年 6 月的销售记录可以使用条件“销售年=2022 and 销售月=6”。
- 某一天的销售记录可以指定对应的年、月、日，如查询 2022 年 6 月 26 日的销售记录，可以使用条件“销售年=2022 and 销售月=6 and 销售日=26”。
- 某个季度的销售记录，可以指定年度，以及季度包含的月份，如查询 2022 年第三季度的销售记录，可以使用条件“销售年=2022 and 销售月 between 7 and 9”或“销售年=2022 and 销售月 in(7,8,9)”。

下面的代码从“v_客户_服装_销售”表中查询了 2022 年 6 月 26 日的销售记录。

```
select * from `t_客户_服装_销售`
where 销售年=2022 and 销售月=6 and 销售日=26;
```

查询结果如图 10-45 所示。

货号	分类	价格	客户代码	昵称	销售ID	销售价格	销售年	销售月	销售日
a22001	外套	299	c0001	张三	1	299	2022	6	26
a22002	外套	399	c0001	张三	2	399	2022	6	26
a22003	卫衣	319	c0001	张三	3	319	2022	6	26

图 10-45

获取销售日期的季度名称可以参考如下代码。

```
select 销售价格,
    case 销售月 when 1 then '一季度'
        when 2 then '一季度'
        when 3 then '一季度'
        when 4 then '二季度'
        when 5 then '二季度'
        when 6 then '二季度'
        when 7 then '三季度'
        when 8 then '三季度'
        when 9 then '三季度'
        when 10 then '四季度'
        when 11 then '四季度'
        when 12 then '四季度'
        else null
        end as `销售季度`
from `t_客户_服装_销售` where 销售年=2022;
```

查询结果包含两个字段，其中，“销售价格”直接从“销售”表读取。另一个字段是“销售季度”，根据“销售月”计算。

下面的代码统计了 2022 年各季度的“销售价格”合计。

```
select 销售季度,sum(销售价格) as `销售销售_小计`
from
(select 销售价格,
    case 销售月 when 1 then '一季度'
        when 2 then '一季度'
        when 3 then '一季度'
```

```
            when 4 then '二季度'
            when 5 then '二季度'
            when 6 then '二季度'
            when 7 then '三季度'
            when 8 then '三季度'
            when 9 then '三季度'
            when 10 then '四季度'
            when 11 then '四季度'
            when 12 then '四季度'
            else null
            end as `销售季度`
    from `t_客户_服装_销售` where 销售年=2022)
    group by 销售季度;
```

查询结果如图 10-46 所示。

销售季度	销售价格_小计
三季度	1146
二季度	1176

图 10-46

SQLite 数据库提供了一些日期和时间操作函数，我们可以在函数中使用如下格式的日期和时间信息。

- YYYY-MM-DD
- YYYY-MM-DD HH:MM
- YYYY-MM-DD HH:MM:SS
- YYYY-MM-DD HH:MM:SS.SSS
- YYYY-MM-DDTHH:MM
- YYYY-MM-DDTHH:MM:SS
- YYYY-MM-DDTHH:MM:SS.SSS
- HH:MM
- HH:MM:SS
- HH:MM:SS.SSS
- now，获取系统的 UTC 时间（格林尼治标准时间）。

其中，YYYY-MM-DD 表示 4 位年份、2 位月份和 2 位天数，月份和天数为 1 位数时需要添加前导 0，如 01 月 01 日。HH:MM:SS 表示 2 位的时、分、秒，SSS 表毫秒，位数不够时同样需要添加前导 0。

首先来看如何添加前导 0。在下面的代码中，我们设置了如果数字是 1 到 9 则显示 01 到 09，两位数时将正常显示。

```
select substr('0' || '1', -2, 2), substr('0' || '11', -2, 2);
```

执行查询会显示 01 和 11。

一一问答

一一问：substr()函数的参数包含了负数，挺有意思的，能解释一下它的作用吗？另外，|| 运算符的功能是什么？

答：先说||运算符吧，它是 SQLite 数据库中的文本连接运算符，它的作用是将左右两个表达式的值组合为文本，如'0' || '1'的结果就是'01'。

substr(参数一，参数二，参数三)函数的功能是截取字符串的一部分，函数包含的 3 个参数的含义如下。

- 参数一指定需要截取的原始字符串内容。
- 参数二指定开始截取的位置，第一个字符的位置是 1，每二个字符的位置是 2，以此类型。参数为负数时，如–2 表示从右向左的第 2 个字符，如 substr('abcdefg',-2,2)会从'f'字符开始截取 2 个字符，即'fg'。
- 参数三指定截取字符个数。

下面的代码将“销售”表中的年、月、日数据组合成完整的日期格式。

```
select 销售年,销售月,销售日,
(销售年 || '-' || substr('0' || 销售月, -2, 2) || '-' ||
substr('0' || 销售日, -2, 2)) as 销售日期
from 销售;
```

查询结果如图 10-47 所示。

获取某一天处于本年第几周的信息可以使用 strftime()函数格式化输出，下面的代码计算了“销售”表中的销售日期处于本年的第几周。

```
select 销售年,销售月,销售日,
strftime('%W',销售年 || '-' || substr('0' || 销售月, -2, 2) || '-' ||
substr('0' || 销售日, -2, 2)) as 销售周
from 销售;
```

查询结果如图 10-48 所示。

销售年	销售月	销售日	销售日期
2022	6	26	2022-06-26
2022	6	26	2022-06-26
2022	6	26	2022-06-26
2022	7	3	2022-07-03
2022	7	1	2022-07-01
2022	7	5	2022-07-05
2022	6	25	2022-06-25
2022	7	10	2022-07-10

图 10-47

销售年	销售月	销售日	销售周
2022	6	26	25
2022	6	26	25
2022	6	26	25
2022	7	3	26
2022	7	1	26
2022	7	5	27
2022	6	25	25
2022	7	10	27

图 10-48

在查询日期区间时同样需要使用标准的日期格式，下面的代码查询了“销售”表中销售日期在2022年6月16日到6月30日的记录。

```
select 销售年,销售月,销售日,
(销售年 || '-' || substr('0' || 销售月, -2, 2) || '-' ||
substr('0' || 销售日, -2, 2)) as 销售日期
from 销售
where 销售日期 between '2022-06-16' and '2022-06-30';
```

查询结果如图10-49所示。

销售年	销售月	销售日	销售日期
2022	6	26	2022-06-26
2022	6	26	2022-06-26
2022	6	26	2022-06-26
2022	6	25	2022-06-25

图10-49

在SQLite数据库中保存日期和时间也可以使用文本格式，同时我们也可以使用 strftime()函数读取其中的数据，函数定义如下。

```
strftime(format, time-value, modifier, modifier, …)
```

其中，time-value参数指定日期和时间数据，输入'now'值可以获取系统当前时间。format参数使用格式化字符指定返回的数据，常用的格式化字符如下。

- %Y，年份，范围为0000到9999。
- %m，月份，范围为01到12。
- %d，月中的第几天。
- %H，小时，范围为00到24。
- %M，分钟，范围为00到59。
- %S，秒，范围为00到59。
- %f，浮点数格式的秒和毫秒，格式为SS.SSS。
- %W，一年中的第几周，范围为00到53。
- %w，周几，其中0显示周日，1到6表示周一到周六。
- %j，一年中的第几天，范围为001到366。
- %s，距离1970年1月1日零时的秒数。
- %J，儒略日数（Julian Day Number，JDN），一种天文学常用的日期格式，表示距离公元前4713年1月1日中午12点的天数。
- %%，显示百分号（%）。

strftime()函数的modifier参数可以使用如下一系列修饰符。

- N days，指定N天。
- N hours，指定N小时。
- N minutes，指定N分钟。
- N.N seconds，指定N.N秒。
- N months，指定N月。

- N years，指定 N 年。
- start of month，月份的开始。
- start of year，年度的开始。
- start of day，一天中的开始。
- weekday N，星期 N。
- unixepoch，UNIX 时间戳。
- julianday，儒略日。
- auto，自动格式。
- localtime，本地时间。
- utc，格林尼治时间。

获取系统当前时间可以使用如下代码。

```
select datetime('now')
```

运行此代码会显示系统当前时间对应的格林尼治时间，需要显示本地时间则需要添加"localtime"修饰符，代码如下所示。

```
select datetime('now','localtime')
```

需要计算当前日期是周几时，可以使用如下代码。

```
select strftime('%w',datetime('now','localtime'));
```

需要推算日期和时间时，我们可以使用相应的修饰符。运行下面的代码会显示系统当前时间 3 天后的时间。

```
select datetime('now','localtime','3 days')
```

一一问答

一一问：目前，SQLite 数据库只能和 CSV 进行数据交换，如何才能支持更多格式的数据交换呢？

答：我们通过 Python 编程可以完成更多、更灵活的数据交换工作，我们已经可以在 Excel、CSV、DataFrame 对象之间进行数据转换，第 11 章将介绍如何在 Python 中操作 SQLite 数据库。

第 11 章 Python 操作 SQLite

本章会介绍如何使用 Python 环境内置的 sqlite3 模块操作 SQLite 数据库，包括如何连接数据库、执行 SQL 语句、读取查询结果、扩展数据库功能、封装常用代码等。

11.1 应用基础

在 Python 中操作 SQLite 数据库时，我们首先需要调用 sqlite3 模块的 connect()函数创建数据库连接，函数定义如下。

```
connect(database[,timeout,detect_types,isolation_level,
        check_same_thread,factory,cached_statements, uri])
```

其中，常用的参数如下。

- database，指定 SQLite 数据库文件路径，使用内存数据库时需要将参数设置为":memory:"。
- timeout，设置连接超时时间，单位为秒，默认值是 5.0。在一个数据库连接的写入操作提交之前，整个 SQLite 数据库会被锁定，timeout 参数指定等待锁定释放的时间，连接超时会引发异常。我们需要根据应用特点合理设置参数，如果只是单机操作，并需要处理大量的数据，可以设置较长的时间。

数据库连接成功时，connect()函数会返回 Connection 对象。下面的代码继续使用了上一章的数据库文件进行测试，我们需要在 path 变量中指定数据库文件的实际路径。

```
import sqlite3

path = r"D:\da\sqlite\c10.db"
cnn = sqlite3.connect(path)
print(cnn)
cnn.close()
```

如果运行后显示类似“<sqlite3.Connection object at 0x000002A20CF97E40>”的信息，说明数据库文件已成功连接，显示的内容是数据库连接对象的基本信息。如果指定的数据库文件不存在，那么 connect()函数会自动创建，如果路径中的目录不存在则会产生错误。数据库示例文件位于随书资源的/sqlite/c10.db。

一一问答

一一问：如果数据库文件放在与代码文件相同的目录，应该如何获取路径呢？

答：需要获取代码文件和所在目录的路径时，我们可以参考如下代码。

```
import os

print(__file__)
print(os.path.dirname(__file__))
print(os.path.dirname(__file__) + r"\yiyi_shop.db")
```

在第一个输出中，__file__变量可以获取代码文件的实际路径。在第二个输出中，调用 os.path 模块中的 dirname()函数可以获取文件所在目录的路径。第三个输出可以获取代码文件所在目录中数据库文件的完整路径。此外，需要获取路径中的文件名时，我们可以使用 basename()函数。

11.1.1　执行 SQL 语句

成功连接 SQLite 数据库后，我们可以执行 SQL 语句完成一系列操作。在 SQL 语句中，我们可以使用问号（?）定义参数，在执行 SQL 的方法中需要按顺序传递参数数据。

一一问答

一一问：在 SQL 语句中为什么要使用参数？

答：通过参数传递数据可以有效防止 SQL 注入攻击。在直接将数据组合到 SQL 语句时，如果数据中包含了破坏性的代码，就会对数据库安全造成威胁，而通过参数传递数据就可以有效避免这一问题。

一一问：在使用 like 运算符进行查询时也需要使用参数传递数据吗？

答：like 运算符不能使用参数传递数据，但为防止查询内容可能包含攻击代码的情况，我们可以对查询内容进行处理，比如，可以通过空白符（空格、制表符等）、逗号等字符分割查询内容，然后使用多个或关系（or）的 like 查询条件。

一一问：如何使用多个字符分割字符串呢？

答：在第 15 章学习完正则表达式以后，这个操作就很简单了，我们先来看一个简单的示例。

```
import re

p = "\s*,\s*|\s+"
keyword = "Excel , Python , MySQL SQLite"
keywords = re.split(p, keyword)
print(keywords)  # ['Excel', 'Python', 'MySQL', 'SQLite']
```

代码会返回分割后关键字组成的列表，我们可以通过这些关键字分别组合 like 查询条件。

通过使用 Connection 对象的 cursor()方法，我们可以获取当前连接的 Cursor 对象，在该对象中，我们可以使用如下方法执行 SQL 语句。

- execute()方法，执行一条 SQL 语句，可以用于传递 SQL 语句中的参数数据。
- executemany()方法，多次执行一条 SQL 语句，同时可以传递 SQL 语句参数的多组数据，需要一次添加多条记录时可以使用此方法。
- executescript()方法，执行多条 SQL 语句，可以用于传递 SQL 语句所需的多组数据。

Connection 对象定义了 3 个同名方法，这些方法在执行 SQL 语句后会返回当前连接的 Cursor 对象。

如果 SQL 语句修改了数据库结构或数据，那么我们需要通过 Connection 对象的 commit()方法提交所做的修改。

此外，Cursor 对象的 rowcount 属性可以返回 SQL 语句影响的记录数，如添加、修改、删除的记录数量。lastrowid 属性可以返回最后添加记录的 ID 字段数据，如“服装”表中的“记录 ID”字段、默认的 rowid 字段等。

11.1.2 读取查询结果

通过 SQL 语句查询数据时，我们可以使用 Cursor 对象的如下方法读取查询结果。

- fetchone()方法，读取一条记录，返回 Row 对象，可以通过从 0 开始的数值索引读取字段数据。如果没有查询结果，方法会返回 None 值。
- fetchmany()方法，读取指定数量的记录，返回 Row 集合。
- fetchall()方法，读取所有记录，返回 Row 集合。

查询结果中的字段名可以从 Cursor 对象的 description 属性获取。description 属性会返回包含字段信息的集合，其中，每个字段信息定义为一个元组，元组的第一个元素就是字段名。

11.1.3 创建 tSqlite 类

首先，我们在项目中创建 sqlite3_chy.py 文件，并设置文件编码为 UTF-8，然后修改文件内容如下。

```
import sqlite3

# SQLite3 数据库操作类
class tSqlite():

    def __init__(self, db:str):
        self.cnnstr = db

    def getCnn(self, ext=False):
        cnn = sqlite3.connect(self.cnnstr)
        # 添加扩展
        if ext :
            pass
        # 返回连接对象
        return cnn

    def execute(self, sql:str, args:list|tuple=(), ext=False) -> bool:
        ''' 执行 SQL，成功返回 True，否则返回 False '''
        try:
            with self.getCnn(ext) as cnn:
                cnn.execute(sql, args)
                cnn.commit()
                return True
        except Exception as ex:
            print(ex)
            return False
```

tSqlite 类的构造函数使用 db 参数指定数据库文件的路径，并使用 self.cnnstr 属性保存此信息。

getCnn()方法会返回数据库连接对象，ext 参数指定是否添加扩展资源，稍后我们会学习如何扩展 SQLite 数据库功能。该方法调用了 sqlite3.connect()函数打开 SQLite 数据库文件，并返回连接对象。

execute()方法演示了如何在 SQLite 数据库中执行 SQL 语句，其中，sql 参数指定执行的 SQL 语句，args 参数通过列表或元组按顺序指定 SQL 语句的参数数据。在 try 语句结构中，我们首先通过 getCnn()方法打开数据库连接并获取 cnn 对象（Connection 类型），然后通过 execute()方法执行 SQL 语句，并带入语句所需的参数数据，语句执行后再通过 commit()方法提交对数据库的修改，最终操作成功后，方法返回 True 值。在 except 语句结构中，当操作出现异常时会显示相关信息，并返回 False 值。

在下面的代码中，我们在项目主代码文件中测试了 execute()方法的应用。

```
from sqlite3_chy import tSqlite

path = r"D:\da\sqlite\c10.db"
db = tSqlite(path)
sql = 'insert into 客户(客户代码,昵称)values(?,?)'
result = db.execute(sql,('c0007','蓝天'))
print(result)
```

执行代码后会在“客户”表添加一条客户信息，其中“客户代码”为“c0007”，“昵称”为“蓝天”，操作成功会显示 True。

一一问答

一一问：怎么在数据库中查看操作结果呢？

答：我们可以通过 DB Browser for SQLite 查看。下面的代码查询了刚刚添加的记录。

```
select * from 客户 where 客户代码='c0007';
```

为简化代码，接下来的封装代码将不包含错误捕捉结构，需要时我们可以参考 execute()方法修改代码。

11.2 查询单值

下面的代码在 tSqlite 类中通过 queryValue()方法读取查询结果中第一行第一个字段的数据。

```
    def queryValue(self, sql:str, args:list|tuple=(), ext=False):
        ''' 返回查询结果第一行第一个字段数据 '''
        with self.getCnn(ext) as cnn :
            cursor = cnn.execute(sql, args)
            result = None
            if row := cursor.fetchone() :
                result = row[0]
            cursor.close()
            return result
```

在 queryValue()方法中，参数 sql 指定查询语句，参数 args 指定 SQL 语句所需要的参数数据。该方法通过 getCnn()方法获取数据库连接对象，然后调用连接对象的 execute()方法执行 SQL，并传递语句的参数数据（args）。Cursor 对象的 fetchone()方法能够返回查询结果的第一行，使用索引 0 返回第一个字段的数据。没有查询结果时返回 None 值。

下面的代码在项目主代码文件中通过 queryValue()方法查询“客户”表中“客户代码”为“c0007”客户的昵称。

```
from sqlite3_chy import tSqlite

path = r"D:\da\sqlite\c10.db"
db = tSqlite(path)
sql = 'select 昵称 from 客户 where 客户代码=?;'
result = db.queryValue(sql,['c0007'])
print(result)
```

找到客户信息时会显示“蓝天”，否则显示 None 值。

11.3 查询单条记录

读取一条记录时有两种情况，一种是同时获取字段名和数据，另一种是只需要获取数据。

下面的代码在 tSqlite 类中实现了 queryRow()方法，其功能是以字典对象返回查询结果的第一条记录。在返回的字典对象中，元素的键为字段名，元素的值为字段数据。

```
    def queryRow(self, sql:str, args:list|tuple=(), ext=False) -> dict:
        ''' 返回查询结果第一行数据字典 '''
        with self.getCnn(ext) as cnn:
            cursor = cnn.execute(sql, args)
            result = {}
            if row := cursor.fetchone() :
                desc = cursor.description
                for col in range(len(desc)) :
                    result[desc[col][0]] = row[col]
            cursor.close()
            return result
```

在本示例中，我们使用 Cursor 对象的 description 属性获取字段信息，每个字段信息都被定义为包含 7 个元素的元组，元组的第一个元素为字段名，其他 6 个元素均为 None 值。

下面的代码在项目主代码文件中测试了 queryRow()方法。

```
from sqlite3_chy import tSqlite

path = r"D:\da\sqlite\c10.db"
db = tSqlite(path)
```

```
sql = 'select 客户代码,昵称 from 客户 where 客户代码=?;'
result = db.queryRow(sql,['c0007'])
print(result)
```

代码执行会显示“{'客户代码': 'c0007', '昵称': '蓝天'}”。

如果只需要返回第一行数据，不需要字段名，那么我们可以通过 tSqlite.queryRowData()方法实现，代码如下所示。

```
    def queryRowData(self, sql:str, args:list|tuple=(), ext=False):
        ''' 返回查询结果第一行数据 '''
        with self.getCnn(ext) as cnn :
            cursor = cnn.execute(sql, args)
            result = cursor.fetchone()
            cursor.close()
            return result
```

queryRowData()方法会直接返回查询结果的第一行数据，格式为元组对象，如果没有查询结果，方法会返回 None 值。

下面的代码在项目主代码文件中测试 queryRowData()方法。

```
from sqlite3_chy import tSqlite

path = r"D:\da\sqlite\c10.db"
db = tSqlite(path)
sql = 'select 客户代码,昵称 from 客户 where 客户代码=?;'
result = db.queryRowData(sql,['c0007'])
print(result)
```

代码执行会显示“('c0007', '蓝天')”。在本示例中，我们可以将参数数据修改为不存在的客户代码，此时 queryRowData()方法会返回 None 值。

11.4 查询多条记录

下面的代码在 tSqlite 类中创建了 queryAll()方法，其功能是返回所有查询结果，该方法的返回值为列表对象，其中每个元素都保存一行数据，行数据定义为字典类型，包含字段名和数据。

```
    def queryAll(self, sql:str, args:list|tuple=(), ext=False):
        ''' 返回查询结果所有数据，包含字段名 '''
        with self.getCnn(ext) as cnn :
            cursor = cnn.execute(sql, args)
```

```
            result = []
            if rows := cursor.fetchall() :
                desc = cursor.description
                for row in rows:
                    e = {}
                    for col in range(len(desc)) :
                        e[desc[col][0]] = row[col]
                    result.append(e)
            cursor.close()
            return result
```

下面的代码使用 tSqlite 类的 queryAllData()方法获取了查询结果数据，但不包含字段名，方法返回值为列表对象，每个元素都包含一行数据。

```
    def queryAllData(self, sql:str, args:list|tuple=(), ext=False):
        ''' 返回查询结果所有数据 '''
        with self.getCnn(ext) as cnn :
            cursor = cnn.execute(sql, args)
            result = cursor.fetchall()
            cursor.close()
            return result
```

下面的代码在程序主代码文件中使用 queryAllData()方法返回了所有的客户信息。

```
from sqlite3_chy import tSqlite

path = r"D:\da\sqlite\c10.db"
db = tSqlite(path)
sql = 'select 客户代码,昵称 from 客户;'
result = db.queryAllData(sql)
for row in result :
    print(row)
```

查询结果如图 11-1 所示。

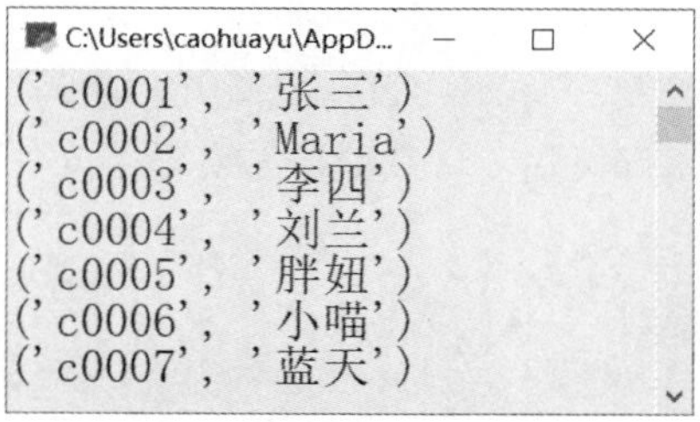

```
C:\Users\caohuayu\AppD...
('c0001', '张三')
('c0002', 'Maria')
('c0003', '李四')
('c0004', '刘兰')
('c0005', '胖妞')
('c0006', '小喵')
('c0007', '蓝天')
```

图 11-1

下面的代码通过 queryAll()方法返回客户信息。

```
from sqlite3_chy import tSqlite

path = r"D:\da\sqlite\c10.db"
db = tSqlite(path)
sql = 'select 客户代码,昵称 from 客户;'
result = db.queryAll(sql);
for row in result :
    print(row)
```

查询结果如图 11-2 所示。

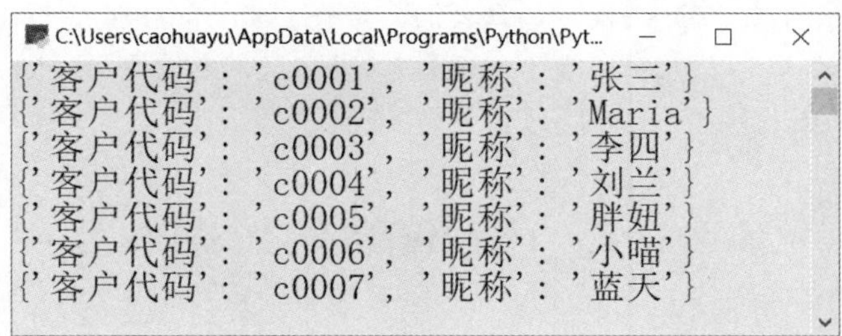

图 11-2

一一问答

一一问：如何将导出的数据保存到 Excel 文件中呢？

答：通过使用 pandas 模块，我们可以很方便地将查询结果保存到 Excel 文件，代码如下所示。

```
from sqlite3_chy import tSqlite
import pandas as pd

path = r"D:\da\sqlite\c10.db"
db = tSqlite(path)
sql = "select 客户代码,昵称 from 客户;"
result = db.queryAll(sql)
# 保存到 Excel 文件
df = pd.DataFrame(result)
df.to_excel(r"D:\客户信息.xlsx")
print("OK")
```

操作成功后显示“OK”，我们可以在“D:\客户信息.xlsx”文件中查看导出的数据，如图 11-3 所示。

	A	B	C
1		客户代码	昵称
2	0	c0001	张三
3	1	c0002	Maria
4	2	c0003	李四
5	3	c0004	刘兰
6	4	c0005	胖妞
7	5	c0006	小喵
8	6	c0007	蓝天

图 11-3

一一问：可以不导出字段名和行号吗？

答：如果不需要导出行号（行索引），那么我们需要将 DataFrame 对象 to_excel()方法的 index 参数设置为 False。如果不写入字段名（列索引），那么我们需要将 header 参数设置为 False。

11.5　查询单列数据

在进行数据分析时，我们经常需要从表中读取某一字段的数据（即某一列数据），该操作可以在 tSqlite 类中通过使用 queryColumn()方法实现，代码如下所示。

```
    def queryColumn(self, sql:str, args:list|tuple=(), ext=False):
        ''' 返回查询结果的第一列数据 '''
        with self.getCnn(ext) as cnn :
            cursor = cnn.execute(sql, args)
            result = []
            if rows := cursor.fetchall() :
                for row in rows:
                    result.append(row[0])
            cursor.close()
            return result
```

queryColumn()方法能够返回查询结果中所有记录的第一列数据，返回格式为列表对象。下面的代码在程序主文件中测试了 queryColumn()方法的应用。

```
from sqlite3_chy import tSqlite

path = r"D:\da\sqlite\c10.db"
db = tSqlite(path)
sql = "select 客户代码,昵称 from 客户;"
```

```
result = db.queryColumn(sql);
print(result)
```

代码会读取“客户”表中所有的“客户代码”数据，执行结果如图 11-4 所示。

```
C:\Users\caohuayu\AppData\Local\Programs\Python\Python310\python.exe
['c0001', 'c0002', 'c0003', 'c0004', 'c0005', 'c0006', 'c0007']
```

图 11-4

11.6 添加数据

下面的代码在 tSqlite 类中实现了添加一条记录的功能。

```
    @staticmethod
    def __getInsertSql(table:str , fields:list|tuple) -> str:
        ''' 创建 insert 语句 '''
        sql = f'insert into `{table}`(`{fields[0]}`'
        val = f')values(?'
        for i in range(1,len(fields)):
            sql += f',`{fields[i]}`'
            val += ',?'
        sql += val+');'
        return sql

    def insert(self, table:str, fields:list|tuple, \
        values:list|tuple, ext=False)->int:
        ''' 添加记录并返回新记录的 ID 数据 '''
        if fields and values and len(fields)==len(values):
            sql = tSqlite.getInsertSql(table, fields)
            # 执行 insert 操作
            with self.getCnn(ext) as cnn :
                cursor = cnn.execute(sql, values)
                result = cursor.lastrowid
                cnn.commit()
                cursor.close()
                return result
        else:
            return -1000
```

在上述代码中，首先定义了私有的 getInsertSql()静态方法，其功能是通过表名（table）

和字段列表（fields）创建 insert 语句，其中，表名和字段名都使用反单引号（`）定义，对应的数据需要在执行 SQL 时通过参数带入。

insert()方法定义了如下 3 个参数。

- table 参数，指定添加数据的表。
- fields 参数，使用列表或元组指定添加数据的字段名。
- values 参数，使用列表或元组指定字段对应的数据。

在 insert()方法中，通过 Connection 对象的 execute()方法执行 insert 语句，并带入参数数据。最后，通过 Cursor 对象的 lastrowid 属性返回新记录的 ID 数据。

请注意，修改 SQLite 数据库的结构或数据时，我们需要调用 Connection 对象的 commit()方法提交操作结果。

下面的代码在程序主代码文件测试了 insert()方法的应用。

```
from sqlite3_chy import tSqlite

path = r"D:\da\sqlite\c10.db"
db = tSqlite(path)
result = db.insert('客户',['客户代码','昵称'], ['c0008','花海'])
print(result)
```

代码执行成功后会显示一个大于 0 的整数，也就是新记录的 ID 数据。在本示例中，执行 SQL 语句的功能与如下代码相同，只是字段对应的数据是通过参数传递的。

```
insert into `客户`(`客户代码`,`昵称`) values('c0008','花海')
```

下面的代码在 tSqlite 类中使用 insertRows()方法实现了添加多行数据的功能。

```
    def insertRows(self, table:str, fields:list|tuple, \
        values:list|tuple, ext=False)->int:
        ''' 添加多行记录并返回添加的记录数量 '''
        if fields and values and len(fields)==len(values[0]):
            sql = tSqlite.__getInsertSql(table, fields)
            # 执行 insert 操作
            with self.getCnn(ext) as cnn :
                cursor = cnn.executemany(sql, values)
                result = cursor.rowcount
                cnn.commit()
                cursor.close()
                return result
        else:
            return -1000
```

在 insertRows()方法中，values 参数可以通过二维列表或元组添加多行数据，并通过 Connection 对象的 executemany()方法执行 SQL。最后，Cursor 对象的 rowcount 属性将返回添加的记录数量。

下面的代码会在“客户”表中添加 3 条客户信息。

```
from sqlite3_chy import tSqlite

path = r"D:\da\sqlite\c10.db"
db = tSqlite(path)
result = db.insertRows('客户',['客户代码','昵称'], \
    [['c0009','梅花 9'],['c0010','十全美'],['c0011','一千朵玫瑰']])
print(result)
```

代码正确执行时会显示 3，即添加了 3 条记录。

11.7　修改数据

需要进行修改数据的操作时，我们可以使用封装在 tSqlite 类的 update()方法，代码如下。

```
    def update(self, table:str, fields:list|tuple, \
        values:list|tuple, conD:str, ext=False) -> int:
        ''' 更新数据 '''
        if cond.strip() and fields and values and \
            len(fields)==len(values):
            # 创建 update 语句
            sql = f'update `{table}` set `{fields[0]}`=?'
            for i in range(1,len(fields)):
                sql += f',`{fields[i]}`=?'
            sql = sql + ' where ' + cond
            # 执行 update 操作
            with self.getCnn(ext) as cnn :
                cursor = cnn.execute(sql, values)
                result = cursor.rowcount
                cnn.commit()
                cursor.close()
                return result
        else:
            return -1000
```

update()方法定义了如下 4 个参数。

- table 参数，指定更新数据的表。
- fields 参数，使用列表或元组指定更新数据的字段名。
- values 参数，使用列表或元组指定更新字段对应的数据。
- cond 参数，指定更新数据的条件。

在 update()方法中，条件不允许为空，即不允许无条件更新。成功执行操作后，方法将返回修改的记录数量。如参数设置不满足要求，方法会返回−1000。

下面的代码在程序主代码文件测试了 update()方法的应用，代码会将“服装”表中“货号”为“a22001”商品各尺码的库存量都更新为 60。

```
from sqlite3_chy import tSqlite

path = r"D:\da\sqlite\c10.db"
db = tSqlite(path)
result = db.update("服装", \
    ["库存 S","库存 M","库存 L"], \
    [60, 60 ,60], \
    "货号='a22001'")
print(result)
```

成功执行时会显示 1。

本示例实际执行的 SQL 语句如下，但更新的数据是通过参数进行传递的。

```
update 服装 set '库存 S'=60,'库存 M'=60,'库存 L'=60 where 货号='a22001';
```

11.8　删除数据

下面的代码在 tSqlite 类中通过使用 delete()方法实现了数据删除功能。

```
    def delete(self, table:str, conD:str, ext=False) -> int:
        ''' 删除数据 '''
        if table.strip() and cond.strip() :
            # 创建 delete 语句
            sql = f'delete from `{table}` where ' + cond
            # 执行 delete 操作
            with self.getCnn(ext) as cnn :
                cursor = cnn.execute(sql)
                result = cursor.rowcount
                cnn.commit()
```

```
                cursor.close()
                return result
        else:
            return -1000
```

delete()方法只需要指定删除数据的表（table）和删除条件（cond）即可，操作成功后返回删除的记录数量。请注意，delete()方法中同样不允许无条件的删除操作。

下面的代码在程序主代码文件中测试了 delete()方法的应用。

```
from sqlite3_chy import tSqlite

path = r"D:\da\sqlite\c10.db"
db = tSqlite(path)
result = db.delete("客户", "客户代码='c0011'")
print(result)
```

代码会删除“客户”表中“客户代码”为“c0011”的记录，操作成功后返回 1。重复执行此代码会显示 0，因为此时已没有可删除的记录。本示例实际执行的 SQL 语句如下。

```
delete from 客户 where 客户代码='c0011';
```

11.9 扩展操作

SQLite 数据库有着很强的扩展性，本节将介绍如何在 Python 中扩展 SQLite 数据库的自定义函数、聚合函数和排序规则。

11.9.1 自定义函数

通过使用 Connection 对象的 create_function()方法，我们可以在当前连接的数据库中添加自定义函数，方法定义如下。

create_function(name, narg, func, *, deterministic=False)

其中，主要的参数如下。

- name，指定 SQL 中使用的函数名。
- narg，指定函数的参数数量。
- func，指定 Python 中的实现函数。

下面的代码在 sqlite3_chy.py 文件中创建了 quarter_text()函数，其功能是按月份获取季度名称。在 tSqlite 类 getCnn()方法中，我们可以通过使用 Connection 对象的 create_function()方法向 SQLite 数据库添加 quarter_text()函数。

```
import sqlite3

# 扩展用户函数

# 获取季度信息
def quarter_text(month):
    match month:
        case 1 | 2 | 3 : return "一季度"
        case 4 | 5 | 6 : return "二季度"
        case 7 | 8 | 9 : return "三季度"
        case 10 | 11 | 12 : return "四季度"
        case _ : return "未分季"

# 扩展聚合函数类

# SQLite3 数据库操作类
class tSqlite():

    def __init__(self, db:str):
        self.cnnstr = db

    def getCnn(self, ext=False):
        cnn = sqlite3.connect(self.cnnstr)
        # 添加扩展
        if ext :
            cnn.create_function("quarter_text", 1, quarter_text)
        # 返回连接对象
        return cnn
    # 其他代码
```

如图 11-5 所示为 create_function()方法的参数设置示意。

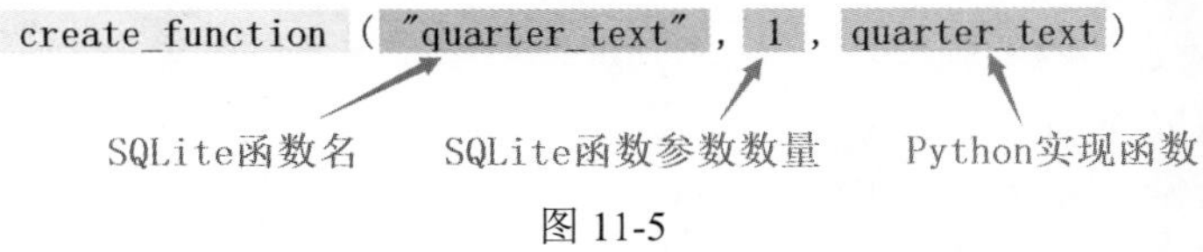

图 11-5

下面的代码演示了如何在 SQL 语句中使用 quarter_text()函数。

```
from sqlite3_chy import tSqlite

path = r"D:\da\sqlite\c10.db"
```

```
db = tSqlite(path)
sql = "select 销售年,销售月,销售日,quarter_text(销售月) as 销售季度 " +\
    "from 销售;"
for row in db.queryAllData(sql, ext=True):
    print(row)
```

请注意，在 tSqlite 类中使用 SQLite 扩展功能时，我们需要将操作方法的 ext 参数设置为 True。在本示例的 SQL 语句中，quarter_text()函数会根据“销售”表“销售月”的数据获取季度信息，最终显示销售日期和对应的季度名称，执行结果如图 11-6 所示。

```
C:\Users\caohuayu\AppD...
(2022, 6, 26, '二季度')
(2022, 6, 26, '二季度')
(2022, 6, 26, '二季度')
(2022, 7, 3, '三季度')
(2022, 7, 1, '三季度')
(2022, 7, 5, '三季度')
(2022, 6, 25, '二季度')
(2022, 7, 10, '三季度')
```

图 11-6

此外，Python 定义的 quarter_text()函数中使用了 match 语句，这是 Python 3.10 新增的语法结构，如果使用的是 Python3.9 或更早的版本，那么我们可以使用 if 语句完成相同的操作，代码如下所示。

```
def quarter_text(month):
    if month>=1 and month<=3 : return "一季度"
    elif month>=4 and month<=6 : return "二季度"
    elif month>=7 and month<=9 : return "三季度"
    elif month>=10 and month<=12 : return "四季度"
    else : return "未分季"
```

11.9.2 聚合函数

SQLite 数据库包含了常用的统计函数，如 count()、avg()、min()、max()和 sum()，这些函数也被称为聚合函数，其特点是可以对查询结果中指定字段的所有数据进行统一的操作，如调用 sum()函数可以计算指定字段所有数据的和。

在 Python 中，我们可以通过使用 Connection 对象的 create_aggregate()方法向当前连接的数据库添加聚合函数，聚合函数的功能需要通过 Python 类实现。下面的代码通过 Median 类计算了数据集合的中位数。

```
import sqlite3
import pandas as pd

# 扩展用户函数
# 其他代码

# 扩展聚合函数类
# 计算中位数
```

```
class Median:
    def __init__(self):
        self.nums = []

    def step(self, value):
        if value!=None:
            self.nums.append(value)

    def finalize(self):
        ser = pd.Series(self.nums)
        return ser.median()

# 扩展排序规则
# SQLite3 数据库操作类
class tSqlite():

    def __init__(self, db:str):
        self.cnnstr = db

    def getCnn(self, ext=False):
        cnn = sqlite3.connect(self.cnnstr)
        # 添加扩展
        if ext :
            cnn.create_function("quarter_text", 1, quarter_text)
            cnn.create_aggregate("median", 1, Median)
        # 返回连接对象
        return cnn;
    # 其他代码
```

代码中使用 Median 类实现了聚合函数功能，我们需要实现 3 个方法，分别如下。

- __init__()方法，进行初始化操作。该方法创建了 nums 属性，定义为列表对象，用于保存读取的数据。
- step()方法，读取一个数据，如果数据不是空值（null）则添加到 self.nums 属性的列表中。
- finalize()方法，读取全部数据后的操作，这里使用 pandas 模块中 Series 对象的 median()方法计算中位数。

在 tSqlite 类的 getCnn()方法中，我们通过使用 Connection 对象的 create_aggregate(参数一，参数二，参数三)方法添加 SQLite 数据库的聚合函数，使用的 3 个参数分别如下。

- 参数一，SQL 语句中的函数名，这里定义为 median。
- 参数二，指定函数数据，这里为 1 个参数。
- 参数三，指定实现聚合函数功能的类，这里指定为 Median 类。

图 11-7 展示了 create_aggregate()方法的参数设置示意。

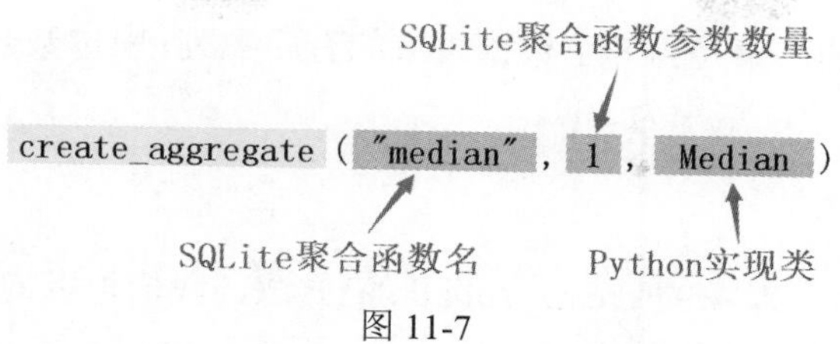

图 11-7

下面的代码演示了如何在 SQL 语句中使用 median()函数。

```
from sqlite3_chy import tSqlite

path = r"D:\da\sqlite\c10.db"
db = tSqlite(path)
sql = 'select median(销售价格) from 销售;'
print(db.queryValue(sql, ext=True))
```

在本示例中，SQL 语句通过调用“median(销售价格)”函数计算了“销售”表中“销售价格”的中位数。请注意，在 tSqlite 类中使用 SQLite 数据库扩展功能时，我们需要将操作方法的 ext 参数设置为 True。

下面的代码读取并显示了“销售”表“销售价格”的数据，然后通过 pandas 模块中的 Series 对象计算了中位数。

```
from sqlite3_chy import tSqlite
import pandas as pd

path = r"D:\da\sqlite\c10.db"
db = tSqlite(path)
sql = 'select 销售价格 from 销售 order by 销售价格;'
data = db.queryColumn(sql)
print(data)
ser = pd.Series(data)
print(ser.median())
```

在上述代码中，查询结果按“销售价格”升序排列，读取的数据如图 11-8 所示。

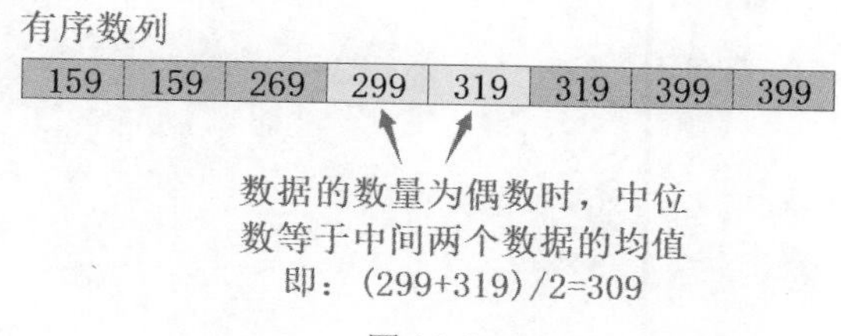

图 11-8

在本示例中，读取的结果是由 8 个数据组成的有序数列，中位数是中间两个数据的均值，也就是 299 和 319 的均值，结果为 309。

11.9.3　排序规则

通过使用 Connection 对象的 create_collation()方法，我们可以向当前连接的数据库添加数据排序规则关键字，方法定义如下。

```
create_collation(name, callable)
```

其中，name 参数指定 SQL 语句中使用的排序关键字。callable 参数指定实现排序规则的 Python 函数，此函数需要两个参数，并返回一个整数，返回值的含义如下。

- 返回 1，参数一大于参数二。
- 返回–1，参数一小于参数二。
- 返回 0，参数相等。

在 SQLite 数据库中，文本内容默认按 Unicode 编码排序，接下来我们将会学习通过扩展排序关键字实现按拼音排序的功能。

下面的代码在 sqlite3_chy.py 文件中扩展了 zhpy 关键字，用于按中文拼音排列。

```
import sqlite3
import pandas as pd
from pypinyin import lazy_pinyin

# 扩展用户函数
# 其他代码

# 扩展聚合函数类
# 其他代码

# 扩展排序规则，zh_asc 关键字
def zhpy(a,b):
    s1 = ''.join(lazy_pinyin(a)).lower()
    s2 = ''.join(lazy_pinyin(b)).lower()
    if s1==s2 : return 0
    elif s1>s2 : return 1
    else : return -1

# SQLite3 数据库操作类
class tSqlite():

    def __init__(self, db:str):
```

```
        self.cnnstr = db

    def getCnn(self, ext=False):
        cnn = sqlite3.connect(self.cnnstr)
        # 添加扩展
        if ext :
            cnn.create_function("quarter_text", 1, quarter_text)
            cnn.create_aggregate("median", 1, Median)
            cnn.create_collation("zhpy", zhpy)
        # 返回连接对象
        return cnn;
    # 其他代码
```

代码中首先定义了 zhpy()函数，其功能是将文本内容转换为拼音的小写形式后进行比较，并返回比较结果，当两个参数相同时返回 0，当参数一大于参数二时返回 1，参数一小于参数二时返回−1。

tSqlite 类的 getCnn()方法调用了 Connection 对象的 create_collation(参数一，参数二)方法，其中，参数一指定中文拼音排序规则的关键字为“zhpy”，参数二指定实现排序规则的 Python 函数为 zhpy()。如图 11-9 所示为 create_collation()方法的参数设置示意。

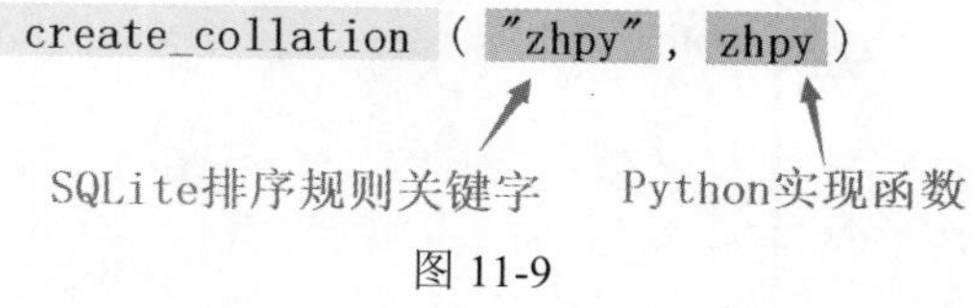

图 11-9

下面的代码在项目主代码文件中测试了中文排序。

```
from sqlite3_chy import tSqlite

path = r"D:\da\sqlite\c10.db"
db = tSqlite(path)
sql = 'select 昵称 from 客户 order by 昵称 collate zhpy;'
data = db.queryColumn(sql, ext=True)
print(data)
```

需要注意，在 SQL 语句中使用自定义的排序规则时，我们还需要添加 collate 关键字，如代码中的“order by 昵称 collate zhpy”。在本示例中，“客户”表的“昵称”数据会按拼音或英文的自然顺序升序排列，并且不区分大小写，这是因为 zhpy()函数是首先将文本都转换为小写形式后再进行比较的。zhpy()函数实现的是按拼音升序排列，如果需要按拼音降序排列，那么我们可以在 SQL 语句中的 zhpy 关键字后添加 desc 关键字。图 11-10 展示了默认的升序排列（上）、按拼音升序（中）和降序（下）排列的效果。

Maria	刘兰	十全美	小喵	张三	李四	梅花9	胖妞	花海	蓝天
花海	蓝天	李四	刘兰	Maria	梅花9	胖妞	十全美	小喵	张三
张三	小喵	十全美	胖妞	梅花9	Maria	刘兰	李四	蓝天	花海

图 11-10

11.10 pandas 读取和写入 SQLite 数据

pandas 模块中封装了对 SQLite 数据库的操作。下面的代码将 DataFrame 对象的数据写入了 SQLite 数据库。

```
from sqlite3_chy import tSqlite
import pandas as pd

# 数据
df = pd.DataFrame({"货号":["a22001","a22002","a22003"], \
    "销量":[15,26,36]})
# 写入 SQLite 数据库
path = r"D:\da\sqlite\c10.db"
with tSqlite(path).getCnn() as cnn:
    df.to_sql('销量A', cnn, index=False)
print("OK")
```

通过使用 DataFrame 对象的 to_sql()方法，我们可以将数据写入 SQLite 数据库的新数据表，如果指定的表已经存在则会出错。

to_sql()方法常用的参数如下。

- name，写入的新数据表名称。
- con，SQLite 数据库连接对象（Connection）。
- index，是否写入行索引。

在保存的数据表中，字段类型只使用了基本类型，如果需要提高数据查询效率，可以对主要字段创建索引。

需要从 SQLite 数据库读取数据时，我们可以调用 pandas 模块的 read_sql_query()函数，读取的数据会生成 DateFrame 对象。下面的代码读取了刚刚保存的“销量 A”表的数据。

```
from sqlite3_chy import tSqlite
import pandas as pd
```

```
pd.set_option('display.unicode.east_asian_width', True)
#
path = r"D:\da\sqlite\c10.db"
with tSqlite(path).getCnn() as cnn :
    df = pd.read_sql_query("select * from 销量A;", cnn)
    print(df)
```

执行结果如图 11-11 所示。

需要调用 read_sql_query()函数读取数据时，我们可以使用 sql 参数指定查询语句，con 参数指定 SQLite 数据库连接对象。如果需要将某一列数据作为 DataFrame 对象的行索引，可以使用 index_col 参数指定字段名。下面的代码读取了“销量 A”表的数据，并将“货号”作为 DataFrame 对象的行索引。

```
from sqlite3_chy import tSqlite
import pandas as pd

pd.set_option('display.unicode.east_asian_width', True)

path = r"D:\da\sqlite\c10.db"
with tSqlite(path).getCnn() as cnn:
    df = pd.read_sql_query("select * from 销量A;", cnn, index_col="货号")
    print(df)
```

代码执行结果如图 11-12 所示。

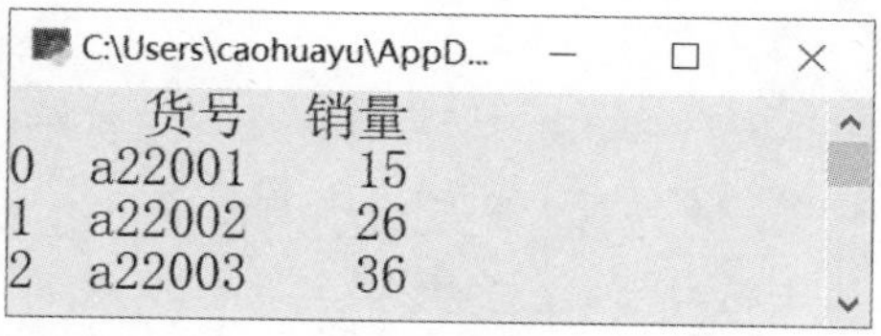

```
C:\Users\caohuayu\AppD...
     货号   销量
0  a22001    15
1  a22002    26
2  a22003    36
```

图 11-11

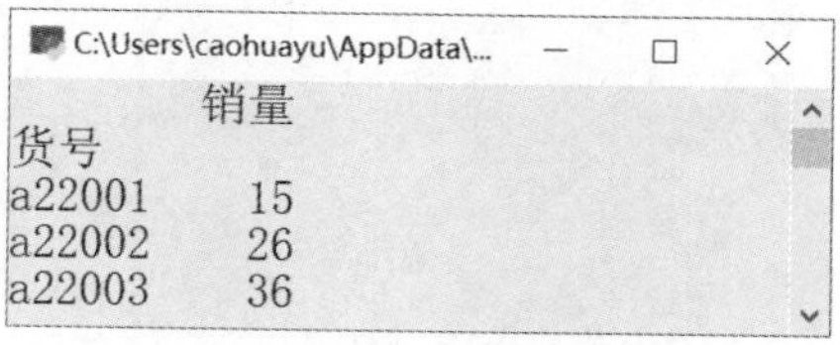

```
C:\Users\caohuayu\AppData\...
        销量
货号
a22001    15
a22002    26
a22003    36
```

图 11-12

在 pandas 模块中，我们还可以使用 SQLAlchemy 的对象关系映射模型（ORM）读取或写入 SQLite 数据库。在 Windows 操作系统的命令行窗口中，我们可以通过输入如下命令安装 sqlalchemy 模块。

```
pip install sqlalchemy
```

下面的代码读取了“销量 A”表的数据，并通过 DataFrame 对象进行显示，最后保存到“销量 B”表。

```
from sqlalchemy import create_engine
import pandas as pd

pd.set_option('display.unicode.east_asian_width', True)

# 创建 SQLAlchemy 连接对象
path = r"D:\da\sqlite\c10.db"
cnn = create_engine(r"sqlite:///" + path)
# 读取数据
df = pd.read_sql_query('select * from 销量 A;', cnn)
print(df)
# 写入数据
df.to_sql("销量 B", cnn, index=False)
# 关闭数据库连接
cnn.dispose()
```

执行代码会显示“销量 A”表的数据，如图 11-13 所示，然后将数据写入“销量 B”表。

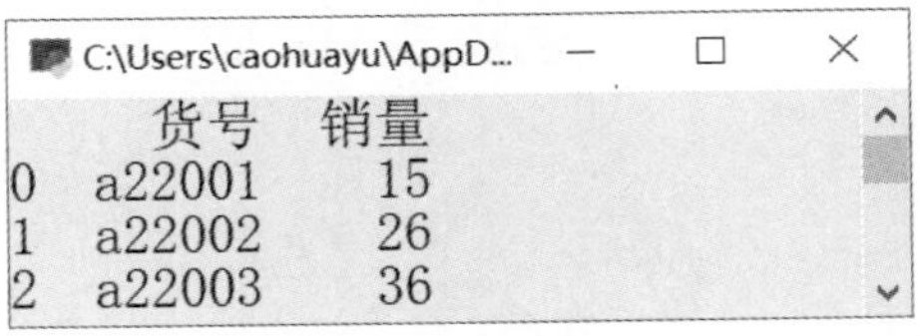

```
C:\Users\caohuayu\AppD...
      货号   销量
0  a22001    15
1  a22002    26
2  a22003    36
```

图 11-13

下面的代码读取了“销量 B”表的数据。

```
from sqlite3_chy import tSqlite
import pandas as pd

pd.set_option('display.unicode.east_asian_width', True)

path = r"D:\da\sqlite\c10.db"
db = tSqlite(path)
data = db.queryAll("select * from 销量 B")
df = pd.DataFrame(data)
print(df)
```

代码执行结果与图 11-13 相同。

第 12 章　更大、更快、更强——MySQL 数据库

本章介绍的 MySQL 和 SQLite 都属于关系型数据库……

一一问答
一一问：不好意思，打断一下，请问为什么我们要学习两种关系型数据库呢？ 答：虽然都属于关系型数据库，但 SQLite 属于桌面级数据库，写入数据时会锁定整个文件，这一特性对于大量并发操作来说并不友好。对海量数据管理来说，使用一种高性能的关系型数据库是非常有必要的，如 MySQL、SQL Server 等。 **一一问：既然都是关系型数据库，那 MySQL 和 SQLite 是不是有什么共同点呢？** 答：首先，两种数据库中的数据都是以二维表形式进行统计和管理的。另一个共同点就是 SQL 语句的支持，对于 select、insert、update 和 delete 语句，MySQL 和 SQLite 数据库有着几乎相同的语法，但在数据库管理等方面区别较大。此外，MySQL 支持更多的数据类型，如日期和时间类型等。 **一一问：看来 MySQL 更适合处理“大数据”了？** 答：的确是这样的。下面我们先来了解 MySQL 数据库在 Windows 10 操作系统中的安装和配置过程。

12.1　MySQL 安装与配置

本书示例使用了 MySQL 8.0 的非安装版本为压缩文件，文件名类似于 mysql-8.0.29-winx64.zip，解压路径为 D:\mysql8。

安装 MySQL 服务需要 Windows 操作系统管理员权限，我们需要使用管理员身份打开命令行窗口，然后执行如下命令。

```
D:<回车>
cd mysql8\bin <回车>
```

执行完成后，当前工作目录为 D:\mysql8\bin，目录中包含了 MySQL 数据库的命令行工具。

——问答

——问：是不是可以将 D:\mysql8\bin 路径添加到 path 系统变量呢？

答：可以。这样在进入 Windows 操作系统的命令行窗口后就不需要再改变工作目录了。本书只需要在这一部分配置 MySQL 数据库，然后就不会再使用 MySQL 命令行工具了，因此我们没有将 D:\mysql8\bin 添加到 path 环境变量。

对于新的 MySQL 数据库环境，我们首先需要进行初始化操作，在 Windows 操作系统的命令行窗口中输入如下命令即可。

```
mysqld  --initialize-insecure
```

执行命令后，D:\mysql8 目录中会新增 data 目录。-insecure 参数的功能是创建 root 用户，默认登录密码为空。root 是 MySQL 数据库默认的管理员用户，而管理员密码为空是非常不安全的，稍后会介绍如何修改用户的登录密码。

在本书的示例中，MySQL 数据库统一使用 UTF-8 字符集，我们可以通过配置文件进行设置，需要在 MySQL 安装目录（如 D:\mysql8）中创建 my.ini 文件，并修改内容如下。

```
[mysqld]
character_set_server = utf8
```

我们可以使用“记事本”程序来编辑文件，在“另存为”对话框中选择“所有类型”，并修改文件名为 my.ini。

——问答

——问：怎样能确认 my.ini 文件名是正确的呢？

答：如果在 Windows 10 操作系统中没有显示文件扩展名，那么我们可以在“Windows 资源管理器”中通过点击“文件”→“选项”→“查看”命令打开“文件夹选项”对话框，在“查看”选项卡的“高级设置”列表中取消选择“隐藏已知文件类型的扩展名”，如图 12-1 所示。

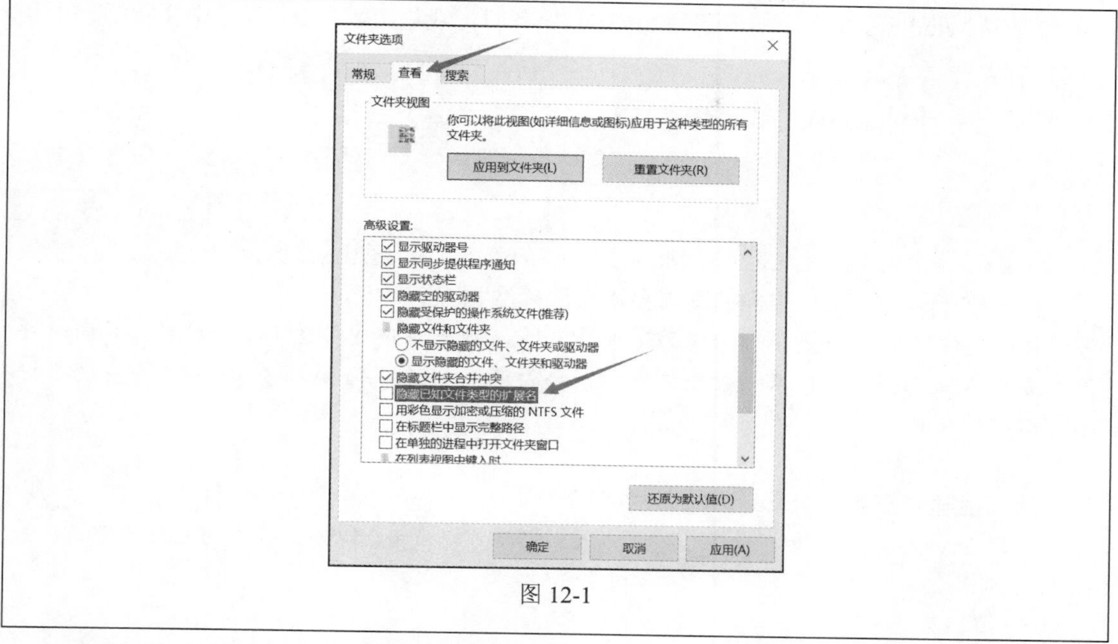

图 12-1

接下来我们需要将 MySQL 数据库安装为 Windows 服务（service），在 D:\mysql8\bin 目录中执行如下命令（需要管理员权限）即可。

```
mysqld --install
```

本操作会使用默认的参数安装 Windows 服务，其中服务名为 mysql，服务端口为 3306。如果需要指定 Windows 服务名和端口，可以使用如下命令。

```
mysqld --install mysql8 -P 3333
```

其中，服务名为“mysql8”，大写 P 参数指定服务端口为 3333。此外，我们也可以通过配置文件修改 MySQL 服务端口，代码如下所示（my.ini）。

```
[mysqld]
character_set_server = utf8
port = 3333
```

将 MySQL 安装为 Windows 服务后，我们可以使用如下命令启动服务。

```
net start mysql
```

需要停止 MySQL 服务时可以使用如下命令。

```
net stop mysql
```

需要从 Windows 操作系统中删除 MySQL 服务时，我们可以在 bin 目录中执行如下命令。

```
mysqld --remove
```

也可以使用 Windows 操作系统工具 sc 删除服务，命令如下。

```
sc delete mysql
```

一一问答

一一问：在删除 MySQL 服务的同时会不会删除数据呢？

答：时刻关注数据安全是非常必要的！从 Windows 操作系统中删除 MySQL 服务的同时并不会删除 MySQL 安装目录和数据文件，需要时可以重新安装 MySQL 服务，原有的数据也可以继续使用。

一一问：能随时查看 MySQL 的服务状态吗？

答：运行 services.msc 打开“服务”对话框，我们就可以查看 MySQL 服务的运行状态了，如图 12-2 所示。

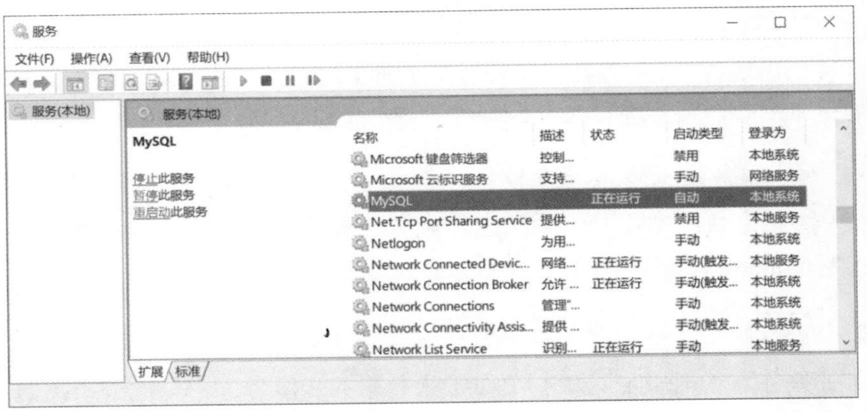

图 12-2

操作 MySQL 数据库时，我们可以使用 MySQL 自带的命令行客户端（mysql.exe），它同样位于 MySQL 的 bin 目录，常用参数如下。

- -u，指定登录用户名。
- -p，登录时需要输入密码。
- -h，指定登录主机（host）。如果是本机登录可以不使用此参数。
- -P，指定端口号。如果使用默认的 3306 端口则不需要此参数。

目前，root 用户的密码为空，我们可以使用如下命令登录。

```
mysql -u root
```

重新设置 root 用户的登录密码后，应添加-p 参数，命令如下。

```
mysql -u root -p
```

执行命令后会提示输入密码，如图 12-3 所示。

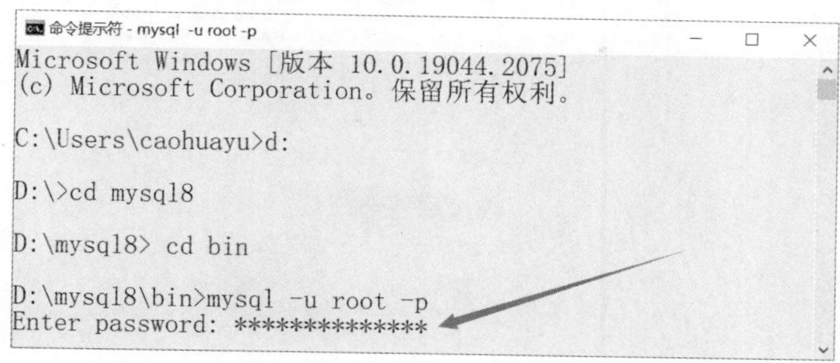

图 12-3

成功登录后会出现 mysql>提示符，在此处我们可以执行 SQL 语句，如下面的语句可以创建 yiyi_shop 数据库。

```
create database yiyi_shop;
```

需要查看已存在的数据库时，我们可以使用“show databases;”语句。需要退出 MySQL 环境可以使用 quit 命令。

为了数据库安全，我们还需要修改 root 用户的密码。首先在 Windows 操作系统的命令行窗口中，切换当前工作目录到 D:\mysql8\bin，然后执行如下命令。

```
mysqladmin -u root -p password
```

执行命令后，首先会提示输入 root 用户的原密码，初始化时为空密码，直接按下回车键即可，然后需要输入两次新的密码，输入一致即可完成密码的修改。

一一问答

一一问：有没有图形化界面的工具能够操作 MySQL 数据库呢？

答：可以使用 HeidiSQL。

12.2 使用 HeidiSQL

HeidiSQL 是一款数据库客户端，本节将介绍它的使用方法。

打开 HeidiSQL 后，我们可以点击左下角的“新建”按钮添加数据库连接，如图 12-4 所示。

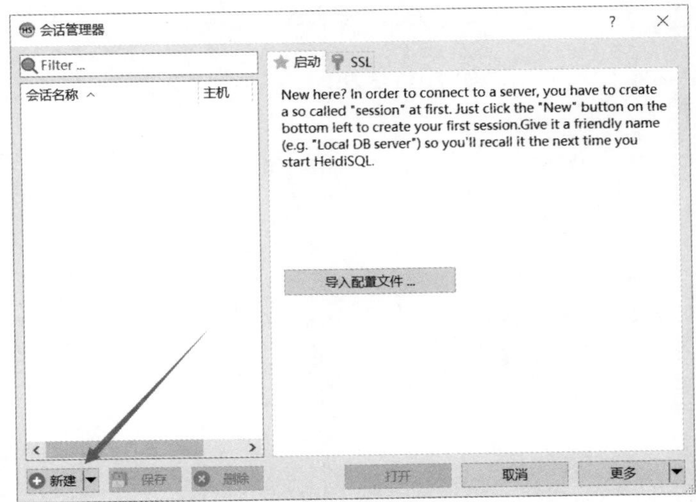

图 12-4

新建数据库连接时，需要注意 MySQL 服务的如下几个参数。

- 主机名/IP。本机服务的 IP 地址为 127.0.0.1。
- 端口。默认端口为 3306。
- 用户。本机测试时使用 root 用户。
- 密码。用户对应的登录密码。

图 12-5 中显示了示例数据库的连接参数，我们可以根据测试环境的实际参数进行设置。

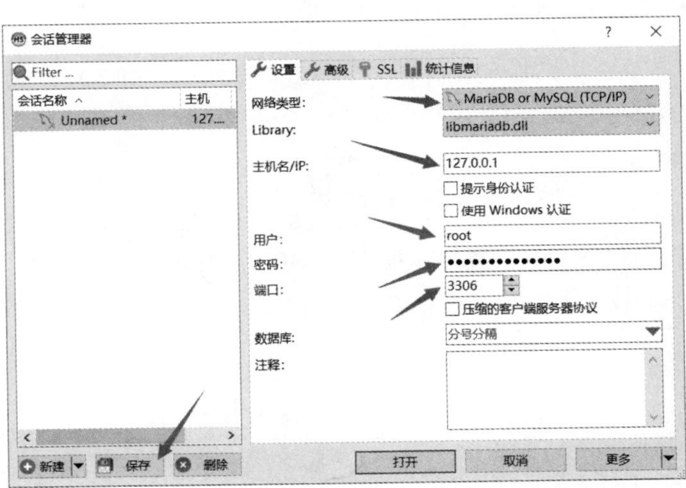

图 12-5

设置完成后点击“保存”按钮保存连接信息，然后点击“打开”按钮连接数据库，连接成功后进入 HeidiSQL 主界面，如图 12-6 所示。

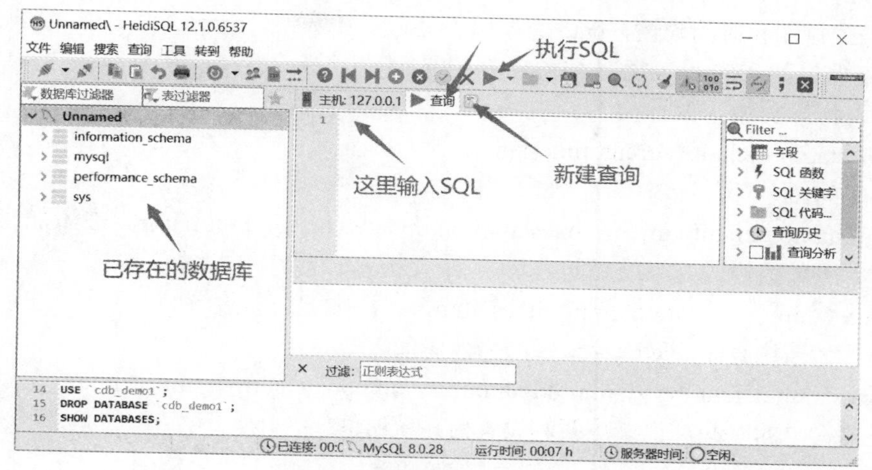

图 12-6

在 HeidiSQL 主界面中，我们可以在“查询”选项卡输入 SQL 语句，也可以通过点击标签后的按钮添加新的查询。输入 SQL 语句后，可以通过点击菜单栏中的执行按钮或按下 F9 键执行。

与 SQLite 不同的是，MySQL 服务器中可以存在多个数据库（database），如图 12-6 左侧的列表中显示的就是 MySQL 的系统数据库。

创建数据库需要使用 create database 语句，如果还没有 yiyi_shop 数据库，可以输入如下语句创建数据库。

```
create database yiyi_shop;
```

12.3 常用数据类型

与 SQLite 相比，MySQL 数据库有着更加丰富的数据类型，下面我们先了解一些常用的类型，稍后会介绍具体的应用。

- 整数，常用类型有 int 和 bigint，分别处理 32 位整型和 64 位整型。
- 浮点数，基于 decimal(m,n)类型，其中，m 表示整数部分和小数部分共有多少位，n 表示有多少位小数。
- 文本类型，包括固定长度文本、不定长度文本和大文本类型。当文本数据的长度固定时可以使用 char(n)类型，n 表示字符长度，文本数据的长度不确定时可以使用 varchar(n)类型，n 表示允许的最大字符数量。存放大量的文本时，可以使用 text 或 bigtext 类型。

- 二进制类型，用于存放字节数据，可以使用 blob 或 bigblob 类型。

日期和时间相关类型包括 datetime、date、time、timestamp 等。其中，datetime 类型用于处理完整的日期和时间数据，date 类型用于处理日期数据，time 类型用于处理时间数据。需要自动处理日期和时间数据时，如保存记录创建、修改等操作的时间，我们可以使用 timestamp 及扩展类型，具体如下。

- timestamp default current_timestamp，在添加记录时保存系统时间，即保存记录创建的时间。
- timestamp default current_timestamp on update current_timestamp，在添加或修改记录时，将数据修改为系统时间。
- timestamp on update current_timestamp，在添加记录时设置为 0，同时在记录更新时设置为系统时间，即保存记录的修改时间。
- timestamp default 'yyyy-mm-dd hh:mm:ss' on update currnet_timestamp，在添加记录时设置指定的时间，记录更新时设置为系统时间。

12.4　数据表

MySQL 同样使用二维表作为数据管理的基本形式，不同点在于，MySQL 数据表可以使用多种引擎类型，本书示例统一使用 InnoDB 引擎。此外，MySQL 数据库对象名同样可以使用反单引号（`）定义，如`yiyi_shop`、`attire_main`、`client_main`。

12.4.1　创建表

在 MySQL 数据库中，创建表同样需要使用 create table 语句，并且可以使用 engine 参数指定表的引擎类型，default charset 参数指定默认的字符集。下面的代码在 yiyi_shop 数据库中创建了 attire_main 表。

```
use yiyi_shop;

create table attire_main(
recid bigint auto_increment not null primary key,
num varchar(15) not null unique,
catalog varchar(15) not null,
price decimal(8,2) not null default 0.0,
stock_s int default 0,
stock_m int default 0,
stock_l int default 0
)engine=innodb default charset='utf8';
```

MySQL 服务器可以管理多个数据库，需要执行 SQL 语句时，我们可以使用 use 语句指定操作的数据库，如第一行代码“use yiyi_shop;”。

attire_main 表的字段定义如下。

- recid，记录 ID。定义为 bigint 类型，使用 auto_increment 关键字定义为自增长字段，并定义为主键（primary key），数据不能为空值（not null）。
- num，货号。定义为不定长度文本类型（varchar），最多允许 15 个字符，并指定为唯一约束（unique），同时不允许空值。
- catalog，分类。定义为不定长类型，最多允许 15 个字符。
- price，定价。定义为 decimal(8,2)类型，表示整数和小数部分最多 8 位，其中包含两位小数，也就是说最高定价可以是 999999.99。
- stock_s、stock_m、stock_l 分别保存小码、中码和大码的库存量，定义为 int 类型，默认值为 0。

需要查看数据库中有哪些表时，可以使用“show tables”语句，如图 12-7 所示。

创建数据表后，我们还可以使用 describe 语句查看表的定义，如图 12-8 所示。

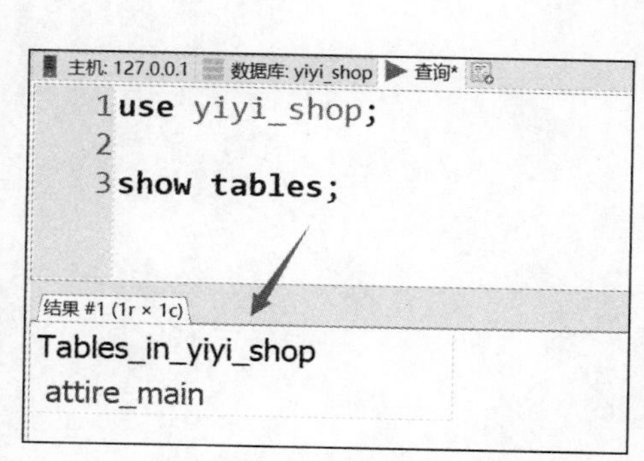

图 12-7

主机: 127.0.0.1 数据库: yiyi_shop 查询*

```
use yiyi_shop;

describe attire_main;
```

结果 #1 (7r × 6c)

Field	Type	Null	Key	Default	Extra
recid	bigint(20)	NO	PRI	(NULL)	auto_increment
num	varchar(15)	NO	UNI	(NULL)	
catalog	varchar(15)	NO		(NULL)	
price	decimal(8,2)	NO		0.00	
stock_s	int(11)	YES		0	
stock_m	int(11)	YES		0	
stock_l	int(11)	YES		0	

图 12-8

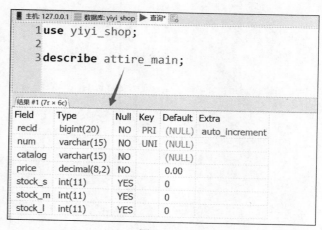

通过 describe 语句查看的表结构也是二维表，字段如下。

- Field，字段名。
- Type，数据类型。
- Null，是否允许为空值。
- Key，键，如主键（PK，Primary Key）、唯一键（UNI，Unique）。
- Default，默认值。
- Extra，扩展特性，如自增长字段（auto_increment）。

一问一答

一问：图 12-8 中，bigint 和 int 类型括号里的数字是什么意思？

答：bigint(20)和 int(11)分别是 bigint 和 int 类型的完整表示形式。其中，bigint 类型表示 64 位整型，取值范围从–9 223 372 036 854 775 808 到+9 223 372 036 854 775 807，包含符号最多 20 位；int 类型表示 32 位整型，取值范围从–2 147 483 648 到+2 147 483 647，包含符号最多 11 位。

12.4.2 主键、唯一值和外键约束

在介绍 SQLite 数据库时，我们已经讨论过主键（PK）、外键（FK）和唯一键约束（Unique）的概念了，在关系型数据库中，这些概念是相同的。

下面的代码在 yiyi_shop 数据库中创建了 client_main 表和 sale_main 表。

```
use yiyi_shop;

create table client_main(
clientid bigint auto_increment not null primary key,
clientcode varchar(15) not null unique,
nickname varchar(15) not null
)engine=innodb default charset='utf8';

create table sale_main(
saleid bigint auto_increment not null primary key,
clientcode varchar(15),
num varchar(15),
size varchar(10),
saleprice decimal(8,2),
saletime datetime,
foreign key(clientcode) references client_main(clientcode),
foreign key(num) references attire_main(num)
)engine=innodb default charset='utf8';
```

client_main 表用于保存客户信息，字段比较简单，其中，clientid 为自增长字段，clientcode 字段用于保存客户代码，最多允许 15 个字符，并定义为唯一约束，nickname 字段用于保存客户昵称，最多允许 15 个字符。

sale_main 表保存销售记录，字段如下。

- saleid，销售 ID，定义为自增长字段。
- clientcode，客户代码，定义为外键，引用 client_main 表的 clientcode 字段。

- num，货号，定义为外键，引用 attire_main 表的 num 字段。
- size，尺寸，如"S"、"M"、"L"等，最多可保存 10 个字符。
- saleprice，销售价格。
- saletime，销售时间。定义为 datetime 类型，保存销售日期和时间。

目前我们已经创建了 3 个数据表，分别是 attire_main、client_main 和 sale_main 表，它们的关系如图 12-9 所示。

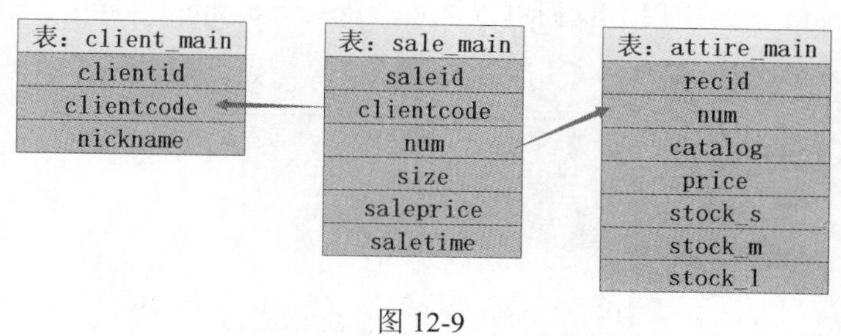

图 12-9

12.4.3 修改字段定义

在 SQLite 数据库中，我们只能通过 alter table 语句添加表的字段，而在 MySQL 数据库中，alter table 语句除了可用于添加字段以外，还可以修改字段定义和删除字段。

添加字段需要使用 alter table 语句和 add column 子句，格式如下。

```
alter table 表名
add column 字段定义
```

在下面的代码中，我们在 client_main 表中添加了 mphone 字段，该字段用于保存客户的电话号码，字段类型定义为 varchar(11)。

```
use yiyi_shop;

alter table client_main
add column mphone varchar(11);
```

修改字段时需要使用 change column 子句，格式如下。

```
alter table 表名
change column 原字段名 新的字段定义
```

下面的代码将 client_main 表的 mphone 字段修改为 phone，类型为 varchar(30)。

```
use yiyi_shop;
```

```
alter table client_main
change column mphone phone varchar(30);
```

删除字段时需要使用 drop column 子句，同时需要指定删除的字段名，格式如下。

```
alter table 表名
drop column 字段名
```

修改 client_main 表结构后，我们可以通过“describe client_main;”语句查看修改后的表结构，如图 12-10 所示。

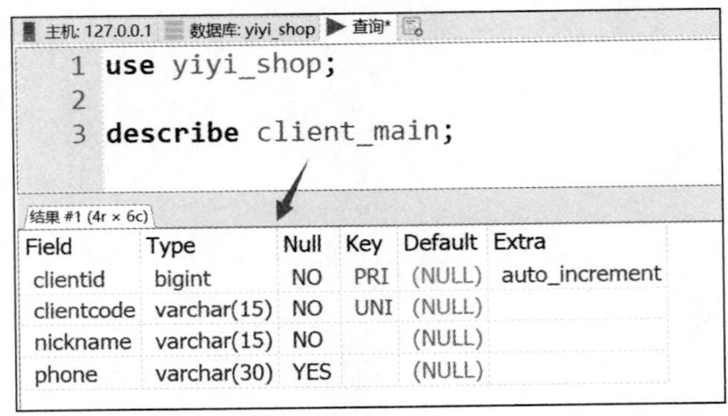

图 12-10

12.4.4　复制表结构

创建新表时，如果表结构与已存在的表相同，那么我们可以通过复制结构的方式创建新表，此时需要在 create table 语句中使用 like 子句，格式如下。

```
create table 新表名称 like 源表名称;
```

下面的代码创建了 client_bak 表，其结构与 client_main 表相同。

```
use yiyi_shop;

create table client_bak like client_main;
```

下面的代码使用 describe 语句查询了 client_bak 表的结构。

```
use yiyi_shop;

describe client_bak;
```

查询结果如图 12-11 所示。

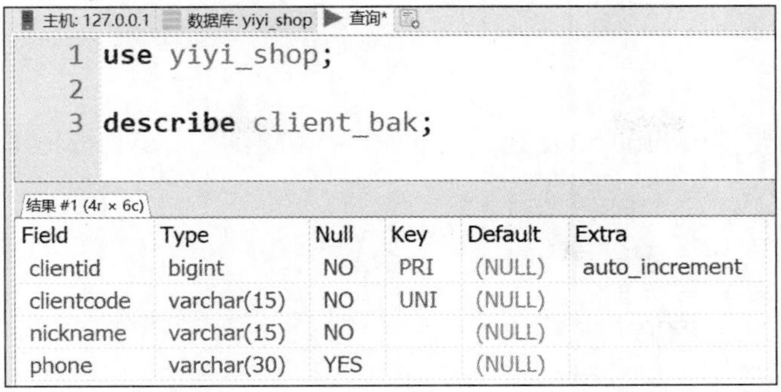

主机: 127.0.0.1 数据库: yiyi_shop 查询*

```
use yiyi_shop;

describe client_bak;
```

结果 #1 (4r × 6c)

Field	Type	Null	Key	Default	Extra
clientid	bigint	NO	PRI	(NULL)	auto_increment
clientcode	varchar(15)	NO	UNI	(NULL)	
nickname	varchar(15)	NO		(NULL)	
phone	varchar(30)	YES		(NULL)	

图 12-11

12.4.5 表的重命名（表的移动）

需要修改数据表名称时，我们可以使用 rename table 语句，应用格式如下。

```
rename table 原表名 to 新表名;
```

下面的代码将 client_bak 表重新命名为 client_old。

```
use yiyi_shop;

rename table client_bak to client_old;
```

通过 rename table 语句，我们还可以将数据表移动到另一个数据库中，代码如下所示。

```
create database yiyi_shop_bak;

rename table yiyi_shop.client_old
to yiyi_shop_bak.client_old;
```

在上述代码中，我们首先创建了 yiyi_shop_bak 数据库，然后将 yiyi_shop 数据库的 client_old 表重新命名为 yiyi_shop_bak 数据库的 client_old 表，也就是完成了表的移动。

一一问答

一一问："数据库.表"格式可以直接访问数据表，那是不是不需要 use 语句指定数据库？

答：如果 SQL 中只需要少量的对象引用，那么我们可以使用"数据库.对象"格式；如果对同一数据库的对象引用比较多，那么需要先使用 use 语句指定数据库，以减少代码量。此外，当我们在查询中引用不同数据库的对象时，应使用"数据库.对象"格式明确调用的对象。

12.4.6 删除表

删除数据表需要使用 drop table 语句。下面的代码删除了 yiyi_shop_bak 数据库的 client_old 表。

```
drop table yiyi_shop_bak.client_old;
```

如果不再需要 yiyi_shop_bak 数据库，那么我们可以使用 drop database 语句将其删除，代码如下所示。

```
drop database yiyi_shop_bak;
```

请注意，在删除数据库和数据表操作前，应再三确认后执行。

12.4.7 索引

下面的代码使用 show indexes 语句查询了 client_main 表中已存在的索引。

```
use yiyi_shop;

show indexes from client_main;
```

根据查询结果可以得知，主键和唯一键字段已默认添加索引。

对数据表字段添加索引可以优化数据访问效率，创建索引时需要使用 create index 语句。下面的代码对 client_main 表中的 phone 字段创建了索引。

```
create index idx_client_phone
on yiyi_shop.client_main(phone);
```

需要删除索引时，我们可以在 alter table 语句中使用 drop index 子句。下面的代码删除了 client_main 表中的 idx_client_phone 索引。

```
alter table yiyi_shop.client_main
drop index idx_client_phone;
```

12.5 导入 CSV 数据

随书资源的/csv/12 目录有 3 个 CSV 文件，这 3 个文件包含了 attire_main、client_main 和 sale_main 表的测试数据。下面先将这些数据导入 yiyi_shop 数据库。

首先我们来看看 attire_main.csv 文件的内容，如图 12-12 所示。

可以看到 attire_main.csv 文件中包含了 recid、num、catalog 和 price 字段数据。接下来，我们在 HiediSQL 中通过点击菜单“工具”组的“导入 CSV 文件”命令打开 CSV 导入对话框，如图 12-13 所示。

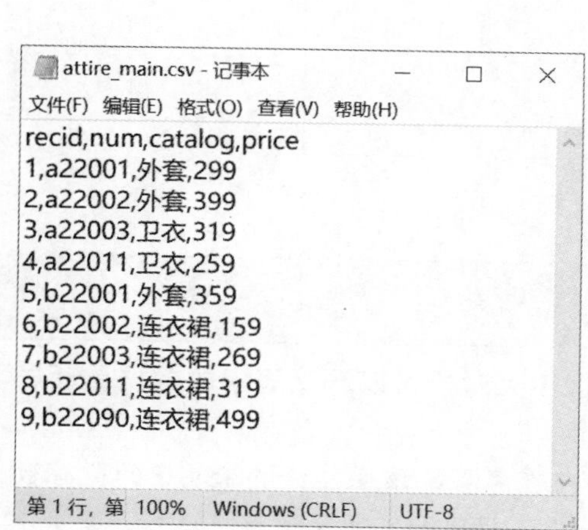


```
recid,num,catalog,price
1,a22001,外套,299
2,a22002,外套,399
3,a22003,卫衣,319
4,a22011,卫衣,259
5,b22001,外套,359
6,b22002,连衣裙,159
7,b22003,连衣裙,269
8,b22011,连衣裙,319
9,b22090,连衣裙,499
```

图 12-12

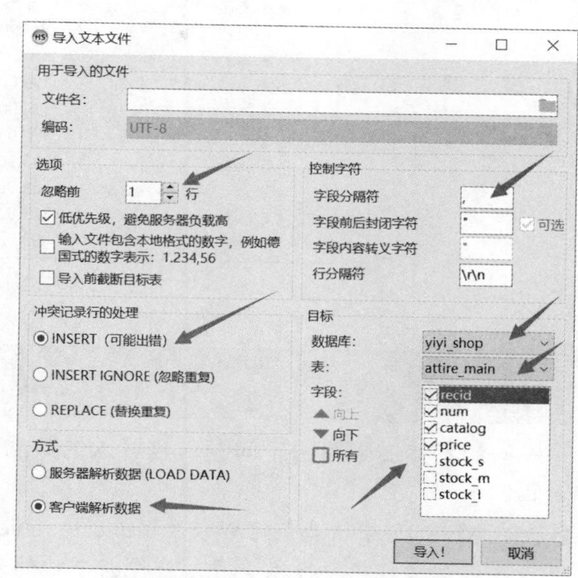

图 12-13

图 12-13 中，我们需要注意如下参数。

- “选项”中需要设置忽略前 1 行，因为 CSV 文件中的第一行是字段名。
- 字段分隔符，由于文件中使用逗号（,）分隔数据，因此这里设置为逗号。
- “冲突记录的处理”。第一次导入时可以选择完全添加（INSERT）。
- “方式”，选择“客户端解析数据”。
- “目标”中选择导入的数据库、数据表和字段，选择的字段要和 CSV 文件中的字段相同，并且顺序要一致。

完成设置后点击“导入!”按钮执行操作。导入成功后，我们可以输入如下语句查看导入的数据。

```
use yiyi_shop;

select * from attire_main;
```

查询结果如图 12-14 所示，可以看到没有准备数据的 stock_s、stock_m 和 stock_l 字段数据为默认值 0。

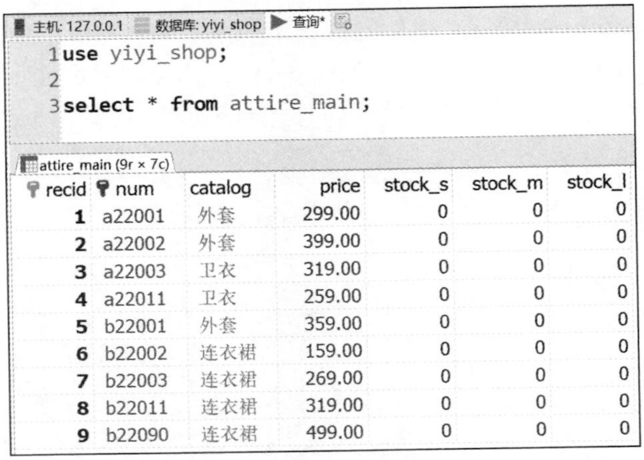

主机: 127.0.0.1　数据库: yiyi_shop　查询*

```
use yiyi_shop;

select * from attire_main;
```

attire_main (9r × 7c)

recid	num	catalog	price	stock_s	stock_m	stock_l
1	a22001	外套	299.00	0	0	0
2	a22002	外套	399.00	0	0	0
3	a22003	卫衣	319.00	0	0	0
4	a22011	卫衣	259.00	0	0	0
5	b22001	外套	359.00	0	0	0
6	b22002	连衣裙	159.00	0	0	0
7	b22003	连衣裙	269.00	0	0	0
8	b22011	连衣裙	319.00	0	0	0
9	b22090	连衣裙	499.00	0	0	0

图 12-14

——问答

——问：不知道哪里出了问题，我导入的数据好像不太对，可以删除表中的数据重新导入吗？

答：在 MySQL 中，我们可以使用 truncate table 语句重置表，该操作会清除表中的所有数据，并将自增长字段数据重置，就像新创建的表一样，代码如下所示。

```
use yiyi_shop;

set foreign_key_checks = 0;
truncate table attire_main;
set foreign_key_checks = 1;
```

——问：truncate table 语句前后的 set 语句有什么作用？

答：其功能是设置 MySQL 环境参数，该示例中设置了 foreign_key_checks 参数，设置为 1 时会检查外键约束，设置为 0 时不检查外键约束。sale_main 表的 num 字段定义为外键，引用了 attire_main 表的 num 字段，如果不将 foreign_key_checks 参数设置为 0 就无法重置 attire_main 表。

接下来导入 client_main.csv 文件的数据，文件内容如图 12-15 所示。

在 HeidiSQL 中，我们可以通过点击菜单“工具”组的“导入 CSV 文件”命令打开导入对话框，如图 12-16 所示。

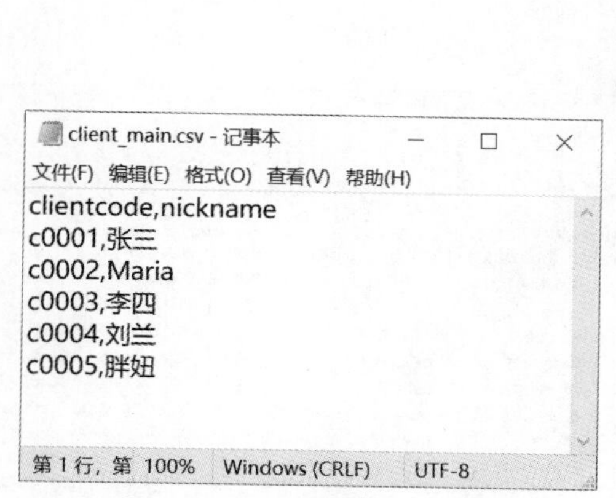

client_main.csv - 记事本

文件(F) 编辑(E) 格式(O) 查看(V) 帮助(H)

```
clientcode,nickname
c0001,张三
c0002,Maria
c0003,李四
c0004,刘兰
c0005,胖妞
```

第 1 行，第 100% Windows (CRLF) UTF-8

图 12-15

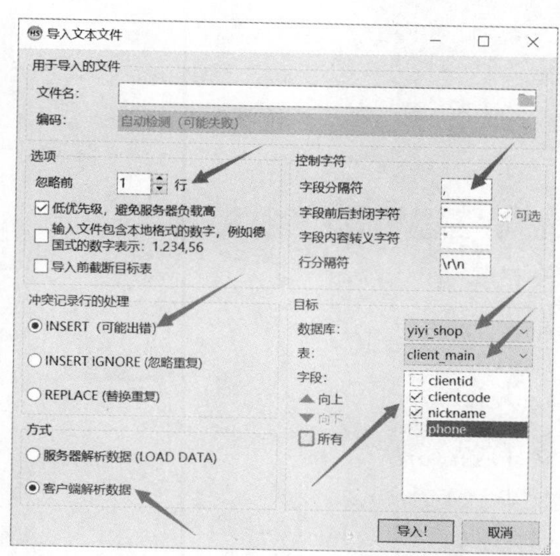

图 12-16

设置的参数与导入 attire_main 表相似，需要选择正确的数据库、数据表和 CSV 文件包含的字段，注意这里只包含 clientcode 和 nickname 字段数据。操作成功后，我们可以通过输入“select * from client_main;”语句查看导入的数据，如图 12-17 所示。

最后导入 sale_main.csv 文件的数据，文件内容如图 12-18 所示。

主机: 127.0.0.1 数据库: yiyi_shop 查询*

```
use yiyi_shop;

select * from client_main;
```

client_main (5r × 4c)

clientid	clientcode	nickname	phone
1	c0001	张三	(NULL)
2	c0002	Maria	(NULL)
3	c0003	李四	(NULL)
4	c0004	刘兰	(NULL)
5	c0005	胖妞	(NULL)

图 12-17

sale_main.csv - 记事本

文件(F) 编辑(E) 格式(O) 查看(V) 帮助(H)

```
saleid,clientcode,num,saleprice,saletime,size
1,c0001,a22001,299,2022-6-26,S
2,c0001,a22002,399,2022-6-26,M
3,c0001,a22003,319,2022-6-26,S
4,c0001,b22001,159,2022-7-3,S
5,c0002,a22003,319,2022-7-1,L
6,c0002,b22003,269,2022-7-5,L
7,c0003,b22001,159,2022-6-25,M
8,c0003,a22002,399,2022-7-10,L
```

第 1 行，第 1 列 100% Windows (CRLF) UTF-8

图 12-18

sale_main.csv 文件包含的字段有 saleid、clientcode、num、saleprice、saletime 和 size。HeidiSQL 中的导入设置如图 12-19 所示。

虽然 sale_main.csv 文件包含了 sale_main 表所有字段的数据，但字段的顺序不一致，如图 12-19 所示，因此我们需要将“目标”中字段列表的顺序调整为与 sale_main.csv 文件的字段顺序一致。导入成功后，sale_main 表的数据如图 12-20 所示。

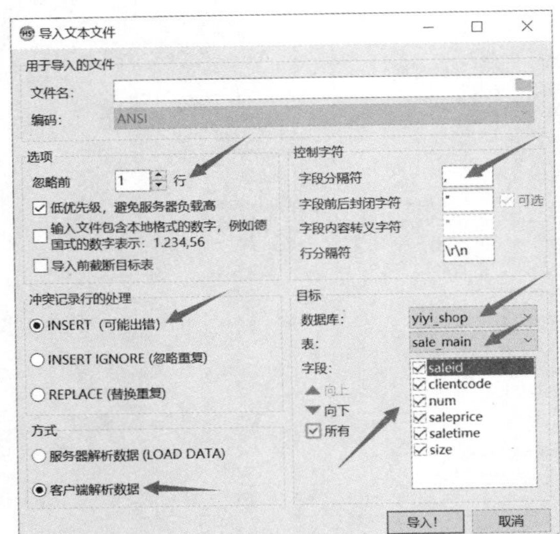

图 12-19

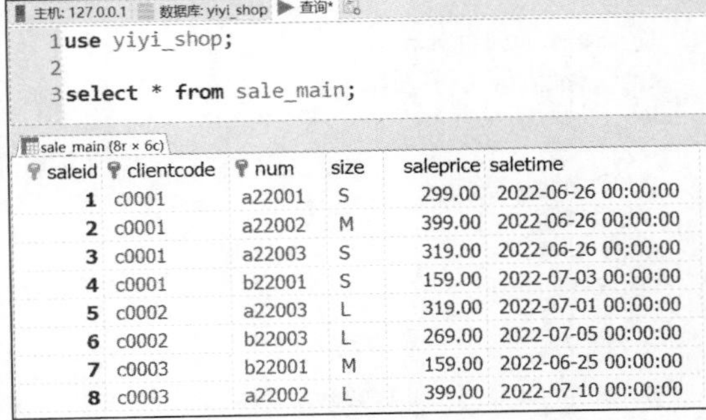

```
use yiyi_shop;

select * from sale_main;
```

saleid	clientcode	num	size	saleprice	saletime
1	c0001	a22001	S	299.00	2022-06-26 00:00:00
2	c0001	a22002	M	399.00	2022-06-26 00:00:00
3	c0001	a22003	S	319.00	2022-06-26 00:00:00
4	c0001	b22001	S	159.00	2022-07-03 00:00:00
5	c0002	a22003	L	319.00	2022-07-01 00:00:00
6	c0002	b22003	L	269.00	2022-07-05 00:00:00
7	c0003	b22001	M	159.00	2022-06-25 00:00:00
8	c0003	a22002	L	399.00	2022-07-10 00:00:00

图 12-20

一一问答

一一问：在 SQLite 数据库中，我们导入数据的顺序也是服装表、客户表、销售表，在导入数据时有什么特殊要求吗？

答：实际上，对于服装表和客户表的导入顺序并没有什么要求，但销售表（sale_main）定义了两个外键字段（num 和 clientcode），分别引用了服装表的货号（num）和客户表的客户代码（clientcode）。需要注意的是，外键字段数据引用的必须是已存在的数据，也就是说，在销售表中添加数据时，货号和客户代码应该已经分别存在于服装表和客户表了，这也是要先导入服装表和客户表数据，然后再导入销售表数据的原因。

12.6　查询和视图

在 MySQL 数据库中，查询数据同样需要使用 select 语句，应用格式与 SQLite 相似，下面我们先了解 MySQL 中基本的查询条件和排序。

12.6.1　查询条件与排序

MySQL 数据库中的基本查询条件如下。

- 等于，使用=运算符。

- 不等于，使用<>或!=运算符。
- 大于，使用>运算符。
- 大于等于，使用>=运算符。
- 小于，使用<运算符。
- 小于等于，使用<=运算符。
- 空值，判断数据为空值时使用 is null，判断数据不是空值时使用 is not null。
- 模糊查询，使用 like 运算符，在匹配内容中，我们可以使用星号符（*）表示零或多个字符，也可以使用下画线（_）表示一个字符。
- 区间查询，使用 between…and 子句。
- in 条件，按指定的值查询，如 clientcode in ('c0001','c0003')。
- 正则表达式，使用 rlike 或 regexp 运算符，如“字段 regexp 模式”。

需要查询哪些用户有消费记录时，我们可以在 sale_main 表查询 clientcode 字段，并使用 distinct 关键字过滤相同的数据，代码如下所示。

```
use yiyi_shop;

select distinct clientcode from sale_main;
```

查询结果如图 12-21 所示。其中，只有客户代码（clientcode）为“c0001”“c0002”和“c0003”的客户有消费记录。

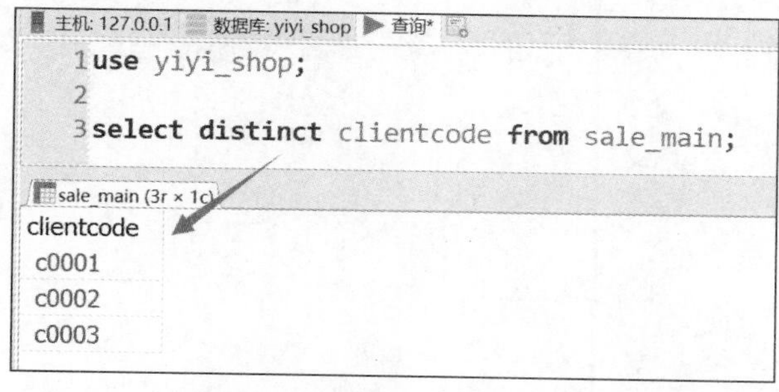

图 12-21

实际上，我们还可以将上述查询结果作为 in 条件的值，用来查询有消费记录客户的完整信息，代码如下所示。

```
use yiyi_shop;

select * from client_main
where clientcode in
(select distinct clientcode from sale_main);
```

当有多个条件时，我们可以使用 and 和 or 运算符确定条件的逻辑关系，not 运算符用于条件取反。同样地，排序时我们需要使用 order by 子句，asc 关键字用于指定升序排列（默认），desc 关键字用于指定降序排列。

我们需要注意中文排序问题。创建表时使用了 utf8 字符集，因此默认会按字符的 Unicode 编码排序，图 12-22 中显示了按默认规则对客户昵称（nickname）进行排序的结果。需要按拼音排序时，我们可以将字段数据转换为 GBK 字符集，代码如下所示。

```
use yiyi_shop;

select * from client_main order by convert(nickname using gbk);
```

查询结果如图 12-23 所示，其中，中文和非中文字符会分别排序。

client_main (5r × 4c)

clientid	clientcode	nickname	phone
2	c0002	Maria	(NULL)
4	c0004	刘兰	(NULL)
1	c0001	张三	(NULL)
3	c0003	李四	(NULL)
5	c0005	胖妞	(NULL)

图 12-22

client_main (5r × 4c)

clientid	clientcode	nickname	phone
2	c0002	Maria	(NULL)
3	c0003	李四	(NULL)
4	c0004	刘兰	(NULL)
5	c0005	胖妞	(NULL)
1	c0001	张三	(NULL)

图 12-23

接下来我们来学习如何按正则表达式的模式（pattern）查询文本。模式的定义使用字符串格式，在数据库中使用一对单引号定义，需要匹配一个字符或多个字符中的一个时，我们可以使用一对方括号定义，如下所示。

- [a]或 a，只匹配字母 a。
- [ynYN]，匹配小写 y、n 和大写 Y、N 中的一个。
- [a-z]，匹配小写字母 a 到 z 中的一个。
- [a-zA-Z]，匹配小写或大写字母中的一个。
- [0-9]，匹配 0 到 9 数字中的一个。

下面的代码查询了货号（num）以字母 a 开始的服装信息。

```
use yiyi_shop;

select * from attire_main where num regexp '^a';
```

上述代码使用的模式是'^a'，其中^符号表示文本应以^符号后的内容作为开始，也就是以字母 a 开始。查询结果如图 12-24 所示。

当^符号在[]中时，表示不包含指定的字符，如[^a]表示不包含字母 a、[^0-9]表示不包含数字 0 到 9。下面的代码查询了货号（num）不以字母 a 开始的服装信息。

主机: 127.0.0.1 数据库: yiyi_shop 查询*

```
use yiyi_shop;

select * from attire_main where num regexp '^a';
```

attire_main (4r × 7c)

recid	num	catalog	price	stock_s	stock_m	stock_l
1	a22001	外套	299.00	0	0	0
2	a22002	外套	399.00	0	0	0
3	a22003	卫衣	319.00	0	0	0
4	a22011	卫衣	259.00	0	0	0

图 12-24

```
use yiyi_shop;

select * from attire_main where num regexp '^[^a]';
```

查询结果如图 12-25 所示。

主机: 127.0.0.1 数据库: yiyi_shop 查询*

```
use yiyi_shop;

select * from attire_main where num regexp '^[^a]';
```

attire_main (5r × 7c)

recid	num	catalog	price	stock_s	stock_m	stock_l
5	b22001	外套	359.00	0	0	0
6	b22002	连衣裙	159.00	0	0	0
7	b22003	连衣裙	269.00	0	0	0
8	b22011	连衣裙	319.00	0	0	0
9	b22090	连衣裙	499.00	0	0	0

图 12-25

当$符号在模式的末尾时，表示应以$符号前的内容作为结束。下面的代码查询了分类（catalog）以“衣”字结束的服装信息。

```
use yiyi_shop;

select * from attire_main where catalog regexp '衣$';
```

查询结果如图 12-26 所示。

主机: 127.0.0.1 数据库: yiyi_shop 查询*

```
use yiyi_shop;

select * from attire_main where catalog regexp '衣$';
```

attire_main (2r × 7c)

recid	num	catalog	price	stock_s	stock_m	stock_l
3	a22003	卫衣	319.00	0	0	0
4	a22011	卫衣	259.00	0	0	0

图 12-26

需要匹配某些或某一类字符时，我们还可以使用如下模式。

- 圆点（.），匹配任何字符。
- \d，数字字符，0 到 9。
- \D，非数字字符。
- \s，空白字符。
- \S，非空白字符。
- \w，字母、数字和下画线字符。
- \W，字母、数字和下画线以外的字符。

在模式中，除了可以匹配内容以外，我们还可以指定匹配的次数，如下所示。

- *，匹配零次或多次。
- +，匹配一次或多次。
- {m}，匹配 m 次。
- {m,}，匹配最少 m 次。
- {m,n}，匹配 m 到 n 次。

下面的代码查询到货号（num）包含 2 个 0 的服装信息。

```
use yiyi_shop;

select * from attire_main where num regexp '0{2}';
```

查询结果如图 12-27 所示。

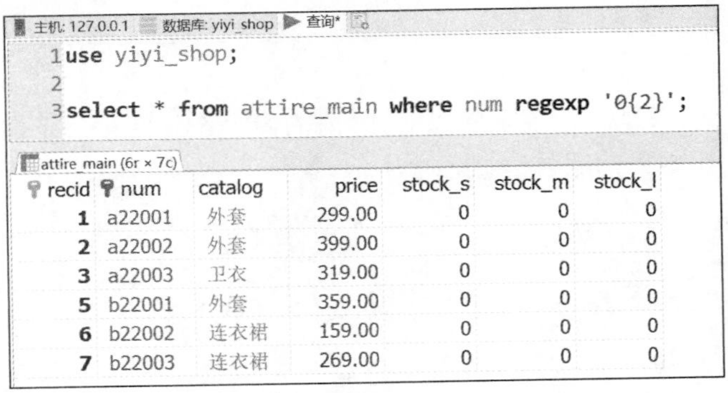

主机: 127.0.0.1　数据库: yiyi_shop　查询*

```
use yiyi_shop;

select * from attire_main where num regexp '0{2}';
```

attire_main (6r × 7c)

recid	num	catalog	price	stock_s	stock_m	stock_l
1	a22001	外套	299.00	0	0	0
2	a22002	外套	399.00	0	0	0
3	a22003	卫衣	319.00	0	0	0
5	b22001	外套	359.00	0	0	0
6	b22002	连衣裙	159.00	0	0	0
7	b22003	连衣裙	269.00	0	0	0

图 12-27

一一问答

一一问：正则表达式看起来还是挺复杂的？

答：的确是这样的。学习正则表达式需要大量的实践，在第 15 章，我们还会介绍正则表达式在 Python 中的使用方法，可以综合这些内容多练习、多总结。

12.6.2 分组与统计

MySQL 数据库中同样定义了一些基本的统计函数，如下所示。

- count()函数，统计记录数量。
- max()函数，返回数据的最大值。
- min()函数，返回数据的最小值。
- sum()函数，返回数据的和。
- avg()函数，返回数据的均值。

下面的代码按货号（num）进行分组，并统计服装的销售数量。

```
use yiyi_shop;

select num,count(num) as num_count
from sale_main
group by num;
```

查询结果如图 12-28 所示。

需要挑选销量大于 1 的记录，我们可以使用 having 子句，代码如下所示。

```
use yiyi_shop;

select num,count(num) as num_count
from sale_main
group by num having num_count>1;
```

查询结果如图 12-29 所示。

sale_main (5r × 2c)

num	num_count
a22001	1
a22002	2
a22003	2
b22001	2
b22003	1

图 12-28

sale_main (3r × 2c)

num	num_count
a22002	2
a22003	2
b22001	2

图 12-29

12.6.3 连接

在本节中，我们将主要关注内联连接（join 或 inner join）和左连接（left join）。

内联连接的结果包含关联数据在左表和右表都存在的记录。在下面的代码中，我们通过客户代码（clientcode）连接客户表（client_main）和销售表（sale_main）。

```
use yiyi_shop;

select C.clientcode,C.nickname,C.phone,
S.num,S.size,S.saleprice,S.saletime
from client_main as C join sale_main as S
on C.clientcode=S.clientcode;
```

查询结果如图 12-30 所示。

client_main (8r × 7c)

clientcode	nickname	phone	num	size	saleprice	saletime
c0001	张三	(NULL)	a22001	S	299.0	2022-06-26 00:00:00
c0001	张三	(NULL)	a22002	M	399.0	2022-06-26 00:00:00
c0001	张三	(NULL)	a22003	S	319.0	2022-06-26 00:00:00
c0001	张三	(NULL)	b22001	S	159.0	2022-07-03 00:00:00
c0002	Maria	(NULL)	a22003	L	319.0	2022-07-01 00:00:00
c0002	Maria	(NULL)	b22003	L	269.0	2022-07-05 00:00:00
c0003	李四	(NULL)	b22001	M	159.0	2022-06-25 00:00:00
c0003	李四	(NULL)	a22002	L	399.0	2022-07-10 00:00:00

图 12-30

左连接的结果包含左表中的所有数据。在下面的代码中，我们通过左连接查询没有消费记录的客户信息。

```
use yiyi_shop;

select C.clientcode,C.nickname,C.phone,
S.num,S.size,S.saleprice,S.saletime
from client_main as C left join sale_main as S
on C.clientcode=S.clientcode
where S.num is null;
```

查询结果如图 12-31 所示。

client_main (2r × 7c)

clientcode	nickname	phone	num	size	saleprice	saletime
c0004	刘兰	(NULL)	(NULL)	(NULL)	(NULL)	(NULL)
c0005	胖妞	(NULL)	(NULL)	(NULL)	(NULL)	(NULL)

图 12-31

12.6.4　联合

联合（union）操作可以对数据进行垂直合并。首先，我们通过如下代码创建与 client_main 表相同结构的 client_old 表。

```
use yiyi_shop;

create table client_old like client_main;
```

接下来，我们通过点击 HeidiSQL 菜单“工具”组的“导入 CSV 文件”命令打开导入对话框，打开 CSV 文件（本书资源/csv/12/client_old.csv），设置参数并导入数据，如图 12-32 所示。

下面的代码使用 union 关键字联合 client_main 和 client_old 表。

```
use yiyi_shop;

select clientcode,nickname from client_main
union
select clientcode,nickname from client_old;
```

查询结果如图 12-33 所示。

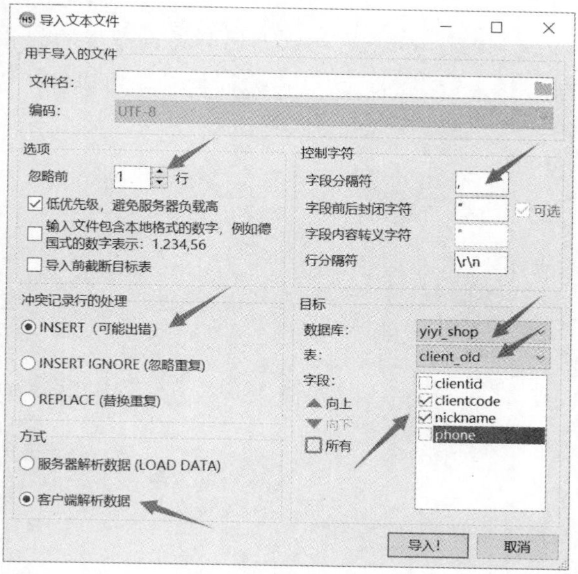

导入文本文件

用于导入的文件
文件名:
编码: UTF-8

选项
忽略前 1 行
☑ 低优先级，避免服务器负载高
☐ 输入文件包含本地格式的数字，例如德国式的数字表示: 1.234,56
☐ 导入前截断目标表

控制字符
字段分隔符 ,
字段前后封闭字符 " ☑ 可选
字段内容转义字符 "
行分隔符 \r\n

冲突记录行的处理
◉ INSERT（可能出错）
○ INSERT IGNORE (忽略重复)
○ REPLACE (替换重复)

目标
数据库: yiyi_shop
表: client_old
字段: ☐ clientid ☑ clientcode ☑ nickname ☐ phone
▲ 向上 ▼ 向下 ☐ 所有

方式
○ 服务器解析数据 (LOAD DATA)
◉ 客户端解析数据

导入! 取消

图 12-32

client_main (8r × 2c)

clientcode	nickname
c0001	张三
c0002	Maria
c0003	李四
c0004	刘兰
c0005	胖妞
c0006	李兰兰
c0007	李一
c0008	胡丽

图 12-33

在联合操作中，默认会过滤重复的数据，需要显示全部数据时，我们可以使用 union all 关键字，代码如下所示。

```
use yiyi_shop;

select clientcode,nickname from client_main
union all
select clientcode,nickname from client_old;
```

查询结果如图 12-34 所示。

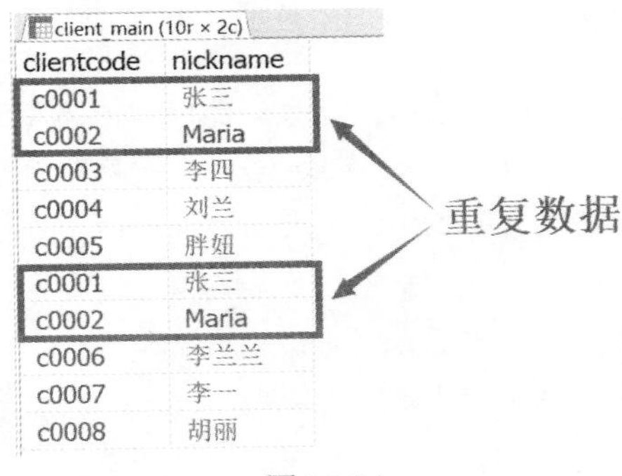

图 12-34

12.6.5 limit 和 offset 关键字

limit 和 offset 关键字可以指定查询结果返回的记录数量，如需要返回查询结果的前 m 条记录，可以使用 limit m 子句，如果需要跳过指定数量的记录后再读取记录，可以使用以下两种格式。

```
limit n offset m
```

或

```
limit m,n
```

两种语法功能相同，都是跳过 m 条记录后返回 n 条记录。

例如，下面的代码能够查询客户表（client_main）数据，指定跳过 3 条记录后返回 5 条记录。

```
use yiyi_shop;

select * from client_main limit 3, 5;
```

查询结果如图 12-35 所示。

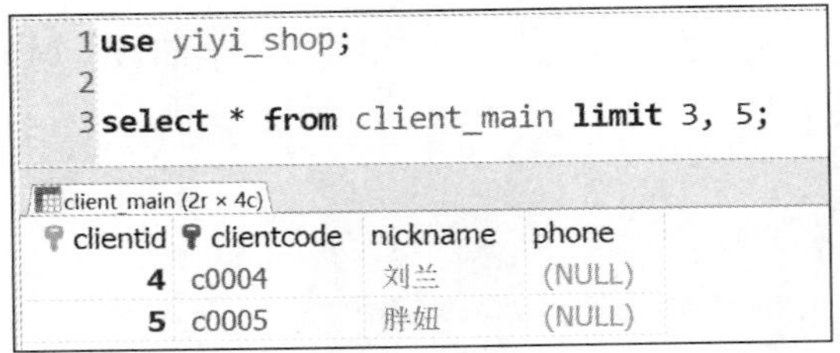

图 12-35

——问答

——问：我们在代码中指定跳过 3 条记录后返回 5 条记录，怎么最后只显示了 2 条记录呢？
答：当查询结果少于指定的数量时，将只返回实际查询到的记录。

12.6.6 exists 语句

exists 关键字只能用于判断查询是否有结果，并不实际返回数据。在下面的代码中，如果客户代码（clientcode）为“c0001”的客户有消费记录时，将显示其完整信息。

```
use yiyi_shop;

select * from client_main
where clientcode='c0001' and
exists (select saleid from sale_main where clientcode='c0001');
```

执行代码会显示客户代码为“c0001”的客户信息，如果将客户代码修改为“c0005”，则不会返回客户信息，也就是说“c0005”客户没有消费记录。

12.6.7 case 语句

case 语句可以根据表达式的值分别返回对应的数据，下面的代码从销售表（sale_main）的销售时间（saletime）中提取了季度数据，并返回对应的文本信息。

```
use yiyi_shop;

select saletime,
case quarter(saletime) when 1 then '一季度'
when 2 then '二季度'
when 3 then '三季度'
when 4 then '四季度'
else '不分季'
end as q_text
from sale_main;
```

我们在代码中调用 quarter()函数提取了季度的数值形式（1 到 4），然后分别给出了季度名称，并指定返回的字段名为 q_text。执行结果如图 12-36 所示。

sale_main (8r × 2c)

saletime	q_text
2022-06-26 00:00:00	二季度
2022-06-26 00:00:00	二季度
2022-06-26 00:00:00	二季度
2022-07-03 00:00:00	三季度
2022-07-01 00:00:00	三季度
2022-07-05 00:00:00	三季度
2022-06-25 00:00:00	二季度
2022-07-10 00:00:00	三季度

图 12-36

12.6.8　视图

视图可以作为查询模板，以简化查询代码。下面的代码创建了 v_sale 视图，其中定义了服装表（attire_main）、客户表（client_main）和销售表（sale_main）的连接查询。

```
use yiyi_shop;

create view v_sale
as
select A.num,A.catalog,A.price,A.stock_s,A.stock_m,A.stock_l,
C.clientcode,C.nickname,C.phone,
S.size,S.saleprice,S.saletime
from attire_main as A left join
(client_main as C left join sale_main as S using(clientcode))
using(num);
```

下面的代码通过 v_sale 视图查询没有销售记录的服装。

```
use yiyi_shop;

select * from v_sale where clientcode is null;
```

查询结果如图 12-37 所示。

v_sale (4r × 12c)

num	catalog	price	stock_s	stock_m	stock_l	clientcode	nickname	phone	size	saleprice	saletime
a22011	卫衣	259.00	0	0	0	(NULL)	(NULL)	(NULL)	(NULL)	(NULL)	(NULL)
b22002	连衣裙	159.00	0	0	0	(NULL)	(NULL)	(NULL)	(NULL)	(NULL)	(NULL)
b22011	连衣裙	319.00	0	0	0	(NULL)	(NULL)	(NULL)	(NULL)	(NULL)	(NULL)
b22090	连衣裙	499.00	0	0	0	(NULL)	(NULL)	(NULL)	(NULL)	(NULL)	(NULL)

图 12-37

12.6.9　查询结果保存到表

下面的代码可以将 v_sale 视图的查询结果保存到 t_sale 表，并对货号字段（num）创建索引。

```
use yiyi_shop;

create table t_sale as (select * from v_sale);
create index idx_sale_num on t_sale(num);
```

下面的代码对 t_sale 表按分类（catalog）统计销量，并按销量降序排列。

```
use yiyi_shop;

select catalog,count(catalog) as catalog_count
from t_sale group by catalog order by catalog_count desc;
```

查询结果如图 12-38 所示。

t_sale (3r × 2c)

catalog	catalog_count
外套	5
连衣裙	4
卫衣	3

图 12-38

12.6.10　查询结果导出 CSV

需要导出查询结果时，我们可以通过点击 HeidiSQL 菜单项“工具”组的“导出表格的行”命令打开导出对话框，如图 12-39 所示。

图 12-39 中需要注意的选项如下。

- 文件。保存的 CSV 文件路径。
- 编码。选择 UTF-8。
- 输出格式。导出 CSV 文件时选择“Excel CSV”。
- 记录行选择。选择导出所有行。
- 包含列名。导出字段名。
- NULL 值。数据中空值的导出格式，设置为空。

导出的文件内容如图 12-40 所示。

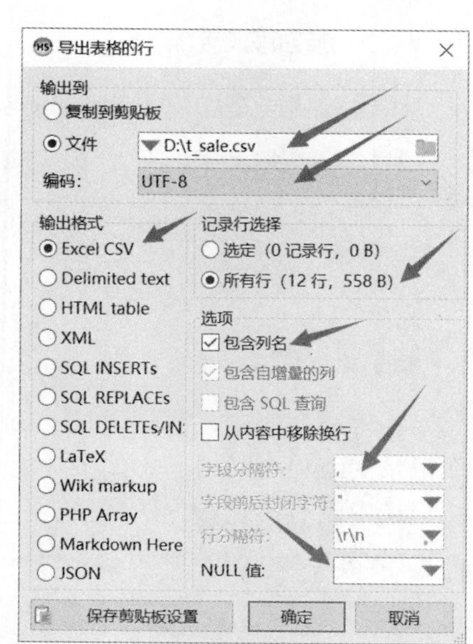

图 12-39

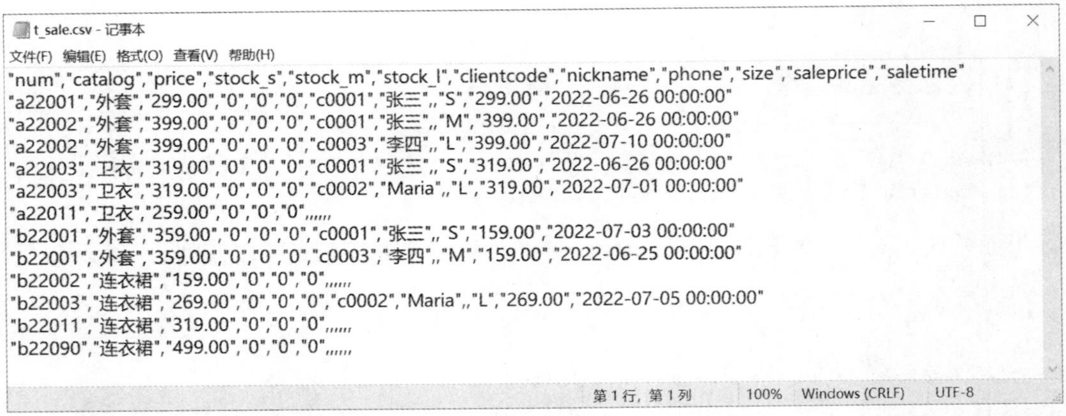

```
t_sale.csv - 记事本
文件(F) 编辑(E) 格式(O) 查看(V) 帮助(H)
"num","catalog","price","stock_s","stock_m","stock_l","clientcode","nickname","phone","size","saleprice","saletime"
"a22001","外套","299.00","0","0","0","c0001","张三",,"S","299.00","2022-06-26 00:00:00"
"a22002","外套","399.00","0","0","0","c0001","张三",,"M","399.00","2022-06-26 00:00:00"
"a22002","外套","399.00","0","0","0","c0003","李四",,"L","399.00","2022-07-10 00:00:00"
"a22003","卫衣","319.00","0","0","0","c0001","张三",,"S","319.00","2022-06-26 00:00:00"
"a22003","卫衣","319.00","0","0","0","c0002","Maria",,"L","319.00","2022-07-01 00:00:00"
"a22011","卫衣","259.00","0","0","0",,,,,,
"b22001","外套","359.00","0","0","0","c0001","张三",,"S","159.00","2022-07-03 00:00:00"
"b22001","外套","359.00","0","0","0","c0003","李四",,"M","159.00","2022-06-25 00:00:00"
"b22002","连衣裙","159.00","0","0","0",,,,,,
"b22003","连衣裙","269.00","0","0","0","c0002","Maria",,"L","269.00","2022-07-05 00:00:00"
"b22011","连衣裙","319.00","0","0","0",,,,,,
"b22090","连衣裙","499.00","0","0","0",,,,,,
第 1 行，第 1 列　　100%　　Windows (CRLF)　　UTF-8
```

图 12-40

12.7　数据添加、修改和删除

MySQL 数据库中的 insert、update、delete 语句与 SQLite 相似，下面我们通过一些示例了解它们在 MySQL 中的具体应用。

12.7.1　添加数据

下面的代码在客户表（client_main）中添加一条数据。

```
use yiyi_shop;

insert into client_main(clientcode,nickname)
values('c0006','小喵');

select @@identity;
```

在上述代码中，我们通过 insert 语句添加记录后，使用“select @@identity;”语句返回新记录的 ID 字段数据，操作成功后返回大于 0 的整数，即新记录的 clientid 字段数据。此外，新记录中没有指定数据的字段会使用默认值，如 phone 字段会使用空值（null）。

MySQL 中的 insert 语句也可以同时指定多组数据。下面的代码向客户表添加两条数据。

```
use yiyi_shop;

insert into client_main(clientcode, nickname)
values('c0008','花海'), ('c0009','梅花 9');
```

12.7.2　修改数据

下面的代码修改了客户表（client_main）中客户代码（clientcode）等于“c0009”的客户信息。

```
use yiyi_shop;

update client_main set phone='12345699999'
where clientcode='c0009';
```

在本示例中，我们将记录中的电话（phone）修改为 12345699999。

12.7.3　删除数据

下面的代码能够删除客户代码为“c0006”“c0008”和“c0009”的客户信息。

```
use yiyi_shop;

delete from client_main
where clientcode in('c0006','c0008','c0009');
```

一一问答

一一问：这么随意地删除客户信息不好吧？

答：是的。在删除数据时的确需要非常小心。不过这里我们只是测试。第 13 章还会通过 Python 代码重新添加这些客户信息。

需要注意的是，无条件的更新和删除操作都是非常危险的。

12.8　常用函数与功能

相对于 SQLite 数据库，MySQL 有更加丰富的函数库。本节将介绍一些常用的函数，并讨论如何查询数据库对象信息。

12.8.1　统计与数学计算

首先，MySQL 数据库同样提供了基本的统计函数，分别是 count()、max()、min()、sum() 和 avg()函数。

需要转换数值格式时，我们可以使用如下函数。

- round(x,d)函数，对数值 x 保存 d 位小数，丢弃的部分四舍五入，如运行代码“select round(12.56, 1);”后会显示 12.6。

- truncate(x,d)函数，对数值 x 保存 d 位小数，丢弃的部分不会四舍五入。此外，d 也可以是负数，用于在整数部分进行取整十整百等操作，如 truncate(123,−1)返回 120、truncate(123,−2)返回 100。
- floor(x)函数，返回小于或等于 x 的最大整数，如 floor(10.9)返回 10，floor(−10.9)则返回−11。
- ceiling(x)和 ceil(x)函数，返回大于或等于 x 的最小整数，如 ceiling(10.5)返回 11，ceiling(−10.5)返回−10。

此外，一些常用的计算函数如下。

- sign(x)函数，判断数据 x 的符号，返回结果包括 1（正数）、−1（负数）或 0（零）。
- abs(x)函数，求 x 的绝对值。
- power(x,y)和 pow(x,y)函数，求 x 的 y 次方，如 pow(2,3)返回 8。此外，使用 pow(x,1/n)格式可以求 x 的开 n 次方。
- pi()函数，返回圆周率的值（3.141593……）。
- 三角函数，如 sin()、tan()等。

12.8.2　文本操作

通过调用 length(s)函数和 char_length(s)函数，我们可以判断文本 s 中有多少字符。如果文本中包含中文应使用 char_length()函数。此外，调用 bit_length()函数还可以返回数据所占的位（bit）数。

下面的代码查询了客户昵称中各有多少个字符，调用 char_length()函数可以正确地反映中文和英文字符的数量。

```
use yiyi_shop;

select nickname,char_length(nickname) from client_main;
```

下面介绍一些基本的文本操作函数。

concat(s1,s2, …)函数，将参数中的多个数据合并为文本，如果参数中包含 null 值，则合并的结果也是 null 值。

substring(s,p,n)函数，从文本 s 中的 p 位置开始截取 n 个字符。left()或 right()函数分别截取文本的开始部分或结束部分内容。请注意，MySQL 字符串的字符位置从 1 开始，如 substring('abcdefg',3,2)会返回 cd。

upper()和 ucase()函数，将文本中的字母转换为大写形式。

lower()和 lcase()函数，将文本中的字母转换为小写形式。

trim()函数，删除文本开始部分和结束部分的空白字符。ltrim()函数用于删除文本开始部分的空白字符，rtrim()函数用于删除文本结束部分的空白字符。

locate(s,c)函数，查询 s 在 c 中第一次出现的位置，如 locate('c','abcd')返回 3。

12.8.3 日期和时间

需要获取服务器的日期和时间时，我们可以使用以下函数。

- now()函数，获取系统的当前日期和时间，格式为'YYYY-MM-DD HH:MM:SS'。
- curdate()或 current_date()函数，获取系统当前日期，格式为'YYYY-MM-DD'。
- curtime()或 current_time()函数，获取系统当前时间，格式为'HH:MM:SS'。

需要获取时间的某一部分数据时，可以使用如下函数。

- year(date)函数，返回 date 中的年份。
- quarter(date)函数，返回 date 中的季度，1 到 4 分别表示一季度到四季度。
- month(date)函数，返回 date 中的月份。monthname()函数可以显示月份的名称，如“select monthname(now());”能够返回系统当前日期的月份名称。
- day(date)和 dayofmonth(date)函数，返回 date 是当月的第几天。
- dayofyear(date)函数，返回 date 是当年的第几天。
- hour(time)函数，返回 time 中的小时数据。
- minute(time)函数，返回 time 中的分钟数据。
- second(time)函数，返回 time 中的秒数据。
- weekday(date)函数，返回参数 date 是周几，其中，0 表示星期一，1 表示星期二，依此类推，6 表示星期日，如 weekday('2022-10-2')返回 6。如果需要返回星期几的名称，可以使用 dayname()函数，如“select dayname(now());”。
- week(date,mode)函数，计算参数 date 位于一年中的第几周。mode 默认值为 0，表示星期日是一周的第一天，设置为 1 时表示星期一为一周的第一天。此函数从 1 月 1 日开始计算，如“select weekofyear('2023-1-1');”返回 1，表示这一天属于 2023 年的第一周。
- weekofyear(date)函数，计算参数 date 位于一年中的第几周，返回结果在 1 到 53 之间。此函数会按完整的周计算，并将星期一设置为一周的第一天，如语句“select weekofyear('2023-1-1');”返回 52，表示这一天属于 2022 年的第 52 周。

下面我们来学习一些日期和时间的计算函数。

adddate()和 date_add()函数用于日期和时间的推算。下面的代码在指定的日期上加上 3 天，即向后推算 3 天。

```
select adddate(now(),interval 3 day);
```

执行代码会显示系统当前时间 3 天后的时间。在 adddate(参数一，参数二)函数中，参数一指定了原始日期和时间，参数二设置了相加的数据，以 interval 关键字作为开始，“3 day”表示 3 天。

下面的代码在当前时间基础上向后推算了 1 小时 15 分。

```
select adddate(now(),interval '01:15' hour_minute);
```

在进行日期和时间的推算时，interval 关键字后的日期和时间格式如下。

- year，年份。
- quarter，季。
- month，月份。
- week，星期。
- day，天数。
- hour，小时。
- minute，分钟。
- second，秒数。
- year_month，年月，使用'YYYY-MM'格式。
- day_hour，天数和小时数，使用'DDD HH'格式。
- day_minute，天数，时间到分钟，使用'DDD HH:MM'格式。
- day_second，天数，时间到秒，使用'DDD HH:MM:SS'格式。
- hour_minute，小时和分钟，使用'HH:MM'格式。
- hour_second，时、分、秒，使用'HH:MM:SS'格式。
- minute_second，分和秒，使用'MM:SS'格式。

subdate()和 date_sub()函数用于向前推算日期和时间，其应用与 adddate()函数相似。下面的代码显示了系统当前时间一周前的时间。

```
select subdate(now(),interval 1 week);
```

addtime(参数一，参数二)和 subtime(参数一，参数二)函数用于向后或向前推算时间，其中参数一指定基准时间，参数二可以直接使用时间数据。下面的代码显示了系统当前时间 1 小时 15 分以后的时间。

```
select addtime(now(),'01:15');
```

datediff(date1,date2)函数，返回两个日期之间的天数，不计算时间部分。当 date1 比 date2 晚时函数返回正数，date1 比 date2 早时返回负数，日期相同则返回 0。如下面的 3 条语句分别显示 1、0、–1。

```
select datediff('2022-08-30 15:35:58','2022-08-29 10:35:58');
select datediff('2022-08-30 15:35:58','2022-08-30 23:35:58');
select datediff('2022-08-29 15:35:58','2022-08-30 10:35:58');
```

timediff(time1,time2)函数，计算两个时间的间隔，返回格式为时间格式。下面的代码演示了 timediff()函数的应用。

```
select timediff('2022-08-30 15:35:58','2022-08-30 16:39:59');
```

代码结果返回'-01:04:01'，即参数一比参数二早了 1 小时 4 分 1 秒。

date_format(date, format_str)和 time_format(time,format_str)函数用于日期和时间数据的格式化。其中，参数一指定需要格式化的数据，参数二指定格式化字符串，常用的格式化字符如下。

- %a，星期名称的简写形式。
- %b，月份名称的简写形式。
- %c，月份，取值范围为 1 到 12。
- %d，月份中的哪一天，取值范围为 00 到 31。
- %D，月份中的哪一天，带序数后缀。
- %e，月份中的哪一天，取值范围为 0 到 31。
- %f，毫秒数。
- %h，小时数，12 小时制，取值范围为 01 到 12。
- %H，小时数，24 小时制，取值范围为 00 到 23。
- %i，分钟数，取值范围为 00 到 59。
- %j，一年中的第几天，取值范围为 001 到 366。
- %k，小时数，24 小时制，取值范围为 0 到 23。
- %l，小时数，12 小时制，取值范围为 1 到 12。
- %m，月份，取值范围为 01 到 12。
- %M，月份名称。
- %p，AM 或 PM 字样。
- %r，时间数据，12 小时制，格式为'hh:mm:ss AM|PM'。
- %s 或%S，秒数，取值范围为 01 到 59。
- %T，时间数据，24 小时制，格式为'hh:mm:ss '。
- %u，一年中的第几周，周一作为一周的第一天。
- %U，一年中的第几周，周日作为一周的第一天。
- %w，星期几，0 表示星期日，1 到 6 分别表示星期一到星期六，依此类推。
- %W，星期名称。
- %y，2 位年份。
- %Y，4 位年份。

此外，如果需要在格式化数据中显示%符号，应使用%%进行转义。

time_to_sec()函数可以计算时间位于当天的秒数，如下面的代码会显示 3600。

```
select time_to_sec('01:00:00');
```

sec_to_time()函数可以将秒数转换为当天的时间，如下面的代码会显示'01:00:00'。

```
select sec_to_time(3600);
```

12.8.4 if()和 ifnull()函数

在 if(x,y,z)函数中，当 x 为真值（true）时返回 y，当 x 为假值（false）时返回 z。下面的代码根据销售时间（saletime）的月份判断是上半年还是下半年。

```
use yiyi_shop;

select saletime,if(month(saletime)<=6,'上半年','下半年')
from sale_main;
```

在 ifnull(x,y)函数中，x 不是空值（null）时返回 x 的值，否则返回 y 的值。在下面的代码中，当客户的电话有数据时将显示电话数据，空值时显示“无电话”。

```
use yiyi_shop;

select clientcode,phone,ifnull(phone,'无电话')
from client_main;
```

12.8.5 判断对象是否存在

MySQL 数据库对象的信息保存在 information_schema 数据库中，其中，TABLES 表保存了数据表的信息，主要的字段如下。

- TABLE_SCHEMA，表所在的数据库。
- TABLE_NAME，表名。
- TABLE_TYPE，表的类型。
- ENGINE，表的引擎类型，如 InnoDB。

下面的代码查询了 yiyi_shop 数据库 client_main 表的信息。

```
use information_schema;

select TABLE_SCHEMA,TABLE_NAME,TABLE_TYPE,ENGINE
from TABLES
where TABLE_SCHEMA='yiyi_shop' and TABLE_NAME='client_main';
```

查询结果如图 12-41 所示。

TABLES (1r × 4c)

TABLE_SCHEMA	TABLE_NAME	TABLE_TYPE	ENGINE
yiyi_shop	client_main	BASE TABLE	InnoDB

图 12-41

判断表是否存在时，我们还可以使用 exists 条件，如下面的代码会显示 1。

```
select exists
(select TABLE_NAME from information_schema.TABLES
where TABLE_SCHEMA='yiyi_shop' and TABLE_NAME='client_main');
```

如果条件中指定了不存在的数据库、表或其他对象，查询结果会显示 0。

此外，视图的信息保存在 VIEWS 表中，我们可以通过如下字段查看相关信息。

- TABLE_SCHEMA，视图所在的数据库。
- TABLE_NAME，视图的名称。
- VIEW_DEFINITION，视图的查询 SQL。

12.9 存储过程

存储过程（Stored Procedure）是数据库可编程特性之一，可以传递数据（输入参数）并返回执行结果（输出参数）。

下面的代码在 yiyi_shop 数据库中创建了 usp_sale 存储过程，其功能是通过客户代码（clientcode）查询客户的消费记录。

```
use yiyi_shop;

delimiter $$
create procedure usp_sale(in client_code varchar(15))
begin
select * from sale_main where clientcode=client_code;
end
$$
delimiter ;
```

在本示例中，我们首先使用 delimiter 语句修改执行分隔符，这里修改为$$。接下来，我们使用 create procecure 语句创建存储过程，创建过程如下。

- 存储过程的名称设置为 usp_sale。一般来说，用户自定义存储过程的名称会使用 usp_前缀。
- 在存储过程名称后的括号中，通过 in 关键字定义输入参数 client_code，其类型为 varchar(15)。
- 将存储过程的执行语句定义在 begin 和 end 关键字之间。
- 在 end 语句后调用$$提交 SQL 任务，即创建存储过程。
- 最后，再次调用 delimiter 语句将执行分隔符还原为默认的分号（;）。

下面的代码通过 usp_sale 存储过程查询客户代码为“c0001”的消费记录。

```
use yiyi_shop;

call usp_sale('c0001');
```

在上述代码中，我们使用 call 语句调用 usp_sale 存储过程，并指定参数为'c0001'，查询结果如图 12-42 所示。

sale_main (4r × 6c)

saleid	clientcode	num	size	saleprice	saletime
1	c0001	a22001	S	299.00	2022-06-26 00:00:00
2	c0001	a22002	M	399.00	2022-06-26 00:00:00
3	c0001	a22003	S	319.00	2022-06-26 00:00:00
4	c0001	b22001	S	159.00	2022-07-03 00:00:00

图 12-42

第 13 章　Python 操作 MySQL

本章介绍如何在 Python 中使用 MySQLdb 模块操作 MySQL 数据库。MySQLdb 模块的安装包名称为 mysqlclient，我们可以通过在 Windows 操作系统的命令行窗口中输入如下命令进行安装。

```
pip install mysqlclient
```

13.1　应用基础

MySQLdb 和 sqlite3 模块同样遵循 Python DB API 规范，应用方式比较相似，本节将介绍数据库连接、执行 SQL、传递参数数据、读取查询结果等操作方法。

13.1.1　连接数据库

连接 MySQL 数据库时，我们需要调用 MySQLdb 模块的 connect()函数，主要参数如下。

- host，数据库服务器主机地址。
- port，数据库服务端口。MySQL 的默认端口为 3306。
- db，连接的数据库名称。
- user，登录用户。
- passwd，登录密码。

下面的代码调用 connect()函数连接 yiyi_shop 数据库。

```
import MySQLdb as mysql

with mysql.connect(host="127.0.0.1",
                   port=3306,
                   db="yiyi_shop",
                   user="root",
                   passwd="DEV_Test123456") as cnn:
    print(cnn)
```

connect()函数会返回数据库连接对象（connection），在本示例中，数据库连接成功后显示的内容类似“<_mysql.connection open to '127.0.0.1' at 000001CA370BC5B0>”。

connection 对象的常用成员如下。

- commit()方法，提交操作。需要执行添加、修改、删除数据，或者更改数据库对象结构等操作时，应调用此方法提交操作。
- cursor()方法，返回当前连接的 Cursor 对象，用于执行 SQL 并读取查询结果。
- close()方法，关闭数据库连接。

13.1.2　执行 SQL 并读取查询结果

通过使用 connection 对象的 cursor()方法，可以返回当前连接的 Cursor 对象，此对象可以执行 SQL 语句并读取查询结果。

通过 Cursor 对象执行 SQL 时，我们可以使用如下方法。

- execute()，执行语句一次。
- executemany()，执行语句多次。
- callproc()，调用存储过程。

通过 Cursor 对象读取查询结果时，我们可以使用如下方法。

- fetchone()方法，读取一行，可以通过数值索引读取字段数据，没有查询结果时返回 None 值。
- fetchmany()方法，读取指定数量的记录，返回数据行集合。
- fetchall()方法，读取所有的查询结果，返回数据行集合。
- description 属性，包含字段信息集合，其中每个元素都是一个元组对象，元组的第一个元素为字段名。
- close()方法，关闭 Cursor 对象。

下面的代码调用了第 12 章中创建的 usp_sale 存储过程。

```
import MySQLdb as mysql

result = None
with mysql.connect(host="127.0.0.1",
                   port=3306,
                   db="yiyi_shop",
                   user="root",
                   passwd="DEV_Test123456") as cnn:
    cursor = cnn.cursor();
    cursor.callproc("usp_sale",["c0001"])
    result = cursor.fetchall()
    cursor.close()
# 显示查询结果
for row in result:
    print(row)
```

在 Cursor 对象的 callproc(参数一，参数二)方法中，参数一指定存储过程的名称，参数二使用列表指定 usp_sale 存储过程的参数数据（客户代码）。代码执行结果如图 13-1 所示。

```
C:\Users\caohuayu\AppData\Local\Programs\Python\Python310\python.exe
(1, 'c0001', 'a22001', 'S', Decimal('299.00'), datetime.datetime(2022, 6, 26, 0, 0))
(2, 'c0001', 'a22002', 'M', Decimal('399.00'), datetime.datetime(2022, 6, 26, 0, 0))
(3, 'c0001', 'a22003', 'S', Decimal('319.00'), datetime.datetime(2022, 6, 26, 0, 0))
(4, 'c0001', 'b22001', 'S', Decimal('159.00'), datetime.datetime(2022, 7, 3, 0, 0))
```

图 13-1

13.1.3 使用参数传递数据

使用 MySQL 数据库时，SQL 语句中的参数使用%s 进行标识，在执行 SQL 的方法中需要按顺序指定参数的数据。

下面的代码读取 sale_main 表中 clientcode 等于“c0001”的记录。

```
import MySQLdb as mysql

result = None
sql = "select * from sale_main where clientcode=%s"
with mysql.connect(host="127.0.0.1",
                   port=3306,
                   db="yiyi_shop",
                   user="root",
                   passwd="DEV_Test123456") as cnn:
    cursor = cnn.cursor();
    cursor.execute(sql, ["c0001"])
    result = cursor.fetchall()
    cursor.close()
# 显示结果
for row in result:
    print(row)
```

代码执行结果与图 13-1 相同。

13.2 创建 tMySql 类

为简化 MySQL 数据库操作，我们可以使用 mysql_chy.py 文件封装常用的操作代码，注意要设置文件编码为 UTF-8 格式，然后修改文件内容如下。

```
import MySQLdb as mysql

__db1 = {"host": "127.0.0.1", "port":3306,
         "db":"yiyi_shop",
         "user":"root","passwd":"DEV_Test123456"}

def get_db() :
    return tMySql(**__db1)

class tMySql():
    def __init__(self, **cnn):
        super().__init__()
        self.host = cnn["host"]
        self.port = cnn["port"]
        self.db = cnn["db"]
        self.user = cnn["user"]
        self.passwd = cnn["passwd"]
```

代码在引用 MySQLdb 模块后定义了__db1 字典，该字典中包含了当前示例数据库的连接参数。接下来，我们在代码中定义了 get_db()函数，该函数能够返回包含当前示例数据库连接参数的 tMySql 对象。在实际应用中，如果项目中只使用一个数据库，那么我们可以通过这种方式简化数据库连接参数的设置，如果使用多个数据库，那就可以通过多个参数字典和函数创建 tMySql 对象。

在 tMySql 类的__init__()方法中，我们通过可变参数（**cnn）带入了 MySQL 数据库的连接参数，如主机地址、端口、数据库、用户名和登录密码，该方法还创建了对应的属性。

下面的代码继续在 tMySql 类中创建 execute()方法。

```
    def execute(self, sql:str,args:list|tuple=()) -> bool:
        ''' 执行 SQL，成功返回 True，否则返回 False '''
        try:
            with mysql.connect(host=self.host,
                               port=self.port,
                               db=self.db,
                               user=self.user,
                               passwd=self.passwd) as cnn :
                cursor = cnn.cursor()
                cursor.execute(sql, args)
                cnn.commit()
                cursor.close()
                return True
        except Exception as ex:
            print(ex)
            return False
```

execute()方法的功能是执行 SQL 语句，执行成功时返回 True，执行错误时会显示错误信息并返回 False。该方法包含的两个参数如下。

- sql，指定执行的 SQL 语句。
- args，指定 SQL 语句参数的数据，格式为列表或元组对象。

下面的代码在项目主代码文件中测试 execute()方法的应用。

```
from mysql_chy import *

sql = "insert into client_main(clientcode,nickname) values(%s,%s);"
db = get_db()
print(db.execute(sql,['c0007','小喵']))
```

本示例的代码会在客户表（client_main）中添加一条新记录，客户代码（clientcode）为"c0007"，昵称（nickname）为"小喵"。操作成功后会显示 True，否则会显示错误信息并返回 False。

在本示例中，我们没有在 tMySql 类封装的方法中使用 try…except 结构捕捉错误，如果有需要可以参考 execute()方法改写代码。

13.3 查询单值

下面的代码在 tMySql 类中使用 queryValue()方法实现单值查询。

```
    def queryValue(self, sql:str, args:list|tuple=()):
        ''' 返回查询结果第一行第一个字段数据 '''
        with mysql.connect(host=self.host,
                           port=self.port,
                           db=self.db,
                           user=self.user,
                           passwd=self.passwd) as cnn :
            cursor = cnn.cursor()
            cursor.execute(sql, args)
            result = None;
            if row := cursor.fetchone() :
                result = row[0]
            cursor.close()
            return result
```

queryValue()方法包含两个参数，分别是执行的 SQL 语句（sql）和所需的参数数据（args），该方法会返回查询结果中第一条记录的第一个字段的值，没有查询结果时返回 None 值。

下面的代码在项目主代码文件中测试 queryValue()方法的应用。

```
from mysql_chy import *

sql = "select nickname from client_main where clientcode=%s;"
db = get_db()
print(db.queryValue(sql,["c0007"]))
```

代码会读取 client_main 表中 clientcode 为“c0007”的记录，并返回 nickname 字段的数据，执行成功后会显示客户昵称“小喵”。

13.4 查询单条记录

下面的代码在 tMySql 类中创建了 queryRow()方法，其功能是通过字典对象返回一行数据，元素的键包含字段名，值包含字段数据，如果没有查询结果则会返回空字典对象。

```
    def queryRow(self, sql:str, args:list|tuple=()) -> dict:
        ''' 返回查询结果第一行数据字典 '''
        with mysql.connect(host=self.host,
                           port=self.port,
                           db=self.db,
                           user=self.user,
                           passwd=self.passwd) as cnn :
            cursor = cnn.cursor()
            cursor.execute(sql, args)
            result = {};
            if row := cursor.fetchone() :
                desc = cursor.description
                for col in range(len(desc)) :
                    result[desc[col][0]] = row[col]
            cursor.close()
            return result
```

下面的代码在项目主代码文件中测试 queryRow()方法的应用。

```
from mysql_chy import *

sql = "select clientcode,nickname from client_main where clientcode=%s;"
db = get_db()
data = db.queryRow(sql,["c0007"])
for k,v in data.items():
    print(f"{k} = {v}")
```

执行代码会显示客户 c0007 的代码和昵称，如图 13-2 所示。

图 13-2

只需要返回记录的数据时，我们可以通过使用 tMySql.queryRowData()方法实现，代码如下所示。

```
    def queryRowData(self, sql:str, args:list|tuple=()):
        ''' 返回查询结果第一行数据 '''
        with mysql.connect(host=self.host,
                           port=self.port,
                           db=self.db,
                           user=self.user,
                           passwd=self.passwd) as cnn :
            cursor = cnn.cursor()
            cursor.execute(sql, args)
            result = cursor.fetchone();
            cursor.close()
            return result
```

queryRowData()方法会返回在 cursor 对象中使用 fetchone()方法读取的行数据，如果没有查询结果则返回 None 值。

下面的代码在项目主代码文件中测试 queryRowData()方法的应用。

```
from mysql_chy import *

sql = "select clientcode,nickname from client_main where clientcode=%s;"
db = get_db()
data = db.queryRowData(sql,["c0007"])
print(data)
```

执行代码会显示“('c0007', '小喵')”。如果将参数数据修改为不存在的客户代码，则会显示 None 值。

13.5 查询多条记录

下面的代码使用 tMySql.queryAll()方法实现多行数据的读取操作，该方法会返回查询结果的所有数据，包含字段名。

```
    def queryAll(self, sql:str, args:list|tuple=()):
        ''' 返回查询结果所有数据，包含字段名 '''
        with mysql.connect(host=self.host,
                           port=self.port,
                           db=self.db,
                           user=self.user,
                           passwd=self.passwd) as cnn :
            cursor = cnn.cursor()
            cursor.execute(sql, args)
            result = [];
            if rows := cursor.fetchall() :
                desc = cursor.description
                for row in rows:
                    e = {}
                    for col in range(len(desc)) :
                        e[desc[col][0]] = row[col]
                    result.append(e)
            cursor.close()
            return result
```

queryAll()方法会返回一个列表对象，每个元素都包含一行数据，格式为字典对象，字典的键包含字段名，值包含字段数据。

下面的代码在 tMySql 类中创建 queryAllData()方法，其功能是读取查询结果中的所有数据行，但不包含字段名。

```
    def queryAllData(self, sql:str, args:list|tuple=()):
        ''' 返回查询结果所有数据 '''
        with mysql.connect(host=self.host,
                           port=self.port,
                           db=self.db,
                           user=self.user,
                           passwd=self.passwd) as cnn :
            cursor = cnn.cursor()
            cursor.execute(sql, args)
            result = cursor.fetchall();
            cursor.close()
            return result
```

在上述代码中，queryAllData()方法会返回在 Cursor 对象中使用 fetchall()方法读取的结果。

下面的代码在项目主代码文件中测试 tMySql.queryAll()方法的应用。

```
from mysql_chy import *
```

```
sql = "select num,clientcode,saleprice from sale_main where num=%s;"
db = get_db()
data = db.queryAll(sql,['a22002'])
for row in data:
    print(row)
```

执行结果如图 13-3 所示。本示例查询了货号为“a22002”的服装销售记录。

```
C:\Users\caohuayu\AppData\Local\Programs\Python\Python310\python.exe
{'num': 'a22002', 'clientcode': 'c0001', 'saleprice': Decimal('399.00')}
{'num': 'a22002', 'clientcode': 'c0003', 'saleprice': Decimal('399.00')}
```

图 13-3

下面的代码在项目主代码文件中测试 queryAllData()方法的应用。

```
from mysql_chy import *

sql = "select num,clientcode,saleprice from sale_main where num=%s;"
db = get_db()
data = db.queryAllData(sql,['a22002'])
for row in data:
    print(row)
```

执行结果如图 13-4 所示。本示例代码只显示销售记录的数据，并不包含字段名。

```
C:\Users\caohuayu\AppData\Local\Programs\Python\...
('a22002', 'c0001', Decimal('399.00'))
('a22002', 'c0003', Decimal('399.00'))
```

图 13-4

13.6　查询单列数据

下面的代码在 tMySql 类中使用 queryColumn()方法读取查询结果中第一列的数据，并通过列表返回。

```
    def queryColumn(self, sql:str, args:list|tuple=()):
        ''' 返回查询结果的第一列数据 '''
        with mysql.connect(host=self.host,
                           port=self.port,
                           db=self.db,
```

```
                                user=self.user,
                                passwd=self.passwd) as cnn :
            cursor = cnn.cursor()
            cursor.execute(sql, args)
            result = [];
            if rows := cursor.fetchall() :
                for row in rows:
                    result.append(row[0])
            cursor.close()
            return result
```

下面的代码在项目主代码文件中测试 queryColumn()方法的应用。

```
from mysql_chy import *

sql = "select saleprice from sale_main;"
db = get_db()
data = db.queryColumn(sql)
print(data)
print(sum(data))
```

代码会显示 sale_main 表中所有销售价格（saleprice）的数据，并通过调用 sum()函数计算销售价格的合计。在实际应用中，我们也可以通过调用 SQL 中的 sum()函数计算合计，然后返回单值，代码如下所示。

```
from mysql_chy import *

sql = "select sum(saleprice) from sale_main;"
db = get_db()
print(db.queryValue(sql))
```

13.7　添加记录

下面的代码在 tMySql 类中通过 insert()方法实现添加数据的功能。

```
    @staticmethod
    def __getInsertSql(table:str, fields:list|tuple) -> str:
        sql = f'insert into `{table}`(`{fields[0]}`'
        val = f')values(%s'
        for i in range(1,len(fields)):
```

```
            sql += f',`{fields[i]}`'
            val += ',%s'
        sql += val+');'
        return sql

    def insert(self, table:str, fields:list|tuple, \
        values:list|tuple)->int:
        ''' 添加记录并返回新记录的 ID 数据 '''
        if fields and values and len(fields)==len(values):
            sql = tMySql.__getInsertSql(table, fields)
            # 执行 insert 操作
            with mysql.connect(host=self.host,
                               port=self.port,
                               db=self.db,
                               user=self.user,
                               passwd=self.passwd) as cnn :
                cursor = cnn.cursor()
                cursor.execute(sql, values)
                result = cursor.lastrowid
                cnn.commit()
                cursor.close()
                return result
        else:
            return -1000
```

首先，我们使用私有的__getInsertSql()静态方法生成 insert 语句，该方法的参数包括表名和添加数据的字段列表（或元组）。

insert()方法定义了如下 3 个参数。

- table，指定需要添加数据的表。
- fields，指定添加数据的字段列表（或元组）。
- values，指定字段对应的数据列表（或元组）。

在 insert()方法中，首先我们通过使用 Cursor 对象的 execute()方法执行语句，然后通过 lastrowid 属性返回新记录的 ID 字段数据，最后通过使用 connection 对象的 commit()方法提交操作。操作成功后将返回一个大于 0 的整数，也就是新记录的 ID 数据。

下面的代码在项目主代码文件中测试 insert()方法的应用。

```
from mysql_chy import *

db = get_db()
result = db.insert("client_main", \
```

```
        ["clientcode","nickname"], \
        ["c0006","六六六"])
    print(result)
```

代码会在 client_main 表中添加一条新的记录，操作成功后会显示一个大于 0 的整数，即新记录的 ID 字段（clientid）数据。

在实际应用中，我们也可以一次添加多条记录，通过在 tMySql 类中使用 insertRows() 方法即可实现，代码如下所示。

```
    def insertRows(self, table:str, fields:list|tuple, \
        values:list|tuple)->int:
        ''' 添加多行记录并返回添加的记录数量 '''
        if fields and values and len(fields)==len(values[0]):
            sql = tMySql.__getInsertSql(table, fields)
            # 执行 insert 操作
            with mysql.connect(host=self.host,
                               port=self.port,
                               db=self.db,
                               user=self.user,
                               passwd=self.passwd) as cnn :
                cursor = cnn.cursor()
                cursor.executemany(sql, values)
                result = cursor.rowcount
                cnn.commit()
                cursor.close()
                return result
        else:
            return -1000
```

insertRows()方法与 insert()方法的区别在于，insertRows()方法调用了 Cursor 对象的 executemany()方法执行操作，可以带入多组数据，而 insertRows()方法则会返回添加的记录数量，执行 SQL 后，我们可以使用 Cursor 对象的 rowcount 属性获取此数据。

下面的代码在项目主代码文件中测试 insertRows()方法的应用。

```
from mysql_chy import *

db = get_db()
result = db.insertRows("client_main", \
    ["clientcode","nickname"], \
    [["c0008","花海"],["c0009","梅花 9"]])
print(result)
```

在本示例中，insertRows()方法的第三个参数使用二维列表指定了两组数据，正确执行时会显示 2，表示在 client_main 表中成功添加了 2 条记录。

13.8 修改数据

下面的代码在 tMySql 类中使用 update()方法实现修改数据的功能。

```
def update(self, table:str, fields:list|tuple, \
    values:list|tuple, conD:str) -> int:
    ''' 更新数据 '''
    if cond.strip() and fields and values and \
        len(fields)==len(values):
        # 创建 update 语句
        sql = f'update `{table}` set `{fields[0]}`=%s'
        for i in range(1,len(fields)):
            sql += f',`{fields[i]}`=%s'
        sql = sql + ' where ' + cond
        # 执行 update 操作
        with mysql.connect(host=self.host,
                           port=self.port,
                           db=self.db,
                           user=self.user,
                           passwd=self.passwd) as cnn :
            cursor = cnn.cursor()
            cursor.execute(sql, values)
            result = cursor.rowcount
            cnn.commit()
            cursor.close()
            return result
    else:
        return -1000
```

update()方法会返回修改记录的数量，其参数如下。

- table，指定修改数据的表。
- fields，指定新数据的字段名列表（或元组）。
- values，指定字段对应的新数据列表（或元组）。
- cond，指定修改数据的条件。该参数条件不能为空，即不允许无条件更新数据。

下面的代码在项目主代码文件中测试 update()方法的应用。

```
from mysql_chy import *

db = get_db()
result = db.update("client_main", \
    ["phone"], ["12345699999"], "clientcode='c0009'")
print(result)
```

上述代码会修改 client_main 表中 clientcode 等于"c0009"的记录，并将 phone 数据修改为“12345699999”。操作成功后会显示 1，即修改了 1 条记录。

13.9 删除记录

下面的代码在 tMySql 类中使用 delete()方法执行删除数据的功能。

```
    def delete(self, table:str, conD:str) -> int:
        ''' 删除数据 '''
        if table.strip() and cond.strip() :
            # 创建 delete 语句
            sql = f'delete from `{table}` where ' + cond
            # 执行 delete 操作
            with mysql.connect(host=self.host,
                               port=self.port,
                               db=self.db,
                               user=self.user,
                               passwd=self.passwd) as cnn :
                cursor = cnn.cursor()
                cursor.execute(sql)
                result = cursor.rowcount
                cnn.commit()
                cursor.close()
                return result
        else:
            return -1000
```

在上述代码中，delete()方法包含两个参数，分别为表名（table）和删除条件（cond），它们都不允许为空。操作成功后将返回删除的记录数量。

下面的代码在项目主代码文件中测试 delete()方法的应用。

```
from mysql_chy import *
```

```
db = get_db()
result = db.delete("client_main", "clientcode='c0006'")
print(result)
```

代码会删除 client_main 表中 clientcode 等于“c0006”的记录，操作成功后会返回 1，即成功删除 1 条记录，再次执行时由于已没有可删除的记录，因此执行结果会显示 0。

13.10 pandas 读取和写入 MySQL 数据

使用 pandas 直接读取和写入 MySQL 数据库时，我们同样可以使用 SQLAlchemy 的对象关系映射模型（ORM）。在 Windows 操作系统的命令行窗口，我们可以通过输入如下命令安装 sqlalchemy 模块。

```
pip install sqlalchemy
```

下面的代码读取了 yiyi_shop 数据库 client_main 表中客户代码（clientcode）和昵称（nickname）的数据，读取的数据返回为 DataFrame 对象。

```
from sqlalchemy import create_engine
import pandas as pd

pd.set_option('display.unicode.east_asian_width', True)

cnn = create_engine('mysql://root:DEV_Test123456@127.0.0.1/yiyi_shop')
df = pd.read_sql_query('select clientcode,nickname from client_main',cnn)
print(df)
cnn.dispose()
```

首先，需要注意 create_engine()方法。该方法指定了 MySQL 数据库的连接参数，其含义如图 13-5 所示。

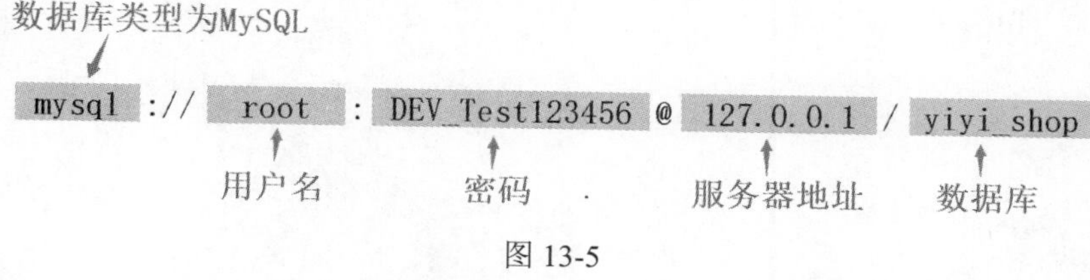

图 13-5

在图 13-5 中，如果 MySQL 没有使用默认的 3306 端口，那么我们可以在“服务器地址”中使用冒号指定端口，如“127.0.0.0:3333”代表使用 3333 端口。

在 pandas 模块的 read_sql_query()函数中，sql 参数用于指定 SQL 查询语句，con 参数用于指定数据库连接对象。本示例会读取 client_main 表中 clientcode 和 nickname 字段的所有数据，执行结果如图 13-6 所示。

需要将 DataFrame 对象的数据写入 MySQL 数据库时，我们还可以使用 to_sql()方法，如下面的代码会将两条客户信息写入 client_temp 表，操作成功后会显示“OK”。

```
from sqlalchemy import create_engine
import pandas as pd

data = pd.DataFrame({"clientcode":["c9901","c9902"], \
    "nickname":["临时客户 A","临时客户 B"]})
cnn = create_engine('mysql://root:DEV_Test123456@127.0.0.1:3306/yiyi_shop')
data.to_sql("client_temp", cnn, index=False)
cnn.dispose()
print("OK")
```

DataFrame 对象的 to_sql()方法使用了如下 3 个参数。

- name，数据写入的表名。如果表已存在则会产生错误。
- con，数据库连接对象。
- index，是否将行索引写入数据表，默认为 True。

在 HeidiSQL 中，我们可以查看写入 client_temp 表的数据，如图 13-7 所示。

```
C:\Users\caohuayu\AppDa...
  clientcode nickname
0      c0001       张三
1      c0002      Maria
2      c0003       李四
3      c0004       刘兰
4      c0005       胖妞
5      c0007       小喵
6      c0008       花海
7      c0009      梅花9
```

图 13-6

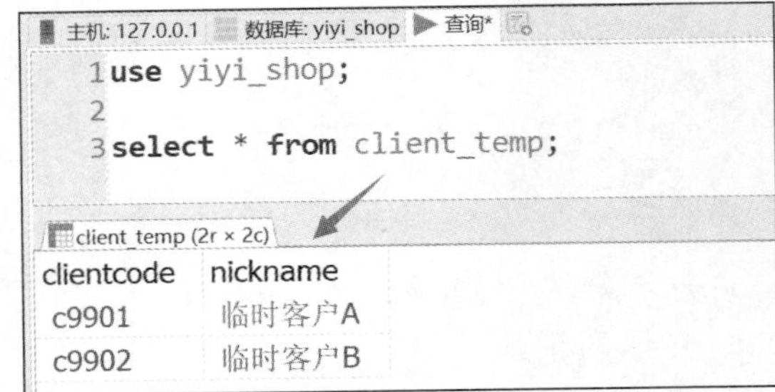

图 13-7

第 14 章　数据一箩筐——打造数据中心

我们已经学习了 Excel、Python 和数据库等数据分析工具，并且了解了如何使用这些工具进行数据管理、计算、分析、统计图绘制、格式转换等操作。本章我们将综合这些技术打造属于自己的数据中心，并逐步实现自动化的数据导入、统计分析和报表生成功能。

14.1　创建数据中心

“数据中心”是数据分析工作的重要工具和资源宝库，其功能包括数据的导入、导出、管理、统计分析及生成报表和图形等，如图 14-1 所示。

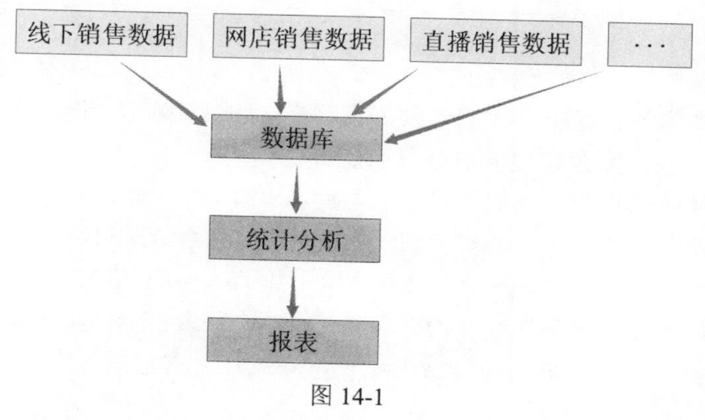

图 14-1

一一问答

一一问：数据中心是不是要以数据库为中心呢？

答：从某种角度上讲可以这么说。由于数据库可以更高效地管理数据，因此数据中心建设的重点工作之一就是数据库的应用。此外，通过使用 Python 编程等技术，我们可以更加自由地使用数据中心，并根据需要灵活地扩展数据中心的功能。

一一问：我们在前面学习了 SQLite 和 MySQL 两种数据库，应该使用哪一种呢？
答：客户、服装、销售等数据会快速增长，数据规模也会越来越大，因此功能更多、性能更强的 MySQL 会比较合适。在数据生产过程中，我们也可以使用云服务，比如，可以使用云主机搭建自己的数据中心，也可以使用云数据库管理数据。本书示例会继续使用本地的 MySQL 数据库进行测试，下面，我们先来准备“数据中心”所需的数据库。

如果是单独学习数据库设计与管理，那么你一定会了解到关系型数据库的设计规范，而本书的“数据中心”会尽可能简化数据结构。本书“数据中心”的应用特点是：销售数据会从不同渠道批量导入数据中心，然后在数据中心进行统计分析并输出结果。

各销售渠道的数据会包含基本的用户信息，如电话号码等，而“数据中心”则会将客户电话和销售数据放在同一个表中，表的字段定义如下。

- recid，记录 ID。
- clientphone，客户的电话号码，可以关联在不同渠道消费的相同客户。
- mchannel，销售渠道。
- num，商品货号。
- saleprice，销售价格。
- saletime，销售时间。

一一问答

一一问：在前面的学习过程中，我们学会了将客户、服装和销售数据保存在不同的表，然后通过连接进行关联，那么在数据中心可以这样管理吗？
答：在讨论数据库的应用时，我们使用了基本的数据库设计规范，将客户、服装和销售数据分别保存在不同的数据表中，在“数据中心”中，我们也可以使用这种方式管理数据，但需要注意，主键、外键、唯一约束、连接等特性和操作都是有性能代价的，随着数据量的快速增长，性能问题会更加明显。而“数据中心”的主要任务是对来自不同渠道的大量数据进行统一分析，因此简单的数据结构就可以满足应用需求。

一一问：sale_main 表中没有包含客户和服装的完整信息，应该如何管理这些信息呢？
答：sale_main 表包含了销售相关的主要数据。在客户信息方面，电话号码用于关联不同渠道的客户信息，而不同的销售渠道，如网店、直接平台等都有详细的客户信息，因此在数据中心中就没有必要再保存重复的客户信息了。而在商品信息方面，分析数据时，我们可以在“数据中心”中维护一份服装数据，稍后我们会讨论相关内容。

一一问：没有外键约束，sale_main 表中会不会出现不存在的服装货号呢？

答：理论上是有可能的，但需要注意，销售数据是从各销售渠道导出的，然后导入数据中心，如果销售数据来源没有问题，那么导入的数据应该包含了正确的服装货号。

一一问：可以给出 sale_main 表的创建代码吗？
答：没问题，代码如下所示。

```
create database yiyi_data;
use yiyi_data;

create table sale_main(
recid bigint auto_increment not null primary key,
clientphone varchar(15),
mchannel varchar(15),
num varchar(15),
saleprice decimal(8,2),
saletime datetime
)engine=innodb default charset='utf8';
```

上述代码创建了 yiyi_data 数据库与 sale_main 表。接下来，“数据中心”会使用 yiyi_data 数据库。在 mysql_chy.py 文件中，注意__db1 字典中的数据库连接参数，为方便接下来的操作，应将数据库名称修改为 yiyi_data。

14.2 批量导入数据

在“数据中心”中，处理数据的第一步是导入不同渠道的销售数据。

一一问答

一一问：各个平台导出的销售数据格式并不一致，应该如何统一导入呢？
答：标准化是自动化的前提条件，因此在获取不同渠道的销售数据后，需要将这些数据整理为标准的格式，然后才能通过编程统一导入到“数据中心”。下面讨论具体的操作方法。

14.2.1 标准化数据

在获取不同渠道的销售数据后，首先我们要进行标准化整理，包括字段顺序、数据类型等，同时需要添加数据来源标识（销售渠道），图 14-2 展示了一些“线下”渠道的销售数据。

	A	B	C	D	E
1	电话	渠道	货号	销售价格	销售日期
2	1210056	线下	a22002	399	2022/6/1
3	1210056	线下	b22003	269	2022/6/1
4	1210056	线下	b22001	159	2022/6/1
5	1220012	线下	a22002	399	2022/6/1
6	1220012	线下	a22003	319	2022/6/1
7	1220012	线下	b22001	159	2022/6/1
8	1290188	线下	a22003	319	2022/6/1
9	1232285	线下	a22001	299	2022/6/1
10	1232285	线下	a22003	319	2022/6/1

图 14-2

在整理完 Excel 数据后，我们还需要按日期组织文件，在本书的示例中，导入文件的主目录为“D:\data”，在该目录中，我们使用 8 位日期命名的子目录存放每天的销售数据，如 2022 年 6 月 1 日的销售数据存放在“D:\data\20220601”目录，其中 Excel 文件按销售渠道命名，如“线下销售.xlsx”“网店一销售.xlsx”等。

14.2.2 导入 Excel 数据

通过 Python 导入 Excel 数据后，我们可以使用 pandas 读取.xlsx 文件，并通过 DataFrame 对象的 to_numpy()方法将其转换为 NumPy 数组对象（ndarray）。然后，我们可以通过使用 ndarray 对象的 tolist()方法将其转换为列表（list）对象，最后使用 tMySql 类的 insertRows()方法进行批量导入。

下面的代码将“D:\data\20220601\线下销售.xlsx”文件的数据导入了 yiyi_data 数据库的 sale_main 表。

```
import pandas as pd
from mysql_chy import get_db

path = r"D:\data\20220601\线下销售.xlsx";
df = pd.read_excel(path)
data = df.to_numpy().tolist()
db = get_db()
result = db.insertRows("sale_main", \
    ["clientphone","mchannel","num","saleprice","saletime"], data)
print(result)
```

操作成功后会显示 9，表示导入的记录数量。导入成功后，我们可以通过 HeidiSQL 查看 yiyi_data.sale_main 表的数据，如图 14-3 所示。

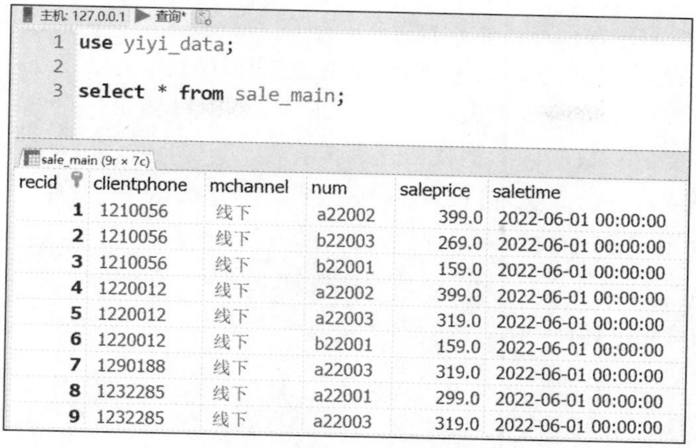

主机: 127.0.0.1 查询*

```
use yiyi_data;

select * from sale_main;
```

sale_main (9r × 7c)

recid	clientphone	mchannel	num	saleprice	saletime
1	1210056	线下	a22002	399.0	2022-06-01 00:00:00
2	1210056	线下	b22003	269.0	2022-06-01 00:00:00
3	1210056	线下	b22001	159.0	2022-06-01 00:00:00
4	1220012	线下	a22002	399.0	2022-06-01 00:00:00
5	1220012	线下	a22003	319.0	2022-06-01 00:00:00
6	1220012	线下	b22001	159.0	2022-06-01 00:00:00
7	1290188	线下	a22003	319.0	2022-06-01 00:00:00
8	1232285	线下	a22001	299.0	2022-06-01 00:00:00
9	1232285	线下	a22003	319.0	2022-06-01 00:00:00

图 14-3

一一问答

一一问：如何将其他格式的数据导入数据中心呢，如 CSV 数据？

答：对于 CSV 数据，我们可以通过类似的方法导入数据中心。不过，由于使用 Excel 整理数据非常方便，因此可以将所有数据都转换为 Excel 格式，然后统一导入。

一一问：又要手工整理数据，又要编码导入数据，这样工作效率是不是不高呀？

答：目前的确存在这个问题，不过，我们可以改进工作方法。在整理数据方面，每个渠道导出的数据都可以通过编程自动处理，比如，可以从导出的 Excel、CSV、JSON 等格式数据中读取需要的数据，然后将这些数据重新写入标准格式的 Excel 文件，并保存到指定的位置。自动执行任务时，我们可以通过 Windows 操作系统的“任务计划程序”定时执行数据整理和导入任务，从而实现数据导入的自动化。

一一问：听起来好多了，那么该如何使用“任务计划程序”呢？

答：下面介绍如何使用“任务计划程序”实现定时导入的功能。

14.3 定时导入

自动化工作的前提是标准化，下面我们再回顾一下约定的导入数据格式和存放规则。

首先，数据统一存放于.xlsx 文件，包含的数据有客户电话（clientphone）、销售渠道（mchannel）、货号（num）、销售价格（saleprice）及销售时间（saletime）。

然后是导入数据的存放位置，本书示例存放在 D:\data 目录中，在该目录中，我们使用 8 位日期命名的子目录存放每天的数据文件，如 D:\data\20220601 目录存放 2022 年 6 月 1 日的数据。

最后，我们将数据文件按销售渠道命名，如“线下销售.xlsx”“网站一销售.xlsx”等。

接下来我们需要编写数据导入的代码。首先在项目中创建 data_import.py 文件，然后设置文件编码为 UTF-8，并修改文件内容如下。

```
import pandas as pd
import datetime as dt
from mysql_chy import get_db

# 写入日志
def writelog(path, txt):
    with open(path, 'a', encoding="UTF-8") as f:
        f.write(txt+"\n")


def dataimport(datapath) :
    # 路径与 tMySql 对象
    db = get_db()
    # 日志文件路径
    logpath = datapath + "\\log.txt"
    # 开始导入
    writelog(logpath,f"{datapath}数据开始导入[{dt.datetime.today()}]")
    # 导入线下销售
    filename = datapath + "\\线下销售.xlsx"
    data = pd.read_excel(filename).to_numpy().tolist()
    result = db.insertRows("sale_main",\
        ["clientphone","mchannel","num","saleprice","saletime"],data)
    writelog(logpath,f"线下销售导入{result}条记录[{dt.datetime.today()}]")
    # 导入网店一销售
    filename = datapath + "\\网店一销售.xlsx"
    data = pd.read_excel(filename).to_numpy().tolist()
    result = db.insertRows("sale_main",\
        ["clientphone","mchannel","num","saleprice","saletime"],data)
    writelog(logpath,f"网店一销售导入{result}条记录[{dt.datetime.today()}]")

    writelog(logpath,f"{datapath}数据导入完成[{dt.datetime.today()}]")
```

在上述代码中，我们首先创建了 writelog()函数，其功能是将文本内容写入到日志文件中。其中，path 参数用于指定日志文件路径，txt 参数用于指定写入的文本内容。writelog()函数会使用追加模式将 txt 参数的内容添加到文件的最后。

在 dataimport()函数中，参数 datapath 用于指定数据的路径，函数中的变量（对象）如下。

- db，tMySql 对象，用于执行数据导入。
- logpath，日志文件的路径，即数据目录中 log.txt 文件的完整路径。

接下来我们需要分别导入线下销售和网店销售数据，其中，filename 变量定义正在导入文件的完整路径，data 变量定义从 Excel 读取数据的列表（list）对象，result 变量保存了导入的记录数量。

在项目主代码文件中，我们通过如下代码调用了 dataimport()函数。

```
from data_import import dataimport

dataimport(r"D:\data\20220602");
```

上述代码导入了 2022 年 6 月 2 日的数据，数据路径为 D:\data\20220602。导入的时间会保存到数据目录中的 log.txt 文件，写入的内容类似图 14-4 所示。

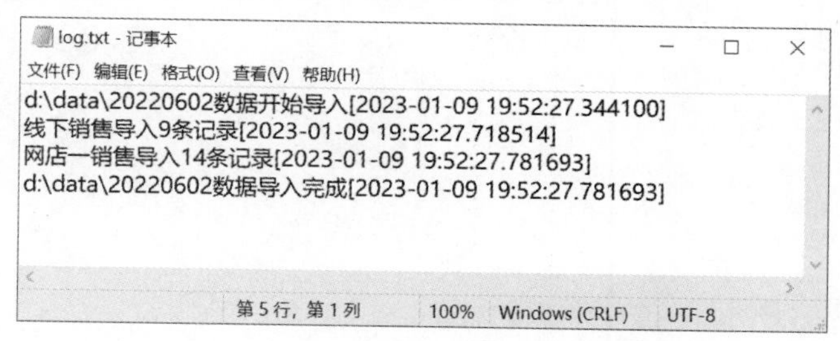

图 14-4

下面我们将 Python 项目发布到指定的目录，如 D:\data\import\目录。在 Visual Studio 环境的“解决方案资源管理器”中，点击项目的右键菜单栏选择“属性”，然后选择“发布”选项卡，设置如图 14-5 所示，最后点击“立即发布”按钮发布项目。

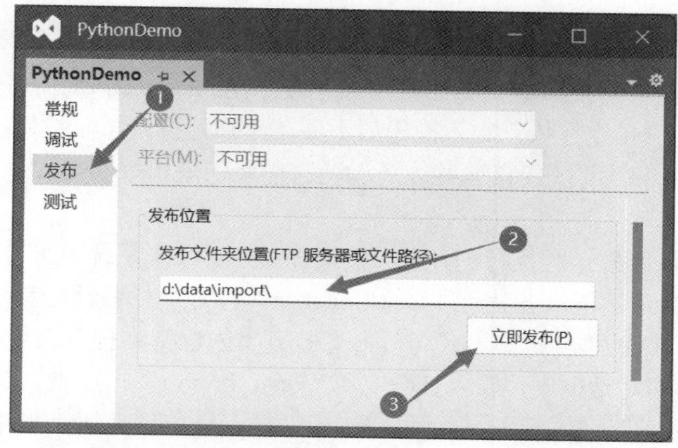

图 14-5

想要在 Windows 操作系统的命令行窗口中执行.py 代码文件，需要使用如下格式。

```
python.exe 文件名.py
```

这种格式在“任务计划程序”中需要分别设置命令和参数。为方便操作，我们可以将全部命令保存在批处理文件（.bat）中。

我们需要在 D:\data\import 目录中创建 run.bat 文件，并修改内容如下。

```
python D:\data\import\PythonDemo.py
pause
```

或者我们可以使用“记事本”程序来编辑文件内容，保存时选择保存类型为“所有文件(*.*)”，并指定文件名为“run.bat”，如图 14-6 所示。

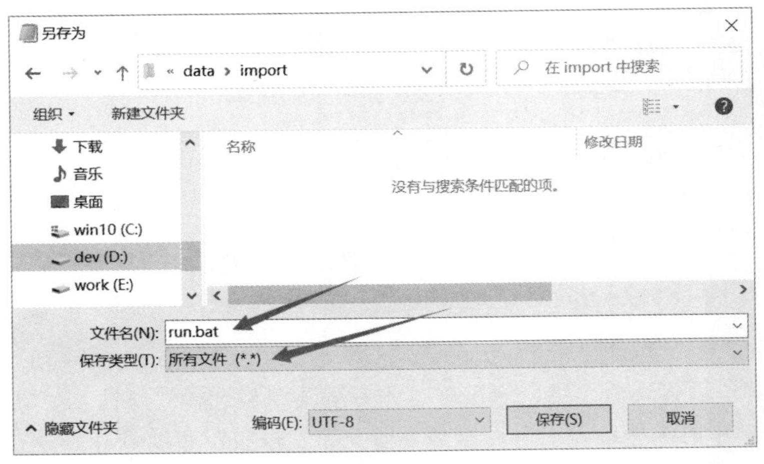

图 14-6

run.bat 文件中包含两条命令，第一条用于调用 python.exe 命令并指定执行的.py 文件，第二条 pause 命令用于指定在执行导入操作后不关闭命令行窗口，而是显示“Press any key to continue…”（中文版为“请按任意键继续…”），这样我们就可以在测试时观察导入操作是否出现异常。

接下来我们需要创建定时执行的任务，在 Windows 操作系统中可以通过按下“⊞+R”组合键打开“运行”对话框，并执行“taskschd.msc”打开“任务计划程序”，然后通过点击菜单栏选项“操作”组的“创建基本任务”命令打开“创建基本任务向导”，如图 14-7 所示。

在图 14-7 所示的对话框中，输入任务名称“data_import”并点击“下一步”按钮，然后根据需要选择执行周期，在本示例中，我们选择“每天”单选按钮，如图 14-8 所示。

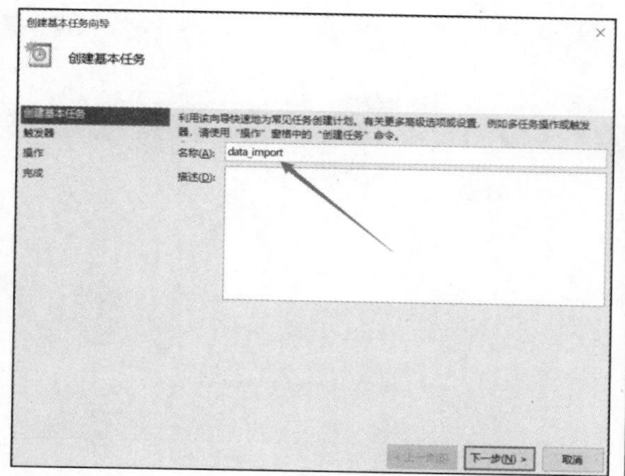

图 14-7

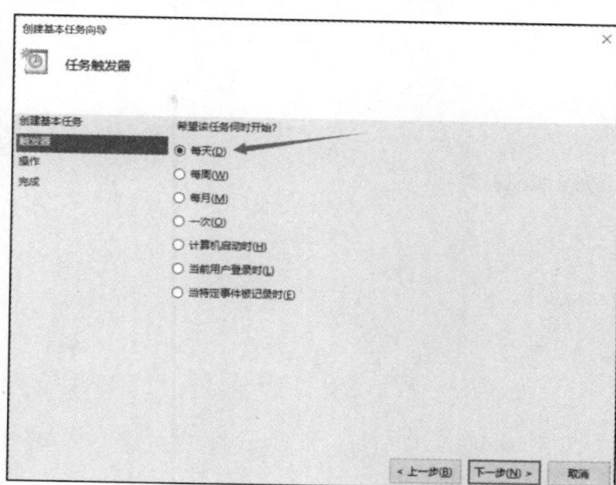

图 14-8

接下来需要指定每天执行任务的时间，如图 14-9 所示。

导入时间可以根据实际情况指定，如果数据量较大，可以选择在第二天零点以后开始执行。接下来需要选择任务的执行类型，如图 14-10 所示，在本示例中选择“启动程序”。

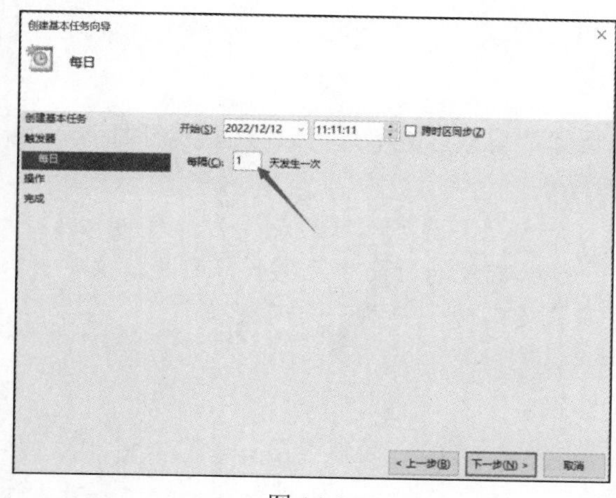

图 14-9

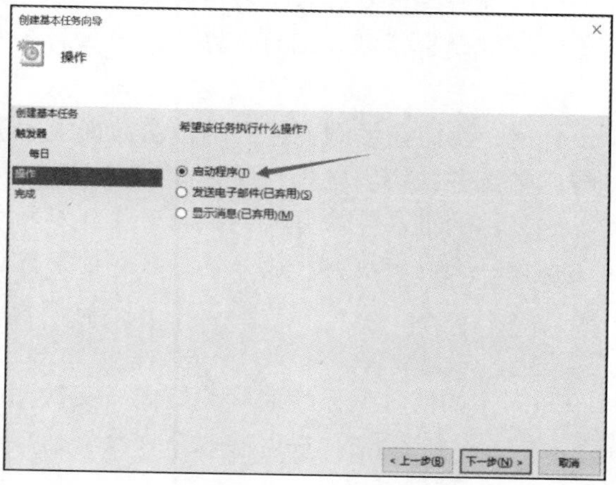

图 14-10

接下来我们需要选择执行的程序或脚本，在本示例中选择了“D:\data\import\run.bat”批处理文件，如图 14-11 所示。如果指定执行 python.exe，可以指定“D:\data\import\PythonDemo.py”作为参数。

最后会显示任务摘要，确认无误后需要点击“完成”按钮确认任务的创建，如图 14-12 所示。

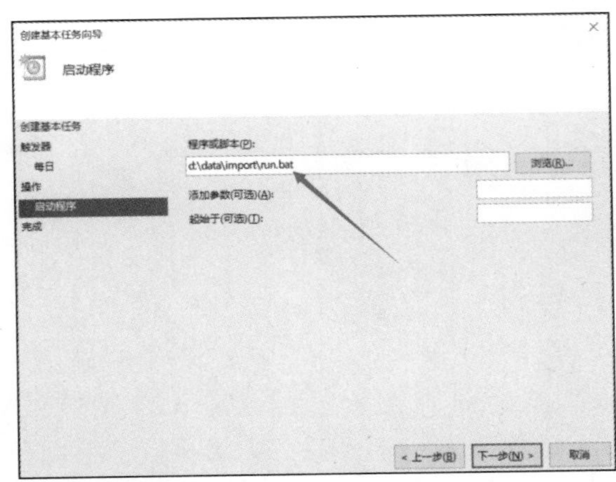

图 14-11

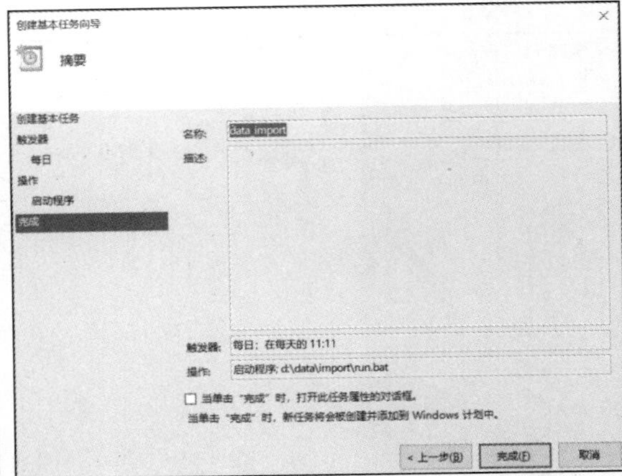

图 14-12

在进行测试时，我们可以设置等待时间执行任务，也可以点击右侧“操作”对话框的“运行”按钮立即执行任务。需要注意的是，在实际工作中要避免同一批数据的重复导入。

一一问答

一一问：如果重复导入了数据应该怎么办呢？

答：可以删除指定日期的数据，然后重新导入。

一一问：我们在示例中导入的销售数据使用了具体的日期，是不是可以根据系统时间自动导入数据并执行其他操作呢，如生成报表？

答：可以的。在导入每天的数据和生成日报表时，首先要确定处理的是否为当天的数据，还是前一天的数据，一般来说，只有过了零点，数据处理的时间才足够长，因此建议将数据导入和报表生成的操作放在零点以后执行，这样处理的就是前一天的数据了。

一一问：如何根据系统时间获取前一天数据的路径呢？

答：可以参考以下代码以获取导入数据的路径，以及报表文件的保存路径。

```
import datetime as dt

# 系统日期的前一天
yesterday = dt.datetime.today() - dt.timedelta(days=1)
# 8 位日期字符串
dts = yesterday.strftime("%Y%m%d")
# 导入数据路径
```

```
datapath = f"D:\\data\\{dts}"
# 生成报表路径
reportpath = f"D:\\data\\report\\{dts}"

# 显示路径
print(datapath)
print(reportpath)
```

在获取导入数据和输出报表的路径后，组合相应的文件名就可以得到文件的完整路径了。下面了解一些网络数据的处理方法，以及如何从图片中识别数据，在第 16 章中，我们将讨论报表的生成。

14.4　处理网络数据

在实际工作中，我们可能需要通过网络资源获取数据，如网页、JSON 等，本节将介绍这两种数据的读取与写入操作。

14.4.1　HTML 表格

HTML（Hyper-Text Markup Language，超文本标记语言）是基本的网页构建语言，其中，table 元素用于定义表格。

在 table 元素中使用 tr 元素定义行，在 tr 元素中则使用 th 元素定义列标题单元格，使用 td 元素定义数据单元格。此外，定义 table、tr、th 和 td 元素时都需要开始标记和结束标记，如 table 元素使用<table>和</table>标记定义。

下面我们使用 lxml 模块处理 HTML，在 Windows 操作系统的命令行窗口中，可以通过输入如下命令安装。

```
pip install lxml
```

在 pandas 模块中，需要将 DataFrame 对象数据转换为 HTML 格式时，我们可以使用 to_html()方法，常用的参数如下。

- FilePathOrBuffer，设置 HTML 文件路径或写入缓存。
- header 参数，是否写入列索引，默认为 False 值。
- index 参数，是否写入行索引，默认为 False 值。
- encoding 参数，设置文件编码类型，如 UTF-8。

下面的代码演示了 to_html()方法的应用。

```
import pandas as pd
```

```
data = [["a22001","外套",299], \
    ["a22002","外套",399], \
    ["a22003","卫衣",319]]

df = pd.DataFrame(data, \
    index = ["1","2","3"], \
    columns = ["货号","分类","价格"])

path = r"D:\attire.html"
df.to_html(path, header=True, index=True, encoding='UTF-8')
```

上述代码将 DataFrame 对象中的数据保存到 D:\attire.html 文件，生成的 HTML 文件内容如下。

```
<table border="1" class="dataframe">
  <thead>
    <tr style="text-align: right;">
      <th></th>
      <th>货号</th>
      <th>分类</th>
      <th>价格</th>
    </tr>
  </thead>
  <tbody>
    <tr>
      <th>1</th>
      <td>a22001</td>
      <td>外套</td>
      <td>299</td>
    </tr>
    <tr>
      <th>2</th>
      <td>a22002</td>
      <td>外套</td>
      <td>399</td>
    </tr>
    <tr>
      <th>3</th>
      <td>a22003</td>
      <td>卫衣</td>
      <td>319</td>
    </tr>
```

```
    </tbody>
</table>
```

在 table 元素中，我们指定 border 属性为"1"，class 属性为"dataframe"。在浏览器中显示的表格如图 14-13 所示。

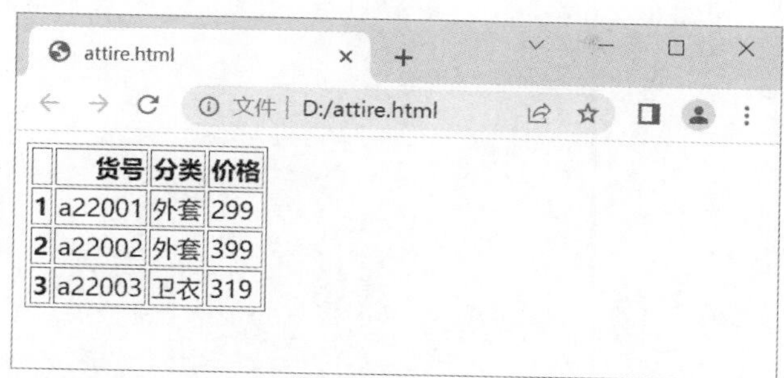

图 14-13

需要从 HTML 文件读取 table 元素的数据时，我们可以调用 pandas 模块的 read_html()函数，常用参数如下。

- io 参数，指定 HTML 文件的路径。
- header 参数，指定表格中哪一行数据作为列索引。
- index 参数，指定表格中哪一列作为行索引。
- encoding 参数，设置文件的编码标准，如 UTF-8。

read_html()函数会返回 DataFrame 对象，如下面的代码可以读取 D:\attire.html 文件中 table 元素的数据。

```
import pandas as pd

pd.set_option('display.unicode.east_asian_width', True)

path = r"D:\attire.html"
df = pd.read_html(path,header=0,index_col=0,encoding='UTF-8')
print(df)
```

执行结果如图 14-14 所示。

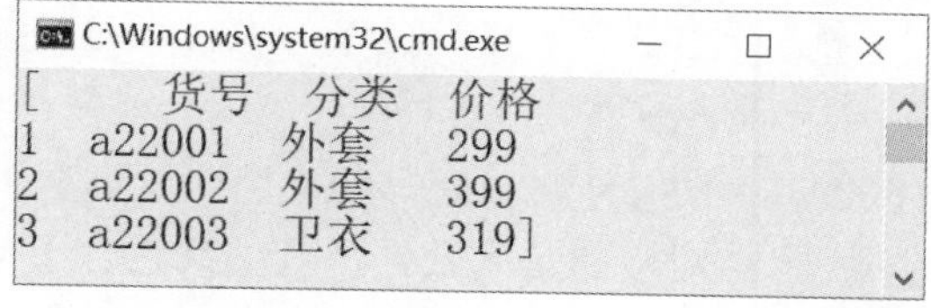

图 14-14

14.4.2　JSON

JSON（JavaScript Object Notation）是一种轻量级的数据格式，通过使用 JSON 我们可以处理空值、数值、字符串、数组、字典等格式的数据。在 pandas 模块中，将 DataFrame 对象的数据转换为 JSON 文件可以使用 to_json()方法，参数中需要指定 JSON 文件的路径，代码如下所示。

```
import pandas as pd

data = [["a22001","外套",299], \
    ["a22002","外套",399], \
    ["a22003","卫衣",319]]

df = pd.DataFrame(data, \
    index = ["1","2","3"], \
    columns = ["货号","分类","价格"])

df.to_json(r"D:\attire.json")
```

在本示例中，我们会将 DataFrame 对象的数据写入 D:\attire.json 文件中，写入的 JSON 数据格式如下，文件中的汉字都进行了编码处理。

```
{
  "\u8d27\u53f7": {
    "1": "a22001",
    "2": "a22002",
    "3": "a22003"
  },
  "\u5206\u7c7b": {
    "1": "\u5916\u5957",
    "2": "\u5916\u5957",
    "3": "\u536b\u8863"
  },
  "\u4ef7\u683c": {
    "1": 299,
    "2": 399,
    "3": 319
  }
}
```

将 DataFrame 对象数据保存为 JSON 格式时需要使用字典类型，其中，每个元素定义为一列数据，元素的键是列索引，值对应的是列数据，其中又包含了行索引和行数据。

需要读取 JSON 文件内容时，我们可以调用 pandas 模块的 read_json()函数，代码如下所示。

```
import pandas as pd

pd.set_option('display.unicode.east_asian_width', True)

df = pd.read_json(r"D:\attire.json")
print(df)
```

JSON 是一种比较灵活的数据格式，在 pandas 模块中，通过使用 Series 对象的 to_json()方法，我们也可以将数据保存为 JSON 文件。通过调用 read_json()函数读取 JSON 数据并返回 Series 对象时，需要将 typ 参数设置为 series，代码如下所示。

```
import pandas as pd

ser = pd.Series(["a22001", "a22002", "a22003"])
path = r"D:\num.json"
# 写入 JSON 文件
ser.to_json(path)
# 读取 JSON 文件
ser1 = pd.read_json(path, typ="series")
# 显示内容
print(ser1)
```

执行结果如图 14-15 所示。

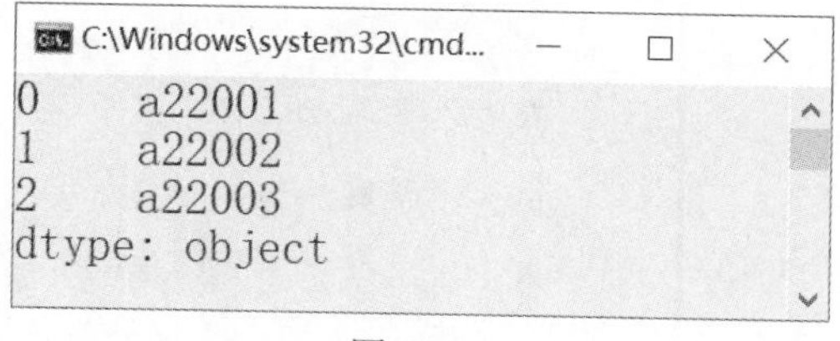

图 14-15

14.5 从图像中识别数据（OCR）

一一问答

一一问：公司有一部分以前打印的出货单，但原始的数据文件找不到了，我们可以将出货单中的数据导入“数据中心”吗？

答：如果想要从大量的纸质单据、票据中读取数据，如出货单、发票等，可以使用如扫描或拍照的方法，先将它们采集为图片，然后从图片中识别所需要的数据。

14.5.1　图像识别——EasyOCR

Python 有很多 OCR 资源，这里以 EasyOCR 为例进行介绍。如果想要了解更多信息，可以访问 JAIDED AI 官方网站。

使用 EasyOCR 模块需要配备 torch 库，但该库自动下载速度较慢，我们可以先从 PyTorch 网站下载.whl 文件，然后在 Windows 操作系统的命令行窗口中输入如下命令安装.whl 文件。

```
pip install torch-1.13.1+cpu-cp310-cp310-win_amd64.whl
```

接下来，输入如下命令安装 easyocr 模块。

```
pip install easyocr
```

EasyOCR 模块工作时还需要使用识别模型，但自动下载的速度也比较慢，因此也可以先访问 JAIDED AI 官方网站，将模型文件下载到本地，再将下载的.zip 格式的模型文件复制到 Python 安装目录的\Lib\site-packages\easyocr\model 目录中。

接下来准备一张测试图片，如图 14-16 所示。

《登鹳雀楼》

【唐】王之涣

自日依山尽，

黄河入海流。

欲穷千里目，

更上一层楼。

图 14-16

下面我们通过 easyocr 模块识别图片中的文字，代码如下所示。

```
import easyocr

reader = easyocr.Reader(lang_list = ["ch_sim"],
                        gpu = False,
                        download_enabled = False)
txt = reader.readtext(r"D:\sample01.png", detail=0)
for t in txt :
    print(t)
```

执行结果如图 14-17 所示。可以看到，这里对中文方括号的识别不是很准确。

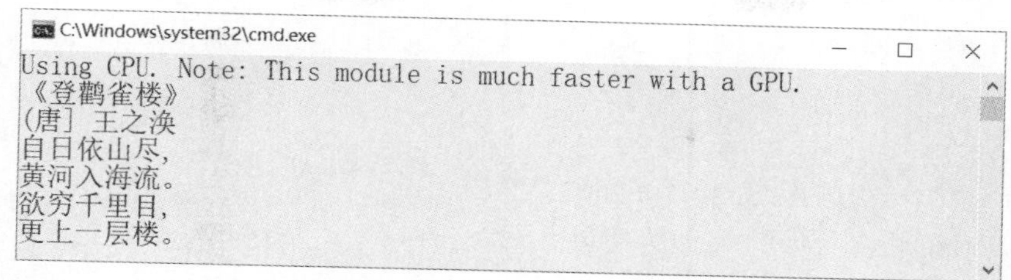

图 14-17

在上述代码中，我们首先引用了 easyocr 模块，然后创建了 Reader 对象，构造函数中使用了如下 3 个参数。

- lang_list，指定识别模型，在本示例中指定为简体中文（ch_sim），识别英文时可以使用 en。
- gpu，指定是否使用 GPU，默认为 True，没有安装 GPU 模块时会自动下载并安装。
- download_enabled，指定没有可用的识别模型时是否自动下载，默认为 True。如果已经将识别模型文件下载并复制到 model 目录，则可以设置为 False，如果还没有下载识别模型文件，应设置为 True。

接下来，我们需要使用 Reader 对象的 readtext()方法返回识别的内容，方法会返回包含识别结果的列表，每个元素都是一个区域的识别信息。示例中使用的参数如下。

- image，指定图片的路径、数据数组（ndarray）或文件流。在本示例中应指定图片的实际路径。
- detail，指定返回的内容，包含识别区域的位置信息、文本内容和置信度默认为 1。设置为 0 时只返回识别的文本内容。识别结果的置信度可以作为识别结果正确性的依据，它是一个 0 到 1 到浮点数，数值越大识别结果的可信度就越高，实际工作时，我们可以设置一个阈值，当置信度小于这个阈值时就需要人工校对。

通过设置 readtext()方法的 allowlist 参数，我们可以使用字符串指定强制识别的字符，如身份证号码只能包括 0 到 9 的数字和大写字母 X。下面准备一张包含模拟身份证号码的图片，如图 14-18 所示。

11223320110625033X

图 14-18

接下来识别此图片，代码如下所示。

```
import easyocr

reader = easyocr.Reader(lang_list=["ch_sim","en"],
                        gpu=False,
                        download_enabled=False)
```

```
txt = reader.readtext(r"D:\sample02.png", detail=0,
                      allowlist="0123456789X")
print(txt)
```

执行代码会显示“['11223320110625033X']”。

接下来，我们将图片中的 X 改为字母 b，如图 14-19 所示。

11223320110625033b

图 14-19

然后识别图 14-19 中的内容，代码如下所示。

```
import easyocr

reader = easyocr.Reader(lang_list=["ch_sim","en"],
                        gpu=False,
                        download_enabled=False)
txt = reader.readtext(r"D:\sample03.png", detail=0,
                      allowlist="0123456789X")
print(txt)
```

识别结果为“['112233201106250336']”，其中，字母 b 被识别为数字 6。

一问一答

一问：使用 readtext()方法可以识别图像中的全部内容，但有时候我们只需要图片中的某些数据，应该怎么操作呢？

答：可以先裁剪图片中的数据区域，然后再识别其中的内容，下面讨论具体的操作方法。

14.5.2　裁剪图片

通常某个类型的卡、证、单据、发票等都会有标准的格式，也就是说，数据会在固定的位置，这就满足了自动处理的基本条件。

需要对图片进行裁剪等操作时，我们可以使用 Pillow 库，在 Windows 操作系统的命令行窗口中，可以输入如下命令更新 pillow 模块。

```
pip install --upgrade pillow
```

首先准备一张虚拟的销售单图片，如图 14-20 所示。

一一服装出货单	
单号：201101150001	
货号：a110001	分类：外套
价格：219	客户电话：12300115689
柜员号：41000015	打印时间：2011-01-05 16:33:06

图 14-20

下面的代码会读取图中的单号、货号、分类、价格、客户电话、柜员号和打印时间。

```
import easyocr
from PIL import Image
import numpy as np
#
template = ((520, 310, 1000, 380),
    (540, 440, 1000, 520),
    (1200, 440, 2000, 520),
    (540, 570, 1000, 660),
    (1330, 570, 2000, 660),
    (600, 700, 1000, 800),
    (1330, 700, 2000, 800))
#
img = Image.open(r"D:\data\order\order01.jpg")
reader = easyocr.Reader(lang_list = ["ch_sim","en"],
                        gpu = False,
                        download_enabled = False)
result = []
for p in template :
    arr = np.array(img.crop(p))
    result.append("".join(reader.readtext(arr, detail=0)))
#
for t in result:
    print(t)
```

示例图片的分辨率是 2410 像素*929 像素，template 元组定义了 7 个数据的坐标，包括数据区域左上角和右下角的坐标。

img 对象是通过 Image.open()函数打开的原始图片对象，参数中需要指定正确的文件路径。

result 列表用于保存识别的数据。

在第一个 for 循环中，我们首先使用图像的 crop()方法裁剪了图片区域，参数的元组中定义了裁剪区域左上角和右下角的坐标，本示例使用 template 元组定义的坐标数据。随后上述代码会将图像数据转换为 NumPy 中的 ndarray 对象。在识别图像时，我们在 readtext()方法中使用 ndarray 数据作为图像参数，最后将识别内容连接为一个字符串并添加到 result 列表。

第二个 for 循环分别显示了识别结果中的数据，执行结果如图 14-21 所示。

```
选择 C:\Windows\system32\cmd.exe
Using CPU. Note: This module is much faster with a GPU.

201101150001
a110001
外套
219
12300115689
41000015
2011-01-0516.33:06
```

图 14-21

一一问答

一一问：前 6 项数据识别结果挺好的，但识别的打印时间似乎有些问题？

答：的确是这样的。在实际应用中，我们可以将识别结果保存到数据库，然后再进行校对和整理，最终得到正确的数据。此外，我们还可以在 readtext()方法中使用 allowlist 参数缩小识别范围，比如，日期和时间中只允许 0 到 9 的数字、连接号（-）和冒号（:）。

下面的代码保存裁剪的图片，并将识别的数据保存到 DataFrame 对象。

```
import easyocr
from PIL import Image
import os
import pandas as pd
#
template = ((520, 310, 1000, 380),
    (540, 440, 1000, 520),
    (1200, 440, 2000, 520),
    (540, 570, 1000, 660),
    (1330, 570, 2000, 660),
    (600, 700, 1000, 800),
    (1330, 700, 2000, 800))
# 需要识别的文件
files = [r"D:\data\order\order01.jpg",
         r"D:\data\order\order02.jpg",
         r"D:\data\order\order03.jpg"]
#
```

```
reader = easyocr.Reader(lang_list = ["ch_sim","en"],
                        gpu = False,
                        download_enabled = False)
result = []
for f in files:
    # 创建图片同名子目录，不包含扩展名
    path = f"{os.path.dirname(f)}\\{os.path.basename(f).split('.')[0]}"
    if os.path.exists(path) == False : os.makedirs(path)
    #
    img = Image.open(f)
    counter = 0
    data = []
    for p in template :
        # 裁剪图片保存文件路径
        crop_file = f"{path}\\{counter}.png"
        # 保存裁剪的图片
        img.crop(p).save(crop_file)
        #
        data.append("".join(reader.readtext(crop_file, detail=0)))
        counter += 1
    result.append(data)
# 创建 DataFrame 对象
pd.set_option('display.unicode.east_asian_width', True)
df = pd.DataFrame(result,\
    columns=["单号","货号","分类","价格","客户电话","柜员号","打印时间"])
print(df)
```

代码执行结果如图 14-22 所示。

```
C:\Windows\system32\cmd.exe
Using CPU. Note: This module is much faster with a GPU.
          单号      货号    分类  价格      客户电话    柜员号            打印时间
0  201101150001  a110001    外套   219  12300115689  41000015  2011-01-0516.33:06
1  201101150002  3110002    卫衣   159  12300115689  41000015  2011-01-0516.35.11
2  201101150003  a110011  连衣裙   199  12300115689  41000015  2011-01-0516:38:26
```

图 14-22

在本示例中，我们会在 D:\data\order 目录中创建与图片同名（不包含扩展名）的子目录，并将裁剪的图片保存到子目录中，识别数据会组合为二维列表，最后生成 DataFrame 对象并显示。

14.5.3 保存到“数据中心”

在“数据中心”的 yiyi_data 数据库中，我们可以使用 sale_order 表保存 OCR 识别的出货单数据，通过在 HeidiSQL 中执行如下语句即可创建 sale_order 表。

```
create table yiyi_data.sale_order(
recid bigint auto_increment not null primary key,
filename varchar(255),
mchannel varchar(15),
ordernum varchar(30),
ordernum_conf decimal(4,3),
clientphone varchar(15),
clientphone_conf decimal(4,3),
num varchar(15),
num_conf decimal(4,3),
saleprice decimal(8,2),
saleprice_conf decimal(4,3),
saletime datetime,
saletime_conf decimal(4,3)
)engine=innodb default charset='utf8';
```

在上述代码中，sale_order 表定义的字段如下。

- recid，记录 ID 字段。
- filename，处理的原始图片文件名。
- mchannel，销售渠道。
- ordernum 和 ordernum_conf，出货单号和识别置信度。
- clientphone 和 clientphont_conf，客户电话和识别置信度。
- num 和 num_conf，货号和识别置信度。
- saleprice 和 saleprice_conf，销售价格和识别置信度。
- saletime 和 saletime_conf，销售时间（打印时间）和识别置信度。

一一问答

一一问：可以将识别的出货单数据直接保存在 sale_main 表吗？

答：理论上讲是可以的，但需要注意，从其他渠道导入的销售数据并不需要识别置信度数据，因此这些记录的置信度数据将会是空值或无用的数据，这样就造成了空间浪费，而使用独立的表处理识别的出货单数据就可以避免这一问题。当完成 sale_order 表的数据校对和整理后，我们就可以通过联合查询组合所有销售数据，也可以通过如下语句将出货单的主要数据添加到 sale_main 表中。

```
use yiyi_data;

insert into sale_main(mchannel,clientphone,num,saleprice,saletime)
select mchannel,clientphone,num,saleprice,saletime from sale_order;
```

接下来，我们需要在 tMySql 类（mysql_chy.py）中添加 insertByDict()方法，其功能是将字典（dict）的数据添加到指定的表。

```
def insertByDict(self, table:str, data:dict)->int :
    ''' 将字典数据添加到数据表 '''
    if data :
        keys = list(data)
        values= []
        for i in range(0,len(keys)):
            values.append(data[keys[i]])
        return self.insert(table,keys,values)
    else :
        return -1000
```

上述代码首先读取了字典对象的键和值，然后调用 insert()方法执行添加数据操作。

接下来，我们在项目主代码文件中进行测试。首先创建 read_data()函数，其功能是识别图片中的数据，并返回识别结果组成的字典，代码如下所示。

```
import easyocr
from PIL import Image
import os

# 数据区域坐标模板
template = ((520, 310, 1000, 380),
    (540, 440, 1000, 520),
    (1200, 440, 2000, 520),
    (540, 570, 1000, 660),
    (1330, 570, 2000, 660),
    (600, 700, 1000, 800),
    (1330, 700, 2000, 800))

#
def read_data(f) -> dict :
    # 创建图片同名子目录，不包含扩展名
    path = f"{os.path.dirname(f)}\\{os.path.basename(f).split('.')[0]}"
    if os.path.exists(path) == False : os.makedirs(path)
    #
    img = Image.open(f)
    data = {}
    reader = easyocr.Reader(lang_list = ["ch_sim","en"],
                            gpu = False,
                            download_enabled = False)
```

```
    # 单号，模板索引 0
    crop_file = f"{path}\\ordernum.png"
    img.crop(template[0]).save(crop_file)
    inf = reader.readtext(crop_file, detail=1, allowlist="0123456789")
    data["ordernum"] = "".join(inf[0][1])
    data["ordernum_conf"] = round(inf[0][2], 3)
    # 货号，模板索引 1
    crop_file = f"{path}\\num.png"
    img.crop(template[1]).save(crop_file)
    inf = reader.readtext(crop_file, detail=1, allowlist="abcd0123456789")
    data["num"] = "".join(inf[0][1])
    data["num_conf"] = round(inf[0][2], 3)
    # 销售价格，模板索引 3
    crop_file = f"{path}\\saleprice.png"
    img.crop(template[3]).save(crop_file)
    inf = reader.readtext(crop_file, detail=1, allowlist="0123456789.")
    data["saleprice"] = "".join(inf[0][1])
    data["saleprice_conf"] = round(inf[0][2], 3)
    # 客户电话，模板索引 4
    crop_file = f"{path}\\clientphone.png"
    img.crop(template[4]).save(crop_file)
    inf = reader.readtext(crop_file, detail=1, allowlist="0123456789")
    data["clientphone"] = "".join(inf[0][1])
    data["clientphone_conf"] = round(inf[0][2], 3)
    # 打印时间（销售时间），模板索引 6
    crop_file = f"{path}\\saletime.png"
    img.crop(template[6]).save(crop_file)
    inf = reader.readtext(crop_file, detail=1, allowlist="0123456789-:")
    data["saletime_conf"] = round(inf[0][2], 3)
    # 在日期和时间之间添加空格
    dts = "".join(inf[0][1])
    data["saletime"] = dts[:10] + " " + dts[10:]
    #
    return data

# 测试
data = read_data(r"D:\data\order\order01.jpg")
print(data)
```

调用 read_data()函数时需要指定图片文件的完整路径。该函数裁剪并读取了单号、货号、价格、客户电话和打印时间，相关参数如下。

- 单号只允许 0 到 9 的数字。

- 货号包含 a 到 d 的字母和 0 到 9 的数字。
- 价格包含 0 到 9 的数据和小数点。
- 客户电话只包含 0 到 9 的数字。
- 打印时间包含 0 到 9 的数字、连接号（-）和冒号（:）。在代码中，还会在日期和时间之间添加一个空格。

此外，各数据的识别置信度保留了 3 位小数。在本示例中，识别结果包含的数据如下。

```
{
'ordernum': '201101150001',
'ordernum_conf': 1.0,
'num': 'a110001',
'num_conf': 0.762,
'saleprice': '219',
'saleprice_conf': 1.0,
'clientphone': '12300115689',
'clientphone_conf': 1.0,
'saletime_conf': 0.991,
'saletime': '2011-01-05 16:33:06'
}
```

接下来我们需要创建 read_dir()函数，其功能是识别指定目录中的所有.jpg 文件，并将识别的数据逐条保存到 yiyi_data.sale_main 表，代码如下所示。

```
import easyocr
from PIL import Image
import os
import glob
import mysql_chy

# template 和 read_data()函数

# 数据区域坐标模板
def read_dir(path) -> int:
    db = mysql_chy.get_db()
    counter = 0
    files = glob.glob("*.jpg",root_dir=path)
    for file in files :
        data  = read_data(path + "\\" + file)
        if(data) :
            data["mchannel"] = "出货单"
            data["filename"] = file
```

```
                if db.insertByDict("sale_order", data) > 0 :
                    counter+=1
        return counter

    path = r"D:\data\order"
    result = read_dir(path)
    print(f"成功识别{result}条出货单记录")
```

当上述代码正确识别示例中的 3 张出货单后会显示“成功识别 3 条出货单记录”。

在 HeidiSQL 中，我们可以通过查看数据的识别置信度查询需要校对的数据，代码如下所示。

```
use yiyi_data;

select filename,ordernum,ordernum_conf,
clientphone,clientphone_conf,num,num_conf,
saleprice,saleprice_conf,saletime,saletime_conf
from sale_order
where ordernum_conf<0.7 or clientphone_conf<0.7 or
    num_conf<0.7 or saleprice_conf<0.7 or saletime_conf<0.7;
```

代码会查询数据中置信度小于 0.7 的记录，如图 14-23 所示，可以看到，order02.jpg 文件的货号（num）识别不正确，正确的数据应该是 a110002。

sale_order (2r × 11c)

filename	ordernum	ordernum_conf	clientphone	clientphone_conf	num	num_conf	saleprice	saleprice_conf	saletime	saletime_conf
order02.jpg	201101150002	0.789	12300115689	1.0	3110002	0.444	159.0	1.0	2011-01-05 16:35:11	0.87
order03.jpg	201101150003	0.948	12300115689	1.0	a110011	0.676	199.0	1.0	2011-01-05 16:38:26	0.999

图 14-23

对于识别的数据，在校对、整理完成后我们可以根据需要导入 sale_main 表，或者直接进行统计汇总等操作。

一一问答

一一问：glob.glob()函数的功能是什么？

答：glob 模块的 glob()函数可以按指定的规则返回目录中的文件和子目录列表，如示例中的 glob("*.jpg",root_dir=path)可以返回目录中所有扩展名是.jpg 的文件列表。

第 15 章　更深入的数据分析

我们在前面处理的数据主要是基于数字形式的，但在实际工作中还会有很多其他形式的数据，比如，在直播评论区、商品评论、搜索词条中会有大量的文本信息，那么，能不能从这些数据中发现一些有用的信息呢？

这不，一一也遇到了这方面的问题。

一一问答
一一问：我发现一些客户总是在评论中提到服装的尺寸问题，我们能不能从中获取一些有用的信息呢？ 答：客户评论中的确包含了大量的信息，可以反映出客户需要什么商品，或者对什么商品满不满意。相对于数字，文本包含的信息更丰富，也更复杂。但是通过计算机分析自然语言是一项庞大的工程，不过我们可以缩小处理范围，这里只需要从文本信息中获取服装相关的信息即可，如尺寸、颜色、分类、图案等。

15.1　客户的抱怨——处理文本信息

"这款风衣为什么没有红色款式？"

"这件外套有没有格子图案的款式？"

"这件连衣裙 S 码小了，M 码大了，能不能出一件 S 码和 M 码之间的尺寸呢？"

"这件风衣的颜色不错，有没有相同颜色的外套？"

……

当客户找不到完全满意的商品时，类似上述的评论和留言就可能出现。对于客户留下的信息，我们要认真对待，他们可能是真正的铁粉，但是顾客的耐心是有限的，如果在我们的店铺中找不到满意的商品，他们很快就会去关注竞争对手的商品了。

一一问答

一一问：的确有不少这样的客户评论，但我们在前面所学的数据处理方式好像没办法处理这些信息呀？

答：是的，文本信息，特别是自然语言，想要使用计算机进行处理还是比较困难的，比如，我们很容易就可以从身份证号码中提取出生的年、月、日信息，但想从自然语言中提取生日信息就不是那么容易了，如“我的生日是 6 月 26 日，有没有礼物送？”这样的评论。下面我们先了解 Python 中的文本处理资源，稍后会讨论如何处理与服装相关的信息。

15.1.1　字符串处理

首先来看字符串的基本处理。想要获取字符串的字符数量时，我们可以调用 len()函数，代码如下所示。

```
s = "a22001 能便宜点就好了"
print(len(s))    # 13
```

需要判断字符串是否以指定的内容开始或结束时，我们可以使用字符串对象的以下方法。

- startswith(s)方法，判断文本是否以 s 指定的内容开始（前缀）。
- endswith(s)方法，判断文本是否以 s 指定的内容结束（后缀）。

下面的代码演示了这两个方法的应用。

```
s = "a22001 能便宜点就好了"
print(s.startswith("a22001"))    # True
print(s.startswith("a22002"))    # False
print(s.endswith("好了"))    # True
print(s.endswith("不好"))    # False
```

想要在字符串中查找指定的内容可以使用 find(sub,start,end)方法，其功能是在字符串中查找 sub 指定的内容，start 和 end 参数用于指定搜索的范围，不指定范围时则会搜索全部内容，如果只指定 start 参数，则搜索范围是从 start 开始的所有内容。方法会返回查询内容第一次出现的索引位置，没有找到时返回–1，代码如下所示。

```
msg = "这款风衣为什么没有红色"
print(msg.find("红"))    # 9
print(msg.find("蓝"))    # -1
```

需要删除开始或结束位置的空白字符时，我们可以使用如下方法。

- strip()方法，删除字符串开始部分和结束部分的空白字符。

- lstrip()方法，删除字符串开始部分的空白字符。
- rstrip()方法，删除字符串结束部分的空白字符。

下面的代码演示了这几个方法的应用，请注意字符串 s 的内容，该字符串开始部分和结束部分分别有 3 个空格。

```
s = "   a22001能便宜点不   "
print(len(s))    # 17
print(len(s.lstrip()))    # 14
print(len(s.rstrip()))    # 14
print(len(s.strip()))    # 11
```

需要截取字符串内容时，我们同样可以使用切片（slice），其操作与列表切片相似，应用格式为 s[start:stop:step]，在进行字符串切片操作时需要将字符当作元素处理，索引值同样从 0 开始。下面的代码演示了字符串的切片操作。

```
s = "a22001能便宜点儿不"
print(s[0:6])    # a22001
print(s[6:])    # 能便宜点儿不
```

字符串的 join()方法需要一个可迭代的对象作为参数，如列表和元组，此方法会将参数的元素连接为一个字符串。需要注意的是，调用 join()方法的字符串对象定义了元素组合的分隔符，如下面的代码会使用逗号（,）连接 data 对象的元素。

```
data = ["a22001","a22002","c22001"]
print(",".join(data))    # a22001,a22002,c22001
```

split(sep=None, maxsplit=-1)方法用于分割字符串，并返回分割后各部分组成的列表。其中，sep 参数指定分割字符，默认使用空格符；maxsplit 参数指定最多分割多少次，如果它大于 0，则分割为 maxsplit+1 个成员（如果可以），否则分割全部内容。下面的代码演示了split()方法的应用。

```
s = "a22001,a22002,c22001,b22001,b22002"
print(s.split(","))    # ['a22001', 'a22002', 'c22001', 'b22001', 'b22002']
print(s.split(",",3))    # ['a22001', 'a22002', 'c22001', 'b22001,b22002']
```

replace(old,new,count)方法会使用 new 的内容替换 old 内容，count 是可选参数，指定最多替换的次数，默认替换所有的 old 内容。下面的代码演示了 replace()方法的应用，其功能是将字符串中的逗号（,）替换为星号（*）。

```
s = "a22001,a22002,c22001,b22001,b22002"
print(s.replace(",","*"))    # a22001*a22002*c22001*b22001*b22002
print(s.replace(",","*",2))    # a22001*a22002*c22001,b22001,b22002
```

一一问答

一一问：这几个方法的确很实用，但对于文本的处理是不是要更复杂呢，比如需要判断是不是不喜欢格子图案？

答：处理这样的信息还需要使用正则表达式。在 SQLite 和 MySQL 数据库中，我们已经使用过简单的正则表达式进行文本查询，下面讨论 Python 中的正则表达式应用。

15.1.2　正则表达式

简单来说，正则表达式（Regular Expression）就是通过模式（pattern）匹配（match）文本内容，并对匹配结果进一步操作。在 Python 中，我们可以使用内置的 re 模块处理正则表达式。先来看一个简单的示例，代码如下所示。

```
import re

p = "a"
s = "aaaaa"
result = re.findall(p,s)
if result : print(result)
else : print("没有找到匹配内容")
```

在代码中，我们首先导入了 re 模块。变量 p 定义了一个模式（pattern）字符串，该字符串包含一个小写字母 a，变量 s 则定义了需要搜索的文本。

re 模块的 findall()函数会返回所有匹配内容组成的列表，函数的第一个参数用于设置搜索模式，第二个参数用于设置搜索内容。最终的匹配结果（result）为包含了 5 个 a 的列表，即['a', 'a', 'a', 'a', 'a']。

在本示例中，我们可以通过修改 p 或 s 的内容来观察执行结果，比如，将模式内容修改为"b"、"a."、"a.*"，并观察执行结果。

定义模式时需要注意一些特殊含义的字符，我们称其为元字符，re 模块中的元字符如下。

```
. ^ $ * + ? { } [ ] \ | ( )
```

在模式中匹配元字符时要使用\字符进行转义，需要注意的是，在普通字符串中，'\\'表示一个'\'符号。模式字符串中，如果需要定义转义字符，'\'符号也需要进行转义。使用普通字符串定义模式时，匹配'\'符号需要使用'\\\\'进行转义（即'\\'）。另一个解决方案是使用 r 字符串定义模式，匹配'\'字符可以使用 r'\\'，相应地，其他转义字符也可以在 r 字符串中直接定义。

除了特殊字符以外，最简单的模式就是直接匹配，如前面示例中匹配字母 a。

在进行匹配操作时，默认是区分字母大小写的，如果不需要区分大小写，那么我们可以在 findall()函数的第三个参数（flags）设置 re.RegexFlag.IGNORECASE（或 I）标识，代码如下所示。

```
import re

p = "j"
s = "Jerry"
print(re.findall(p, s, re.RegexFlag.IGNORECASE))    # ['J']
print(re.findall(p, s))    # []
```

在匹配内容时，我们还可以使用一些通配符，如圆点（.）可以匹配一个除换行符（\n）以外的字符。

需要匹配一组字符中的一个时，我们可以将规则写在一对方括号中。其中，除了一一列出匹配的字符以外，还可以使用连接符（-）指定范围，代码如下所示。

```
import re

print(re.findall("[yn]", "Y", re.RegexFlag.IGNORECASE))    # ['Y']
print(re.findall("[yn]", "Y"))    # []
print(re.findall("[0-9]", "123"))    # ['1','2','3']
print(re.findall("[0-9a-z]", "ABc123"))    # ['c','1','2','3']
```

在本示例定义的模式中，yn 表示 y 或 n，0-9 表示 0 到 9 的数字，a-z 表示 a 到 z 的字母。

当^符号出现在中括号中，表示相反的匹配模式，如[^0-9]表示 0 到 9 数字以外的字符，代码如下所示。

```
import re

print(re.findall("[^0-9]", "a123"))    # ['a']
```

在该模式中，我们还可以通过转义表示某一类字符，如下所示。

- \d，匹配 0 到 9 的数字。
- \D，与\d 相反，即匹配数字 0 到 9 以外的字符。
- \s，匹配空白字符，如空格、制表符等。
- \S，匹配非空白字符，与\s 相反。
- \w，匹配字母、数字和下画线。相当于[a-zA-Z0-9_]模式。
- \W，匹配字母、数字和下画线以外的字符，与\w 相反。

在模式定义中，竖线（|）表示逻辑关系中的“或”关系，如下面的代码可以匹配“红”或“蓝”。

```
import re

print(re.findall("红|蓝", "红蓝绿白"))    # ['红','蓝']
```

除了指定匹配的内容以外，还可以指定匹配的方式。匹配连续重复内容的方式可以分为贪婪方式和惰性方式，相关规则如表 15-1 所示。

表 15-1　贪婪方式和惰性方式对比

贪婪方式	惰性方式	说明
*	*?	匹配零次或多次
+	+?	匹配一次或多次
?	??	匹配零次或一次
{n,}	{n,}?	匹配 n 次或更多次

此外，我们还可以指定具体的匹配次数，如下所示。

- {n}，匹配 n 次。
- {m,n}，匹配 m 到 n 次。

下面的代码演示了贪婪方式和惰性方式的区别。

```
import re

print(re.findall('a+', 'aaaaa'))     # ['aaaaa']
print(re.findall('a+?', 'aaaaa'))     # ['a', 'a', 'a', 'a', 'a']
```

第一个输出使用了贪婪方式，该方式会匹配所有连续的字母 a，最终匹配的结果为连续的 5 个 a。第二个输出使用惰性方式匹配，该匹配在找到一个 a 时就停止了，然后继续在剩下的内容中查找 a，最终匹配的结果为 5 个独立的字母 a。

模式中还可以定义匹配的位置和边界。当^符号定义在中括号之外，并在模式的开始位置时，表示其后的规则必须在文本的开始位置。相应地，$符号定义在模式的最后时，表示前一规则必须在文本的结束位置。

需要区分文本内容的边界时，如单词的开始和结束时，我们可以使用\b 转义。而\B 表示\b 的相反含义。

下面的代码判断一个字符串是否由数字 1 开始，并由 11 位数字组成，也就是判断字符串是否为 11 位手机号码的基本格式。

```
import re

p = r"^1\d{10}$"
print(re.findall(p, "12345678910"))     # ["12345678910"]
print(re.findall(p, "132456789"))     # []
print(re.findall(p, "132456789101"))     # []
print(re.findall(p, "23245678910"))     # []
print(re.findall(p, "132456789a1"))     # []
```

下面的代码判断字符串是否为本书示例中的货号，即使用 a、b、c、d 开头，并以 5 位数字结束。

```
import re

p = r"^[a-d]\d{5}$"
print(re.findall(p, "a22001"))     # ['a22001']
print(re.findall(p, "d22001"))     # ['d22001']
print(re.findall(p, "a123456"))     # []
print(re.findall(p, "123456"))     # []
```

下面的代码读取文本中独立的 it（不包括包含 it 的其他单词）。

```
import re

p = r"\bit\b"
print(re.findall(p,"it is a dog"))     # ['it']
print(re.findall(p,"lite"))     # []
```

在了解模式的定义以后，接下来介绍一些文本的常用操作，如字符串分割、替换等。

re.split()函数可以通过模式分割文本，常用的参数如下。

- pattern 参数，指定分割模式。
- string 参数，指定需要分割的文本内容。
- maxsplit 参数，指定分割次数，如果大于 0，则说明分割结果中最多有 maxsplit+1 个元素，如果实际分割结果达不到指定的数量，则返回实际的分割结果。参数的默认值为 0，即分割全部内容。

下面的代码演示了如何通过空白字符或逗号分割字符串。

```
import re

p = r"\s*,\s*|\s+"
s = "红,蓝     绿,紫"
result = re.split(p, s)
print(result)     # ['红','蓝','绿','紫']
```

需要使用正则表达式替换文本内容时，我们可以调用 sub()或 subn()函数，它们的参数相同，如下所示。

- pattern 参数，指定匹配模式。
- repl 参数，指定新内容。
- string 参数，指定需要替换的内容。
- count 参数，指定替换的次数，默认为 0，表示替换所有内容。

下面的代码演示了 re.sub()函数的应用，在本示例中会将“酒红”“大红”等字样替换为“红”。

```
import re
```

```
p = r"酒红|大红"
s = "有酒红色或大红色也可以"
result = re.sub(p,"红",s)
print(result)     # 有红色或红色也可以
```

re.subn()函数与 re.sub()函数的功能相同，不同的是，subn()函数会返回一个元组对象，其中，第一个元素是完成替换后的字符串，第二个元素是替换的数量，代码如下所示。

```
import re

p = r"酒红|大红"
s = "有酒红色或大红色也可以"
result = re.subn(p,"红",s)
print(result)     # ('有红色或红色也可以', 2)
```

一一问答

一一问：使用正则表达式可以删除文本中指定的内容吗？

答：可以将需要删除的内容替换为空字符串，以达到删除指定内容的目的。

一一问：正则表达式的模式似乎不太容易阅读？

答：有人说正则表达式只适合写，不适合阅读，从某种角度上讲，这是有一定道理的。熟练掌握正则表达式并不是一件容易的事，因此我们需要了解模式的每一个细节，然后不断实践并分析问题所在，进而写出正确的模式。

一一问：re 模块中还有什么正则表达式处理资源吗？

答：下面介绍一些 re 模块的常用资源，可以参考使用。

findall()函数，搜索字符串全部内容，返回所有匹配内容组成的列表，没有匹配内容时返回空列表。

finditer()函数，搜索字符串全部内容，以迭代器形式返回匹配结果，返回的结果可以通过使用 Match 对象逐一获取匹配结果。

match()函数，搜索字符串的开始部分，并返回匹配项（Match 对象），没有匹配项时返回 None 值。

search()函数，搜索字符串全部内容，返回第一个匹配项（Match 对象），没有匹配项时返回 None 值。

split()函数，按模式分割字符串，返回分割内容组成的列表。

sub()函数，按模式替换文本的内容，返回替换后的字符串。

subn()函数，按模式替换文本的内容，返回一个元组，第一个元素是替换后的字符串，第二个元素是替换的数量。

Match 对象可以通过如下方法读取信息。

- group()方法，读取匹配的内容，参数中还可以使用组名或组序号。
- start()方法，返回匹配内容第一个字符的索引。
- end()方法，返回匹配内容最后一个字符的索引。

在正则表达式操作函数和方法中，我们还可以使用 flags 参数设置操作标识，定义为 re.RegexFlag 类的成员，常用值如下。

- IGNORECASE 或 I，忽略字母大小写。
- MULTILINE 或 M，多行模式。
- DOTALL 或 S，圆点（.）匹配所有字符。
- ASCII 或 A，只匹配 ASCII 编码。
- U，Unicode 编码匹配。

此外，正则表达式还有一些高级特性，如组、环视等，有需要可以进一步学习和探索。

15.2 关于服装的信息

服装相关的信息中会有一些关键字，如下所示。

- 信息中出现外套、风衣、卫衣、连衣裙等内容，说明客户可能在讨论服装的分类。
- 信息中出现红、黄、绿、蓝、黑、白、紫等内容，说明客户可能在讨论服装的颜色。
- 信息中出现格、条、花、卡通等内容，说明客户可能在讨论服装的图案。
- 信息中出现大、小、尺寸、码、宽、窄等内容，说明客户可能在讨论服装的尺寸。

分析服装相关的信息时，我们首先需要创建关键字词条，如下面的代码创建了颜色列表。

```
attire_color = ["红","蓝","绿","黄","紫","黑","白"]
```

下面的代码从客户的评论中挖掘了颜色相关的信息。

```
import re

attire_color = ["红","蓝","绿","黄","紫","黑","白"]
p = "|".join(attire_color)
msg = "这个外套如果有紫色的就好了"
result = re.findall(p, msg)
print(result)     # ['紫']
```

在上述代码中，我们首先使用颜色列表构建了匹配模式（p），然后通过调用 findall()函数在 msg 中查询了颜色信息，本示例将会在信息中找到“紫”色相关的信息。

如果信息中是表示不喜欢某一颜色应该怎么办呢？

通常不喜欢某一事物时，客户会使用否定词，如“不”，下面的代码演示了相关应用。

```
import re

attire_color = ["红","蓝","绿","黄","紫","黑","白"]
p_color = "|".join(attire_color)
p = f"(不.*[{p_color}])|([{p_color}].*不)"
print(re.findall(p, "这个外套的紫色真不好看"))      # [('', '紫色真不')]
print(re.findall(p, "真心不喜欢这个外套的紫色"))
# [('不喜欢这个外套的紫', '')]
print(re.findall(p, "很喜欢这个外套的红色"))     # []
```

本示例的模式会匹配“不…(颜色)”或“(颜色)…不”的内容，如前面两个输出。在第三个输出的文本中不包含“不”字，因此匹配结果为空。

一一问答

一一问：对于服装的其他信息，如分类、图案等，我们也可以使用类似的匹配方式吗？

答：对于服装的分类、图案、尺寸等信息，我们也可以使用相似的方法进行匹配。需要注意的是，对于服装或其他领域的文本分析是一个持续的进化过程，需要在实践中不断积累分析模式，并逐渐改进。

一一问：通过分析客户评论或浏览记录，我们是不是可以向客户推荐一些偏好商品呢？

答：可以的，下面讨论具体的实现方法。

15.3　“购买指数”——产品推荐算法

说起“推荐算法”，作为客户可能会想起“精准广告”“大数据杀熟”等概念，但这并不是数据和算法的错，而是使用者的问题。

“算法”不应成为“算计”，而是应该达到双赢的效果，即卖方可以为商品找到合适的客户，客户也能够更方便地选择自己喜欢的商品。

不同的商品都有自身的特点，并有相应的客户群，因此，向客户推荐商品时，要抓住商品特点和客户需求，合理并准确地推荐，以达到买卖双方双赢的结果。接下来，我们的目标是尝试通过客户评论和相关信息进行服装的推荐。

前面已经介绍了如何判断文本中是否包含特定的信息（肯定或否定形式），如服装的颜色等，为了将这些信息与具体的服装进行关联，我们还需要在 yiyi_data 数据库创建服装信息表，代码如下所示。

```
use yiyi_data;

create table attire_main(
attid bigint not null auto_increment primary key,
num varchar(15) not null unique,
catalog varchar(15) not null,
color varchar(30),
pattern varchar(30),
size varchar(30)
)engine=innodb default charset='utf8';
```

接下来需要准备服装数据，本书资源/csv/15/服装信息.csv 文件中提供了一些示例数据，如图 15-1 所示，我们可以通过 HeidiSQL 将数据导入 yiyi_data 数据库的 attire_main 表中。

	A	B	C	D	E	F
1	attid	num	catalog	color	pattern	size
2	1	a22001	外套	红棕黑白	格子	小中大
3	2	a22002	外套	紫棕蓝	纯色	小中大
4	3	a22003	卫衣	棕黑白	纯色	均码
5	4	a22004	卫衣	蓝黑	卡通	小大
6	5	b22001	外套	白灰	卡通	小中大
7	6	b22002	连衣裙	红紫粉	纯色	小中大
8	7	b22003	连衣裙	红蓝白	格式	小中大
9	8	b22004	牛仔裤	蓝	纯色	小中大
10	9	b22005	牛仔裤	黑	纯色	小中大
11	10	c22001	外套	棕粉灰白	主题	小中大
12	11	c22002	外套	红黑	卡通	小中大
13	12	c22003	风衣	棕黑	纯色	小大
14	13	d22001	风衣	蓝绿红	主题	均码
15	14	d22002	大衣	红棕	纯色	小大
16	15	d22003	羽绒服	红粉黑白紫	纯色	小中大

图 15-1

下面的代码对信息进行分析，并根据分析结果查询相关的服装。

```
import re
from mysql_chy import tMySql

# 根据颜色和分类查找服装数据
attire_color = ["红","蓝","绿","黄","紫","黑","白","棕"]
attire_catalog = ["外套","卫衣","风衣","连衣裙","牛仔裤","大衣","羽绒服"]
p_color = "|".join(attire_color)
p_catalog = "|".join(attire_catalog)
msg = "这个外套有红色的就好了"

# 查询关键字
```

```
key_color = re.findall(p_color, msg)
key_catalog = re.findall(p_catalog, msg)
#
if len(key_color)==0 and len(key_catalog)==0 :
    print("没有相关的分类和颜色信息")
    exit()
# 创建 SQL
sql = "select * from attire_main where "
# 分类条件
if key_catalog :
    sql = sql + " catalog regexp '" + "|".join(key_catalog) + "'"
# 颜色条件
if key_color :
    if key_catalog : sql = sql + " or "
    sql = sql + " color regexp '" + "|".join(key_color) + "'"
# 查询服装信息
print(sql)
db = tMySql.get_db()
rows = db.queryAllData(sql, None)
for row in rows :
    print(row)
```

代码中实际执行的 SQL 如下。

```
select * from attire_main
where  catalog regexp '外套' or  color regexp '红'
```

查询的服装信息如图 15-2 所示。

attire_main (10r × 6c)

attid	num	catalog	color	pattern	size
1	a22001	外套	红棕黑白	格子	小中大
2	a22002	外套	紫棕蓝	纯色	小中大
5	b22001	外套	白灰	卡通	小中大
6	b22002	连衣裙	红紫粉	纯色	小中大
7	b22003	连衣裙	红蓝白	格式	小中大
10	c22001	外套	棕粉灰白	主题	小中大
11	c22002	外套	红黑	卡通	小中大
13	d22001	风衣	蓝绿红	主题	均码
14	d22002	大衣	红棕	纯色	小大
15	d22003	羽绒服	红粉黑白紫	纯色	小中大

图 15-2

在本示例中，分类（catalog）和颜色（color）条件使用了或（or）关系，这样就有更多的服装可供选择。如果需要进行更精确的查询，比如只挑选“红”色的“外套”，那么在条件中应使用与（and）关系。

一一问答

一一问：我们在前面讨论过否定的情况，那么该如何在 SQL 查询中实现呢？

答：对于否定的情况，如不喜欢蓝色时，我们可以使用类似“not color regexp '蓝'”的查询条件，这样就可以查询不包含蓝色的服装信息了。需要注意的是，如果有多个查询条件，那么否定的颜色条件与其他条件应使用与（and）关系。

一一问：对于“不…(关键词)”或“(关键词)…不”格式的内容，如何只获取其中的关键词呢？

答：首先，我们可以进行包含“不”字的模式查询，然后对查询结果再次使用颜色字典进行匹配，如下面的代码就会显示“['蓝']”。

```
import re

attire_color = ["红","蓝","绿","黄","紫","黑","白"]
p_color = "|".join(attire_color)
p = f"(不.*[{p_color}])|([{p_color}].*不)"
# 找到否定短语
lst = re.findall(p, "这个外套的蓝色真不好看")
# 从否定短语中获取关键词
if lst : print(re.findall(p_color, str(lst[0])))    # ['蓝']
```

一一问：关于尺寸的评论描述比较复杂，如“腰太窄了”“肩太宽了”等，类似情况应该怎么处理呢？

答：尺寸问题的确是服装中比较复杂的情况之一，根据款式的不同，肩、腰等部位的尺寸会有很大的区别。我们可以先进行简单的处理，首先获取肯定或否定的“大”或“小”信息，比如可以将“太窄”“大码”等字样统一定义为“大”，然后通过服装尺寸（size）查询数据。将查询内容替换为标准关键字时，可以建立转换字典数据表，随着信息量的增加，转换效率会越来越高。

一一问：推荐商品时还有什么需要注意的吗？

答：如果客户已经购买了某一商品，而系统还在推荐，这样似乎显得不够“智能”，因此，推荐商品时还应排除客户已经购买的商品。客户已购买的服装代码可以从 sale_main 表中获取，如下面的 SQL 语句能够查询客户 1220012 没有购买且包含蓝色的服装信息。

```
use yiyi_data;
select * from attire_main where color regexp '蓝' and
num not in
(select num from sale_main where clientphone='1220012');
```

第 16 章　早上八点，一杯咖啡，一份报表

在本章中，我们首先学习“数据中心”另一个重要的功能，即报表的自动生成，最后讨论一些扩展学习的内容。

16.1　自动生成报表

报表的形式有很多，如 Excel、网络报表等。如果需要对报表进行再加工，使用 Excel 格式是不错的选择。此外，如果只关注数据，并且对报表样式没有更多要求，那么可以使用 Python 直接生成 Excel 文件。如果需要标准样式的报表，也可以通过报表模板生成。

16.1.1　数据计算

报表数据的计算主要包括算法和报表期，每个领域或组织对于数据的需求是不同的，其算法可以根据需要设置和改进。

一般来说，常用的报表期如下。

- 日报表，即每天的数据汇总。
- 月报表，即每月的数据汇总。
- 年报表，包括自然年和财务年，本书以自然年为例，即每年 1 月 1 日到 12 月 31 日的数据汇总。
- 季度报表。
- 不定期报表，根据需要指定日期和时间范围的报表。

首先，我们可以在 HeidiSQL 中通过 SQL 对销售数据（yiyi_data.sale_main）进行分组统计。如下面的代码对 2022 年 6 月 1 日的销售数据按“货号”进行分组，并统计销量和销售额合计。

```
use yiyi_data;

select num as `货号`,count(num) as `销量`,sum(saleprice) as `销售金额`
from sale_main
where year(saletime)=2022 and month(saletime)=6 and day(saletime)=1
```

```
group by num
order by `货号`;
```

查询结果如图 16-1 所示。

货号	销量	销售金额
a22001	1	299.0
a22002	2	798.0
a22003	3	957.0
b22001	2	318.0
b22003	1	269.0

图 16-1

请注意日期条件的设置，本示例分别使用 year()、month()和 day()函数获取 saletime 字段中的年、月、日信息，然后进行条件判断，下面的代码设置相同的日期查询条件。

```
where saletime>='2022-6-1' and saletime<'2022-6-2'
```

一一问答

一一问：SQL 语句的查询功能非常强大，那我们是不是可以定义模板，然后带入日期参数进行查询呢？

答：将常用的 SQL 语句定义为模板是数据应用工具箱中必不可少的内容。对于 SQL 语句的模板，我们可以使用视图，也可以使用存储过程等编程特性。比如，我们可以将查询定义为存储过程，并将日期和时间条件作为输入参数，无论是在数据库中，还是在 Python 编程中，都可以很方便地调用。

16.1.2 生成 Excel 报表

对于二维表形式的汇总数据，我们可以通过使用 pandas 模块的 DataFrame 对象将其保存到 Excel 文件。首先我们需要在项目中创建 report.py 文件，并设置文件编码格式为 UTF-8，然后修改文件内容如下。

```
import pandas as pd
from mysql_chy import get_db

# 根据日期，按货号汇总
def report_by_date(excel_path, year, month=None, day=None) :
    cond = f"where year(saletime)={year}"
    if month : cond = cond + f" and month(saletime)={month}"
    if day : cond = cond + f" and day(saletime)={day}"
    sql = f"""
```

```
select num as `货号`,count(num) as `销量`,sum(saleprice) as `销售金额`
from sale_main {cond} group by num order by `货号`;
"""
    db = get_db()
    data = db.queryAll(sql, None)
    df = pd.DataFrame(data)
    df["销量"] = df["销量"].astype("int")
    df["销售金额"] = df["销售金额"].astype("float64")
    df.to_excel(excel_path, index=False)
```

在 report_by_date()函数中，我们首先通过年、月、日构建了日期查询条件，并生成查询语句，然后通过 tMySql.queryAll()方法执行查询并返回所有数据，最后将查询的数据构建为 DataFrame 对象并调用 to_excel()方法保存到 Excel 文件（.xlsx）。

请注意，在代码中，我们对“销量”和“销售金额”两列进行类型转换，分别转换为整型（int）和浮点数（float）类型。

需要自动生成报表时，可以将代码放在数据导入之后，如下面的代码对 2022 年 6 月 2 日的销售数据进行汇总。

```
from data_import import dataimport
import report as rt
import os

# 导入数据
dataimport(r"D:\data\20220602")
# 确认报表生成路径
path = r"D:\data\report\20220602"
if os.path.exists(path) == False :
    os.makedirs(path)
# 生成报表
rt.report_by_date(f"{path}\\销售汇总.xlsx", 2022, 6, 2)
```

本示例生成的报表保存在“D:\data\report\20220602\销售汇总.xlsx”文件中，生成的数据如图 16-2 所示。

	A	B	C
1	货号	销量	销售金额
2	a22001	17	5083
3	a22002	34	13566
4	a22003	51	16269
5	b22001	34	5406
6	b22003	51	15419
7	c22002	34	13566
8	c22003	51	16269
9	d22001	85	13515
10	d22003	34	17646

图 16-2

一一问答

一一问：可不可以自动生成报表呢？

答：在第 14 章中，我们已经讨论过如何根据系统时间确定导入数据和生成报表的路径。生成报表时，需要确定汇总数据的日期，我们可以通过 datetime 对象的 year、month 和 day 属性分别获取年、月、日数据，并作为 report_by_date()函数的参数。

一一问：调用 report_by_date()函数似乎不能灵活设置日期和时间区间？

答：的确是这样的。report_by_date()函数只能使用年、月、日作为数据汇总周期，如果需要指定日期和时间区间则需要创建新的函数。

下面的代码在 report.py 文件中创建 report_by_cond()和 report_by_quarter()函数，功能分别是按条件和按季度创建报表。

```
# 根据日期条件，按货号汇总
def report_by_cond(excel_path, cond) :
    if len(cond.strip())==0 : return
    sql = f"""
select num as `货号`,count(num) as `销量`,sum(saleprice) as `销售金额`
from sale_main  where {cond} group by num order by `货号`;
"""
    db = get_db()
    data = db.queryAll(sql, None)
    df = pd.DataFrame(data)
    df["销量"] = df["销量"].astype("int")
    df["销售金额"] = df["销售金额"].astype("float")
    df.to_excel(excel_path, index=False)

# 按季汇总
def report_by_quarter(excel_path, year, quarter) :
    year = int(year)
    quarter = int(quarter)
    if quarter<1 or quarter>4 : return
    report_by_cond(excel_path, \
        f"year(saletime)={year} and quarter(saletime)={quarter}")
```

在本示例中，我们可以将 report_by_cond()函数看作通用的报表生成函数，参数包括报表输出的 Excel 文件路径和查询条件。report_by_quarter()函数会按季度汇总数据并创建报表，参数包括输出报表的 Excel 文件路径、年度和季度，该函数组合了年度和季度条件，然后调用 report_by_ cond()函数生成报表。

下面的代码在项目主代码文件测试 report_by_cond()函数的应用。

```
import report as rt
import os

# 确认报表生成路径
path = r"D:\data\report\2022q2"
if os.path.exists(path) == False :
    os.makedirs(path)
# 生成报表
rt.report_by_quarter(f"{path}\\销售汇总_2022 年 2 季度.xlsx", 2022,2)
```

本示例会生成 2022 年 2 季度的报表，输出文件保存在 D:\data\report\2022q2 目录，文件名为“销售汇总_2022 年 2 季度.xlsx”。

——问答

——说：有了 report_by_cond()函数，生成报表就灵活多了！

答：的确是这样的。在工作中，我们应该先确定日期和时间等条件，然后调用 report_by_date()函数创建报表。

——问：关于创建日期和时间的范围条件，有什么需要注意的吗？

答：以日期为查询条件时，我们要注意开始和结束时间点，如下面的代码确定销售时间在 2022 年 6 月 1 日到 15 日的范围。

```
saletime>='2022-06-01' and saletime<'2022-06-16'
```

——问：为什么要这样设置呢？

答：没有指定时间时，默认的时间就是 0 点整，也就是说，上述条件的开始时间是 2022 年 6 月 1 日零点，这里使用大于等于运算符，因此条件中包含 2022 年 6 月 1 日零点。结束时间点为 2022 年 6 月 16 日零点，这里使用了小于运算符，因此条件中不包含 2022 年 6 月 16 日零点。

——问：如果统计某一天零时到中午 12 时之前的数据，条件应该怎么设置呢？

答：可以参考如下条件进行设置。

```
saletime>='2022-06-01' and saletime<'2022-06-01 12:00:00'
```

16.2 继续前进

通过阅读本书，我们可以使用 Excel 进行数据统计和整理，可以使用 Python 编程进行数据计算与分析，可以通过数据库管理海量数据，还可以构建自己的数据中心，并根据需要扩展功能。接下来我们一起看看一一还有什么疑问吧。

一一问答

一一问：通过阅读本书，我的确学习到很多数据分析方面的概念和处理方法，但 Excel 的内容似乎不是很丰富？

答：本书的主题是数据分析，使用的工具包括 Excel、Python 编程和数据库，贯穿其中的是常用的数据分析方法。Excel 的功能的确很强大，而且可以通过 VBA 进行编程，有兴趣可以进一步深入学习。但 Excel 也有一些短板，比如，处理大量数据时的性能问题、VBA 编程与宏（macro）带来的安全问题等。但是，从另一方面来讲，对于报表制作与数据分析等工作，Excel 的表现还是非常优秀的，我们可以根据实际工作需要选择最适合的工具。

一一问：我们已经创建了数据中心，那我们有没有可能创建自己的网络操作中心呢？

答：如果是创建自己的网站，那么我们使用 Python 也可以做一些工作，如使用 Flask Web 就可以创建网站服务，配合 HTML、CSS、JavaScript 等技术就可以创建自己的 Web 版数据中心，这样就可以通过网站进行数据管理与分享统计报表等工作了。

一一问：如果我想开辟新市场，比如开一家快餐店，可以使用 Python 开发有图形界面的点餐和数据处理系统吗？

答：完全可以。在进行人机交互时，图形化界面是比较友好的，操作会更加直观。Python 开发资源相当丰富，当然也包括图形界面的开发，如使用 tkinter 就可以创建窗口程序。

一一说：这么看来，Python 的潜力还是很大的了。

答：Python 有着强大的生态圈和极为丰富的开发资源，除了数据分析以外，我们还可以进行各种类型的应用开发，如人工智能（AI）、机器学习、深度学习、网络爬虫、RPA（机器人流程自动化，Robotic Process Automation）、游戏与多媒体开发等。